Alexander von Humboldt

Mein vielbewegtes Leben

ALEXANDER VON HUMBOLDT

MEIN VIELBEWEGTES LEBEN

Ein biographisches Porträt präsentiert von Frank Holl

INHALT

Einleitung 9
Die ersten Jahre 13
Erste Reisen und Studien 23
Vom Bergmann zum Forschungsreisenden 37
Erfolg in Paris und zerschlagene Reiseträume 59
Neue Ziele und ein Reisepass von unschätzbarem Wert 73
Die Fahrt auf der Pizarro 83
Ankunft in der Tropenwelt 101
Die Missionen 113
Die Höhle der Guácharos 119
Von Cumaná nach Caracas 123
Klimastudien am Valencia-See 137
Die Llanos: Hitze, Staub und Zitteraale 145
Der Orinoco: Einsamkeit und Großartigkeit 157
Gegen die Sklaverei – der Aufenthalt auf Kuba 181
Neu-Granada – Aufbruch in die Andenwelt 191
Ecuador und Peru: Vulkane, Urwald und Küstenwüste 203

Aufenthalt in Guayaquíl: Pflanzengeographie
und eine Schrift gegen den Kolonialismus 231

Neu-Spanien: Azteken, Bergwerke und Vulkane 241

Nochmals Kuba und eine stürmische Überfahrt
Richtung Washington 255

Paris – Zentrum der Wissenschaften 261

Wieder in Berlin 275

Die russisch-sibirische Reise 283

Kosmos – Entwurf einer physischen Weltbeschreibung 323

Die Erfindung der Fotografie 343

Gegen die Unterdrückung 351

Ein Besuch bei Alexander von Humboldt 357

Eine außergewöhnliche Zeitungsanzeige 365

Anmerkungen 367

Bildnachweise 373

Orte und Personen 374

Zur Edition 379

Danksagung 381

Comic »Alejandro de Humboldt«, aus der mexikanischen Serie »Vidas llustres«. Zweiter Jahrgang, Nr. 15. Mexiko-Stadt: Publicaciones Universales, 1957.

Bilderheft »Alexander von Humboldt – ein deutscher Weltreisender und Naturforscher«, von Theo Piana und Horst Schönfelder. Berlin: Altberliner Verlag Lucie Groszer, 1959.

EINLEITUNG

»Solche Tätigkeit, Schnelligkeit und Festigkeit ist noch nie gesehen worden«,[1] staunte der Dichter Adelbert von Chamisso, als er Alexander von Humboldt im Jahr 1810 in Paris besuchte. Auch Friedrich Schiller berichtete von dessen »rastloser Tätigkeit«[2], und Humboldt selbst sprach von einem »ewigen Treiben«, das er in sich spüre, »als wären es 10000 Säue«.[3] Sogar noch als 87-Jähriger erschien er einem Besucher in Berlin »tätig bis zur Rastlosigkeit«.[4] Vier Stunden Schlaf genügten ihm vollkommen. Ständig war er unterwegs: auf Reisen oder auch an seinen Wohnorten, von Haus zu Haus eilend. Sogar in seinem eigenen Arbeitszimmer fiel es ihm schwer stillzusitzen. Dass selbst von seinen Auftritten in den literarischen Salons, wie dem von Rahel Varnhagen, eine faszinierende Unruhe ausging, schilderte die Berliner Schauspielerin Caroline Bauer:

> Alexander von Humboldt, hoch und schlank, elegant und beweglich wie ein Franzose, tauchte oft plötzlich – blitzartig – ein aufregendes Irrlicht, an Rahels Teetisch auf, knusperte ein paar geröstete Kastanien oder Biskuite, sagte Rahel, Henriette Herz und Bettina von Arnim im Fluge die niedlichsten Schmeicheleien, plätscherte wie ein Salonspringbrunnen von Kölnischem Wasser die zierlichsten und pikantesten Hof- und Stadtneuigkeiten in das Tassenklirren hinein, plauderte mit Herrn von Varnhagen noch zwei Minuten in der Fensternische und war verschwunden – wie ein Irrlicht.[5]

Oft sprach er von seinem »Nomadenleben«[6] und bekannte: »Voller Unruhe und Erregung, freue ich mich nie über das Erreichte, und ich bin nur glücklich, wenn ich etwas Neues unternehme, und zwar drei Sachen mit einem Mal.«[7] Im Laufe

VORHERGEHENDE DOPPELSEITE *Alexander von Humboldt und Aimé Bonpland in der Ebene von Tapia am Fuße des Chimborazo.* Ölgemälde von Friedrich Georg Weitsch, 1810. Humboldt war der »Regisseur« dieses Bildes. Er gab dem Hofmaler Weitsch genaue Anweisungen, lieferte ihm graphische Vorlagen und ließ dafür sogar Aimé Bonpland aus Paris nach Berlin kommen.

seines 89-jährigen Lebens bereiste er die halbe Welt: Es war vor allem seine fünfjährige Expedition in die amerikanischen Tropen, zu der er im Jahr 1799 im Alter von 29 Jahren aufbrach, die seinen Weltruhm begründete. Seinen 60. Geburtstag feierte er während seiner russisch-sibirischen Reise. In deren Verlauf gelangte er bis an die chinesische Grenze und legte innerhalb von neun Monaten mehr als 18 000 Kilometer zurück.

Humboldt veröffentlichte mehr als 45 Bücher, darunter das 29-bändige Werk über die Reise in die amerikanischen Tropen. Es ist die umfangreichste und teuerste Arbeit eines privaten Forschungsreisenden, die jemals publiziert wurde. Der Tod riss den 89-Jährigen aus seiner Arbeit am fünften Band seines *Kosmos*. Obwohl unvollendet geblieben, sind beide Publikationsprojekte Monumente der Wissenschaftsgeschichte.

Humboldts Anspruch und seine Denkweise sprengen alle Grenzen. »Ich weiß wohl, dass ich meinem großen Werke über die Natur nicht gewachsen bin«,[8] hatte er kurz vor seiner amerikanischen Reise bekannt. Trotzdem hielt er »es für besser, etwas zu leisten, als nichts zu versuchen, weil man nicht alles leisten kann«.[9] So sah er sein eigenes Werk nie als etwas Endgültiges an, sondern als eine Stufe zu weiteren, neuen wissenschaftlichen Erkenntnissen:

> Ich habe mir niemals Illusionen gemacht über mein wissenschaftliches Verdienst. Ich bin weit unter dem geblieben, was ich hätte sein können, weil ich meine Kräfte nicht zu konzentrieren vermochte. Meine Lebensumstände, die Verbindung mit zwei Kontinenten, mit berühmten Männern, während mehr als eines halben Jahrhunderts, haben mich weit mehr geformt als meine Arbeiten, die sehr unvollständig geblieben sind.[10]

Gegenüber Charles Darwin meinte er einmal: »Die Werke sind nur gut, soweit sie bessere entstehen lassen.«[11] Und tatsächlich hat Alexander von Humboldt vielen Forschungsbereichen und Generationen von Wissenschaftlern neue Wege gewiesen. Er schuf die Disziplin der Pflanzengeographie, er erkannte die Gesetzmäßigkeit der Temperaturabnahme in Relation zur Höhe über dem Meeresspiegel, und er erfand die Isothermen – kartographische Linien zur Darstellung der Orte gleicher mittlerer Jahrestemperatur. Seine wirkliche Bedeutung liegt allerdings in der Tat in seiner Rolle als Anreger: Heute sieht man in ihm den Begründer der Geographie der Neuzeit, der modernen Klimaforschung, der Archäologie in Amerika und der globalen kulturwissenschaftlichen Komparatistik.

»Mein eigentlicher, einziger Zweck ist, das Zusammen- und Ineinanderweben aller Naturkräfte zu untersuchen, den Einfluss der toten Natur auf die belebte Tier- und Pflanzenschöpfung«,[12] beschrieb er 1799 sein Programm und begründete damit die moderne Ökologie. Er betrachtete die Landschaft als einen Raum von Wechselbeziehungen innerhalb der Natur und zwischen Mensch und Natur. »Alles ist Wechselwirkung«,[13] notierte er in sein amerikanisches Reisetagebuch. Geleitet vom Gedanken der »Einheit der Natur«, die er »als ein durch innere Kräfte bewegtes und belebtes Ganzes«[14] begriff, sah Humboldt ihre Phänomene als Netzwerk, als »eine allgemeine Verkettung nicht in einfach linearer

Richtung, sondern in netzartig verschlungenem Gewebe«.[15] »Nichts steht für sich allein«, schrieb er, »ein gemeinsames Band umschlingt die ganze organische Natur«.[16] Sogar den Moskitos, die ihn und seine Reisebegleiter während der Fahrten auf den Urwaldflüssen quälten, sprach er »trotz ihrer Kleinheit in der heißen Zone eine bedeutende Rolle im Haushalt der Natur«[17] zu.

Die Globalität seines Denkens überwand alle geographischen und politischen Grenzen. Seine Rolle als Forscher verstand er als die eines verantwortungsvollen, politisch denkenden und handelnden Menschen. Auch in seinen primär wissenschaftlichen Texten verteidigte er die Menschenrechte, klagte Rassismus und Sklaverei an und plädierte für die rechtliche Gleichstellung aller Bürger. Sein Leitsatz war: »Alle sind gleichmäßig zur Freiheit bestimmt.«[18]

Was sich inzwischen jeder fortschrittliche Wissenschaftler zum Grundsatz macht, hat Humboldt vor 200 Jahren vorgelebt: die transdisziplinäre Forschung. Er betrieb seine Wissenschaft, die er »Physik der Welt« nannte, nicht aus der Perspektive einer einzigen Disziplin, sondern er überblickte und verband die verschiedensten Fachgebiete mit einer Sicherheit und Virtuosität, wie sie seither nie mehr erreicht wurde. Sowohl in seinem Leben als auch in seinem wissenschaftlichen Ansatz war er ein Nomade: ein Mensch, der sich aus kulturellen, wissenschaftlichen, ökonomischen und weltanschaulichen Gründen für ein nicht sesshaftes Arbeits- und Lebenskonzept entschieden hatte.

Forschen hieß für ihn selbst erleben, selbst erfahren, selbst erleiden. Die Darstellung persönlicher Erlebnisse stand dabei allerdings zurück: »Ich glaube, dass es weiser ist, die Natur im Großen zu zeichnen, als seine eigenen Abenteuer zu erzählen«,[19] bekannte er 1805, kurz nach seiner amerikanischen Reise. Viele Jahre lang wartete das Publikum auf eine erzählende Schilderung seiner Expedition in die Tropen. Der Forscher jedoch zog es vor, zunächst seine wissenschaftlichen Ergebnisse zu publizieren. Als dann im Jahr 1814 endlich der erste Band seiner *Relation Historique* erschien (auf Deutsch ein Jahr später unter dem Titel *Reise in die Äquinoktial-Gegenden des Neuen Kontinents*), enthielt auch dieses Buch weit weniger Persönliches, als viele Leser erwartet hatten: »Von einer großen erhabenen Natur umgeben und lebhaft mit ihren bei jedem Schritte sich darbietenden Phänomenen beschäftigt«, erklärte Humboldt, »hat man wenig Lust, persönliche Vorfälle und kleinliche Lebensbegebenheiten in seine Tagebücher aufzunehmen.«[20]

Das vorliegende Buch versucht, dieser Absicht des Forschers entgegenzuwirken und mehr von dessen Persönlichkeit sichtbar zu machen. Es versammelt zentrale Gedanken und viele unbekannte Texte Alexander von Humboldts, zeitgenössische Illustrationen und Zeichnungen von seiner Hand und lässt so die Geschichte eines »vielbewegten Lebens«[21] erstehen. Es lädt dazu ein, den Spuren einer »der merkwürdigsten Naturen, die es je gegeben hat«,[22] wie Wilhelm von Humboldt seinen Bruder einmal beschrieb, zu folgen und sich von einem Menschen inspirieren zu lassen, über den der nordamerikanische Philosoph Ralph Waldo Emerson einmal bemerkte: »Humboldt war eines jener Weltwunder [...], die von Zeit zu Zeit auftauchen, so als wollten sie uns die Möglichkeiten des menschlichen Geistes vorführen, die Kraft und den Rang seiner Fähigkeiten – einen universellen Menschen.«[23]

DIE ERSTEN JAHRE

»UNTER DEM EINFLUSS DES KOMETEN 1769«,[1] wie er später schrieb, wurde Alexander von Humboldt am 14. September 1769 in Berlin geboren. Es war der nach seinem Entdecker Charles Messier benannte Komet »1769 Messier«, der damals, in Humboldts Geburtsjahr, vom 8. August bis zum 10. Dezember im Berliner Nachthimmel stand.[2] Offenbar glaubte Humboldt an seine positive Wirkung, sonst hätte er nicht immer wieder auf dieses Ereignis hingewiesen.

Zwei Jahre zuvor war sein Bruder Wilhelm zur Welt gekommen. Die Voraussetzungen für die Zukunft der beiden Jungen waren glänzend: Ihre Eltern waren wohlhabend, gebildet und standen in der Gesellschaftshierarchie in einer exzellenten Position. Der Vater, Alexander Georg von Humboldt, ein Offizier, dessen Familie erst im Jahr 1738 das Adelsprädikat »von« verliehen bekommen hatte, war einige Jahre Kammerherr von Elisabeth Christine, der Gattin des Prinzen Friedrich Wilhelm, gewesen. Seinen Verdienst bezog er aus der Pacht des Zahlenlottos und der Tabakregie. Sein Verhältnis zum Prinzen, der nach dem Tod seines Onkels, Friedrichs II., 1786 als Friedrich Wilhelm II. den preußischen Thron bestieg, war so ausgezeichnet, dass dieser sogar die Rolle des Taufpaten Alexanders übernahm.

Die Mutter, Marie Elisabeth, geborene Colomb, verwitwete von Hollwede, stammte aus dem wohlhabenden Bürgertum. Ihr Vater war Direktor der Königlichen Spiegelmanufaktur in Neustadt an der Dosse. Unter ihren Vorfahren finden sich hugenottische, schottische und deutsche Ahnen. Aus erster Ehe brachte sie neben anderem beachtlichen Besitz auch das nordwestlich von Berlin gelegene Schloss Tegel mit in die Familie, in dem die Brüder aufwuchsen.

Berlin vom Tempelhofer Berg. Ölgemälde von Johann Friedrich Fechhelm, 1781, Ausschnitt. Alexander von Humboldt war zwölf Jahre alt, als dieses Bild entstand. Der Maler hat darin auch Friedrich den Großen porträtiert.

Das wichtigste Ziel des Ehepaares Humboldt war die bestmögliche Erziehung seiner Söhne. Doch plötzlich – Alexander war noch keine zehn Jahre alt – starb sein Vater. Mit kühler Strenge achtete die Mutter auch fortan auf die Ausbildung ihrer Kinder. Sie wünschte sich eine Karriere beider Söhne als höhere Beamte im preußischen Staat. Hierfür engagierte sie die fortschrittlichsten Hauslehrer, die dem Kreis der Berliner Aufklärung angehörten. Die Hauptverantwortung für die Erziehung der Jungen trug Gottlob Johann Christian Kunth, der auch die Privatlehrer der Kinder auswählte. Zu diesen zählten Joachim Heinrich Campe, der Verfasser des aufklärerischen Jugendbuches *Robinson der Jüngere,* und Christian Wilhelm Dohm, der 1781 das bahnbrechende Buch *Über die bürgerliche Verbesserung der Juden* veröffentlichte und damit einen Emanzipationsschub auslöste.

Ein Ziel der Berliner Aufklärer war es, der als provinziell verachteten Berliner Mentalität Bildung, Verantwortungsbewusstsein und kultivierte Lebensführung entgegenzusetzen. Allerdings hingen ihre Vertreter einer Regelpädagogik an, die wenig Raum für Freude am Lernen zuließ und auf die kindliche Entwicklung kaum Rücksicht nahm. Alexander wurde im Unterricht ebenso behandelt wie sein zwei Jahre älterer Bruder und litt unter seinem vermeintlich geringeren Talent.

Marie Elisabeth von Humboldt, geb. Colomb (1741–1796) und Alexander Georg von Humboldt (1720–1779). Pastellkreidezeichnungen auf Pergament, 1775, vermutlich von Johann Heinrich Schmid. Die Mutter sorgte, zusammen mit dem Oberhofmeister Gottlob Johann Christian Kunth, für die bestmögliche Ausbildung ihrer beiden Söhne im Geiste der Berliner Aufklärung. Der Vater, Major und zuletzt Kammerherr am preußischen Hof, starb, als Alexander neun Jahre alt war.

Trotzdem legte diese Ausbildung ein solides Fundament für die Entwicklung der beiden. Die Idee der Aufklärung, wie sie die Hauslehrer vertraten, forderte Wahrheit, Verbreitung von Wissen und Toleranz gegenüber Andersdenkenden – Ideale, denen sich die beiden Brüder zeit ihres Lebens verpflichtet fühlten.

Ein besonderes Anliegen der Aufklärer war das Studium der Naturgesetze, ein Gebiet, dem Alexander bald seine ganze Aufmerksamkeit schenkte. Mit 16 Jahren besuchte er zum ersten Mal das Haus des Arztes und Physikers Markus Herz und dessen junger, außergewöhnlich schöner Frau Henriette. Hier traf sich das wohlhabende Bürgertum jüdischer Herkunft mit Berliner Bildungsbürgern und fortschrittlichen Adligen zu naturwissenschaftlichen Experimentalvorlesungen, philosophischen Erörterungen und literarischen Lesungen. In den Salons entwickelte sich eine weltoffene und tolerante Lebenshaltung, die Alexander zu der Feststellung führte, »man unterhalte sich besser in Gesellschaft jüdischer Frauen als auf dem Schlosse der Ahnen«.[3] Markus Herz, ein Schüler von Moses Mendelssohn und Immanuel Kant, war auch ein begeisterter Leser der Schriften Benjamin Franklins. Als weithin sichtbares Symbol dieser geistigen Haltung installierte er als erster Einwohner Berlins zur Verärgerung vieler Zeitgenossen auf seinem

Alexander und Wilhelm von Humboldt. Zwei Pastellkreidezeichnungen auf Pergament von Johann Heinrich Schmid, 1784. Im Jahr 1793 schrieb Wilhelm über seinen 23-jährigen Bruder, dieser sei der Einzige, den er »historisch und aus eigener Erfahrung in allen Zeiten kenne«, der in der Lage sei, »das Studium der physischen Natur nun mit dem der moralischen zu verknüpfen und in das Universum, wie wir es erkennen, eigentlich erst die wahre Harmonie zu bringen«.

Haus einen Blitzableiter. Herz teilte seine Begeisterung für technische Innovationen mit dem jungen Alexander von Humboldt. Als dann am 27. September 1788 der berühmte französische Ballonfahrer Jean-Pierre Blanchard mit einem wasserstoffgefüllten Ballon vom Exerzierplatz im Tiergarten in den Berliner Himmel aufstieg, war auch der 19-jährige Alexander unter den Zuschauern. Wenig später berichtete er seinem Freund Wilhelm Gabriel Wegener:

> Vorgestern war ganz Berlin auf den Beinen. Blanchard steigen zu sehen verdiente wirklich die 2 Reichstaler, die es mich kostete. Der Anblick einer so großen, 26 Fuß [8,45 m] breiten Maschine, eines Mannes, der durch seine übermenschliche Kühnheit es wagte, über den Ozean zu gehen, der majestätische Gang des Balls und am meisten der Gedanke an die Fortschritte der menschlichen Kultur, die nun schon das dritte Element sich unterwarf, alles dies macht einen großen, herzerhebenden Eindruck. Den Ball konnte man über ½ Stunde schweben sehen. Er fiel hinter französisch Buchholz nieder.
>
> Der Fallschirm mit den Hunden tat herrlichen Effekt. Er soll 16 Minuten gefallen sein. Doch das wird wohl alles in die Zeitungen kommen. Blanchard selbst ist gar nicht so arg, als man ihn macht. Ich habe mit ihm bei Herzens gegessen. Prahlen tut er wenig, und von der Physik hat er, wie mich Herz versichert, gar keine üble Kenntnisse. Eitel ist er freilich. Aber wer wäre es nicht in seiner Stelle geworden! Dass er spielt, drei Frauen hat usw. sind platte Lügen, die man aber in Berlin überall glaubt. Musste sich der Philosoph Mirabeau dies doch auch bei uns gefallen lassen! Madame Blanchard ist eine feine, recht anständige Frau, die ich genau genug kenne. Ihr Mann ist mehr denn zu viel beschenkt worden, vom König an bis auf den kleinsten unserer Prinzen.[4]

Das Stadt- und Salonleben Berlins bot dem jungen Alexander von Humboldt und seinem Bruder die Anregungen und Freiheiten, sich selbst zu entfalten, die ihnen der Zwang im elterlichen Schloss nicht gestattete. Später schrieb Alexander:

> Tegel ist kein eigentliches Dorf, sondern ein Jagdschloss, von dem Großen Kurfürsten gebaut und von meinem Vater ganz umgeschaffen. Es liegt an dem Ufer eines 1½ Meilen langen Sees, der von schön angebauten Inseln durchschnitten ist. Hügel mit Weinreben, die wir hier Berge nennen, große Pflanzungen von ausländischen Hölzern, Wiesen, die das Schloss umgeben, und überraschende Aussichten auf die malerischen Ufer des Sees machen diesen Ort allerdings zu dem reizendsten Aufenthalte der hiesigen Gegend. Nehmen Sie dazu einen hohen Grad der Gemächlichkeit und des Wohllebens, der in unserem Hause herrscht, so werden Sie sich doppelt wundern, wenn ich Ihnen sage, dass eben dieser Ort, sooft ich ihn besuche, wehmütige Empfindungen in mir erregt.
>
> Hier in Tegel habe ich den größeren Teil dieses traurigen Lebens zugebracht, unter Leuten, die mich liebten, mir wohlwollten und mit denen ich

mir doch in keiner Empfindung begegnete, in tausendfältigem Zwange, in entbehrender Einsamkeit, in Verhältnissen, wo ich zu steter Verstellung, Aufopferungen etc. gezwungen wurde. Wenn ich mich noch jetzt, da ich frei und ungestört hier lebe, hingeben will in den Genuss, den die reizende, anmutsvolle Natur hier in so reichem Maße gewährt, so werde ich zurückgerufen durch die widrigsten Eindrücke, durch Erinnerungen an meine Kinderjahre,

Blanchard's 33te Luftreise zu Berlin auf dem Exercierplatz im Thiergarten den 27ten Septbr. 1788. Kolorierte Radierung eines anonymen Künstlers. Humboldt schrieb: »Der majestätische Gang des Balls und am meisten der Gedanke an die Fortschritte der menschlichen Kultur, die nun schon das dritte Element sich unterwarf, alles dies macht einen großen, herzerhebenden Eindruck.«

die fast jeder leblose Gegenstand hier rege macht. So wehmütig solche Erinnerungen aber auch sind, so interessant werden sie einem zugleich auch durch den Gedanken, dass gerade dieser Aufenthalt so viel zu der jetzigen Stimmung meines Charakters, zu der Richtung meines Geistes auf das Studium der Natur etc. beitrug.[5]

Ohne Bedauern verließ er mit 18 Jahren das elterliche »Schloss Langweil«,[6] um auf Wunsch seiner Mutter, zusammen mit seinem Bruder, Kameralistik, also Finanz-, Wirtschafts- und Verwaltungskunde, in Frankfurt an der Oder zu studieren. Nebenher begann er, sich intensiv mit Botanik zu beschäftigen. Ein Jahr später kehrte er nach Berlin zurück und besuchte dort auf eigene Initiative den berühmten Berliner Botaniker Carl Ludwig Willdenow, der ihm ein enger Freund wurde. Später, im Jahr 1801, in Bogotá, schrieb er über diese Zeit:

Der Wunsch, entfernte Weltteile zu besuchen und die Produkte der Tropenwelt in ihrer Heimat zu sehen, ward erst in mir rege, als ich anfing, mich mit Botanik zu beschäftigen. Bis in mein 17tes und 18tes Jahr waren alle meine Wünsche auf meine Heimat beschränkt. So sorgfältig auch unsere literarische Erziehung war, so ward doch alles, was auf Naturkunde und Chemie

Schloss Tegel. Der Holzstich aus dem Buch von Hermann Klencke: Alexander von Humboldt's Leben und Wirken, Reisen und Wissen, Leipzig: Otto Spamer, 1870, zeigt das Schloss nach den Umgestaltungen im Stil des Klassizismus, die Karl Friedrich Schinkel auf Wilhelm von Humboldts Wunsch von 1820 bis 1824 durchführte.

Bezug hatte, in derselben vernachlässigt. Kleinlich scheinende Umstände haben oft den entscheidendsten Einfluss auf ein tätiges Menschenleben, und so muss man die Spuren wichtiger Ereignisse oft in diesen Umständen suchen. Der Hofrat [Ernst Ludwig] Heim, von dem das *Gymnostomum heimii* [ein Moos] den Namen führt und der mit dem jungen [Friedrich Wilhelm Daniel] Muzel lange in Sir Joseph Banks Freundschaft gelebt, war unser Hausarzt. Er hatte eine große Sammlung von Moosen und gab sich eines Tages die Mühe, meinem älteren Bruder die Linnéschen Klassen zu erläutern. Dieser, des Griechischen schon damals kundig, lernte die Namen auswendig, ich klebte *Lichen parietinus* [eine Flechte] und *Hypna* [Schmetterlinge] auf Papier, und in wenigen Tagen war uns beiden alle Lust zur Botanik wieder verschwunden.

Heim verschaffte unserem Nachbarn, dem H[errn Friedrich August] von Burgsdorf, botanischen Ruf, dieser legte dendrologische [gehölzkundliche] Sammlungen an. Ich sah dort [Johann Gottlieb] Gleditsch und viele Glieder der Naturforschenden Gesellschaft – krüppelhafte Figuren, deren Bekanntschaft mir ebenfalls mehr Abscheu als Liebe zur Naturkunde einflößte. Meine jugendliche Neigung war von jeher der Soldatenstand gewesen. Meine Eltern hielten mich durch Zwang davon zurück, und man bildete mir ein, dass ich Lust zu dem habe, was man in Deutschland Kameralwissenschaften nennt, eine Weltregierungskunst, die man erst dann versteht, wenn man alles, alles weiß. Dies alles sollte ich bei einem Amtmann lernen, und ein Pachtanschlag wäre dann das Maximum meiner Kameral-Kenntnis gewesen. Ein halbverrückter Gelehrter, der Prof. [Christian Ernst] Wünsch in Frankfurt an der Oder, las mir ein Privatissimum über [Johann] Beckmanns Ökonomie. Er fing an mit botanischen Vorkenntnissen. Seine eigene Unwissenheit und sein Vortrag waren abermals weit entfernt, mir Lust zur Botanik einzuflößen, doch sah ich ein, dass ich ohne Pflanzenkenntnis ein so vortreffliches Buch als Beckmanns Ökonomie nicht verstehen könne.

Wir besaßen durch Zufall Willdenows *Florae Berolinensis prodomus*. Es war harter Winter. Ich fing an, Pflanzen zu bestimmen, aber die Jahreszeit und Mangel an Hilfsmitteln machte alle Fortschritte unmöglich. Wir verließen Frankfurt an der Oder, und ich brachte abermals ein Jahr in Berlin zu, wo mich [Johann Friedrich] Zöllner in der Technologie unterrichtete. Ich fühlte aufs Neue die Notwendigkeit botanischer Kenntnisse, quälte mich mit neuem Eifer, Pflanzen nach Willdenows *Florae* zu bestimmen. Ich legte nun ein förmliches Herbarium an, und da man mir nun zuerst gestattete, allein auszugehen, fasste ich den Entschluss, unempfohlen Willdenow selbst aufzusuchen.

Von welchen Folgen war dieser Besuch für mein übriges Leben! Schriebe ich ohne diesen diese Zeilen im Königreich Neu-Granada? Ich fand in Willdenow einen jungen Menschen, der damals unendlich mit meinem Wesen harmonierte. [...] Er bestimmte mir Pflanzen, ich bestürmte ihn mit Besuchen. Ich lernte neue ausländische Pflanzen kennen. Er schenkte mir einen Halm *Oryza sativa* [eine Reispflanze], den [Carl Peter] Thunberg aus Japan mitgebracht. Ich sah zum ersten Mal in meinem Leben die Palmen des botan[ischen] Gartens, ein unendlicher Hang nach dem Anschauen fremder Produkte erwachte in mir. In drei Wochen war ich ein enthusiastischer Botanist. Willdenow trug sich damals mit der Idee, eine Reise außerhalb Europas zu machen. Ihn zu begleiten, war der Wunsch, der mich tags und nachts beschäftigte. Ich durchlief alle Floren beider Indien [Asien und Amerika], kaufte alle Rinden der Apotheken zusammen, verweilte mit unendlichem Wohlgefallen bei einem Reishalm in meinem Herbarium und gewöhnte mich, unbändige Wünsche nach weiten und unbekannten Dingen zu hegen.[7]

Wie wichtig es für Humboldt war, die Botanik nicht um ihrer selbst willen zu studieren, sondern sie in den Dienst der Gesellschaft zu stellen, zeigt ein Brief vom 25. Februar 1789. Darin fordert er die Erforschung und Respektierung der Vielfalt der natürlichen Ressourcen, die wir heute als Biodiversität bezeichnen. Der 19-Jährige schrieb an seinen Freund Wilhelm Gabriel Wegener:

Eben komme ich von einem einsamen Spaziergange aus dem Tiergarten zurück, wo ich Moose und Flechten und Schwämme suchte, deren Sommer jetzt gekommen ist. Wie traurig so allein herumzuwandern! Doch hat auch, von einer anderen Seite betrachtet, dies Einsame in der Beschäftigung mit der Natur, etwas Anziehendes. So ganz im Genuss der reinsten, unschuldigsten Freude, von tausenden von Geschöpfen umringt, die sich (seliger Gedanke der Leibnizischen Philosophie!) ihres Daseins freuen, das Herz zu dem erhoben, der wie Petrarca sagt, *muove le stelle e loro viaggio torto, e da vita alle erbe, a i musci, alle pietre* ... [die Sterne bewegt und ihre gekrümmte Bahn, und Leben gibt den Kräutern, den Moosen und den Steinen].

Solche Betrachtungen, lieber Bruder, versetzen einen in eine süße Schwermut! Mein Freund Willdenow ist noch der Einzige, der dieses mit mir empfindet. Aber seine und meine Geschäfte hindern uns oft, Hand in Hand in den großen Tempel der Natur zu treten. Solltest Du glauben, dass unter den anderen 145 000 Menschen in Berlin kaum vier zu zählen sind, die diesen Teil der Naturlehre auch nur zu ihrem Nebenstudium, nie nur zur Erholung kultivierten. Und wie viele sollte nicht ihr Beruf darauf leiten, Ärzte und vor allen das elende Kameralisten-Volk. Je mehr die Menschenzahl und mit ihr der Preis der Lebensmittel steigen, je mehr die Völker die Last zerrütteter Finanzen fühlen müssen, desto mehr sollte man darauf sinnen, neue Nahrungsquellen gegen den von allen Seiten einreißenden Mangel zu eröffnen. Wie viele, unübersehbar viele Kräfte liegen in der Natur ungenutzt, deren Entwicklung tausenden von Menschen Nahrung oder Beschäftigung geben könnte. Viele Produkte, die wir von fernen Weltteilen haben, treten wir in unserem Lande mit Füßen – bis nach vielen Jahrzehnten ein Zufall sie entdeckt, ein anderer die Entdeckung vergräbt oder, was seltener der Fall ist, ausbreitet. Die meisten Menschen betrachten die Botanik als eine Wissenschaft, die für Nichtärzte nur zum Vergnügen oder allenfalls (ein Nutzen, der selbst wenigen erst einleuchtet) zur subjektiven Bildung des Verstandes dient. Ich

halte sie für eins von den Studien, von denen sich die menschliche Gesellschaft am meisten zu versprechen hat. Welch ein schiefes Urteil zu meinen, dass die paar Pflanzen, welche wir bauen, (ich sage ein paar gegen die 20 000, welche unseren Erdball bedecken) alle Kräfte enthalten, die die gütige Natur zur Befriedigung unserer Bedürfnisse in das Pflanzenreich legte. Überall sehe ich den menschlichen Verstand in einerlei Irrtümern versenkt, überall glaubt er, die Wahrheit gefunden zu haben, und wähnt, dass ihm nichts zu verbessern, zu entdecken übrig bleibe. Er scheut die Untersuchung, weil er denkt, dass schon alles untersucht sei. So in der Religion, so in der Politik, so überall, wo der gemeine Haufen sein Wesen treibt. Was ich von der Botanik gesagt habe, gründet sich aber nicht bloß auf Schlüsse *a priori*. Nein, die großen Entdeckungen, die ich selbst in den Schriften der ältesten Pflanzenkenner vergraben finde und die in neueren Zeiten von gelehrten Chemikern oder Technologen geprüft worden sind, haben diese Betrachtungen in mir veranlasst. Was helfen alle Entdeckungen, wenn es keine Mittel gibt, sie exoterisch [zugänglich] zu machen.[8]

Berlin mit Charlottenburg und Umgebung. Kolorierte Radierung von Rohrbach, nach Carl Wizani, um 1810.

ERSTE REISEN UND STUDIEN

Im April 1789 folgte Alexander seinem Bruder Wilhelm an die Universität Göttingen. »Ich bin bereit«, schrieb er seinem Freund Wilhelm Gabriel Wegener, »den ersten Schritt in die Welt zu tun, ungeleitet und ein freies Wesen. Ich freue mich dieses Zustandes, so misslich er zu sein scheint. Lange gewohnt, wie ein Kind am Gängelbande geführt zu werden, harrt der Mensch, die gebundenen Kräfte nach eigener Willkür in Tätigkeit zu setzen und, sich selbst überlassen, der eigene Schöpfer seines Glücks oder Unglücks zu werden.«[1]

In Göttingen studierte Alexander Naturwissenschaften, Mathematik und Sprachen. Beeindruckt zeigte er sich vor allem von dem vielseitigen Naturforscher, Physiologen und Anthropologen Johann Friedrich Blumenbach und dem Physiker und scharfzüngigen Aphoristiker Georg Christoph Lichtenberg.

Zusammen mit dem niederländischen Mediziner und Botaniker Steven van Geuns brach er kurz nach seinem 20. Geburtstag zu seiner ersten Forschungsreise auf. Vom 24. September bis zum 31. Oktober 1789 führte sie ihn über Marburg, Frankfurt und Heidelberg nach Mannheim, dann durch die Pfalz, weiter längs des Rheins und durch Westfalen zurück nach Göttingen.[2] Wichtigstes Ergebnis war sein erstes Buch: *Mineralogische Beobachtungen über einige Basalte am Rhein*. Es erschien 1790 in Braunschweig im Verlag seines früheren Hauslehrers Campe.

Zu dieser Zeit war es in erster Linie die Geologie, die Humboldt begeisterte. Der »Vulkanismusstreit« bewegte die gesamte europäische Wissenschaftswelt. In seiner Publikation entschied sich Humboldt für das Lager der »Neptunisten«. Hauptvertreter dieser Richtung war der berühmte Freiberger Geologe Abraham Gottlob Werner. Nach seiner Lehre war die gesamte Gesteinswelt durch Ablage-

London, Königlicher Palast und Tower, Ausschnitt. Kolorierter Kupferstich in: F. J. Bertuch: Bilderbuch für Kinder. Weimar, um 1800. Humboldts Besuch der britischen Hauptstadt, zusammen mit Georg Forster im Jahr 1790, war die entscheidende Motivation für seine Forschungsreise in die Neue Welt.

rungen aus dem Meer entstanden. Zu den überzeugten Anhängern der Theorie des Neptunismus gehörte auch Johann Wolfgang von Goethe, den Humboldt bald persönlich kennenlernen sollte. Dieser Lehre stand der »Vulkanismus« oder »Plutonismus« gegenüber: eine Theorie, die umgekehrt alle geologischen Vorgänge auf vulkanische Tätigkeit zurückzuführen suchte. Hauptvertreter des Plutonismus war der britische Geologe James Hutton. Später, nach der Rückkehr von seiner amerikanischen Reise, sollte Alexander zu dieser Theorie konvertieren.

Es waren allerdings bei weitem nicht nur geologische Fragen, die Humboldt während seiner Reise mit van Geuns interessierten. Zum ersten Mal nicht unter der Aufsicht von Lehrern und Erziehern, sehnte sich sein von der Aufklärung geschulter Geist danach, so viele Fakten wie nur möglich nach einem selbst erstellten Plan zu sammeln und zu bewerten. Zusammen mit seinem Reisegefährten besuchte er botanische Gärten, Fabriken, Bergwerke, Salinen, Museen, mineralogische Kabinette und Bibliotheken. Zum Schlüsselerlebnis dieser Reise wurde seine Begegnung mit dem Schriftsteller und späteren Revolutionär Georg Forster, der James Cook zwischen 1772 und 1775 auf dessen zweiter Weltumsegelung begleitet hatte.

Humboldt lernte Forster im Oktober 1789 in Mainz kennen. Wenige Monate zuvor war in Paris die Bastille gestürmt worden. Beide waren gleichermaßen fasziniert von den revolutionären Ereignissen in Frankreich. Wenig später schrieb Alexander seinem früheren Lehrer Joachim Heinrich Campe: »Der französische Enthusiasmus erschüttert den Despotismus«, und er empfand »ein Aufbrausen unter uns Deutschen, wie jenseits des Rheins«.[3] Alexander von Humboldt und Georg Forster verstanden sich glänzend, und Forster ermutigte Humboldt zu seiner ersten Buchveröffentlichung über die Basalte am Rhein. Dieser widmete Forster das Werk »in innigster Freundschaft und Verehrung«.

Im März 1790, nur wenige Monate nach seiner ersten Forschungsreise mit Steven van Geuns, brach Humboldt erneut zu einer Reise auf. Diesmal begleitete ihn Georg Forster. Von Mainz sollte es nach England gehen. Der Weg der beiden Reisenden führte zunächst den Rhein abwärts, dann durch Belgien und die Niederlande. Der Aufenthalt in England prägte Alexander mehr als alle bisherigen Erlebnisse. Quer über die Insel führte ihre Route: an die Westküste nach Bristol, von da über das industrielle Birmingham ins nördliche Derbyshire zu den Peak-Kalksteinbergen, weiter über Shakespeares Geburtsort Stratford-upon-Avon bis zur Universitätsstadt Oxford. Wieder besichtigte Humboldt Bergwerke und Höhlen, Fabrikationsstätten und botanische Gärten, darunter auch die berühmten Kew Gardens im Südwesten von London. Die Parlamentswahlen und der Besuch der Sitzungen des Londoner Parlaments vermittelten ihm neue politische Eindrücke. Hier in der Hauptstadt traf er auch Kapitän William Bligh, der an James Cooks dritter Weltumsegelung (1776–1779) teilgenommen und später, in den Jahren 1788 und 1789, das Kommando über die *Bounty* übernommen hatte. Die Geschichte der Meuterei auf der *Bounty* verbreitete sich damals wie ein Lauffeuer. Mehrfach hatte Humboldt Gelegenheit, sich ausführlich mit dem Kapitän zu unterhalten, der die nautische Glanzleistung vollbracht hatte, mit einem nur sieben Meter langen Beiboot und 18 Männern 5800 Kilometer über den Pazifik

zu navigieren. Besonders das traurige Schicksal des Botanikers David Nelson, eines Mitglieds von Blighs Mannschaft, bewegte Humboldt.

> Die wundersame Rettung des Lieutnant William Bligh, der in einem offenen, 23 Fuß [7,5 Meter] langen Boote von Tofoa [im Osten Polynesiens] bis Timor [im Osten des Indonesischen Archipels], 1200 Leagues [5800 Kilometer] weit segelte – ist in mehreren öffentlichen Blättern bereits angezeigt. Die *Narrative of the Mutiny on Board his Majesty's Ship Bounty*, welche hier soeben erscheint, gibt eine ausführliche Nachricht davon, aus der Folgendes den deutschen Botanikern nicht uninteressant sein kann. – Die *Bounty* wurde ausgeschickt, um Brotbäume in der Südsee zu sammeln und sie nach Westindien zu bringen. Nie schien eine wohltätige Absicht glücklicher erfüllt zu werden als diese. Mr. Bligh, als er am 4ten April 1789 von Otaheiti [Tahiti] absegelte, hatte 1015 Brotbäume, die er mit dem Botanisten David Nelson in 23 Wochen gesammelt, an Bord. Die meisten davon waren blühend und versprachen die sicherste Erhaltung. – Nur die gleich darauf ausbrechende Empörung konnte diese süßen Hoffnungen zerstören. Das Schiff mit allen seinen Schätzen ging für England verloren. Der Botanist David Nelson erreichte im offenen Boote die Insel Timor, aber ein inflammatorisches [entzündliches]

Georg Forster. Gemälde von Johann Heinrich Wilhelm Tischbein, um 1785. Für Humboldts politisches und wissenschaftliches Bewusstsein war Forster ein entscheidender Impulsgeber.

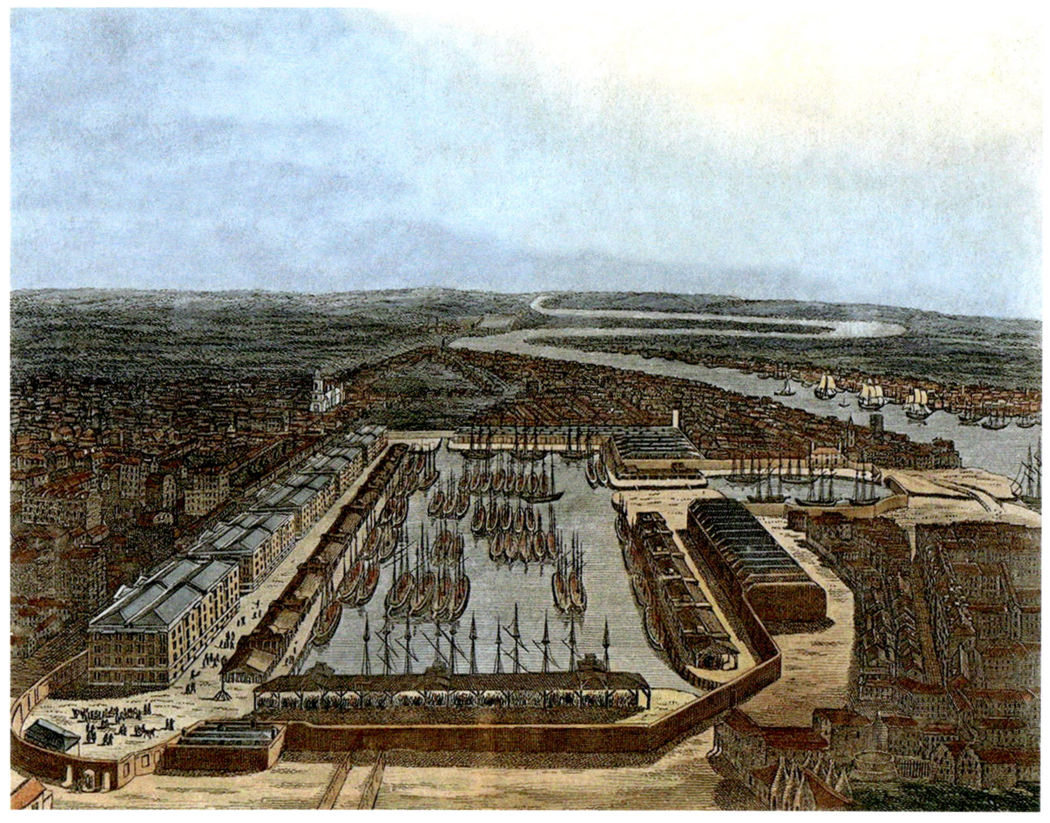

Fieber kostete ihm wenige Tage nach seiner Rettung das Leben. Er starb den 20ten Julius 1789, da er den Lohn für so viele erduldete Leiden zu ernten hoffte. Er hatte vor dieser misslungenen Expedition die letzte Reise um die Welt, auf die ihn Sir Joseph Banks ausschickte, mitgemacht. Eifer für die Erfüllung seiner Pflichten, Standhaftigkeit in Gefahren und jegliche Tugend des geselligen Lebens schmückten seinen Charakter und lassen seinen Verlust tiefer empfinden. – Sein Leichnam wurde am 21. Juli hinter der Kapelle zu Cupang beerdigt. Der Holländische Gouverneur und die ganze englische Mannschaft folgten der Bestattung. Ein Leichenstein für Nelsons Grab war nicht zu finden. – Wenn auch der Ort vergessen ist, wo die heilige Asche der Märtyrer ruht, so haben sie ein bleibenderes Denkmal doch in dem Mitgefühle der Edlen![4]

Der Chemiker und Physiker Henry Cavendish und auch der Göttinger Arzt Christoph Girtanner, der sich damals ebenfalls gerade in London aufhielt, gaben Humboldt Einblicke in die Erkenntnisse Lavoisiers, des Begründers der modernen Chemie. Ganz besonders allerdings beeindruckte ihn die Begegnung mit Sir Joseph Banks, dem Präsidenten der Royal Society. Der legendäre Botaniker emp-

Die Docks von London. Kolorierter Kupferstich in Friedrich Justin Bertuchs Bilderbuch für Kinder, Weimar, um 1800.

fing den jungen Preußen mit offenen Armen. Banks hatte James Cook auf dessen erster Reise um die Welt (1768–1771) begleitet. Später, im Jahr 1801, fasste Humboldt seine Eindrücke über die Reise mit Forster zusammen:

> Mein Bruder Wilhelm hatte durch sein Genie die Aufmerksamkeit [Friedrich Heinrich] Jacobis und Georg Forsters erregt. Beide nahmen mich deshalb freundlichst in Düsseldorf und Mainz auf, und da Forstern die Hoffnung, in England Geld zu gewinnen, nach London trieb (er wollte seine *Species plantarum* herausgeben), so bot er mir an, ihn zu begleiten.
>
> Ich war damals krank, März 1790, in Göttingen und mit der Herausgabe meines ersten literarischen Produkts, den *Basalten am Rhein*, beschäftigt. Dennoch, mit welcher Freude nahm ich teil an dieser Reise. Ohnerachtet sie mich wie jedes nahe Zusammenleben unter Menschen und besonders bei Forsters kleinlich-eitlem Charakter mehr von ihm entfernte als ihm nahe brachte, so hatte das Zusammenleben mit dem Weltumsegler doch großen Einfluss auf meinen Hang nach der Tropenwelt. Wie sehr erwachte diese Sehnsucht vollends bei dem Anblick des allverbreiteten, beweglichen, länderverbindenden Ozeans, den ich bei Ostende zuerst sah, wie sehr bei der kleinen Überfahrt von Hellevoetsluis nach Dover. Der Zufall wollte, dass ich (ohnerachtet wir in einem elenden Fischerboot und bei stürmischem Wetter schifften) nicht seekrank war. Ich wurde es in der Folge nie, und dieser Umstand machte mir das Element selbst und lange Seereisen minder furchtbar.
>
> Ich lebte in London sehr einsam, im Hause eines deutschen Perückenmachers, Mr. Muller, Plumtree-street. Forster hatte sich bei seinem Schwager, dem Hofprediger [Heinrich Otto] Schrader, einquartiert, der ihn mit Bibelübersetzungen und Hofklatsch (er war Lecteur der königlichen Prinzessinnen) quälte. In einem Lande, wo die Einwohner vier bis fünf Mal in ihrem Leben beide Indien besuchen und wo man mit den Produkten der entferntesten Weltteile wie mit den seinigen bekannt ist, konnte ein Begleiter des Captain Cook eben nicht großes Aufsehen machen. Für das, was man in Forster Geist und verschmelzendes Genie nennen kann, haben die Engländer eben nicht Sinn. Sie suchen entschiedenes Dichtertalent, tiefsinnige Philosophie oder gründliche Gelehrsamkeit. Ein Gemisch von alledem, ein Mensch, der von dem allen nur etwas besaß und mehr Form als Materie war, konnte daher wenige interessieren. Dazu konnte Forster in London nicht Deutsch sprechen, und die Muster, nach denen er sich gebildet, waren Deutsche, Kant, Schiller … Seine höchsten Flüge waren unübersetzbar und unverständlich. Mit den Geldspekulationen ging es nicht besser. Die Empfehlungen des Prinzen Adolph an den Prinzen von Wales, die des General [Martin Ernst von] Schlieffen und des ehrwürdigen alten [Hendrik] Fagel (im Haag, an den ich mit Freuden zurückdenke) an [William] Pitt konnten bei den Schändlichkeiten, die Forsters Vater im Tableau d'Angleterre über den Hof verbreitet, und bei dem geringen Aufsehen, das er als Gelehrter machte, wenig wirken.
>
> Banks war von jeher aus Reaktion und verfolgendem Neide gegen alles, was seiner Oberherrschaft sich entziehen will, der Feind der Forsterschen

Familie gewesen. Die *Genera plantarum*, welche man [Andreas] Sparrmann zuschreibt, die *Plantae esculentae* und *Florula insularum australium*, welche in Eil über elenden Herbarien geschmiedet waren, hatten Banks' Achtung ebenfalls nicht vermehrt. Was in dem jungen Forster eigentlich groß und selten war, die philosophische Behandlung naturhistorischer Gegenstände, ein Werk wie der Aufsatz über Leckereien ... dafür hatte Banks keinen Sinn. Je übelgelaunter Forster in England war, desto mehr ward ich in meine Einsamkeit zurückgeschreckt. Unser Aufenthalt in Holland, Spaziergänge, die ich längs der grünen buschigten Dünen am Haager Meeresstrande gemacht, der Anblick der Amsterdamer Schiffswerften, die enge Freundschaft mit dem jungen [Franz Christopher Henrik] Hohlenberg (der nachmals in der Dänischen Marine Epoche gemacht) füllten meine warme Phantasie mit ersehnten Gestalten ferner Dinge. In einem jungen Gemüte, das 18 Jahre lang im väterlichen Hause gemisshandelt und in einer dürftigen Sandnatur eingezwängt worden ist, glimmt und glüht es wunderbar auf, wenn es seiner eigenen Freiheit überlassen auf einmal eine Welt von Dingen in sich aufnimmt.

Mein Zimmer in Plumtree-street war mit den Kupfern eines ostindischen Schiffes ausgeziert, das in einem Sturme unterging. Heiße Tränen strömten mir oft über die Wangen, wenn ich beim Erwachen die Augen auf diese Gegenstände heftete. Ich strebte nach Dingen, die ich damals nie zu erlangen hoffte. Ich bildete mir ein, dass nur die Aufforderung eines Gouvernements, eine Reise gleich der Cookschen mich in jene Weltteile führen könne, und meine Berliner Verhältnisse, der Zwang, an den ich gewöhnt war, stellten mir als unmöglich vor, was ich nun seit Jahren ausgeführt. Als wir der englischen Küste nahe zuerst die Türme von Oldborough sahen, malte mir meine Einbildungskraft im Traume den Tafelberg und Drakenstein vor. Ich glaubte mich in der Kapstadt vor Anker, und mit aufgehender Sonne war der süße Traum hinweggewischt. Ein Wunsch wie dieser, der mich ewig begleitete, das Streben nach Ländern, in denen wir durch grenzenlose Räume von den Unsrigen getrennt sind, schmeichelt der jugendlichen Eitelkeit wegen der Energie, in der wir uns selbst vorstellen, aber es gibt unserm Wesen zugleich eine melancholische Stimmung, in der wir die »Wonnen der Tränen« fühlen. Die Hügel von Highgate und Hampstead waren mein Lieblingsspaziergang in London, an dem Wege las ich Anschlagzettel nach englischer Sitte: »Junge Leute, welche ihr Glück außerhalb Europas suchen wollen, melden sich dort und dort, als Matrose, Schreiber ... finden sie Aufnahme. Das Schiff ist segelfertig nach Bengalen.« Mit welchen Empfindungen las ich diese Einladungen. Der Eintritt in ein solches Haus schied mich auf immer (nach englischer Presssitte) von meiner vaterländischen Welt, einer Rückkehr nach Berlin, die wie nahes Ungewitter wolkendick über mir schwebte.

Wie oft schwankte ich in meinen Entschlüssen, war einem tollen Streiche nahe. Ich zeichne die jugendlichen Torheiten sorgfältig auf, weil sie klarmachen, was damals in mir vorging. Beschäftigung mit der Naturkunde und wissenschaftliche Zwecke hatten den Wunsch nach der Tropenwelt in mir erregt. Die auszeichnende Nachsicht, mit der Sir Joseph Banks mich behandelte, der Anblick seiner Sammlungen, die indianische Sach- und Menschenwelt seines Hauses, [William] Hodges, Alexander Dalrymple, [John] Webber, dieser Umgang bestärkte meinen naturhistorischen Eifer. Dennoch nahm in der Epoche der Hang nach Seereisen eine andere Gestalt, die Quelle ward verschieden. Ich wäre in die fernste Südsee geschifft und hätte nie einen wissenschaftlichen Zweck erfüllt. Ich fühlte mich eingeengt, engbrüstig. Ein unbestimmtes Streben nach dem Fernen und Ungewissen, alles, was meine Phantasie stark rührte, die Gefahr des Meeres, der Wunsch, Abenteuer zu bestehen und aus einer alltäglichen gemeinen Natur mich in eine Wunderwelt zu versetzen, reizten mich damals an. Dazu schien mir dies das einzige Mittel, sich dem Naturzustande zu nähern. Fußreisen mit einem einseitigen, aber genievollen Menschen, Friedrich Hesse, um Allmerode und Allendorf (1789), der romantische Zauber jener Felsentäler hatten mich in eine poetische Stimmung versetzt, die den Fortschritten meiner Urteilskraft hätte gefährlich werden können. Alles was auf bürgerliche Verhältnisse Bezug hatte, wurde mir verächtlich, jede Gemächlichkeit des häuslichen Lebens und der feineren Welt ekelte mich an. Ich lebte in einer Ideenwelt, die mich von der wirklichen abzog. Der Umgang roher Menschen, das Ordenswesen der Unitisten interessierte mich auf eine sträfliche Weise. Wilhelms Abwesenheit (er war in Paris mit [Johann Heinrich] Campe [1789]) vermehrte die Krisis. Ich schrieb verrückte Briefe an meine Freunde und wurde mir selbst von Tage zu Tage unverständlicher.

Meine Reise mit Forster in das Gebirge von Derbyshire vermehrte jene melancholische Stimmung. Das Dunkel der Castletoner Höhen verbreitete sich über meine Phantasie. Ich weinte oft, ohne zu wissen warum, und der arme Forster quälte sich zu ergründen, was so dunkel in meiner Seele lag. Mit dieser Stimmung kehrte ich über Paris nach Mainz zurück. Ich hatte entfernte Pläne geschmiedet.[5]

Auf ihrem Rückweg trafen Humboldt und Forster in einem von euphorischer Stimmung aufgeladenen Paris ein. Fast die ganze Stadt war auf den Beinen, um den ersten Jahrestag der Französischen Revolution vorzubereiten. »Der Anblick der Pariser, ihre Nationalversammlung, ihres noch unvollendeten Freiheitstempels, zu dem ich selbst Sand gekarrt habe, schwebt mir wie ein Traumgesicht vor der Seele«,[6] schrieb Alexander wenig später. In diesen Tagen vor den Feiern zum ersten Jahrestag, dem 14. Juli 1790, konkretisieren sich seine politischen Vorstellungen. Bereits in England hatte er notiert, nichts sei ihm »unerträglicher als die klugen Fürsten, die anderen Menschen vordenken wollen«.[7] Jetzt, in Paris, vereinigten sich seine persönlichen Pläne, seine aufklärerische Haltung und seine wissenschaftliche Zielsetzung mit einem konkreten politischen Ideal: Die Begriffe »Liberté«, »Egalité« und »Fraternité« rückten ins Zentrum seines Denkens und Handelns.

In scharfem Gegensatz zu diesen Idealen stand allerdings seine persönliche Situation: Kaum nach Deutschland zurückgekehrt, fand er sich wieder eingeengt in dem von der Mutter vorgegebenen Karriereweg. Im August 1790 musste er ein

Studium an der Hamburger Handelsakademie beginnen. Glücklich war er darüber nicht. Bereits in einem Brief aus London hatte er gegenüber seinem Freund Paul Usteri bekannt: »Meine Neigung ist es nicht, aber meine unglücklichen Verhältnisse (die Menschen von anderen Neigungen sehr glücklich und beneidenswert scheinen) zwingen mich immer zu wollen, was ich nicht kann, und zu tun, was ich nicht mag.«[8]

Leiter der Handelsakademie war der angesehene kameralistische Sozialpolitiker Johann Georg Büsch. Er hatte seine Akademie wesentlich stärker auf angewandtes Wissen ausgerichtet, als dies in den Universitäten der Fall war. Hier lehrte auch der Geograph Christoph Daniel Ebeling, der Humboldt vor allem die Geographie Nordamerikas näherbrachte. Gegenüber seinem Freund Wilhelm Gabriel Wegener allerdings klagte der Student:

> Ich lebe hier nicht fröhlich, aber zufrieden. Ich habe an Bildung viel gewonnen; ich fing an mit mir selbst zufriedener zu werden, ich war in Göttingen sehr fleißig – aber umso tiefer fühl' ich, was noch alles übrig ist. Meine Gesundheit hat sehr gelitten, wenn sie gleich durch die Reise mit Forster wieder etwas gewann. Auch hier bin ich so beschäftigt, dass ich mich nicht schonen kann. Es ist ein Treiben in mir, dass ich oft denke, ich verliere mein bisschen Verstand. Und doch ist dies Treiben so notwendig, um rastlos nach guten Zwecken hinzuwirken.[9]

Wie sehr er sein Leben in den Dienst von »guten Zwecken« stellen wollte, zeigt sich in der weiteren Wahl seines Ausbildungswegs. Im April 1791 kehrte Humboldt nach Berlin zurück, um bald darauf ein Studium an der berühmten Bergakademie in Freiberg zu beginnen. Nun konnte er seine geliebten Naturstudien, vor allem in Geologie und Botanik, mit dem Nutzen der technischen Kenntnisse im Bergbau verbinden. Nicht allein wegen des charismatischen Geologen Abraham Gottlob Werner, sondern auch wegen der vielseitigen praktischen Studienmöglichkeiten genoss Freiberg weltweit hohes Ansehen. Aus vielen Ländern kamen Studenten in die kleine sächsische Bergstadt. Vor allem Spanien schickte seinen begabten Nachwuchs. Nach ihrer Ausbildung sollten die jungen Leute ihre Kenntnisse in den hispanoamerikanischen Kolonien anwenden. Zu ihnen zählten Fausto de Elhuyar und Andrés Manuel del Río, mit dem Humboldt bald eine enge Freundschaft verband. Alexanders bester Freund allerdings wurde in dieser Zeit Karl Freiesleben, einer der talentiertesten Studenten Werners. Mit ihm verband ihn bald eine innige Freundschaft. Welche Zuneigung er ihm gegenüber empfand, offenbarte er Freiesleben später in einer Fülle von Briefen. So schrieb er beispielsweise am 13. August 1793 aus Kaulsdorf in Thüringen:

> Sie sind ein so prächtiger Mensch, guter Freiesleben, als dass Sie mir nicht wegen meiner unordentlichen, uninteressanten, vielleicht oft närrischen Briefe verzeihen sollten. Wenn Sie meine hiesige Lage kennten, wenn Sie wüssten (und das wissen Sie ja aus eigener Erfahrung genug) wie durch beständiges Fahren [in das Bergwerk einsteigen] der Geist abgespannt wird,

so wird Ihnen die Verzeihung doppelt leicht. Von meiner Anhänglichkeit, meiner teilnehmenden, an herzliche, innige Verehrung grenzenden Liebe zu Ihnen, von meiner Dankbarkeit für alle die Freuden, die Sie mir schenkten, für die vielen mir jetzt so nützlichen Kenntnisse, die ich allein Ihrer Güte verdanke, sage ich Ihnen jetzt nichts. Sie wissen, lieber Junge, wie ich gegen Sie gesinnt bin. Es hat nie einen Menschen gegeben, der so einen Eindruck auf mich machte, als Sie; Sie hatten nie einen Freund, der Sie so liebte. Sie glauben nicht, wie Ihr Andenken mich jetzt beschäftigt, hier im einsamen Gebirge ewig beglückt.[11]

Doch trotz all der vielen neuen Begegnungen und Anregungen war Humboldt auch in Freiberg nicht wirklich glücklich:

Ich lebe hier einsam und zufrieden, wenn auch nicht froh. Zur Fröhlichkeit gehört eine Art ruhigen Genusses, den ich hier nicht erlange. Was andere Menschen bei einem Aufenthalte von drei Jahren auf der Bergakademie vollenden, ist bei mir in eine Zeit von sieben bis acht Monaten zusammengedrängt. Meine Beschäftigungen sind übrigens überaus abwechselnd und dem innersten Wunsche meines Herzens angemessen. Ich stehe alle Tage

Föderationsfest. Kolorierter Kupferstich von Helman nach einem Gemälde von Charles Monnet, 14. Juli 1790. Humboldt selbst karrte in Paris Sand zur Errichtung des Freiheitstempels. Während des eigentlichen Festes war er jedoch nicht mehr in der Stadt, da Forster dringend nach Deutschland zurückreisen musste.

> um fünf Uhr auf und gehe, da die Gruben alle ½, auch ¾ Stunden von Freiberg entfernt sind, sogleich auf die Grube, um anzufahren. An die fünf Stunden beschäftige ich mich unter der Erde, bald um die natürliche Beschaffenheit der Gänge, bald die Art des Abbaus zu studieren. Ich habe die gemeinen Arbeiten auf dem Gestein alle selbst gelernt, wie wir es nennen: meine Lehrhäuerschicht aufgefahren, und noch heute Morgen war ich mit Bohren und Schießen [Sprengen] beschäftigt. Um 11 oder 12 Uhr komme ich aus der Grube, und nun sind fast alle Stunden des Nachmittags mit Kollegien besetzt – Oryktognosie [Mineralogie] und Geognosie [Lehre von der Struktur und dem Bau der festen Erdkruste] bei Werner, Markscheiden [die vermessende Tätigkeit des Bergingenieurs], Probieren [Gesteinsanalyse] auf Silber, Risse- und Maschine-Zeichnen. So vergeht ein Tag wie der andere. Mein einziger Umgang ist der Sohn des hiesigen Markscheiders [im Bergbau tätiger Vermessungsingenieur] Freiesleben, mit dem ich fast stündlich über und unter Tage zusammen bin.[11]

In Freiberg erweiterte Humboldt seine wissenschaftlichen Interessen um viele neue Forschungsbereiche. So wandte er sich nun auch der Pflanzenphysiologie zu und untersuchte experimentell die Einwirkung des Sonnenlichts auf das Pflanzenleben. Als Ergebnis dieser Studien, die er in seiner knapp bemessenen Freizeit durchführte, publizierte er im Jahr 1793 sein zweites Buch *Florae Fribergensis specimen*. Mit seiner ersten botanischen Buchveröffentlichung begründete er einen neuen Forschungszweig: die Höhlenbotanik. Er beschrieb neben den Pilzen ober-

Grubenlampe aus Freiberg, sogenannte Froschlampe, Anfang 19. Jh.

und unterirdischer Standorte aus der Umgebung Freibergs eine Vielzahl physiologisch-chemischer Versuche, mit denen er die Lebensbedingungen der Pflanzen testete. Er glaubte, 258 Arten solcher kryptogamischer Pflanzen gefunden zu haben. Wie sich später herausstellen sollte, waren es jedoch nur 56. Humboldt hatte unter anderem versehentlich die vielgestaltigen Mycelstränge des Hallimasch (Armillarelia mellea) als neue Arten interpretiert.[12]

Finanziell hatte Humboldt zu dieser Zeit keine Sorgen: »Ich habe so viel Geld, dass ich mir Nase, Mund und Ohren vergolden lassen kann«,[13] schrieb er. Allerdings klagte er in einem Brief an seinen Studienfreund Archibald MacLean über seine extreme Rastlosigkeit, unter der er einerseits litt, die ihn aber auch zu immer neuen Leistungen antrieb:

> Meine Fröhlichkeit hat freilich seit Jahren sehr abgenommen. Körperliche Ursachen sind gewiss viel daran schuld. Wenn ich ein paar Monate in Ruhe sein werde, will ich ernsthaft auf Gegenmittel denken. Was mir vielleicht am meisten schadet, ist ein Geist der Unruhe, ein Streben nach Tätigkeit, das mich plagt. Aus dieser inneren Unruhe erkläre ich es mir, warum große körperliche Anstrengung mich so schnell aufheitert. Es ist dann eine Art von Gleichgewicht im physischen und moralischen Menschen. Dabei fehlt es mir

Freiberg. Kolorierter Kupferstich, um 1830. Humboldt absolvierte hier von Juni 1791 bis Februar 1792 in einem Drittel der normalen Zeit das Studium an der Bergakademie.

Ansichten von der Umgebung Freibergs: Grubengebäude Beschert Glück, Abrahamsschacht, Grubengebäude Himmelsfürst. Farblithographien, um 1840. Die sächsische Stadt Freiberg mit ihrer Bergakademie und den unmittelbar in der Nähe liegenden Bergwerken übte wegen ihres weltweit einzigartigen Rufes eine magische Anziehungskraft aus, auch auf viele ausländische Studenten.

an so vielen Ursachen zur Fröhlichkeit, durch die sie in anderen erwacht. Sinnliche Bedürfnisse kenne ich nicht, ja selbst der Umgang und die Freundschaft kenntnisvoller Menschen ist mir gleichgültig, wenn ich nicht im Moralischen mit ihnen harmoniere.

Um nicht kalt und unteilnehmend zu scheinen, muss ich Interesse für so viele Dinge affektieren [heucheln], die mir gleichgültig sind. Ich habe es mir, ebenso sehr aus Eitelkeit, einen angenehmen Eindruck zu machen, als aus Gutmütigkeit zur Pflicht gemacht, jedem etwas Verbindliches zu sagen, mich in die Laune und die individuelle Lage jedes Menschen zu fügen, so dass mir vieler Umgang oft ein Zwang wird. So wie aber meine Heiterkeit abnimmt, so erwacht desto lebhafter in mir, mit jedem Jahre, die Wärme und Innigkeit gegen meine Freunde. Dieser Genuss entschädigt mich reichlich.

Noch habe ich kein Land der Erde gefunden, auf dem der Fluch der Gottheit so ruhte, dass kein atmendes Wesen wäre, das man an sein Herz drücken und mit Liebe umfangen könnte. Arm und einsam ist man nur dann, wenn man dies entbehrt, reich aber genug durch seine Freunde. Sie haben es gewiss selbst gefühlt, lieber MacLean, und ich fühle es täglich, wie man an moralischer Güte zunimmt, indem man andere liebt. Es ist in diesem Gefühle etwas so Reines und Hingebendes, jeder aufrührerische Gedanke von Selbstsucht und Eigennutz wird im Aufkeimen erstickt und vor allem Achtung für die ganze Menschheit erhöht und mit dieser Achtung Wille zum Guten und Handlung. – Auch mir ist von dieser Seite hier in Freiberg unendlich wohl.

Ich fand, wie ich Ihnen schon neulich schrieb, gleich bei meiner Ankunft hier in Freiberg einen Menschen, mit dem ich fast jede Stunde beisammen bin. Dieser Mensch hat viel, sehr viel Ähnliches mit Ihnen, im Intellektuellen, nicht im Physischen; so etwas Sanftes und Herzliches, das ihn unendlich liebenswürdig macht. Es ist eben der Freiesleben, mit dem ich die Reise durch Böhmen machte. Wenn wir uns drei doch einmal beisammen befänden! Ich habe ihm fast den größten Teil meiner bergmännischen Kenntnisse zu danken, aber dies ist es wahrlich nicht, was mich an ihn fesselt; sondern sein Scharfsinn, sein Wille zum Guten und die Ahnung, die ich habe, dass er viel leisten wird. Ich bin ein törichtes Wesen, habe ich oft gedacht, dass ich solche Verbindungen knüpfe, wenn ich fortfahre, ein so herumirrendes Leben zu führen. Es wird mich viel kosten, diesen Ort zu verlassen – aber in diesem Kummer liegt auch Genuss.[14]

VOM BERGMANN ZUM FORSCHUNGSREISENDEN

Im Februar 1792 beendete Humboldt seine bergmännische Ausbildung. Nahtlos wurde der 22-Jährige am 6. März als *Assessor cum voto* [mit Stimmrecht] in den preußischen Bergdienst übernommen. Damit eröffnete sich Alexander eine glänzende Laufbahn. Es war ihm gelungen, die Wünsche seiner Mutter so weit als möglich in Einklang mit seinen eigenen naturwissenschaftlichen Zielen zu bringen. An Campe schrieb er:

> Ich fühle, dass ich in den letzten Jahren an Selbständigkeit zugenommen habe. Mit wenigen Bedürfnissen genieße ich die Unabhängigkeit, deren unter allem Zwange größerer und kleinerer politischer Verhältnisse ein denkender Mensch fähig ist, eine Freiheit, die wir uns selbst schenken und die unvergänglich, wie unser Dasein, ist.[1]

Bereits im Herbst 1792 wurde er zum Oberbergmeister ernannt, und im Mai 1793 übernahm er die Verantwortung über die Bergwerke in den ehemaligen Fürstentümern Ansbach-Bayreuth, die seit 1791 zum preußischen Staatsgebiet gehörten. Zwei Jahre später wurde er zum Oberbergrat befördert. Seine Hauptwohnorte waren nun Steben und Bayreuth. Die beispiellose Geschwindigkeit seiner Karriere beeindruckte viele Zeitgenossen. Er stand in intensivem Kontakt mit einflussreichen Politikern wie dem Staatsminister und Generalbergkommissar Friedrich Anton von Heinitz, dem späteren preußischen Staatskanzler Karl August Freiherr von Hardenberg und dem Reichsfreiherrn Heinrich Friedrich Karl vom und zum Stein.

Trotzdem war Humboldt unzufrieden. Er fühlte sich »verdammt, immer allein, wie ein wandernder Jude die Welt zu durchirren, ohne Freund, ohne mit-

Alexander von Humboldt im 27. Lebensjahr (1796),
Stahlstich von Alfred Krausse, um 1850.

fühlendes Geschöpf – doch ich hasse alles Klagen«.[2] Dass ihn das Erreichte nicht erfüllte, gestand er nach seiner Beförderung auch Johann Wolfgang von Goethe, mit dem er seit März 1794 in Kontakt war: »Der König hat mich zum Oberbergrat gemacht, mit der Erlaubnis, ihm in seinen Provinzen zu dienen oder durch wissenschaftliche Reisen nützlich zu werden. Dadurch ist mir freilich eine unabhängige Existenz geschenkt, aber sie fängt, wie oft Freiheit aus Zwang entsteht, mit Zwang an.«[3] Wie sehr er seinen Freiberger Freund Karl Freiesleben vermisste, wird aus den Zeilen deutlich, die er ihm am 29. Januar 1795 aus Berneck schickte:

> Je länger ich von Dir getrennt bin, desto mehr fühle ich, was Du mir warst, was Du mir bist. Es ist spät, lieber Karl, und ich komme ermüdet aus der Grube. Ich schließe also heute und reite morgen nach Bayreuth zurück. Von da bald mehr, denn kein Augenblick ist mir süßer als der, wo ich Dir näher trete. Möchte ich doch erst an Deinem Halse hängen, Dich in meine Arme schließen.[4]

Berneck. Kolorierter Kupferstich eines unbekannten Künstlers, um 1800. In einem Stollen des Bernecker Alaunwerkes experimentierte Humboldt mit seiner Grubenlampe und verlor dabei das Bewusstsein.

Eineinhalb Jahre später, in einem Brief aus Bayreuth vom 2. Oktober 1796, offenbarte er Freiesleben:

> Guter, Herzens-Karl, ich sehe dich noch immer als das hohe Ziel moralischer Reinheit an, welches ich nie erreiche. Es ist eine gewisse Milde, Sanftheit, gefällige Ruhe, eine Pflanzenreinheit in Dir, welche mich allein ewig an Dein Wesen binden könnte. [...] Herzensjunge, wäre ich eine Stunde lang an Deiner Seite, netzte Deine Hand mit meinen Tränen.[5]

In vielen Dutzend Briefen berichtete er seinem Freiberger Freund von seiner Arbeit in Franken. Ein besonderes Anliegen war es Humboldt, die Arbeits- und Lebensbedingungen der »ärmsten Volksklasse« zu verbessern. Mit großem Verantwortungsbewusstsein und aufklärerischem Anspruch engagierte er sich für die Bergleute: »Wenn es ein Genuss ist, durch neue Entdeckungen das Gebiet unseres Wissens zu erweitern«, schrieb er, »so ist es eine weit menschlichere und größere Freude etwas zu erfinden, das mit der Erhaltung einer arbeitsamen Menschenklasse, mit der Vervollkommnung eines wichtigen Gewerbes in Verbindung steht.«[6] So erfand er eine Atemmaske mit Luftreservoir, die er »Respirationsmaschine« nannte, und er konstruierte eine Berglampe, die auch ohne Luftzufuhr von außen nicht erlosch. Die Erfindungen sollten der Rettung verunglückter Bergleute in sauerstoffarmen Schächten dienen. Über seine Experimente mit der Rettungslampe schrieb er an Freiesleben:

> Fast wäre ich vorgestern ein Opfer meiner Versuche geworden. [...] Die Sache war so: Es gibt im Bernecker Alaunwerk Wetter [Gase], die allein noch meiner Lampe trotzten. [...] Die Rettungslampe brannte hell in den bösen Wettern. Ich war neugierig, wollte bis an das faule Holz vor Ort fahren, wo wir den Schwefel verbrannt haben. Ich kroch hinein. Killinger [ein von Humboldt sehr geschätzter Bergmann] musste zurückbleiben, weil er noch von einem ähnlichen Versuch krank ist, den er in dem Nailaer Revier machte. Ich kam bis vor Ort, setzte meine Lampe hin und freute mich unendlich ihres Lichtes. Mir wurde müde, sehr wohl, betaumelt, ich sank in die Knie neben die Lampe. Ich soll Killinger gerufen haben, ich weiß nichts davon. Er tappte im Finstern nach und fand mich ohnmächtig bei der Lampe. Er zog mich hinaus. Schon bei der Blende kam ich zu mir. Mir war wie besoffen und matt, zwei Tage matt, doch spüre ich keine üblen Folgen mehr. Ich mochte Dir die Geschichte lieber selbst erzählen, als dass Du sie einmal vergrößert von anderen hörtest. Ich war freilich schuld, aber durch häufiges Fahren [Begehen von Bergwerken] in solchen Wettern dreist, kurz, es ist vorbei, und ich habe die Lampe beim Erwachen noch brennen sehen. Das war wohl der Ohnmacht wert.[7]

Abbildungen und Beschreibungen der Rettungslampe und der Atemmaske veröffentlichte er später, 1799, in seinem Buch *Über die unterirdischen Gasarten und die Mittel, ihren Nachtheil zu vermindern.* Da die Geräte jedoch zu groß und zu

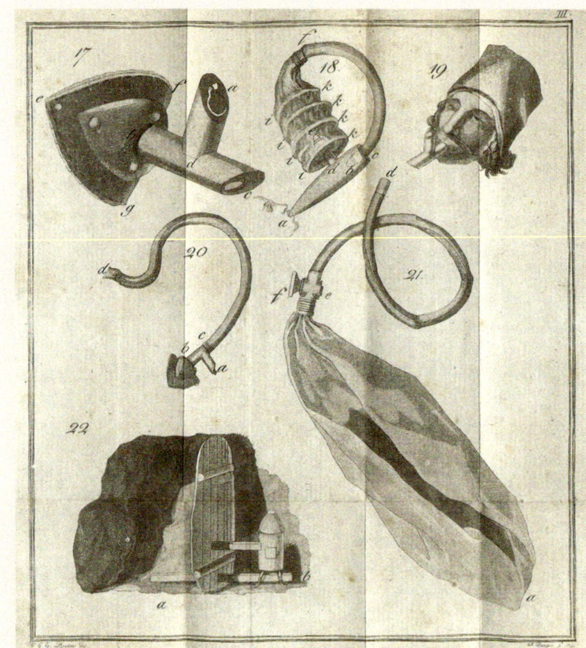

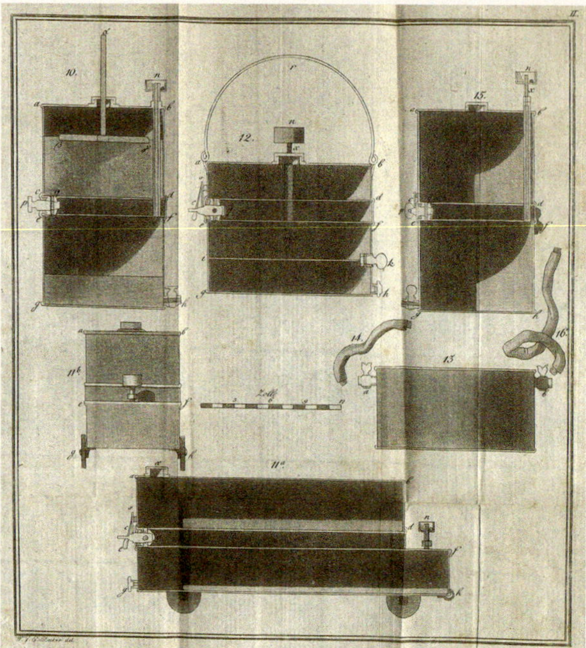

schwer und die Luftbehälter zudem zu klein waren, setzten sich beide Erfindungen in der Praxis nicht durch. Auf einem anderen Gebiet allerdings war Humboldt erfolgreicher: Auf eigene Kosten richtete er, gegen einige Widerstände in der preußischen Administration, eine »freie Bergschule« zur Bildung und Ausbildung der Bergleute und ihrer Kinder ein:[8]

> Wem ich meine Ideen mitteilte, riet mir ab. Das Volk habe keine Lernbegierde, hieß es; die Vorurteile schienen eingewurzelt, es sei kein Lehrer zu finden, den die Kinder verständen usw. Diese Einwendungen schreckten mich nicht ab, bewogen mich vielmehr, sogleich die ganze Einrichtung vorläufig aus *meinem* Beutel als Privatsache zu betreiben. [...] Ich hielt es für besser, etwas zu leisten, als nichts zu versuchen, weil man nicht alles leisten kann.[9] [...] Die Hauptschwierigkeit war [...], dass es schlechterdings kein Buch gab, das man einem Lehrer in die Hand geben konnte. Ich habe die Abende angewandt, ein Lehrbuch oder vielmehr fünf kleine zu schreiben. Manches ist mir mehr, manches weniger gelungen. Alles enthält individuelle Anwendungen [...]. Ich habe dabei recht gefühlt, wie unendlich schwer es ist, für Kinder zu schrei-

LINKS *Humboldts Atemgerät zur Rettung verunglückter Bergleute.* Kupferstich aus Humboldt: Ueber die unterirdischen Gasarten und die Mittel, ihren Nachtheil zu vermindern. Ein Beytrag zur Physik der praktischen Bergbaukunde, Braunschweig: Vieweg, 1799, Tafel III. Über ein Ventil werden ausgeatmete und aus einem Luftsack eingeatmete Luft getrennt.

RECHTS *Humboldts Sicherheitslampe zum Aufenthalt in nicht atembarer Luft.* Kupferstich aus demselben Buch. Die Lampe besteht aus zwei getrennten Kammern: Das Wasser in der oberen Kammer verdrängt gleichmäßig die Luft in der unteren Kammer. Diese steigt durch ein Rohr auf und versorgt so die von einem Ölvorrat zehrende Flamme mit Sauerstoff.

Humboldts Sicherheitslampe. Ein Originalexemplar aus Humboldts Zeit hat sich in der Bergakademie in Freiberg erhalten. Vermutlich handelt es sich dabei um ein Exemplar, das Humboldt selbst angefertigt hat.

> ben. Ich habe viele Bücher dabei benutzt, denn der Hauptcharakter eines Schulbuches soll der sein, dass es alles enthält, was nur irgend dem gemeinen Bergmann nützlich sein kann. Es darf schlechterdings nicht oberflächlich sein.[10]

Auf diese Weise entstanden zwei Schulen für die Bergarbeiter: eine, die theoretische, und eine, die praktische Kenntnisse vermittelte. Die Maßnahme Humboldts zeigte Wirkung: Durch die bessere Ausbildung und Organisation der Arbeit der Bergleute steigerte sich die Ergiebigkeit und Rentabilität der ihm anvertrauten Gruben und Zechen. Zusätzlich brachte er mit einem weiteren Impuls den Bergbau in den fränkischen Fürstentümern Ansbach-Bayreuth in Schwung: Durch gründliches Studium historischer Dokumente steigerte Humboldt deren Effizienz. Die Kenntnis historischer Quellen ermöglichte eine bessere Orientierung beim Auffinden der Erzvorkommen und erlaubte Vergleiche der investierten Kosten:

> Mit dem Bergbau geht es überhaupt hier jetzt schnell vorwärts. In Goldkronach besonders bin ich glücklicher, als ich es je wagen durfte zu glauben. Die neu aufgefundenen Akten aus dem 16. Jahrhundert, die ich mit der größten Mühe studiere, haben mich ganz orientiert. Alle, die vor mir die Direktion des dasigen [gegenwärtigen] Grubenbaus hatten, waren irre, weil ihnen diese Quellen fehlten. Seit acht Jahren hatte man ehemals mit 14 000 Gulden Zubuße kaum 3000 Zentner gefördert, ich schaffte in diesem einen Jahre allein mit neun Mann 2500 Zentner Golderze, die kaum 500 Gulden kosten.[11]

Von Humboldt gesammelte und etikettierte Mineralienproben.

Obere Reihe: Amphibol, Fundort: Thiersheim bei Wunsiedel; Epidot, Fundort: Lichtenberg bei Bad Steben; Goethit, Fundort: Grube Arme Hilfe, Schnarchenreuth, Quarz (Chalcedon), Fundort: Grube Arme Hilfe, Schnarchenreuth bei Hof.

Untere Reihe: Quarz, Fundort: Göpfersgrün bei Wunsiedel; Serpentin, Fundort: Oberkotzau bei Hof; Stilbit, Fundort: Gössenreuth bei Bad Berneck; Talk (Speckstein), Fundort: Göpfersgrün bei Wunsiedel.

Als Humboldt nach Franken kam, war der Goldbergbau, dessen Blütezeit im 16. Jahrhundert lag, zum Erliegen gekommen. Einst waren bis zu 500 Personen über und unter Tage beschäftigt. Wöchentlich sollen bis zu 3 ¾ kg Gold gefördert worden sein.[3] Doch die leichter zugänglichen Goldadern waren inzwischen ausgebeutet. Je weiter die Bergleute nun in die Tiefe vordringen mussten, umso größer wurde die Masse des zu fördernden Gesteins im Verhältnis zu dem immer weniger werdenden Erz. Der Aufwand und die Kosten für den Abbau nahmen extrem zu. Während in anderen Regionen die bergmännischen Techniken rasch in Richtung einer industriellen Produktion entwickelt worden waren, arbeitete man im Fränkischen noch immer in mittelalterlich-handwerklicher Tradition. Neben Gold wurde dort auch Zinn und Eisen, Kupfer und Silber abgebaut. Humboldts Ziel war es nun, mit allen Mitteln die Erzförderung zu neuem Leben zu erwecken:

> Wenn es glücken sollte, die ausgewanderten Bergleute wiederzurufen, dieser romantischen Gegend nur einen kleinen Teil ihres alten Glanzes wiederzugeben ... Was ist es, [das] den Menschen so unüberwindlich an das Gebirge fesselt! Nie war ein Wunsch so lebhaft in mir, als jetzt der Wunsch nach Erz.[12]

Sein ungewöhnlicher Arbeitsstil unterschied sich völlig von dem der vorigen leitenden Bergbeamten, die meist nur vom fernen Oberbergamt dirigiert hatten. Humboldt hingegen kümmerte sich vor Ort um die anstehenden Aufgaben. Dadurch erwarb er sich den Respekt der Bergleute: »Das Vertrauen der Menschen habe ich. Man glaubt, dass ich acht Beine und vier Hände habe, und das ist bei meiner Lage unter so faulen Offizianten [Amtsträgern] schon sehr gut.«[13] Wie besessen arbeitete er Tag und Nacht. Dem Hofrat und Schriftsteller Georg August Ebell in Hannover berichtete er am 10. Juni 1794:

> Immer umherstreifend auf einem wilden Gebirge, kaum zwei bis drei Tage an einem Orte, mehr unter als über Tage, muss ich meine [naturwissenschaftlichen] Lieblingsstudien fast ganz aufgeben. [...] Mein jugendlicher Körper erlag unter der Anstrengung der Winterarbeit. Ich hatte sechs Wochen lang ein schleichendes Fieber. Kaum war ich hergestellt, so erhielt ich königliche Aufträge, Salzschächte an der Ostseeküste und in Polen abzuteufen [in die Tiefe zu bauen]. Seit dem April schwärmte ich nun in Pommern bei Colberg, West- und Südpreußen herum. [...] So ist mein Leben ein echtes Nomadenleben.[14]

Er inspizierte jede Grube und begann rasch, den gesamten fränkischen Bergbau zu reformieren. So wies er die Bergleute an, die Schächte tiefer zu graben, die Stollen besser auszubauen, zusätzliche Belüftungsschächte und Hilfsstollen zur Entwässerung zu schaffen und neue, von ihm entdeckte Erzgänge zu eröffnen. Er führte die Verwendung von Talglichtern, sogenannten Unschlittlampen, statt der früheren Kienspäne ein, und statt des mühsamen Abbaus »mit Schlägel und Eisen« das »wohlfeilere [= billigere] Schießen«: das Sprengen des Erzes mit

Schwarzpulver. Um sie zu motivieren, verkürzte Humboldt die Arbeitszeit der Bergleute. Auch die Energieversorgung der Eisenhütten und Porzellanmanufakturen war ihm ein Anliegen. Durch Raubbau waren die Wälder des Fichtelgebirges und des Frankenwalds stark dezimiert worden. Er sorgte für eine gerechtere Holzzuteilung und ließ – allerdings wenig erfolgreich – auch die Verwendung von Torf als Brennstoff testen.

Als 1793 in Tettau eine Porzellanmanufaktur errichtet werden sollte, erstellte er ein positives Gutachten und sorgte in langwierigen Verhandlungen mit der Forstverwaltung dafür, dass der Manufaktur genügende Mengen des äußerst knappen Brennholzes zugeteilt wurden. Mit dieser Firmengründung, bei der Humboldt den Geburtshelfer spielte, begann eine lange Erfolgsgeschichte: Das Tettauer Porzellan wurde berühmt für sein strahlendes Weiß und seine zarte Durchsichtigkeit. Die Manufaktur stellt noch heute hochwertiges Künstlerporzellan her. Die Produktion der staatlichen Porzellanmanufaktur in Bruckberg vereinfachte er. Auf seine Anweisung wurde die risikoreiche Herstellung von großen, kostbaren Speiseservice reduziert. Stattdessen konzentrierte man sich künftig auf die Fabrikation kleiner Stücke wie Kaffee- und Teegeschirre, Blumenvasen, Weihwassergefäße und Pfeifenköpfe. Diese ließen sich in weit größeren Stückzahlen absetzen. Als besonders erfolgreich erwies sich die Produktion von einfachen, bemalten Mokkatassen, die über griechische Händler in die Türkei verkauft wurden – die sogenannten »Türkenbecher«. Jährlich wurden bis zu 48 000 Stück davon produziert.[15]

Ein »Türkenbecher« aus der Porzellanmanufaktur Bruckberg, 19. Jahrhundert. Als Verantwortlicher für den fränkischen Bergbau regte Humboldt den Umstieg der Produktion auf diese einfach herzustellende Massenware an. Zu Zehntausenden wurden diese einfachen Kaffeetassen jährlich in der Türkei abgesetzt.

Humboldts rastlose Energie stand im Gegensatz zu seinem nicht sehr robusten und oft durch Krankheiten geschwächten Körper. Häufig verletzte er sich bei Unfällen in Bergwerken und litt an Erkrankungen wie »Flußfieber und Nervenübel«,[16] die ihn bisweilen für mehrere Wochen ins Bett zwangen. Später, im Jahr 1806, gestand er: »Voller Unruhe und Erregung freue ich mich nie über das Erreichte, und ich bin nur glücklich, wenn ich etwas Neues unternehme, und zwar drei Sachen mit einem Mal.«[17]

Genauso rastlos und hartnäckig wie seine administrativen Aufgaben im Bergbau verfolgte Alexander von Humboldt auch seine wissenschaftlichen Ziele. Aufbauend auf seinen Studien zu den *Florae Fribergensis specimen* in Freiberg begann er, sich in Franken eingehend mit dem Rätsel der »Lebenskraft« zu beschäf-

Der Rudolph-Stein oder Rollen-Stein. Kupferstich aus dem Buch von Johann Christoph von Pachelbel-Gehag: Ausführliche Beschreibung des Fichtel-Berges […], Leipzig: Johann Christian Martini, 1716. Erschreckend zeigt sich bereits in dieser frühen Zeit der Kahlschlag des Fichtelgebirges durch großflächige Abholzung des begehrten Bau- und Brennstoffs.

tigen. Hierzu angeregt hatte ihn einerseits die unter extrem schwierigen Bedingungen in den Freiberger Bergwerksstollen wachsende unterirdische Vegetation, andererseits aber auch seine Begegnung mit Christoph Girtanner im Jahr 1790 in London. Dieser hatte ihm die moderne Chemie Lavoisiers nahegebracht. Dankbar schrieb Humboldt ihm im März 1793:

> Ihre chemisch-physiologischen Entdeckungen haben mich über alles interessiert. [...] Ich fing sogleich an, selbst zu experimentieren, habe seit zwei Jahren mit größter mir möglicher Anstrengung alles studiert, was sich nur irgend darauf bezieht, und bin von dem Oxygen als Prinzip der Lebenskraft (trotz des noch so rätselhaften, gewiss nicht magnetischen oder elektrischen galvanischen Fluidums) ebenso überzeugt wie Sie es waren, als Sie mir in Green Park zuerst davon erzählten.[18]

Bereits 1791 hatte Humboldt über Antoine Laurent de Lavoisier notiert: »Ich habe [seinen] *Traité élémentaire [de chimie]* nun schon dreimal hintereinander durchstudiert, und immer finde ich ihn philosophischer und schöner. Welch ein behutsamer Gang im Raisonnement, welche Aussichten über die vegetabilische Organisation.«[19] Inspiriert von den Versuchen Lavoisiers, Joseph Priestleys, Carl Wilhelm Scheeles und Jean Senebiers hatte Humboldt bereits in Freiberg begonnen, Versuche zur Ernährung und Atmung der Gewächse durchzuführen und den Einfluss von Sonnenlicht, Sauerstoff und Kohlendioxid auf das Keimen von Pflanzen zu erforschen. Diese Arbeiten setzte er nun fort. Die Ergebnisse schlugen sich in seinen *Aphorismen aus der chemischen Physiologie der Pflanzen* nieder, in denen Humboldt »eine neue Theorie über den Reiz des Lichts und des Wasserstoffs auf die Art, den Sauerstoff aus Pflanzen zu gewinnen«[20] präsentierte. Einige dieser Aussagen haben bis heute Bestand, andere jedoch sind unter heutigen wissenschaftlichen Gesichtspunkten überholt. So verteidigte Humboldt beispielsweise das Vorhandensein der belebten Muskelfaser in den Pflanzen und verglich das Holz »mit den Knochen der Tiere nach Entstehung, Alter, Substanz, Krankheiten usw.«.[21]

Wichtige neue Anregungen gab ihm eine Reise nach Wien im Herbst 1792: »Die neue Chemie hat hier ihren Sitz«, schrieb er. »Alles oxygeniert, der junge [Chemiker und Botaniker Joseph Franz von] Jacquin lehrt sie öffentlich, das Phlogiston ist verschwunden.«[22]

Mit Phlogiston war ein vermeintlicher »Wärmestoff« gemeint, eine hypothetische Substanz, von der man im späten 17. und 18. Jahrhundert vermutete, dass sie allen brennbaren Körpern bei der Verbrennung entweicht. Lavoisier war es, der der Ansicht vom Phlogiston den Todesstoß versetzt hatte. Im Jahr 1789 hatte er mit seiner Sauerstoff- oder Oxidationstheorie nachgewiesen, dass die Verbrennung ein Prozess ist, bei dem eine Substanz eine Verbindung mit Sauerstoff eingeht. Auch die Rolle des Sauerstoffs bei der tierischen und pflanzlichen Atmung hatte er erkannt. Begeistert hatte Humboldt diese Ideen aufgenommen. In Wien hörte er nun auch erstmals von Luigi Galvanis Versuchen über die »tierische Elektrizität« bei Fröschen. Unmittelbar darauf begann er selbst, neben seinen

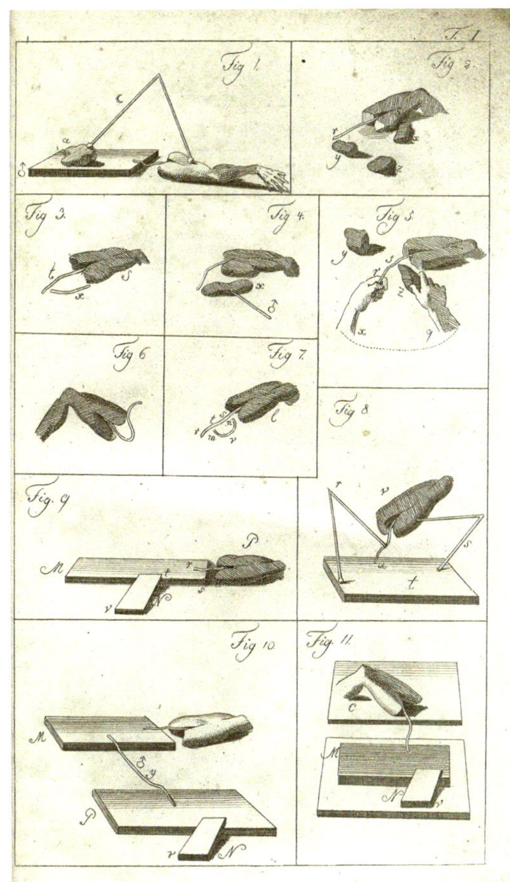
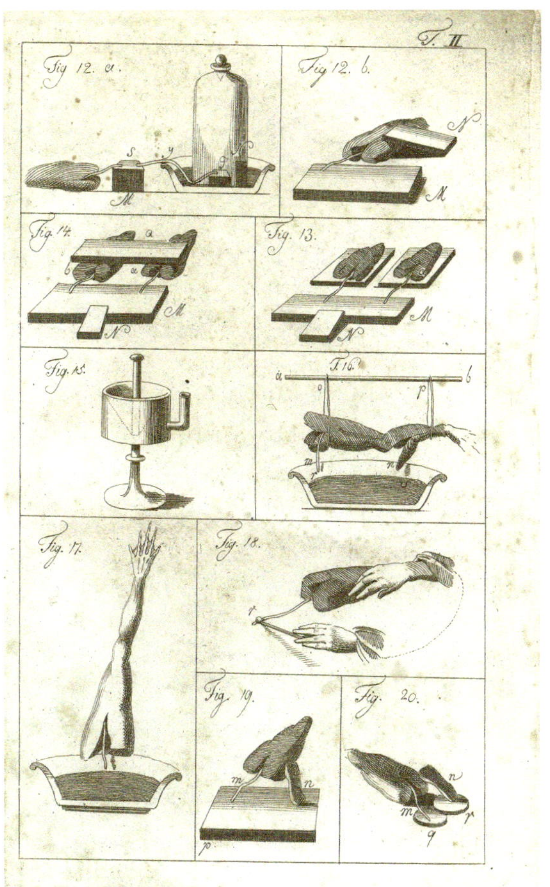

pflanzenphysiologischen Versuchen auch galvanische Experimente mit verschiedenen Tieren durchzuführen: »Mich konnte Pflanzenphysiologie (mein Hauptstudium) nicht interessieren, ohne genaue Kenntnis der animalischen Organisation«,[23] meinte er 1795 gegenüber Friedrich Albrecht Carl Gren, dem Herausgeber des Handbuchs der Chemie und des Journals der Physik. Humboldts selbst erklärtes Ziel war es nun, hinter das Geheimnis des Lebens zu kommen. Begeistert schrieb er am 9. Februar 1796 an Freiesleben: »Ich glaube, nun bald den gordischen Knoten des Lebensprozesses zu lösen.«[24]

Resultat dieser Versuche waren seine im Jahr 1797 und 1798 veröffentlichten *Versuche über die gereizte Muskel- und Nervenfaser*. In diesem zweibändigen Werk schildert Humboldt seine galvanischen Versuche an Fischen, Fröschen, Kröten, Eidechsen, Hühnern, Ratten, Mäusen, Fledermäusen und vielen anderen Tieren. Deren Organe hatte er nach Tötung durch Reizen bestimmter Nerven auf ihre Erregbarkeit geprüft.[25] Selbst seinen eigenen Körper nutzte er für diese Experimente als Untersuchungsobjekt. In schmerzhaften Selbstversuchen ersetzte Humboldt Galvanis Frösche gewissermaßen durch sich selbst:

Versuchsanordnungen Humboldts zum Nachweis der tierischen Elektrizität. Kupferstiche aus Alexander von Humboldt: Versuche über die gereizte Muskel- und Nervenfaser nebst Vermuthungen über den chemischen Process des Lebens in der Thier- und Pflanzenwelt. Bd. 1, Posen: Decker; Berlin: Rottmann, 1797, Tafeln I und II.

> Ich ließ mir zwei Blasenpflaster auf den Rücken anlegen, den Trapezmuskel und den Deltamuskel bedeckend, jedes von der Größe eines Laubtalers. Ich selbst lag dabei flach auf dem Bauche ausgestreckt. Als die Blasen aufgeschnitten waren, fühlte ich bei der Berührung mit Zink und Silber ein heftiges schmerzhaftes Pochen, ja der Musculus cucularis [Trapezmuskel] schwoll mächtig auf, so dass sich seine Zuckungen bis ans Hinterhauptbein und die Stachelfortsätze des Rückenwirbelbeins fortsetzten. Eine Berührung mit Silber gab mir vier einfache Schläge, die ich deutlich unterschied, Frösche hüpften auf meinem Rücken, wenn ihr Nerv auch gar nicht den Zink unmittelbar berührte, einen halben Zoll von demselben ablag und nur vom Silber getroffen wurde. Meine Wunde diente zum Leiter, und dann fand ich nichts dabei. Meine rechte Schulter war bisher am meisten gereizt. Sie schmerzte heftig, und die durch Reiz häufiger herbeigelockte lymphatisch seröse Feuchtigkeit war rot gefärbt und, wie bei bösartigen Geschwüren, so scharf geworden, dass sie, wohin sie den Rücken herablief, denselben in Striemen entzündete. – Das Phänomen war zu auffallend, um es nicht zu wiederholen. Die Wunde meiner linken Schulter war noch mit ungefärbter Feuchtigkeit gefüllt. Ich ließ mich auch dort mit Metallen stärker reizen, und in vier Minuten waren heftiger Schmerz, Entzündung, Röte und Striemen da. Der Rücken sah, rein abgewaschen, mehrere Stunden wie der eines Gassenläufers [Spießrutenläufers] aus.[26]

Auch an mehreren Handwunden und in der Kinnbackenhöhle eines ausgezogenen Zahns stellte er Selbstversuche an: Humboldt versuchte, seine gereizten Nerven so lange weiter zu reizen, bis kein Schmerz mehr zu spüren war. Allerdings gelang ihm das nicht. Im Gegenteil: Die Schmerzen nahmen immer weiter zu.[27] Nicht zum letzten Mal zeigt sich hier seine Bereitschaft, beachtliche persönliche Risiken einzugehen, um zu neuen wissenschaftlichen Erkenntnissen zu gelangen. Ergebnis seiner Suche nach der Lebenskraft war, so Humboldt, dass es nicht ein einzelner Stoff ist, der diese bedingt, da Leben das Resultat mehrerer Kräfte und mehrerer Stoffe ist, sondern dass das Zusammenwirken dieser Kräfte[28] das Leben verursacht:

> Das Gleichgewicht der Elemente in der belebten Materie erhält sich nur so lange und dadurch, dass diese Teil des Ganzen ist. Ein Organ bestimmt das andere, eines gibt dem andern die Temperatur, in welcher diese und keine anderen Affinitäten wirken. Ein Metall oder ein Stein kann zertrennt werden, und bleiben die äußeren Bedingungen dieselben, so werden die zertrennten Stücke auch die Mischung behalten, welche sie vor der Trennung hatten. Nicht so jedes Atom der belebten Materie, es sei starr oder tropfbar flüssig. Die gegebene Definition schließt sich unmittelbar an die Idee des unsterblichen Denkers [Immanuel Kant] an, »dass im Organismus alles wechselseitig Mittel und Zweck sei«.[29]

Es waren vor allem seine pflanzenphysiologischen und die galvanischen Arbeiten, die Humboldt damals in der Wissenschaftswelt bekannt machten. Zum Teil ver-

öffentlichte er sie in Grens *Journal der Physik*, teilweise auch in den von Lorenz Crell herausgegebenen *Chemischen Annalen* und zahlreichen anderen wissenschaftlichen Zeitschriften. Sein Beitrag »Über die grüne Farbe der unterirdischen Vegetabilien« erschien 1792 sogar in Jean-Claude Delamétheries *Journal de Physique, de chimie, d'histoire naturelle et des arts* in Paris.[30] Im Juni 1793 wurde er in die »Kaiserlich Leopoldinisch-Karolinische Akademie der Naturforscher« aufgenommen, und im selben Monat erhielt er für seine *Florae Fribergensis specimen* die »Kursächsische Prämienmedaille für Kunst und Wissenschaft in Gold«. Seine *Versuche über die gereizte Muskel- und Nervenfaser* wurden 1799 sogar ins Französische und 1803 ins Spanische übersetzt.

Die Ergebnisse dieser Forschungen waren keine wissenschaftlichen Meilensteine wie diejenigen Luigi Galvanis oder Alessandro Voltas, mit dem Humboldt im August 1795 am Comer See selbst Froschschenkelversuche durchgeführt und den er einen »großen Mann, dem ich so gern nachstände«,[31] genannt hatte. Trotzdem waren Humboldts pflanzenphysiologische und galvanische Experimente

Steben. Der Hofer Künstler Richter fertigte 1837 diese Lithographie des Ortes an. »Steben hat einen so wesentlichen Einfluss auf meine Denkart gehabt, ich habe so große Pläne dort geschmiedet, mich dort so meinen Gefühlen überlassen«, schrieb Humboldt.

und Publikationen beeindruckende Schritte auf dem Weg, das Geheimnis des Lebens zu ergründen.

Zwei andere wissenschaftliche Konzepte Humboldts aber sollten sich in der Zukunft als weitaus bedeutender erweisen. Auch sie entwickelte Humboldt in seiner Freizeit, neben seinem Amt im preußischen Bergdienst. Bereits 1794 dachte er über ein Buch nach, das den Titel tragen sollte: »Ideen zu einer künftigen Geschichte und Geographie der Pflanzen oder historische Nachrichten von der allmählichen Ausbreitung der Gewächse über den Erdboden und ihren allgemeinsten geognostischen Verhältnissen«.[32] Dieses Konzept realisierte er später, im Jahr 1803, zunächst als Aquarellskizze und 1807 als Publikation seiner *Geographie der Pflanzen in den Tropenländern.* Er schuf damit eine neue wissenschaftliche Disziplin.

Im Januar 1796 tauchte erstmals in einem seiner Briefe die »Idee einer physischen Weltbeschreibung« (»physique du monde«) auf.[33] Diese Konzeption sollte bald zu Humboldts wissenschaftlicher Leitidee werden: »Ich wollte die Länder, die ich besuchte«, schrieb er später, »einer allgemeineren Kenntnis zuführen; und ich wollte Tatsachen zur Erweiterung einer Wissenschaft sammeln, die noch kaum skizziert ist und ziemlich unbestimmt bald *Physik der Welt*, bald *Theorie der Erde*, bald *Physikalische Geographie* genannt wird.«[34]

Zudem entwickelte er eine spezielle graphische Darstellungsform, die er »Pasigraphie« nannte. Mit ihrer Hilfe werden geographische Erscheinungen durch Buchstaben, Richtungspfeile, Symbole und Abkürzungen für Formationen und Gesteine dargestellt. Humboldt nutzte sie vor allem bei der Wiedergabe von Schnitten durch Landschaften, sogenannten Landschaftsprofilen. Der Bergbau hatte ihn zu der Idee inspiriert, »ganze Länder wie ein Bergwerk darzustellen«.[35]

Es waren viele Erfolge, auf die Alexander von Humboldt in den Jahren 1792 bis 1796 stolz sein konnte: Sowohl in seinen wissenschaftlichen Untersuchungen als auch in seiner administrativen Arbeit als preußischer Beamter hatte er Außergewöhnliches geleistet. Bald wurde dadurch auch der Dichter und Naturwissenschaftler Johann Wolfgang von Goethe auf ihn aufmerksam. Stolz schrieb Humboldt seinem Freund Reinhard von Haeften:

> Goethe hat Wort gehalten und kam um meinethalben herüber. Er war drei Tage bei uns, unendlich freundlich gegen mich. Er wollte mich mit Gewalt mit nach Weimar nehmen, weil es ihm der Herzog eingeprägt hatte, mich mitzubringen. Aber so gern ich mit Goethe bin (er ist mir eigentlich hier der liebste), so wären denn doch leicht die Feiertage darauf gegangen.[36]

Im März 1794 hatten sie sich in Jena zum ersten Mal getroffen. Beide verband das Interesse an naturkundlichen Studien und die Anerkennung der Erfahrung als Grundlage der Erkenntnis. Zusammen mit Goethe und seinem Bruder Wilhelm besuchte Alexander von Humboldt dann im Winter 1794/95 Vorlesungen des Anatomen Justus Christian Loder. Gemeinsam führten sie unzählige galvanische Experimente durch. Auch Wilhelm trieb damals, wie Alexander es formulierte, »praktische Anatomie mit kannibalischer Wut.«[37] In Jena traf Alexander auch

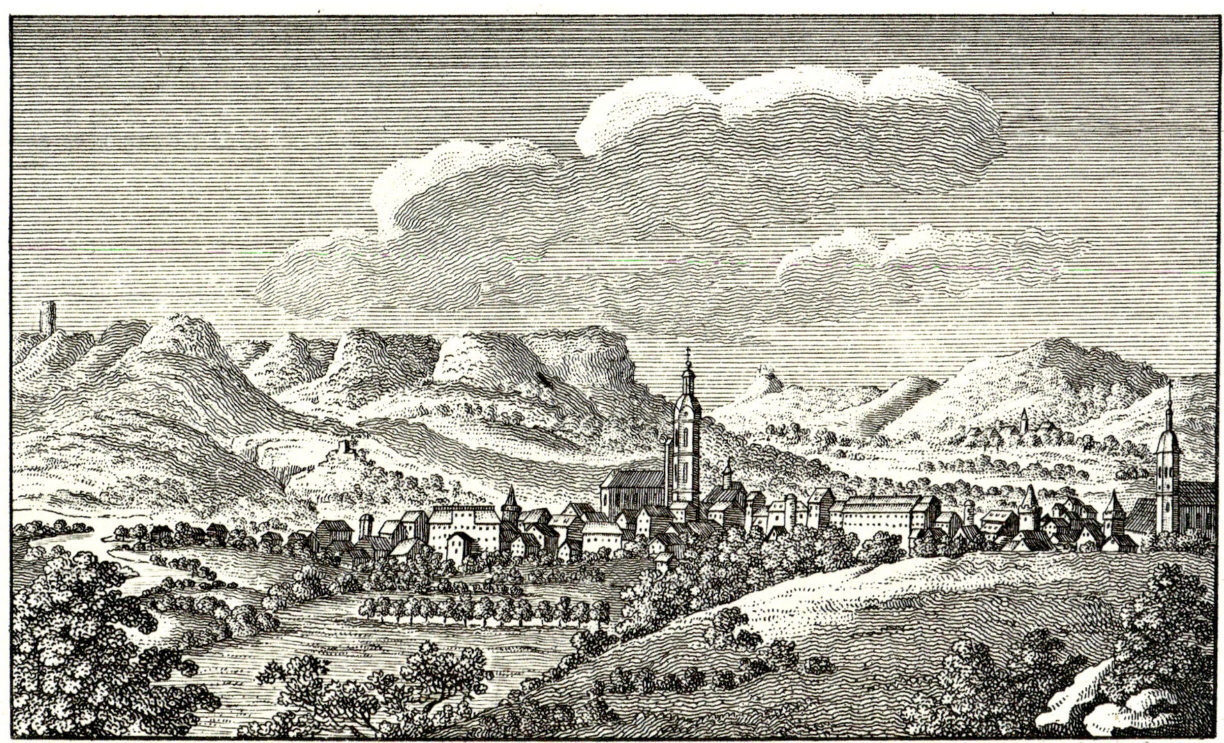

Friedrich Schiller. Dieser lud ihn ein, für seine Zeitschrift *Die Horen* einen Beitrag zu verfassen. Humboldt wählte dafür das Thema, das ihn zu dieser Zeit am meisten beschäftigte: die Lebenskraft. Es war seine erste und einzige nichtwissenschaftliche Veröffentlichung. Sie trug den Titel »Die Lebenskraft oder der Rhodische Genius. Eine Erzählung«. Die Arbeit, auch ein Beweis für Alexanders klassizistische Kunstauffassung, wurde zwar 1795 gedruckt, sie stieß jedoch, wohl aufgrund ihrer literarischen Mängel, bei Schiller auf wenig Anerkennung.[38]

Obwohl Alexander von Humboldt Schiller bewunderte, schätzte dieser dessen wissenschaftliche Ideen und Arbeiten nicht besonders. Schiller äußerte einmal über Humboldts wissenschaftlichen Ansatz: »Es ist der nackte, schneidende Verstand, der die Natur, die immer unfasslich und in allen Punkten ehrwürdig und unergründlich ist, schamlos ausgemessen haben will und mit einer Frechheit, die ich nicht begreife, seine Formeln, die oft nur leere Worte und immer nur enge Begriffe sind, zu ihrem Maßstabe macht. Kurz, mir scheint er für seinen Gegenstand ein viel zu grobes Organ und dabei ein viel zu beschränkter Verstandesmensch zu sein. Er hat keine Einbildungskraft, und so fehlt ihm nach meinem Urteil das notwendigste Vermögen zu seiner Wissenschaft – denn die Natur muss angeschaut und empfunden werden, in ihren einzelnsten Erscheinungen wie in ihren höchsten Gesetzen.«[39]

Jena. Kupferstich aus dem Verlag Wiederhold, Göttingen, um 1800. Die kleine Universitätsstadt erlebte eine wissenschaftliche Blüte, als Wilhelm von Humboldt dort wohnte und sein Bruder Alexander auf Besuchen zwischen 1794 und 1797 sich mit Goethe austauschte und dort mit ihm zusammen experimentierte.

Wilhelm und Alexander von Humboldt mit Goethe in Schillers Garten in Jena, 1796. Kolorierte Postkarte, um 1900, nach einem Holzstich von Andreas Müller in: Die Gartenlaube 1860, Nr. 15. Mit Goethe verband Alexander das Interesse an naturkundlichen Studien und die Anerkennung der Erfahrung als Grundlage der Erkenntnis.

Goethe hingegen brachte dem 20 Jahre jüngeren Gelehrten eine tiefe, lebenslange Bewunderung entgegen, auch wenn er im Plutonismus-Neptunismus-Streit, im Gegensatz zu Alexander, nie von seiner neptunistischen Überzeugung abwich. Viele Jahre später, im Jahr 1826, äußerte er gegenüber seinem Sekretär Johann Peter Eckermann: »Alexander von Humboldt ist diesen Morgen einige Stunden bei mir gewesen. Was für ein Mann! Ich kenne ihn so lange, und doch bin ich von neuem über ihn in Erstaunen. Man kann sagen, er hat an Kenntnissen und lebendigem Wissen nicht seinesgleichen. Und eine Vielseitigkeit, wie sie mir gleichfalls noch nicht vorgekommen ist! Wohin man rührt, er ist überall zu Hause und überschüttet uns mit geistigen Schätzen. Er gleicht einem Brunnen mit vielen Röhren, wo man überall nur Gefäße unterzuhalten braucht und wo es uns immer erquicklich und unerschöpflich entgegenströmt. Er wird einige Tage hier bleiben, und ich fühle schon, es wird mir sein, als hätte ich Jahre verlebt.«[40]

Am 19. November 1796 starb die Mutter der Brüder Humboldt. Während Wilhelm nun Schloss Tegel übernahm, kam Alexander jetzt zu dem Kapital, mit dem er seine Forschungsreise in die Tropen Amerikas finanzieren konnte. Sofort begann er, seinen lange erträumten Plan in die Tat umzusetzen. Nur einen Monat später schrieb er an Carl Ludwig Willdenow:

> Ohnerachtet mich meine Sendung zu dem französischen General [Moreau] und mein Aufenthalt bei der Armee im Juli und August sehr gestört hat, so habe ich doch den Sommer viel zu Stande gebracht. Mein großes physika-

lisches Werk über den Muskelreiz und chemischen Prozess des Lebens ist fast vollendet. Es enthält an die 4000 Versuche und auch viel über Pflanzenphysiologie ... Im Winter gebe ich einen Teil chemischer Abhandlungen heraus, die fertig liegen: Versuche über den Lichtstrahl und das Stickgas; Verwandlung der Morcheln in Talg durch Behandlung mit Salpetersäure; ein neu erfundenes Barometer, das sich auf ein neues Prinzip gründet, und mit dem hier schon sehr glückliche Messungen gemacht sind; Arbeiten über den Phosphor als Eudiometer; über zwei neue Gasarten, oxygenierte Kohlensäure und Azoture de Phosphore oxydée ...

In Genf wird ein französisches Werk von mir gedruckt, *Lettres physiques à Mr. Pictet,* das sind Memoiren, die ich einzeln dem Nationalinstitut geschickt und die dieses einzeln zum Druck befördert hat. Über Respiration der Pflanzen habe ich diesen Sommer viel experimentiert ...

Du siehst hieraus, mein lieber Willdenow, dass ich zwar weniger schreibselig bin als andere, aber gewiss nicht unfleißiger. – Mache nur, dass das gute Pathchen [Willdenows Sohn Carl Wilhelm] schnell heranwachse, damit ich es nach Indien mitnehmen kann. Meine Reise ist unerschütterlich gewiss. Ich präpariere mich noch einige Jahre und sammle Instrumente, ein bis anderthalb Jahr bleibe ich in Italien, um mich mit Vulkanen genau bekannt zu machen, dann geht es über Paris nach England, wo ich leicht auch wieder ein Jahr bleiben könnte (denn ich eile schlechterdings nicht, um recht präpariert anzukommen), und dann mit englischem Schiffe nach Westindien [Amerika]. Erlebe ich das Ende dieser Pläne nicht, nun so habe ich wenigstens tätig begonnen und die Lage benutzt, in die mich glückliche Verhältnisse gesetzt haben.[41]

Ohne jedes Zögern, ohne Gewissensbisse und Wehmut beendete Humboldt im Jahr 1796 seine vielversprechende Karriere im preußischen Staatsdienst, die ihm wahrscheinlich bald das Amt eines Staatsministers eingebracht hätte. Die Erbschaft seiner Mutter eröffnete ihm die Möglichkeit, nun endlich ohne jede Einschränkung seine eigenen Pläne zu realisieren. Als er aus dem Bergdienst ausschied, hinterließ er in Franken ein – trotz vieler noch bestehender Mängel – wieder florierendes Berg- und Hüttenwesen.

Im März 1797 zog er nach Jena. Dort konnte er einerseits Goethe näher sein, andererseits auch, angeleitet vom Direktor der Sternwarte von Gotha, Franz Xaver von Zach, sich intensiv im Umgang mit geodätischen, geophysikalischen und astronomischen Messinstrumenten üben. Zach zeigte ihm unter anderem, wie man mit einem Spiegelsextanten astronomische Ortsbestimmungen durchführt. Der Sextant wurde, neben dem Barometer und dem Chronometer, zu Humboldts wichtigstem Messinstrument. »Ich habe alle Maulwurfshügel hier herum gemessen«,[42] schrieb er am 14. Mai 1797.

Mit einer großen Sammlung wissenschaftlicher Instrumente im Gepäck, die er in mehreren Kisten verpackt hatte, brach Alexander kurz darauf aus Jena zu seiner großen Reise auf. Das Ziel war klar: Es war Westindien. Aber auf welche Weise er dorthin gelangen sollte und wie viele Stationen und Hindernisse noch

Goethes Utensilien für naturwissenschaftliche Studien und Experimente im Goethe-Nationalmuseum Weimar. Das Arsenal von Humboldts Instrumenten dürfte sich zu dieser Zeit kaum von demjenigen Johann Wolfgang von Goethes unterschieden haben.

vor ihm lagen, war vollkommen ungewiss. Sein erstes Ziel war Dresden. Dort plante er, seinen Bruder Wilhelm zu treffen und mit ihm und dessen Familie nach Italien zu reisen. Begleitet wurde er von seiner Schwägerin Caroline und seinem geliebten Freund Reinhard von Haeften mitsamt dessen Ehefrau Christiane und deren zwei kleinen Kindern. Es war sein inniger Herzenswunsch gewesen, dass Haeften mit ihm reiste. Humboldt hatte den in preußischen Diensten stehenden Leutnant im Herbst 1793 in Bayreuth kennengelernt. Wie bereits zuvor zu Johann Karl Freiesleben, war er in leidenschaftliche Zuneigung zu ihm entbrannt. Im Jahr 1795 hatten sie dann gemeinsam Oberitalien und die Schweiz bereist. Kurz danach, »in den Nächten vom 1. bis 4. Januar 1796«, schrieb er ihm einen langen Brief:

> Nie hatte ich in einem Menschen solche Innigkeit der Empfindung, solche Reinheit der Seele gefunden; ich fühlte mich besser in Deinem Umgange, und von der Zeit an, war ich mit ehernen Ketten an Dich gebunden. Wenn Du mich Jahre lang mit Kälte und Verachtung begegnetest, wenn Du mich zurückstößest, wie ich mich an Dich dränge; ich würde nie aufhören, in stummer Betrübnis an Dir zu hangen, doch dem Himmel danken, dass ich vor meinem Tode empfinden durfte, was gute Menschen einander sein können.
>
> Mit jedem Tage nimmt diese Liebe und Anhänglichkeit, deren Ausbruch Dir oft lästig wird, zu. Ich kenne kein anderes Glück auf Erden, seit zwei Jahren, als Deine Heiterkeit, Deinen Umgang, als den schwächsten Ausdruck Deiner Zufriedenheit. Meine Liebe zu Dir ist nicht Freundschaft, Bruderliebe allein, es ist Ehrerbietung, kindliche Dankbarkeit; Ergebung in Deinen Willen, als meinem höchsten Gesetze. […]

> Christiane ist jetzt Dein, Du hast jetzt, was von je her glückliche Menschen bezeichnete, ein gutes Weib, das Du liebst, und einen Freund, der glücklich wäre, sein Leben hinzuopfern, wenn er Dir dauernde Ruhe damit erkaufen könnte. [...] Schon in Venedig versprachst Du mir, noch einmal mit Dir nach Rom und Neapel wandeln zu dürfen. [...] Aber drei bis vier Monate ist nur Reise, nicht Aufenthalt in Italien. [...] Alles, alles wäre unendlich leichter in der Ausführung, [...] wenn wir alle (wie mein Bruder) auf einige Jahre nach Italien zögen. [...] Wir füllten grade einen Wagen aus, und mein Bruder mit Weib und Kind einen anderen. [...] Mein Vorschlag wäre daher, dass wir uns auf sechs bis acht Monate in Rom, Florenz und Neapel etablierten, nur in der kühlen Jahreszeit reisten und so ganz Italien und Sizilien mit einem Nutzen durchwanderten, den noch wenige davon gezogen haben. [...]
>
> Alle meine Pläne sind den Deinigen untergeordnet. Ich weiß keine Seelenruhe, kein Glück zu finden, wenn ich Dich, teurer, väterlich geliebter Reinhard, nicht in einer frohen Lage weiß. Meine Amerikanische Reise wird also dann noch länger ausgesetzt und nicht eher angetreten, als bis Du Dich entschieden hast, ob Du in Italien bleiben oder nach Deutschland, wie ich vermute nach zwei bis drei Jahren zurückkehren willst. Im letzteren Falle versteht sich von selbst, dass ich Dich aus Italien zurückbringe und so lange bei Dir bleibe, als wir unsere Einrichtung gemacht haben. Wo wir uns dann niederlassen wollen, ist gleichgültig, am besten da, wo eine freundliche Natur ist, und wo uns nicht alte Verbindungen genieren. Manches spricht für Cleve oder seine Nachbarschaft, doch wäre Düsseldorf, wo die Bildergalerie manchen interessanten Menschen hinzieht, vielleicht noch vorzuziehen. Ein bestimmter Plan ist darauf überhaupt nicht zu machen und ein Wohnort, der für Bayreuth entschädigt, ist gewiss immer zu finden. [...]
>
> Bei dem allen aber dringe ich darauf, dass wir als zwei Familien abgesondert reisen, meist auch abgesondert wohnen, nur zusammen essen, was bei langem Aufenthalte wesentliche Ersparung ist. [...] Ich würde mich glücklich fühlen, und wenn ich in Kulmbach oder Berneck mit Dir lebte.[43]

Humboldt war überglücklich, dass Reinhard von Haeften nun seinen Traum erfüllte. Zwei Kutschen standen am 30. Mai 1797 in Jena bereit: eine für Caroline mit ihren drei Kindern und eine für die Familie von Haeften, als deren Mitglied sich Alexander fühlte. Doch deren Kutsche fasste nicht, wofür sie eingeplant war: neben den drei Erwachsenen auch zwei kleine Kinder, zudem vier Kisten mit den wissenschaftlichen Instrumenten Alexanders und das umfangreiche Gepäck der Haeftens. Nicht ohne spöttischen Unterton schrieb Caroline von Humboldt ihrem Mann:

> Es geht recht gut mit dem Fahren. Alexander saß mit in meinem Wagen, weil Haeftens, die doch ein Kind weniger haben, so gut wie keine Leute, Sachen und dreimal mehr Platz zum bequemen und geräumigen Packen, eine solche Packerei bis in den Wagen hatten, dass schlechterdings kein Platz für Alexander mehr da war. Wie gefällt Dir das? Künftig werden sie doch ein anderes Arrangement machen müssen.[44]

In Dresden trafen sie Wilhelm, der zusammen mit Gottlob Johann Christian Kunth, ihrem früheren Erzieher und Vertrautem der Mutter, aus Berlin angereist war. Kunth hatte als Testamentsvollstrecker die Aufgabe, das Erbe der Brüder zu verteilen. Alexander bekam Wertpapiere, Bargeld und Liegenschaften im Wert von rund 90 000 Talern und war von nun an ein reicher, unabhängiger Mann. Wilhelm erhielt ein Äquivalent, zu dem auch das elterliche Schloss Tegel gehörte.[45] Nun endlich sollte sich Alexanders Herzenswunsch erfüllen: die gemeinsame Italienreise der »zwei Familien«. Doch immer wieder verzögerte sich die Abfahrt, vor allem, weil Caroline von Humboldt erkrankte. »Das wird eine schöne Reise werden«, schrieb Friedrich Schiller am 30. Juni an Goethe, »sie müssen jetzt schon über die Zeit liegen bleiben!«[46] Letztendlich entschloss sich Alexander dann am 25. Juli 1797, zusammen mit der Haeftenschen Familie Richtung Wien vorauszufahren und dort auf Wilhelm mit dessen Familie zu warten. Diese folgte wenige Tage später. Von der österreichischen Hauptstadt aus wollten sie dann alle gemeinsam weiter nach Italien. Wilhelm träumte von einem langen Aufenthalt in der Ewigen Stadt, und Alexander plante vulkanologische Studien am Vesuv.

Bayreuth. Kolorierter Stahlstich von Johann Poppel, um 1840. Bayreuth war der Sitz des Oberbergdepartements, also Humboldts eigentlicher Dienstsitz. Dort hielt er sich während seiner Amtszeit jedoch nur selten auf. Meist war er vor Ort in den drei Bergämtern Wunsiedel, Goldkronach und Naila. In Bayreuth lernte er im Herbst 1793 auch seinen bald innig geliebten Jugendfreund Reinhard von Haeften kennen.

Doch die Napoleonischen Feldzüge in Italien machten es unmöglich, in das Land ihrer Sehnsucht weiterzureisen: »Der kriegerische und revolutionäre Zustand von Italien entfernte jede Idee des Genusses einer wissenschaftlichen Reise«,[47] schrieb Alexander. Aus Salzburg berichtete er am 1. April 1798:

> Nachdem wir drei Monate in Wien auf den Frieden vergeblich geharrt hatten, entschloss sich mein Bruder aus Ungeduld, erst nach Paris und dann nach Italien zu gehen. *Haeftens* und ich wollten unsern Plan durchsetzen und hier in Salzburg den Moment des möglichen Vordringens über die Alpen abwarten.[48]

Doch auch die Familie Reinhard von Haeftens war des Wartens bald überdrüssig und entschied sich, nach Bayreuth zurückzufahren. Alexanders Traum, ein Teil der Familie Haeften zu sein, sollte unerfüllt bleiben. Sein Versuch, eine gemeinsame, stetige Lebensform mit Freunden und anderen ihm nahestehenden Menschen wie mit seinem Bruder und dessen Familie zu finden, war gescheitert. Was blieb, war die Wissenschaft. Von jetzt an war er – bis zum Ende seines Lebens – bemüht, seine persönliche Unabhängigkeit, auch von Personen, die er liebte und schätzte, zu bewahren und sich einen möglichst großen Freiraum für seine wissenschaftlichen Projekte zu schaffen. Die finanziellen Mittel des großen Erbes gaben ihm eine solide Grundlage. Drei Jahre später schrieb er aus Venezuela:

> Im Besitz eines ansehnlichen Vermögens nach dem Tode meiner Mutter habe ich meine Stelle in preußischen Diensten aufgegeben, um als Privatmann und als Bürger eines Staates, von dessen Freiheit wir damals träumten, halb wachend mich oft noch träumt, ein menschliches, freies, hilfreichnützliches Leben zu führen.[49]

Am 24. April 1798 reiste er allein aus Salzburg ab. Über Berchtesgaden, München, Stuttgart und Straßburg führte ihn sein Weg schließlich nach Paris, wo er am 12. Mai 1798 eintraf.

ERFOLG IN PARIS UND ZERSCHLAGENE REISETRÄUME

In der französischen Metropole sah er seinen Bruder und seine Schwägerin Caroline wieder, die sich bereits seit Mitte November 1797 hier aufhielten. Paris war noch immer die wissenschaftliche Hauptstadt der Welt. Es war wieder Ruhe eingekehrt nach den Abgründen der Terrorherrschaft, in die die Revolution von Juni 1793 bis Juli 1794 gestürzt war. Tausende hatten damals ihr Leben unter der Guillotine verloren, unter ihnen auch Antoine de Lavoisier, der Begründer der modernen Chemie.

Sofort nach seiner Ankunft nahm Alexander Kontakt zu den angesehensten französischen Naturwissenschaftlern auf. Die meisten kannten seinen Namen bereits durch seine französischen Publikationen und luden ihn zu Vorträgen, vor allem in die Akademie der Wissenschaften, ein. Dort sprach Humboldt unter anderem über seine galvanischen Experimente und über die Zusammensetzung der Atmosphäre – sein neues Forschungsgebiet, zu dem wenige Monate später in Braunschweig ein Buch von ihm erscheinen sollte.[1] Zu seinen Gesprächspartnern zählte beinahe die gesamte wissenschaftliche Prominenz in Paris: Dies waren vor allem der berühmte Naturforscher und Herausgeber des *Journal de Physique, de chimie, d'histoire naturelle et des arts,* Jean-Claude Delamétherie, bei dem Alexander bereits einen Aufsatz veröffentlicht hatte, aber auch die Chemiker Antoine-François de Fourcroy, Louis Bernard Guyton de Morveau, Louis-Nicolas Vauquelin, Louis Jacques Thénard, Pierre-Jean Robiquet und Jean-Antoine Chaptal. Er traf mit dem Mathematiker Jean-Charles de Borda, den Astronomen Jean-Baptiste Joseph Delambre, Joseph Jérôme Lefrançais de Lalande und Pierre-Simon Laplace zusammen, er tauschte sich mit dem Geologen Déodat Gratet de Dolomieu, den Botanikern Antoine Laurent de Jussieu und René Louiche Des-

Paris von der Seine, Ausschnitt. Kolorierter Stahlstich, Kunstanstalt des Bibliographischen Instituts, Hildburghausen, um 1840.

fontaines aus, und er lernte den berühmten Botaniker und Zoologen Jean-Baptiste de Lamarck und den Zoologen und Anatomen Georges Cuvier kennen.

In Paris, dessen Instrumentenindustrie erfolgreich mit derjenigen von London und Genf konkurrierte, konnte Humboldt seine Expeditionsausrüstung weiter ergänzen und seine Messtechniken verfeinern, vor allem im Bereich der geomagnetischen Phänomene. Hier hatte er auch ausgiebig Gelegenheit, seine Erfahrung in der Sammlung und Konservierung botanischer und zoologischer Objekte zu erweitern. Zusammen mit dem Mathematiker Jean-Charles de Borda bestimmte er die magnetische Inklination auf dem Pariser Observatorium, und am 2. Juni hatte er das Glück, in Lieusaint bei Paris den Abschluss der Basismessung für den Meridianabschnitt zwischen Dünkirchen und Barcelona mitzuerleben.

Es war ein bedeutendes wissenschaftliches Ereignis, das unter anderem zur Festlegung einer neuen Maßeinheit diente: des standardisierten Urmeters. Von den Mitgliedern der Akademie der Wissenschaften erhielt Humboldt einen der ersten Meterstäbe. Dieser begleitete ihn auf seiner weiteren Reise.

Auch Louis Antoine de Bougainville, der 1766 bis 1769 die erste Weltumsegelung im Auftrag des französischen Königs unternommen hatte, war am 2. Juni in Lieusaint anwesend. Er lud Humboldt ein, ihn auf einer neuen Expedition zu begleiten. Da man den inzwischen fast 70-jährigen Flottenkommandanten und Feldmarschall jedoch für zu alt hielt, wurde an dessen Stelle Kapitän Thomas Nicolas Baudin mit der Reise betraut. Vier Monate lang wartete Humboldt ver-

Humboldts Spiegelsextant. Humboldt verwendete dieses Instrument, hergestellt von Jesse Ramsden in London, während seiner amerikanischen Reise und später, 1829, auch während der russischen Expedition. Zusammen mit dem Chronometer und Barometer war es sein wichtigstes Vermessungsinstrument.

geblich, um schließlich zu erfahren, dass die neue französische Regierung die Mittel für diese Expedition wegen der Rüstungsausgaben für den bevorstehenden Krieg gestrichen hatte. Die Weltreise Baudins wurde auf unbestimmte Zeit verschoben.

Humboldt wohnte damals im Hôtel Boston, Rue du Colombier No. 7. Hier traf er durch Zufall den vier Jahre jüngeren Mediziner und Botaniker Alexandre Aimé Goujaud-Bonpland, der ebenfalls als Mitglied der Baudin'schen Expedition vorgesehen war. Die beiden freundeten sich rasch an, und Humboldt entschloss sich, den sympathischen, kräftigen und in der vergleichenden Anatomie geschulten jungen Mann zu fragen, ob er ihn auf eine andere, nämlich seine eigene Forschungsreise begleiten wolle. Bonpland sagte sofort zu. Das umfangreiche Wissen dieser beiden jungen Forscher bildete zusammen mit der hervorragenden instrumentellen Ausstattung und ihrem außergewöhnlichen Improvisationstalent die Voraussetzung für die bestvorbereitete wissenschaftliche Expedition, die bis dahin unternommen worden war.

Am 20. Oktober 1798 verließen Humboldt und Bonpland Paris. Ihr Plan war es, von Marseille aus mit einem schwedischen Schiff, zusammen mit dem schwedischen Generalkonsul von Algier, Matthias Archimboldus Skjöldebrand, den Humboldt in Paris kennengelernt hatte, nach Algier überzusetzen. Den Winter wollten sie im Atlasgebirge verbringen, dann mit einer Karawane nach Mekka

Jardin des Plantes. Kolorierter Kupferstich von François Née, um 1780. Der Botanische Garten wurde als Jardin du Roi bereits 1635 der Öffentlichkeit zugänglich gemacht. Hier forschten viele Kollegen, wie z. B. die Botaniker Jussieu und Desfontaines, die Humboldt bereits 1798 kennenlernte.

Chronometer, 1799 hergestellt von Ferdinand Berthoud, Paris. Humboldt führte ein ähnliches, von dessen Neffen, Louis Berthoud, gefertigtes Instrument in Amerika mit sich. Zusammen mit dem Sextanten ermöglichte es ihm, die geographische Länge des jeweiligen Standortes mit großer Genauigkeit zu bestimmen. Humboldt war der Erste, der diese elegante Methode auf einer langen Landreise erfolgreich einsetzte.

reisen und sich schließlich in Ägypten den Mitgliedern der Napoleonischen Expedition anschließen. Herausragende französische Forscher hatten dort mit der wissenschaftlichen Erschließung des historischen Ägypten begonnen. Den Plan, nach Westindien zu segeln, schob Humboldt wegen des Seekriegs zwischen England, Spanien und Frankreich vorerst auf.

In Paris begann Humboldt, ein Reisetagebuch zu schreiben. Es gleicht anfangs noch einem persönlichen Reisebericht, der nicht ausschließlich als Grundlage für eine spätere wissenschaftliche Veröffentlichung bestimmt war. Wie in manchen Briefen an seine besten Freunde finden sich hier auch Schilderungen persönlicher Gefühle und Begebenheiten – etwas, was auf der späteren Reise stark in den Hintergrund tritt. Vor allem in diesen Texten zeigt sich Humboldt als glänzender Porträtist eines Panoptikums skurriler Gestalten, die ihm während der Reise begegnet sind. Diese Textpassagen waren nicht für die Öffentlichkeit bestimmt. Am Rand der Eintragungen von Paris nach Marseille notierte er: »Soll nicht gedruckt werden.«[2]

> Ich trat nie eine Reise mit so gutem Mute an. Diese Stimmung verdanke ich größtenteils meinem Bruder und der Li [Caroline von Humboldt]. Fremde Stärke erhebt. Der Abschied war tief empfunden. Als die Li den Kleinen* zu mir emporhob, hätte ich fast die Haltung verloren. Aber es war nur auf einen Augenblick. Wir blieben alle, wie man in solchen Momenten des Lebens sein soll. [...] Ich sah mir Bonpland an, mit dem ich eine so weite Reise unternehmen sollte. Welche Verheiratung!

* Deren einjähriger Sohn Theodor von Humboldt.

Die Diligence [Postkutsche] fuhr fort. Meine Augen sahen Wilhelmen am längsten. Er sah sehr heiter aus, und das tat mir unendlich wohl. Die letzte Miene eines Menschen ist so wichtig für den Eindruck, den er zurücklässt. Wessen Leben, wie das meinige, ein ewiges Anknüpfen und Trennen ist, fühlt das so tief.

Bis Lyon brauchten wir vier Nächte, von denen wir eine (die erste) im Wagen zubrachten. Elende Gesellschaft. Boivin, ein Branntweinhändler in Montpellier, wie es schien sehr reich, aber so geizig als sinnlich. Er wusste nie, ob er essen oder fasten sollte. [...]

Am *25sten* morgens 2 Uhr fuhren wir von Lyon weg. Ein junger Neufchateler Kaufmann und ein alter Kerl mit einer wahren Spitzbubenphysiognomie begleiteten uns. Wir aßen mittags in dem schweinischen Péage [Mautstelle], abends in Valence. Hier vergaß uns der Conducteur und fuhr mit der leeren Diligence weg. Wir mussten von 12 bis 2 Uhr eine Meile weit bis zur Paillasse [Unterkunft] nachlaufen. Zum Glück war es Mondschein, doch war der Chronometer in einem Lande in Gefahr, wo man täglich mordet und raubt. [...]

Am *27sten* abends um 6 ½ Uhr trafen wir in Marseille ein. Die Idee, dass Herr Skjöldebrand vielleicht schon abgereist sei, hatte uns ununterbrochen auf dem Wege gequält, wir wussten hundert Trost- und Schreckensgründe dafür und dagegen. Wir wollten noch denselben Abend in den Hafen laufen, um nach schwedischen Schiffen zu fragen. Alle unsere Besorgnisse waren behoben, als wir ins Posthaus traten und als der Postmeister uns Skjöldebrands Wohnung selbst anzeigte. [...] Am *29sten* packten wir die Instrumente aus, ein fürchterlicher Anblick, der Theodolit in Stücken; ebenso das éboulloir* und fast alle Thermometer. Ich war einige Stunden lang beschäftigt, zerbrochene Instrumente auszupacken. Bonpland verlor mehr den Mut als ich. Ein Spaziergang am Hafen ließ mich alles vergessen. Bei Tische fanden wir unter 20 Personen acht bis zehn, die Deutsch sprachen. Die Elsässer stritten sich mit den Lothringern, wer die angenehmere Aussprache habe, und ein Leipziger Jude, der lange in der Spandauer Straße in Frankfurt an der Oder gewohnt haben wollte, wurde als Sachse zum Schiedsrichter aufgerufen. Ein Scharlatan, der Hühneraugen schneidet, trat herein. Auch er war ein Deutscher, aus Bamberg. Kann man doch nie seinen Mist vergessen!

30sten. Eine reiche Herborisation [Sammlung botanischer Proben] an der Küste. Viel Fuci [Tang]. Den Mittag zu Herrn Tuilis, dem Direktor der Seesternwarte. Er war sonst Kaufmann in Kairo, ein kleiner, mit der Revolution unzufriedener Mann, aber sehr gefällig.

31sten. Ich beobachtete mit großer Genauigkeit die Inklination der Magnetnadel. Dann zu Tuilis. Er bildete mir durch falsche Rechnungen ein, mein Chronometer habe 1'48" variiert. Das ließ mich sehr unruhig schlafen. (Abends am 30. in der Komödie. Unendlicher Knoblauchgestank.) [...]

* Gerät zur Bestimmung des Alkoholgehalts einer Flüssigkeit über deren Siedepunkt

3. November (13. Brumaire). Morgens eine weite und sehr reiche Herborisation auf den Hügeln hinter der Stadt. Wir fanden viel Eichen, Pistazien etc. Die Garde champêtre [Feldhüter] wollte mich arretieren [festnehmen], weil ich (auf die getrockneten Pflanzen deutend) gewiss von dem Zeuge in fremde Länder sende. Zum Glück hatte ich meinen Pass bei mir. Bei Tische ein Bruder des General Marceau*, von unbedeutender Physiognomie. Einer seiner Freunde, der viel Verstand verriet und den weißhaarigen Leipziger in die Bordells geführt hat, sagte: Die Deutschen reisten umher und ruhten nicht eher, als bis sie alles beschnüffelt hätten. Sie wollten überall eingeführt sein, wenn sie aber einmal wo gewesen wären, würden sie gewöhnlich nicht genugsam geehrt, und dann schrieben sie Bücher gegen Frankreich. Der hätte den Berner Bären kennen müssen!

Auf dem Kastell wurden zwei neutrale Schiffe signalisiert, die uns sehr in Unruhe setzten. Es waren Dänen. Die Zeitungen [Nachrichten] ließen uns gar fürchten, der Sturm habe die Fregatte nach Göteborg zurückgetrieben.

4ten November bis 9ten (14. bis 19. Brumaire). Immer noch in Marseille und ziemlich einförmig. Wir gingen herborisieren, schnitten Krebse und Muscheln, ich zeichnete sie. Alle Mittag nahm ich Sonnenhöhen. Nur auf dem Abtritt konnte ich die Sonne sehen. Die Neugierde schaffte mir Besuch, und der Abtritt war drei Tage lang so voll, dass ich fast gehindert war. [...]

11ten November (21. Brumaire). Das Ganze des Hafens [von Toulon] verdient das Rühmen gar nicht, welches man davon macht. Ich sah nirgends Größe oder Pracht. Venedig war weit, weit schöner. Doch schrie Buonafuß wie alle Franzosen (wenn sie die Tuilerien ansehen) bei jedem Schritte, »alles dies ist nur in Frankreich zu sehen«. Chariatiden von Puget am Rathause. Die Stadt ist elend klein, nur der Hafen hat eine freundliche Lage, obgleich man nirgends das freie Meer sieht und auch die Felsen weder romantisch noch imponierend durch ihre Masse sind. [...] Nach Tische besahen wir die äußere und innere Rade [Reede], bestiegen den Admiral Le Hardy, ein altes Linienschiff von 74 Kanonen, auf dem die Marseiller Signale zu unserem Troste wiederholt wurden für die Fregatte La Boudeuse, welche Bougainvilles Weltumseglung mitgemacht. Sie wurde eben segelfertig gemacht, um einige Kauffahrteischiffe [Handelsschiffe] nach Marseille zu convoyiren [begleiten], wohin sie in 5 Stunden zu segeln hofften. Alle Mannschaft war auf dem Verdeck, alles regte sich und spannte die Segel. Es wurde mir so leicht und weit ums Herz, alles fahrtwärts gehen zu sehen. Als ich aber in die Kajüte herabstieg, ein großes geräumiges Zimmer, da fiel mir Baudins Reise schwer auf die

* François-Séverin Marceau (1769–1796), General der französischen Revolutionsarmee, Sieger in zahlreichen Schlachten

Reisebarometer, **hergestellt in Deutschland, um 1780. Um Höhenprofile der bereisten Gebiete zu zeichnen, führte Humboldt Höhenmessungen durch. Selbst bei den schwierigsten Bergbesteigungen hatte er immer ein Barometer dabei, um über die Differenz des Luftdrucks die gerade erreichte Höhe feststellen zu können.**

Seele. Ich lag 10 Minuten lang im Fenster und sah auf den hellen Spiegel. Die anderen vermissten mich endlich. Ich hätte weinen können, indem ich so lebhaft an die gescheiterten Pläne dachte! [...]

12. November (22. Brumaire). Morgens mit Lomet nach Hyères. Die Stadt von schändlicher Bauart liegt an einem Hügel, auf dessen Gipfel die Ruinen eines Schlosses. [...] Beim Nachhausefahren gab uns ein alter Kapitän seinen kleinen, kurzen, dicken Sohn mit. Unbegreiflich, dass wir erst in Toulon selbst, nach drei Stunden, am Busen merkten, dass der Sohn ein Mädchen und zwar eine Maîtresse aus Rom war, in der Tat nicht hübsch genug, um sie so weit mitzuschleppen. Sie stieg in Toulon am Tore aus. Wir glaubten, sie wisse Bescheid. Abends sehr spät kam der Kapitän zu uns, um uns zu fragen, was wir mit seiner Frau (in der Angst des Suchens vergaß er die Maskerade) angefangen. Sie sei für ihn verschwunden. Abends Theater, ein abscheulicher, langer Saal, und welche Musik! In allen Zwischenakten republikanisches Gezänk. Wer still und friedsam leben will, der verlasse das südliche Frankreich. Alles erinnert hier an die Schreckenszeit, und zwei Menschen sprechen nicht eine Viertelstunde miteinander, ohne dass nicht das Gespräch auf den Parteigeist der Revolution falle. [...]

Marseille. Kolorierter Stahlstich, Kunstanstalt des Bibliographischen Instituts, Hildburghausen, um 1840. Von Ende Oktober bis Mitte Dezember 1798 warteten Humboldt und Bonpland hier und in Toulon vergeblich auf eine Möglichkeit, nach Nordafrika zu segeln.

15ten November bis 29sten (25. Brumaire bis 9. Frimaire). Immer mit Harren zugebracht. Skjöldebrand hatte den Plan, wenn die Fregatte am 1. Dezember nicht käme, ein finnländisches Schiff mit uns für 360 Piaster zu nehmen, um seine Frau nicht länger zu exponieren [Gefahren auszusetzen]. Indes blickten wir unverwandt nach Notre Dame des Signaux. Einmal (ich war auf dem Observatoire) wurden 15 neutrale Schiffe und eine Fregatte signalisiert. Wir waren alle auf den Beinen. Es war ein hochmastiger Korsar. Indes kam die Nachricht, der Dey [von Algier] habe der Republik den Krieg erklärt. Skjöldebrand meinte, Bonpland könne nun nicht mit. Ich würde leicht 30 000 Francs für ihn zahlen müssen. Er könne als Sklave auch früher niedergemetzelt werden. Diese Betrachtungen setzten uns zwei Tage lang in heftige Seelenmotion. Ich wünschte eine Nacht hindurch selbst, mich von ihm zu trennen. Er konnte für Griechenland mir sehr hinderlich sein! Man fragte jedermann um Rat, er sollte den Bedienten spielen … es endigte sich wie bei allen Seelenbewegungen damit, dass man sich von selbst beruhigte. […] Wir standen an, gleich nach Spanien abzugehen. Nach reifer Überlegung aber schien es besser zu warten, bis Skjöldebrand eine deutliche Auskunft über das Schicksal der Fregatte erhalten.

Toulon. Kolorierter Stahlstich, Kunstanstalt des Bibliographischen Instituts, Hildburghausen, um 1840. Humboldt meinte über die Hafenstadt: »Ich sah nirgends Größe oder Pracht. Venedig war weit, weit schöner.«

Vom 29sten November bis 7ten Dezember (9. bis 17. Frimaire). Wir gerieten nun recht eigentlich in die Spielgesellschaft der Konsulen. Wir wurden alle Abend bald bei Madame Meusnier, bald bei Fölsch, bald bei Fromenditi, bald bei Skjöldebrand eingeladen. Man spielte mit schändlicher Habsucht Pharo, Vendôme … Die alten Weiber von 70 Jahren, die Kinder von 7 Jahren, alles spielte von 30 Sous bis 10 Louis d'or auf einer Karte und von 6 Uhr abends bis 4 Uhr morgens. Jetzt, da die Leidenschaften den Menschen ihre Tünche nahmen, sahen wir erst, in welcher pöbelhaften Gesellschaft wir waren. Die Mägde steckten den Kindern Geld zu, um für sie zu spielen. Die alten Weiber betrogen wie die Raben. Man beklagte die, welche verloren. Skjöldebrand verlor in acht Tagen über 150 Louis d'or und weigerte sich, wenn 60 Louis d'or in der Bank waren, 40 Francs zu halten. Skjöldebrand sprach von Betrug, von Stehlen … Das alles reizte nicht. Man spielte immer weiter, man sprach von Menschen, die man bitten müsse, weil sie reich wären und das Geld nicht achteten. Der Wirt (man servierte eine Art Fußbad, Tee genannt, worunter man noch kaltes Wasser gießt, und harte Eier), der Wirt hatte einen Beutel mit Geld zwischen den Beinen und bot jedermann, der minder hoch spielte, an, ihm einige Louis d'or zu leihen. Lieh man, so wurde man alle Minuten erinnert, wie viel man geliehen. Der pöbelhafteste von allen war Herr Fromenditi, dessen langhalsige Frau uns bei Herrn Fölsch das dezente Spiel vom *foudre de Jupiter avec sa foudre foudroyante* hatte spielen lassen. Er behauptete, jede Münze, die an die Erde fiel, gehöre ihm, auch erzählte er, seine Erziehung habe seinen Vater monatlich nur 2 Francs gekostet. Die einzige, in der Tat sehr liebenswürdige Frau ist Madame Meusnier. Etwas Spielgeist hat sie auch, aber man merkt ihr an, dass sie in eine bessere Gesellschaft gehört. Sie war lange in Guadeloupe. […]

Ich gewann in dieser Gesellschaft an einem Abend 14 Louis d'or, Bonpland ebenso viel. Aus Dezenz [Anstand] verlor ich wieder alles. Nun glaubte ich, abbrechen zu dürfen und lief fleißig aufs Land, das nach solchen Abenden neue Reize für mich gewann. Besonders angenehm war ein Spaziergang nach Allauch in die Gipsbrüche. Die gutmütigen Wirtsleute wollten uns (weil es Fasttag war) keine Wurst geben. Unsägliches Blut hat der Parteigeist in diesen Haufen armseliger Häuser fließen lassen! Und nach alledem ist man dahin zurückgekehrt, von wo man ausgegangen. Man hält es für Todsünde, Wurst zu essen. Die Wirtin sagte, die heilige Jungfrau auf dem Berge (*la bonne mère d'Allauch*) wolle solchem Gräuel nicht zusehen!

Diese Jungfrau bewohnt die Ruinen eines alten Schlosses, dessen Gemäuer, Treppen und Tore in der Tat Größe verkündigen. Wir sahen die Sonne von dort aus sich ins Meer tauchen. Wir hatten so lange verweilt, dass uns die Nacht überfiel. Der Weg war zum Halsbrechen, aber wir sprachen von Gespenstern, und so kamen wir froh und gespannt nach Hause. […]

Als wir in unser Wirtshaus kamen, empfing uns Skjöldebrand mit böser Nachricht. Es war ein Brief von dem Kapitän des *bâtiment marchand* [Handelsschiff] an Skjöldebrand angekommen. Dieser Brief meldete, dass der Sturm die Fregatte schon seit 1½ Monaten nördlich von Holland von ihm

getrennt habe, dass er nichts von ihrem Schicksal wisse und dass er, indem er schon 20 Tage warte, nach noch 14 Tagen allein seinen Weg nach Algier antreten wolle. Zugleich hatte Busnak Briefe von Algier, welche meldeten, dass die Pest, welche in Oran und Tremeshend gar nicht aufgehört, jetzt schon in Algier selbst wüte. Also vielleicht vor dem Frühjahr keine Fregatte, jetzt schon Pest und überall Nachrichten von heftigsten Verfolgungen im Orient, von einem Misstrauen gegen alle Fremden ...

Diese Betrachtungen erregten die heftigsten Seelenbewegungen am 14ten und 15ten Frimaire. Der Weg nach der Levante, besonders der nach Ägypten, war versperrt, die schönsten und letzten Blütenmonate Januar, Februar und März vielleicht noch harrend in Marseille zugebracht, dann fünf Monate lang der Pest wegen eingesperrt, unsicher selbst über die politische Wendung der Algierer Angelegenheiten – das alles brachte Entschlüsse zur Reife. Aber Korsika, Spanien oder Tunis (dahin war allenfalls Gelegenheit), das war die Frage ... Korsika schien, so reich gewiss auch die Pflanzenbeute dort und in Sardinien gewesen wäre, zu klein, zu isoliert, zu unmittelbar nach Frankreich zurückführend. Spanien leuchtete am Abend (14ter Frimaire) Bonpland und mir am meisten ein. Man könne ein herrliches Frühjahr in Valencia, Cádiz zubringen, dort oder in Lissabon Gelegenheit nach Teneriffa, nach Cap de Bonne Espérance, nach Brasilien ... finden, man sei im August selbst Afrika näher, man habe dann sechs pestfreie Monate vor sich.

Teleskop, um 1800, hergestellt von Dollond, London. Ein solches Teleskop benutzte Humboldt für astronomische Beobachtungen. Er bestimmte damit auch den Durchgang der Jupitersatelliten, um daraus die geographische Länge des Beobachtungsortes abzuleiten und sein Chronometer zu überprüfen. Sein sehnlichster Wunsch, einen neuen Kometen zu entdecken, ging leider nicht in Erfüllung.

Die Nacht brachte ich fast schlaflos zu. Es war doch so schmerzhaft, die schöne Hoffnung, Europa zu verlassen, wieder vereitelt zu sehen, ich glaubte, nicht eher Ruhe des Gemüts zu genießen, als bis diese Hoffnung erfüllt war; Gelegenheit nach Tunis sei wahrscheinlich noch da. Der Krieg sei nicht erklärt, ich könne Skjöldebrand vorangehen, ihm über Constantine nachkommen, dort noch keine Pest. Ich sah ein, dass es eben nicht das Klügere sei, aber genug, ich wollte nach Tunis. Ich erklärte am frühen Morgen an Bonpland meine Gründe. Sei es, dass ich zum ersten Male etwas Furchtähnliches in ihm bemerkte, sei es, dass sein kindischer Hang nach Montpellier (wo sein ältester Bruder studiert) entgegenstrebte, er schien von meinen Gründen nicht überzeugt, wenigstens schien der Plan ihn sehr kalt zu lassen. Ich lief zu Busnak, um zu fragen, ob sein Schiff noch da sei, er war nicht auf und schlief mit seiner Maîtresse; man sagte mir im Comptoir [Handelshaus], das Schiff, ein Ragusaner, sei noch da, ein Freund von Busnak befrachte es für Rechnung des Dey. Es schien also der Form nach sehr neutral. Ich lief sogleich zu dem Freunde, fand einen sehr freundlichen Mann, der mir sagte, der Kapitän Bianchi, der Führer des Schiffes, sei eben in seinem Comptoir, einer seiner Verwandten, des Arabischen kundig, gehe mit nach Tunis, er habe viel Merkwürdiges von mir gehört und werde alles tun, um mir gefällig zu sein. Der Kapitän Bianchi, der von Passagieren hörte und in dem die Hoffnung zum Gewinn erwachte, trat sogleich herzu – ein 40-jähriger kalter, aber gutmütig scheinender Mann. Er erklärte, dass er in zweimal 24 Stunden absegle und dass mit 50 bis 70 Piastern der Kontrakt bald geschlossen sein würde. Der Termin, welchen er setzte, schien für uns, die wir noch das Packen, Pflanzenauslesen und alle Formalitäten der Pässe vor uns hatten, sehr kurz. Doch hielt ich es nicht für unmöglich, in zwei Tagen alles (selbst das lange Mémoire über die Luftzerlegung des Winters 1798) zu vollenden.

Ich versprach, dem Kapitän Bianchi in drei Stunden in der Börse [Loge] bestimmten Bescheid zu sagen. Die Sohlen brannten mir, Frankreich zu verlassen. Vor Freude trunken, ohne die Gefahr zu bedenken, in die ich in einem so entfernten, dem Kriegsschauplatz nahen Lande geraten konnte, kündigte ich Bonpland unser Glück an. Er schien für dieses Glück wenig empfänglich, doch erheiterte auch ihn der Gedanke, so schnell abzusegeln, die Möglichkeit, die einförmige Lage des Marseiller Lebens zu verlassen. Wir liefen in den Hafen, um die *Speranza* (das zweimastige Schiff des Ragusaners) zu besehen. Ich fand wie gewöhnlich alles wunderschön. Ein alter Matrose, der sehr reines Italienisch sprach, bewillkommnete uns sehr höflich. Bonpland fand alles sehr schweinisch, in der Tat war auch eine schwarze Sau in dem Zimmer, welches man uns einräumen wollte. Von dem Hafen jagten wir zu Guys, dem Commissaire des Relations Extérieures [Beauftragten für Auswärtige Angelegenheiten], um zu fragen, ob es möglich sei, unsere Pässe in 48 Stunden zu visieren. Zum Glück und Unglück war Guys selbst in Aix. Der junge Vence, der Neffe des Kommandanten in Toulon, ein feiner junger Mann, wies uns zu dem Adjoint des Citoyen Guys. Ich stellte dem Manne unseren Casus und die Eile vor, mit der wir expediert sein wollten. Aber wie groß war unsere (wenigstens meine) Verwunderung, als der Adjoint mit vieler Beredsamkeit versicherte, dass wir einen sehr tollen Entschluss gefasst hätten, dass er Bianchis Schiff genau kenne, dass es nicht allein keineswegs neutral sei, sondern dass in Tunis selbst die Erbitterung so groß gegen alle Franken sei, dass er dahin unsere Pässe keineswegs zu visieren wage. Er war selbst Konsul in Tunis gewesen und jetzt für Syrien bestimmt. Wenn man schwankt, wo ohnedies die Lust allein die Vernunft zum Schweigen gebracht hat, bedarf es eines kleinen Umstandes nur, um die Vernunft in ihre Rechte eintreten zu lassen. Die Beredsamkeit des Mannes siegte, wir standen innerhalb 10 Minuten von dem Plane, nach Tunis zu reisen, ab, und um nicht aufs Neue zu wanken, ließ ich sogleich die Pässe für Spanien visieren. Weise, vorsichtig mochte der neue Entschluss wohl sein – aber kränkend war er nicht minder. Wäre ich allein gewesen, hätte Bonpland Lust statt Abneigung gezeigt, ich hätte meinen Plan durchgesetzt. Gewagt war er freilich, aber bleibt man nicht ewig untätig, wenn man nie etwas wagt?

Also nun nach Spanien, vielleicht noch 6 bis 8 Monate auf europäischem Boden. Ich lief gegen 3 Uhr auf die Börse, um dem Kapitän Bianchi zu sagen, dass ich in 48 Stunden meine Geschäfte nicht vollenden könne. Zu meiner größten Kränkung blieb die *Speranza* noch 5 bis 6 Tage im Hafen. Ich konnte nie nach der Sternwarte gehen, ohne dass nicht meine Augen unwillkürlich auf sie gerichtet waren, ja dem Absegeln nahe, legte sie sich allein mitten in den Hafen. Ich hätte sie so gern durch andere Masten verdeckt gesehen. Bei kalter Überlegung glaubte ich so und nicht anders handeln zu müssen. Aber dem Palmenlande so nahe und zurück in das Innere des Landes eingeengt ... Mein künftiges Schicksal wird entscheiden, ob ich das bessere gewählt, wenigstens wird meine eigene und fremde Schwäche dies künftige Schicksal zu deuten wissen.

Wir bemerkten, dass 12 Stunden, nachdem Kapitän Bianchi auslief, sich ein fürchterlicher Sturm erhob, der fast acht Tage lang wütete. Zwischen Sète und Agde sammelte man die Trümmer vieler gescheiterter Schiffe.[3]

Am 15. Dezember 1798 verließen Humboldt und Bonpland Marseille. Über Nîmes, Montpellier und Perpignan reisten sie zur spanischen Grenze. Meist in der Kutsche fahrend oder zu Fuß, neben den Pferden hergehend, führte sie ihr Weg von Barcelona über Valencia nach Madrid. Man hat diese Reise einen »Messzug« genannt: Humboldts systematische Ortsbestimmungen und Höhenmessungen mit Sextant, Chronometer und Barometer führten zu den ersten genauen Profilzeichnungen eines europäischen Landes. Mit diesen auch nach heutigen Maßstäben außergewöhnlich exakten Messungen[4] konnte er unter anderem nachweisen, dass die Iberische Halbinsel aus einem Hochplateau (»meseta«) besteht. Seinem Freund und Lehrer Franz Xaver von Zach berichtete er am 12. Mai 1799 aus Madrid:

Ich habe die Sonne und die Sterne erster Größe so oft beobachtet, als die Umstände mir es haben erlauben wollen, mehr als 28 Mal von meiner Ab-

reise von Barcelona vom 20. Nivose bis zum 21. Pluviose, als ich Valencia verließ. Im Königreiche Valencia habe ich viel vom Auszischen des Pöbels leiden müssen ... Oft habe ich den Schmerz gehabt, die Sonne kulminieren zu sehen, ohne meine Instrumente auspacken zu dürfen. Ich war genötigt, die Stille der Nacht zu erwarten, um mich mit einem Stern zweiter Größe zu begnügen, der sich traurig in einem künstlichen Horizonte darstellt. [...] Zu Mattorel beobachtete ich auf freier Straße von etwa 30 Zuschauern umgeben, die sich zuschrien, dass ich den Mond anbete.[5]

Barcelona. Stahlstich eines anonymen Künstlers, um 1840. Am 8. Januar 1799 erreichten Humboldt und Bonpland auf ihrer Reise von Marseille nach Madrid die katalanische Hauptstadt und bestimmten sehr exakt deren geographische Lage.

NEUE ZIELE UND EIN REISEPASS VON UNSCHÄTZBAREM WERT

Noch immer hatte sich Humboldt zum Ziel gesetzt, nach Ägypten zu gelangen. Er hoffte, von Cartagena aus unter spanischer Flagge leichter nach Algier und dann weiter nach Tunis reisen zu können. Aber in Madrid änderte er seine Pläne. Er entschloss sich, bei König Karl IV. die Erlaubnis zu einer Forschungsreise durch die hispanoamerikanischen Kolonien zu erwirken. Im Grunde war dies für einen Ausländer ein fast unerfüllbarer Wunsch. Doch sein gewinnendes Auftreten und sein großes Verhandlungsgeschick verfehlten ihre Wirkung am Hofe nicht. Den Weg zur königlichen Erlaubnis ebneten ihm vor allem der Minister für Auswärtige Angelegenheiten, Don Mariano Luis de Urquijo, den Humboldt 1790 in London kennengelernt hatte, und der sächsische Gesandte Philipp Baron von Forell. In dem am 7. Mai 1799 von Urquijo im Namen des spanischen Königs ausgestellten Reisepass heißt es:

> Gemäß dem Entschlusse des Königs (den Gott erhalten möge), sei es dem Hrn. Alexander Friedrich Freiherrn *von Humboldt*, Oberbergrat Seiner Majestät des Königs von Preußen, gestattet, in Begleitung seines Gehilfen oder Sekretärs *Alexander* [sic] *Bonpland* nach Amerika und andern überseeischen Besitzungen seines Reichs zu gehen, um seine bergmännischen Studien fortzusetzen und für den Fortschritt der Naturwissenschaften wertvolle Sammlungen, Beobachtungen und Entdeckungen zu machen. Demgemäß befiehlt Seine Majestät den Generalkapitänen, Kommandanten, Gouverneuren, Intendanten, Oberrichtern und allen sonstigen Gerichtsbehörden oder Personen, welche es angeht, dass sie besagtem Hrn. Alexander Friedrich Baron von Humboldt auf seiner Reise keine Hindernisse in den Weg stellen, noch

Madrid, Plaza de Cibeles, Ausschnitt. Stahlstich, Kunstanstalt des Bibliographischen Instituts, Hildburghausen, um 1840. In der spanischen Hauptstadt erhielt Humboldt die Erlaubnis, die spanischen Kolonien ohne jede Einschränkung zu bereisen. »Nie, nie hat ein Naturalist mit solcher Freiheit verfahren können«, schrieb er.

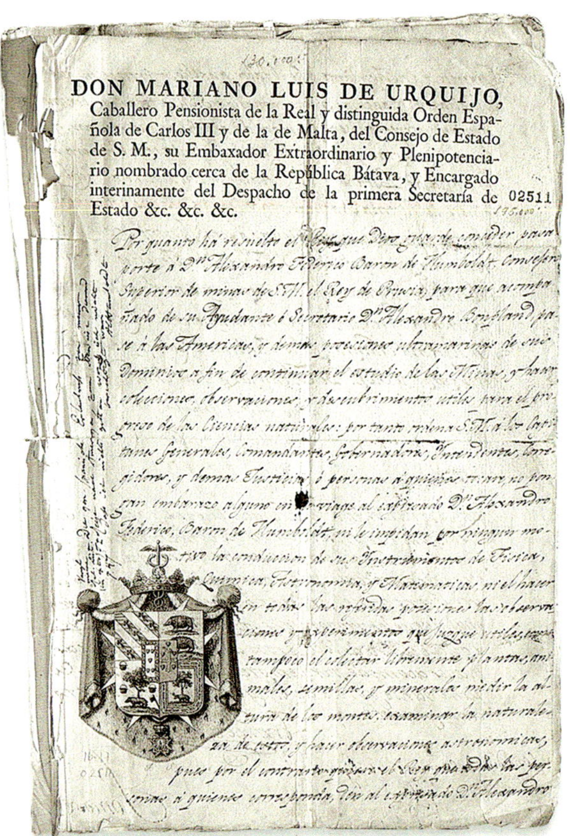

DON MARIANO LUIS DE URQUIJO,
Caballero Pensionista de la Real y distinguida Orden Española de Carlos III y de la de Malta, del Consejo de Estado de S. M., su Embaxador Extraordinario y Plenipotenciario nombrado cerca de la República Bátava, y Encargado interinamente del Despacho de la primera Secretaría de Estado &c. &c. &c.

Humboldts Reisepass, ausgestellt in Aranjuez, am 7. Mai 1799. Darin wurden die spanischen Statthalter in den Kolonien im Namen des Königs angewiesen, dem »Freiherrn von Humboldt und seinem Gehilfen alles zu Gefallen [zu] tun, ihnen jede Hilfe und jeden Schutz, den sie brauchen, [zu] gewähren«.

ihn aus irgendwelchem Grunde am Transporte seiner physischen, chemischen, astronomischen und mathematischen Instrumente und Apparate, noch an der Anstellung der Beobachtungen und Experimente, die er für gut hält, noch am freien Sammeln von Pflanzen, Tieren, Samen und Steinen, noch an Bergmessungen oder an der Untersuchung ihrer natürlichen Beschaffenheit, noch an astronomischen Beobachtungen in keinem der genannten Gebiete hindern; sondern ganz im Gegenteil befiehlt der König, dass alle betreffenden Personen besagtem Hrn. Alexander Friedrich Freiherrn von Humboldt und seinem Gehilfen alles zu Gefallen tun, ihnen jede Hilfe und jeden Schutz, den sie brauchen, gewähren; ferner befiehlt und verordnet Seine Majestät allen denen, deren Amt und Dienst es erheischt, dass sie entgegennehmen und nach Europa an dieses erste Staatssekretariat für das Königliche *Gabinete de Historia Natural* [Naturhistorische Sammlung] alle diese Historia betreffende Naturprodukte enthaltenden Kisten einschiffen, welche ihnen von besagtem Hrn. Alexander Friedrich Freiherrn von Humboldt, der mit dem Auftrage reist, solche Erzeugnisse zu suchen und zu sammeln und das königliche naturwissenschaftliche Kabinett und die königlichen Gärten zu bereichern, übergeben werden sollten. Solches ist der Wille Seiner Majestät.

Aranjuez, 7. Mai 1799.
L. de Urquijo[1]

Die spanische Krone versprach sich von Humboldts Expedition Hinweise auf eine bessere wirtschaftliche Nutzung der Kolonien, besonders der zahlreichen Bergwerke. Dies zeigt der Stellenwert des Bergbaus im Reisepass. Dass dies allerdings nur ein Teil seines großen Forschungsprogramms war, wird aus der weiteren Aufzählung der geplanten Studien im Reisepass deutlich, vor allem aber im Brief vom 11. April 1799 an seinen Freund Moses Friedländer:

> Ich denke, Mitte Mai von hier abzugehen und mich den 2. Junius in Coruña nach der Havanna einzuschiffen. Mein großer Apparat von chemischen, physikalischen und astronomischen Instrumenten begleitet mich. Werfen Sie einen Blick auf den Weltteil, den ich von Kalifornien an bis zum Patagonenlande zu durchlaufen (messen und zerlegen) gedenke – welch ein Genuss in dieser wunderbar großen und neuen Natur! So unabhängig, so frohen Sinnes, so regsamen Gemüts hat wohl nie ein Mensch sich jener Zone [der Tropen] genähert. Ich werde Pflanzen und Tiere sammeln, die Wärme, die Elastizität, den magnetischen und elektrischen Gehalt der Atmosphäre untersuchen, sie zerlegen, geographische Längen und Breiten bestimmen, Berge messen – aber alles dies ist nicht Zweck meiner Reise. Mein eigentlicher, einziger

Madrid. Kolorierter Stahlstich von Saulnier, um 1830. »Seit einem Jahr war ich so vielen Hindernissen begegnet, dass ich es kaum glauben konnte, dass mein sehnlichster Wunsch endlich in Erfüllung gehen sollte«, schrieb Humboldt über seinen Aufenthalt in Madrid.

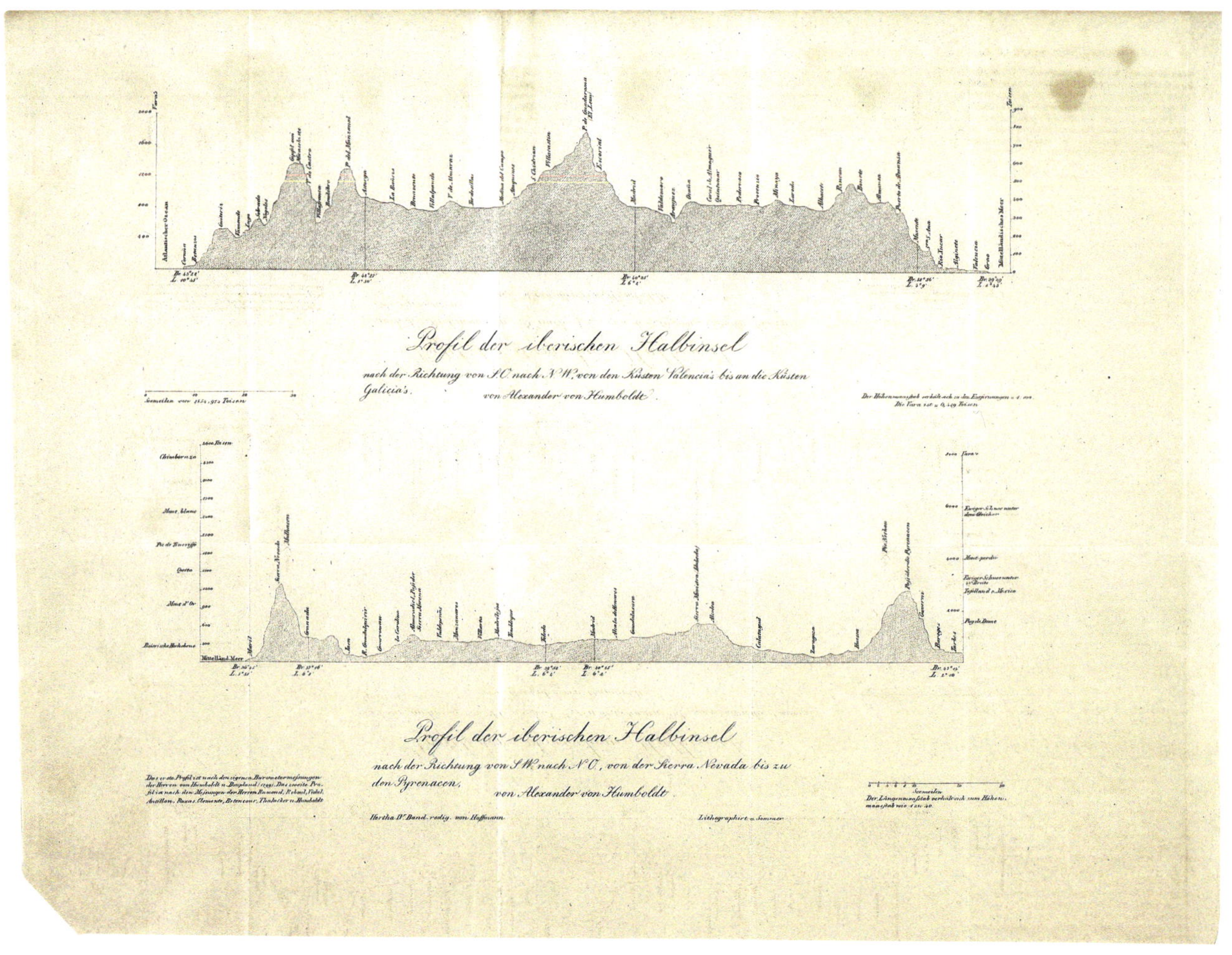

Zweck ist, das Zusammen- und Ineinanderweben aller Naturkräfte zu untersuchen, den Einfluss der toten Natur auf die belebte Tier- und Pflanzenschöpfung. Diesem Zwecke gemäß habe ich mich in allen Erfahrungskenntnissen umsehen müssen. Daher die Klagen derer, welche nicht wissen, was ich treibe, dass ich mich mit zu vielen Dingen zugleich abgebe. Wir haben Botaniker, Mineralogen, aber keinen Physiker, wie ihn die *sylva sylvarum* [Wald der Wälder, im Sinne von Sammelwerken] erheischt. Ich weiß wohl, dass ich meinem großen Werke über die Natur nicht gewachsen bin, aber dieses ewige Treiben in mir (als wären es 10 000 Säue) wird nur durch die stete Richtung nach etwas Großem und Bleibendem erhalten.[2]

In seiner Reisebeschreibung *Relation Historique du Voyage aux Régions équinoxiales du Nouveau Continent*, die ab 1814 zunächst auf Französisch, später

Profile der Iberischen Halbinsel. Kupferstich nach Messungen und Zeichnungen von Alexander von Humboldt, in der Zeitschrift Hertha, Stuttgart und Tübingen, 1825. Humboldts systematische Ortsbestimmungen und Höhenmessungen mit Sextant, Chronometer und Barometer führten zu den ersten genauen Profilzeichnungen eines europäischen Landes.

dann auch auf Deutsch erschien, berichtet Humboldt auch über seine Begegnungen mit den dortigen Wissenschaftlerkollegen:

> Verschiedene Gründe hatten uns eigentlich bewegen sollen, noch länger in Spanien zu verweilen. Abbé [Antonio José] Cavanilles, ein ebenso geistreicher wie mannigfaltig gebildeter Mann; [Louis] Née, der mit [Thaddäus] Haenke die Expedition Malaspinas als Botaniker mitgemacht und allein eine der größten Kräutersammlungen, die man je in Europa gesehen, zusammengebracht hat; Don Casimir Ortega, Abbé [Pierre André] Pourret und die gelehrten Verfasser der Flora von Peru, [Jose Antonio] Ruíz und [Hipólito] Pavón, stellten uns ihre reichen Sammlungen zur unbeschränkten Verfügung. Wir untersuchten einen Teil der mexikanischen Pflanzen, die von [Martín de] Sessé; [José Mariano] Mociño und [Vicente] Cervantes entdeckt worden und von denen Abbildungen an das naturhistorische Museum zu Madrid gelangt waren. In dieser großen Anstalt, die unter der Leitung [José] Clavijos stand, des Herausgebers einer gefälligen Übersetzung der Werke Buffons, fanden wir allerdings keine geologischen Darstellungen der Kordilleren; aber [José Luis] Proust, der sich durch die große Genauigkeit seiner chemischen Arbeiten bekannt gemacht hat, und ein ausgezeichneter Mineraloge, [Christian] Herrgen, gaben uns interessante Hinweise auf verschiedene mineralische Substanzen Amerikas. Mit bedeutendem Nutzen hätten wir uns wohl noch länger mit den Naturprodukten der Länder beschäftigt, die das Ziel unserer Forschungen waren, aber es drängte uns zu sehr, von der Erlaubnis, die der Hof uns gewährt, Gebrauch zu machen, als dass wir unsere Abreise hätten verschieben wollen. Seit einem Jahr war ich so vielen Hindernissen begegnet, dass ich es kaum glauben konnte, dass mein sehnlichster Wunsch endlich in Erfüllung gehen sollte.[3]

Am 13. Mai 1799 verließen Humboldt und Bonpland Madrid mit dem Ziel La Coruña. Nun konnte Alexander seinen Jugendtraum, die Reise in die amerikanischen Tropen, direkt und ohne Umwege realisieren. Sechs Jahre lang hatte er sich vorbereitet. Er hatte alle ihm zugängliche Literatur über den Neuen Kontinent gelesen, die naturhistorischen Sammlungen studiert, zahlreiche Reisen innerhalb Europas unternommen und sich im Umgang mit den verschiedensten wissenschaftlichen Instrumenten geübt. Nun war er gerüstet. Das Arsenal von über 40 Messinstrumenten, das er mit sich führte, war das mit Abstand beste und umfangreichste, mit dem bis dahin eine Expedition gereist war. Nicht einmal die Mannschaften Louis Antoine de Bougainvilles und James Cooks waren mit einer derartigen Fülle von Instrumenten ausgerüstet gewesen. Am 4. Juni 1799 schrieb Humboldt aus dem Hafen von La Coruña an Karl Freiesleben:

> Im Augenblick, da ich mich nach Mexiko einschiffe, muss ich, noch einmal, guter Herzens-Freiesleben, mein Andenken in Dir zurückrufen. Ich wollte Dir einen langen, langen Brief schreiben, aber der Wind hat sich so schnell günstig geändert, dass mir nur wenige Minuten übrig bleiben. Du weißt aus

> meinem letzten Briefe aus Barcelona, dass ich zwei Monate vergeblich in Marseille auf die schwedische Fregatte Jaramas wartete, welche mich nach Algier führen sollte, von wo aus ich mit der Karawane von Mekka den Landweg nach Kairo antreten wollte. Ich ging nach Spanien, um von dort aus nach Marokko zu reisen. Ein französischer Botanist, Bonpland, ein guter Mensch, der mich aber seit sechs Monaten sehr kalt lässt, das heißt, mit dem ich ein bloß wissenschaftliches Verhältnis habe, begleitet mich. Ich trat in Madrid in die große Gesellschaft. Der sächsische Gesandte Forell und eine Ministerial-Veränderung waren mir sehr günstig. Der neue Günstling Urquijo empfahl mich dem König und der Königin. Ich wurde beiden vorgestellt, die Gunst am Hofe wuchs, und ich erhielt, was Spanier selbst für unmöglich hielten, die vollste Erlaubnis, mit allen Instrumenten, wie ich will, in allen spanischen Kolonien zu arbeiten, zu messen. Mit königlichen Empfehlungen an alle Vizekönige segeln wir nun nach Havanna und Mexiko ab; von dort aus denke ich, Kalifornien, Panama, den Vulkan von Tonguragua [Tungurahua, heute Ecuador], Peru ... in 3 bis 4 Jahren zu besuchen. Welch ein Glück ist mir eröffnet! Mir schwindelt der Kopf vor Freude. Ich gehe ab mit der spanischen Fregatte *Pizarro*; wir landen vorher in den Canarien und an der Küste Caracas in Süd-Amerika. Die Nachricht von der persönlichen Gunst des Königs, meine Fertigkeit, Spanisch zu reden, und der edle, brave, echt dienstfertige spanische Charakter lässt mich gute Aufnahme in jener Hemisphäre hoffen. Welchen Schatz von Beobachtungen werde ich nun zu meinem Werke über die Konstruktion des Erdkörpers sammeln können! Von dort aus mehr, mein guter Herzensfreund. Der Mensch muss das Gute und Große wollen. Das Übrige hängt vom Schicksal ab. Wie es mir auch gehe, so wird der Gedanke an Dich, an das, was wir uns waren, wie Du wohltätig auf mich gewirkt, mich nie, nie verlassen. Umarme den lieben Fritz [Freieslebens Bruder], Deine teuren Eltern, und grüße [Abraham Gottlob] Werner, den Obereinfahrer [Freieslebens Onkel Carl Friedrich Freiesleben] und [den Studienfreund Johann Michael] Böhme. Entschuldige mich, dass ich allen nicht selbst schreibe. Aber wenn man viel arbeitet, ist das unmöglich. Schreibe mir ja, Guter, seit Spanien sah ich keine Zeile von Dir. Um Himmels willen, nimm das nicht für einen Vorwurf! Gebe die Briefe an [Joseph Friedrich Freiherr zu] Racknitz [kurfürstlich sächsischer Offizier], der sie an Forell nach Madrid besorgt durch die Gesandtschaft, bloß an Mr. de Humboldt à la Havane. In Mexiko sehe ich sächsische Bergleute, Del Río. Wir sprechen von Freiberg. Ich erinnere mich des Katzensteins und meines Versprechens, das Gold auszukratzen.[4]

Als Alexander von Humboldt zusammen mit Aimé Bonpland als zahlender Passagier der Korvette *Pizarro* vom spanischen Hafen La Coruña aus in See stach, war zum ersten Mal ein unabhängiger Forschungsreisender unterwegs. Humboldt finanzierte seine Reise selbst. Darin liegt, so banal dies zunächst klingen mag, der Schlüssel zum Verständnis ihrer enormen Wirkung. Der Tod seiner Mutter im Jahr 1796 hatte ihm ein Vermögen beschert, das er fortan ausschließlich und bedingungslos für seine Forschungen, die Publikation ihrer Ergebnisse

und für die Förderung junger Wissenschaftler einsetzte. Die Tatsache, dass er seine Expedition selbst bezahlte, ließ ihm freie Hand in der Wahl seiner Reiseroute, der Reisebegleiter und der Verkehrsmittel. Diese Art des Reisens enthob ihn der Verantwortung für Schiff und Mannschaft und eröffnete ungeahnte Möglichkeiten der Improvisation. Die zweite unabdingbare Voraussetzung für die Durchführung einer derartigen Reise war ihm vom spanischen Hof erfüllt worden: die Erlaubnis, die spanischen Kolonien frei und unbeaufsichtigt erforschen zu dürfen. »Nie war einem Reisenden eine umfassendere Erlaubnis zugestanden worden, nie hatte die spanische Regierung einem Fremden größeres Vertrauen bewiesen«,[5] notierte Humboldt später stolz in seinem Reisebericht. Der im Auftrag des spanischen Königs ausgestellte Pass, den er in Amerika vorweisen konnte, sicherte ihm die notwendige Bewegungs- und Forschungsfreiheit.

Es war die Unabhängigkeit Alexander von Humboldts, die diese Reise so einzigartig machen sollte. Nach Unabhängigkeit hatte er sich während seiner gesamten Jugend gesehnt. Nun wurde sie zum entscheidenden Merkmal eines neuen Typus des Forschungsreisenden. Als er in die Neue Welt aufbrach, gehörte

La Coruña. Im Vordergrund die Straße nach Madrid. Stahlstich, um 1830.

die mit Kolumbus 300 Jahre zuvor begonnene Epoche der Conquista und der Entdeckungsreisen der Vergangenheit an. Inzwischen waren die Landstriche der Neuen Welt, zumindest in groben Zügen, entdeckt, mehr oder weniger genau kartographiert und von den europäischen Mächten in Besitz genommen worden. Die Landkarten lieferten ein, wenn auch oft noch ungenaues, Abbild des amerikanischen Kontinents. Vor allem die Küstenverläufe, elementar für Wirtschaft und Militär, waren gut kartographiert. Die in den Karten verzeichneten Grenzen spiegelten die kolonialen Besitzverhältnisse. Mit der Entdeckung und Eroberung des amerikanischen Kontinents durch die Europäer hatte aber auch dessen Ausbeutung begonnen. Um diese so effizient wie möglich voranzutreiben, war es für die Mächte Europas elementar, ihre Kolonien möglichst genau zu kennen. Dazu benötigte man Gelehrte und Spezialisten. Seit der zweiten Hälfte des 18. Jahrhunderts reiste keine Expedition mehr ohne Wissenschaftler und Zeichner, vor allem Botaniker und Kartographen gehörten fortan zum Stammpersonal.

Die Frage nach dem Nutzen der Kolonien und das Wissensbestreben der Aufklärung waren die zentralen Antriebskräfte für die staatlich finanzierten Expeditionen von Alejandro Malaspina, James Cook, George Vancouver, Charles-Marie de la Condamine, Louis Antoine de Bougainville und Thomas-Nicolas Baudin. Die Aufgaben und Untersuchungsgebiete der mitreisenden Wissenschaftler wa-

Atlantiksegler. Holzstich eines unbekannten Künstlers, um 1850.

ren dabei genau definiert, ihre Rolle innerhalb der Expeditionsgruppe exakt festgelegt. Mit Cook fuhren beispielsweise auf dessen erster Weltumsegelung der Botaniker Sir Joseph Banks, später die Naturforscher Johann Reinhold und Georg Forster, mit Malaspina die Botaniker Thaddäus Haenke und Louis Née; sie alle waren von ihren staatlichen Auftraggebern abhängig und damit in ihrem Aktionsradius, ihren Forschungsaufgaben und ihren späteren Publikationsmöglichkeiten eingeschränkt. Man erwartete von ihnen, dass sie ihre Untersuchungen in den Dienst ihres Landes stellten und die gewonnenen Ergebnisse später ihren Auftraggebern zur Nutzung überließen. Hauptziel war die Ausbeutung der Kolonien.

»Unsere Reise«, schrieb beispielsweise Malaspina, »ist keine Entdeckungsreise gewesen. Sie hat zum Ziel gehabt, Amerika so zu erkunden, dass das Land mit einfachen und einheitlichen Methoden gerecht und zweckmäßig regiert werden kann.«[6] Humboldts Expedition stand dazu in absolutem Gegensatz. Sie diente nicht einer bestimmten europäischen Nation, sondern, wie er selbst immer wieder betonte, einzig und allein »dem Fortschritt der *Naturwissenschaften*«.[7] »Nie, nie hat ein Naturalist mit solcher Freiheit verfahren können«,[8] schrieb er später.

DIE FAHRT AUF DER PIZARRO

Die dreimastige, mit 18 Kanonen bewaffnete Korvette *Pizarro*, deren Schiffstyp auch als »leichte Fregatte« bezeichnet wurde, war dazu bestimmt, Post und Passagiere nach Havanna und Mexiko zu bringen. Das Kurierschiff galt zwar nicht als schneller Segler, Humboldt jedoch schien es für die Überfahrt nach Amerika sehr gut geeignet. Es ging ihm nicht um Schnelligkeit, sondern um gute Forschungsmöglichkeiten während der Reise. Der Kapitän, Don Emanuel Caxigas, erhielt vom Brigadier Don Rafael Clavijo, dem Oberbefehlshaber über die Post in La Coruña, den Befehl, dem preußischen Gelehrten bei dessen Messungen und chemischen Versuchen an Bord jede notwendige Unterstützung zu gewähren. Zudem bekam Caxigas die Anweisung, bei Teneriffa so lange anzulegen, dass die beiden Forscher den Hafen von Orotava besuchen und den Gipfel des Teide besteigen konnten.

Der immer näher rückende Tag der Abfahrt bewegte Humboldt sehr:

> Der Augenblick, wo man zum ersten Mal von Europa scheidet, hat etwas Ergreifendes. Wenn man sich auch noch so bestimmt vergegenwärtigt, wie stark der Verkehr zwischen beiden Welten ist, wie leicht man bei den großen Fortschritten der Schifffahrt über den Atlantik gelangt, der verglichen mit dem Pazifik ein nicht sehr breiter Meeresarm ist, das Gefühl, mit dem man zum ersten Mal eine weite Reise antritt, hat immer etwas tief Bewegendes. Es gleicht keiner der Empfindungen, die uns von früher Jugend auf bewegt

Das Innere des Kraters des Pic von Teneriffa, Ausschnitt. Kupferstich von Pietro Parboni nach einer Zeichnung von Wilhelm Friedrich Gmelin. Tafel 54 in Alexander von Humboldt: Vues des Cordillères, Paris: Schoell, 1810–1813. »Man überblickt von seiner Spitze nicht allein einen ungeheuren Meereshorizont, der über die höchsten Berge der benachbarten Inseln hinaufreicht, man sieht auch die Wälder von Teneriffa und die bewohnten Küstenstriche so nahe, dass noch Umrisse und Farben in den schönsten Kontrasten hervortreten«, schrieb Humboldt.

> haben. Getrennt von den Wesen, an denen unser Herz hängt, im Begriff, gleichsam den Schritt in ein neues Leben zu tun, ziehen wir uns unwillkürlich in uns selbst zurück, und es überkommt uns ein Gefühl des Alleinseins, wie wir es nie empfunden.[2]

Den Aufbruch hielt Humboldt in einem neuen Tagebuch fest:

> Begonnen an Bord des *Pizarro*, den 3. Junius 1799.
>
> Die Nacht vom 3ten zum 4ten ward sehr unruhig zugebracht. Wir glaubten, die letzte Nacht auf europäischem Boden zu schlafen. Wenn der Wind sich änderte, sollten wir den 4ten früh um 8 Uhr absegeln. Der Wind blies noch immer aus Westen, und obgleich der dicke Nebel, der auf dem Meere lag, Nordost anzukündigen schien, so versicherten die zur schnellen Abreise eben nicht sehr gestimmten Offiziere des *Pizarro* doch, wir könnten wohl noch ein 10 bis 12 Tage oder gar (wie der *Alcudia*, der vor uns abgesegelt war) ein drei Wochen lang im Hafen harren.
>
> Unsere Lage war eben nicht angenehm, da wir schon Bücher, Instrumente, Kleidung, alles was wir bedurften, an Bord hatten. Dazu kam die Nachricht, dass man bei Sisarga eine englische Escadre oder Convoy signalisiert hatte. Don Rafael Clavijo versicherte indes, der Feind sei gegen Lissabon hin ohne Verzug gesegelt und von den zwei englischen Fregatten und dem Kriegsschiff von 50 Kanonen, welche den ganzen Mai hindurch vor Coruña kreuzten, sei nichts mehr sichtbar.
>
> Am 4ten abends ward der Wind wirklich Nordwest (eine Richtung, die in dieser Jahreszeit sehr gewöhnlich und fast beständig ist), aber er war so schwach, dass der Kapitän der Fregatte, Don Emanuel Caxigas, den ich abends am Hafen sprach, kaum vor dem 6ten morgens abzusegeln gedachte. Wir schliefen sehr unbesorgt, und da ohnedies bis 9 Uhr uns niemand avertierte [benachrichtigte], so eilten wir eben nicht, unsere kleinen Landgeschäfte zu vollenden. Zu unserer großen Verwunderung stürzte um 9 Uhr der Patron der Schaluppe des Don Rafael mit der Nachricht in unser Zimmer, dass wir in einer Stunde an Bord sein müssten, um sogleich unter Segel zu gehen. Diese Eile hatte in der Tat etwas Bestürzendes. Wir hatten so gewiss geglaubt, drei bis vier Stunden vorher avertiert zu werden. 43 Briefe, die ich geschrieben, waren zu kuvertieren und hundert kleine Dinge zu besorgen.

Letztendlich verzögerte sich die Abfahrt jedoch auf Anordnung des Kapitäns dann doch nochmals um einen Tag.

> Um 2 Uhr (den 5ten Junius nachmittags) waren wir an Bord des *Pizarro*. Der Kanonenschuss »leva« wird gefeuert … Wir trafen die zwei Kanarier, Salcedo und Eduardo, besonders der Erste sehr liebenswürdig, den alten, nach Saint Blaise bestimmten Marine-Kommissar, Don Francisco Bermúdez, mit zwei Negern und einer schönen Negerin, von der er ein zweijähriges, sehr eulenartiges Mulattenkind hatte. […]

Um 2 ¼ Uhr waren wir schon (kaum hatte ich es bemerkt) unter Segel. Mein Auge war fest auf die Küste geheftet. Meine Stimmung war gut, wie sie sein muss, wenn man ein großes Werk beginnt. Ich nahm mir vor, sie nicht durch die Besorgnis vor dem Feinde zu verderben. Der Wind war nicht sehr heftig, aber das Meer ging sehr hoch, und da der Kanal, welcher aus dem Hafen ins Meer führt, sich gegen Norden öffnet, so hatten wir viel Arbeit, gegen den Wellenschlag auszulaufen. Wir mussten über achtmal virer de bord [wenden]. Bei den Wendungen, die wegen Schwere des Schiffes und Zug des Wassers sehr schwierig waren, gingen wir viel rückwärts, so dass drei Viraden [Wenden] ganz verlorengingen. Wir hatten lange das Schloss San Antonio, wo der unglückliche Malaspina gefangen sitzt (ein Opfer der buhlerischen ατaλλανα), im Auge.* Von Europa scheidend hätte ich gern etwas Besseres, mit der Menschheit Versöhnenderes gesehen. Der sehr irascible [reizbare] Kapitän wütete fürchterlich bei den Wendungen. Nach dem Schreien der Offiziere und dem Durcheinanderlaufen von 30 Matrosen zu urteilen, hätte ein des Meeres Unkundiger auf eine große Gefahr schließen müssen. Da das Manöver bei den Wendungen kaum 10 Minuten dauerte, so war der Übergang aus der scheinbaren, fürchterlichen Wut in die gleichgültigste Ruhe sehr merkwürdig. Bei der Virade, dicht vor dem Schlosse San Amaro, lief die Fregatte eine Gefahr, welche die Offiziere erst nachher gestanden. Der Strom zog uns den Felsklippen zu, an denen das Meer 14 bis 18 Fuß [4,5 bis 5,8 Meter] hoch brandete. Die Segel waren schon geändert, und doch wollte das Schiff sich nicht wenden. Noch 3 bis 4 Minuten, und wir lagen auf der Klippe.

Ich merkte wohl, dass die Wut wieder schreiend und ernst sich äußerte, aber die ganze Größe der Gefahr sah ich nicht ein. Ich wäre sonst wohl nicht so ganz sorglos geblieben. Die Kanarier, Bonpland und die ganze Negerfamilie waren nun schon vollkommen seekrank. Die Negerin hatte mit entblößtem Busen sich sehr orientalisch auf ein Bette gestreckt. Neben ihr das speiende Kind – alles sehr malerisch. Der kleine Knabe hatte zugleich Kolik, so dass es sehr schwierig war, mit einem und demselben Gefäß beide Bedürfnisse zugleich zu befriedigen.

Ich selbst litt von dem Meere nicht, obgleich das Meer sehr hoch ging. Die Wellen etwa 12 Fuß [4 Meter] hoch. Erst um 6 ½ Uhr abends waren wir bei dem Herkulesturm (jetzt Leuchtturm) und also in offener See. Um dem Feinde zu entgehen, steuerten wir Nordwest. Geschwindigkeit zwei Leguas [11,14 Kilometer] die Stunde. Thermometer 8° [10° Celsius], sehr kalter, zunehmender Nordost-Wind. Gegen 9 Uhr sahen wir unweit Sisarga das letzte einsame Licht (eine Fischerwohnung) an der Küste. Nachts nahm der Wind zu.[3]

* Das pseudogriechische Wort Matallana bezieht sich auf die Marquesa de Matallana, eine Hofdame von Maria Luisa, Gemahlin Karls IV. von Spanien. Malaspina war aufgrund einer Hofintrige gefangen genommen worden.

Zwei Wochen später, am 19. Juni 1799, warf die *Pizarro* vor der Reede von Santa Cruz auf Teneriffa Anker. Die knappe Woche, die Humboldt und Bonpland auf der Kanareninsel verbrachten, sollte als eine Art Probelauf für die Expedition in Amerika dienen. Mit dem 3718 Meter hohen Vulkan Teide bot sich ihnen ein ideales Untersuchungsobjekt, an dem sich erstmals Humboldts multidisziplinäres Forschungsprogramm in seiner ganzen Fülle erproben ließ. Welch großen Eindruck die Vulkaninsel auf ihn machte, schilderte er seinem Bruder Wilhelm in einem Brief aus »Puerto Orotava, am Fuß des Pic de Teneriffa«:

> Unendlich glücklich bin ich auf afrikanischem Boden angelangt, und hier von Kokospalmen und Pisangbüschen [Bananen] umgeben. Am 5. Juni reisten wir ab. Wir waren, bei sehr frischem Nordwestwind, und mit dem Glücke, fast gar keinem Schiffe zu begegnen, schon am zehnten Tage an der Küste von Marokko; den 17. Juni auf Graziosa, wo wir landeten; und am 19ten im Hafen von Sta. Cruz de Teneriffa. Unsre Gesellschaft war sehr gut: vorzüglich ein junger Kanarier, D. Francesco Salcedo, der mich sehr lieb gewann, unendlich zutraulich, und lebendigen Geistes, wie alle Einwohner dieser glücklichen

Teneriffa mit dem Vulkan Teide. Kolorierter Kupferstich in Friedrich Justin Bertuchs Bilderbuch für Kinder, Weimar, um 1810.

Insel. – Ich habe sehr viele Beobachtungen, besonders astronomische, und chemische (über Luftgüte, Temperatur des Meerwassers usw.), gemacht. Die Nächte waren prächtig: eine Mondhelle in diesem reinen milden Himmel, dass man auf dem Sextanten lesen konnte; und die südlichen Gestirne, der Zentaur und Wolf! Welche Nacht! Wir fischten das sehr wenig bekannte Tier Dagysa [ein Meeresweichtier], eben da wo Banks es entdeckte, und ein neues Pflanzengenus, eine weinblättrige grüne Pflanze (kein Fukus) [Tang], aus 50 Toisen [100 Meter] Tiefe. Das Meer leuchtete alle Abend. Bei Madeira kamen uns Vögel entgegen, die sich vertraulich zu uns gesellten und tagelang mit uns schifften.

Wir landeten in Graciosa [einen kleine Insel nördlich von Lanzarote], um Nachricht zu haben, ob englische Fregatten vor Teneriffa kreuzten; man sagte nein, wir verfolgten unsern Weg und kamen glücklich an, ohne ein Schiff zu sehen. Wie, ist unbegreiflich; denn eine Stunde nach uns erschienen sechs englische Fregatten vor dem Hafen. Von nun an ist bis Westindien nichts mehr von ihnen zu fürchten.

Meine Gesundheit ist vortrefflich, und mit Bonpland bin ich äußerst zufrieden. Schon in Teneriffa haben wir erfahren, welche Gastfreundschaft in allen Kolonien herrscht. Alles bewirtet uns, mit und ohne Empfehlung, bloß um Nachrichten aus Europa zu haben; und der Königliche Passeport tut Wunder. In Santa Cruz wohnten wir bei dem General Armiaga: hier (in Puerto Orotava), in einem englischen Hause, bei dem Kaufmann John Collogan, wo Cook, Banks und Lord Macartney auch wohnten. Man kann sich nicht vorstellen, welche Aisance [Gewandtheit, Wohlstand] und welche Bildung der Weiber in diesen Häusern ist.

Den 23. Juni, abends. Gestern Nacht kam ich vom Pic zurück. Welch ein Anblick! Welch ein Genuss! Wir waren bis tief im Krater, vielleicht weiter als irgendein Naturforscher. Überhaupt waren alle, außer Borda und Mason,* nur am letzten Kegel. Gefahr ist wenig dabei; aber Fatige [Mühsal] von Hitze und Kälte: Im Krater brannten die Schwefeldämpfe Löcher in unsre Kleider, und die Hände erstarrten bei 2° Réaumur [2,5° Celsius]. Gott, welche Empfindung, auf dieser Höhe (11 500 Fuß) [3505,2 Meter]! Die dunkelblaue Himmelsdecke über sich; alte Lavaströme zu den Füßen, um sich dieser Schauplatz der Verheerung (3 Quadratmeilen Bimsstein), umkränzt von Lorbeerwäldern; tiefer hinab, die Weingärten, zwischen denen Pisangbüsche [Bananenstauden] sich bis ans Meer erstrecken, die zierlichen Dörfer am Ufer, das Meer, und alle sieben Inseln, von denen Palma und Gran Canaria sehr hohe Vulkane haben, wie eine Landkarte unter uns. Der Krater, in dem wir waren, gibt nur Schwefeldämpfe; die Erde ist 70° Réaumur [87,5° Celsius] heiß. An den Seiten brechen die Laven aus. Auch sind dort die kleinen Krater wie die, welche vor zwei Jahren die ganze Insel erleuchteten. Man hörte damals zwei Monate lang ein unterirdisches Kanonenfeuer, und häusergroße

* Jean Charles de Borda (1733–1799), französischer Marineoffizier und Mathematiker; Charles Mason (1728–1786), englischer Astronom

> Steine wurden 4000 Fuß [1200 Meter] hoch in die Luft geschleudert. Ich habe hier sehr wichtige mineralogische Beobachtungen gemacht. Der Pic ist ein Basaltberg, auf welchem Porphyrschiefer und Obsidianporphyr aufgesetzt ist. In ihm wütet Feuer und Wasser. Überall sah ich Wasserdämpfe ausbrechen. Fast alle Laven sind geschmolzener Basalt. Der Bimsstein ist aus dem Obsidianporphyr entstanden; ich habe Stücke, die beides noch halb sind.
>
> Vor dem Krater, unter Steinen, die man *la Estancia de los Ingleses* [Rastplatz der Engländer] nennt, am Fuß eines Lavastroms, brachten wir eine Nacht im Freien zu. Um zwei Uhr nachts setzten wir uns schon in Marsch nach dem letzten Kegel. Der Himmel war vollkommen sternhell, und der Mond schien sanft; aber diese schönen Zeiten sollten uns nicht bleiben. Der Sturm fing an, heftig um den Gipfel zu brausen; wir mussten uns fest an den Kranz des Kraters anklammern. Donnerähnlich tobte die Luft in den Klüften, und eine Wolkenhülle schied uns von der belebten Welt. Wir klommen den Kegel hinab, einsam über den Dünsten, einsam wie ein Schiff im Meere. Dieser schnelle Übergang von der schönen heitern Mondhelle zu der Finsternis und der Öde des Nebels machte einen rührenden Eindruck.
>
> Nachschrift. In der Villa Orotava ist ein Drachenblutbaum (Dracaena Draco), 45 Fuß [13,70 Meter] im Umfang. Vor 400 Jahren, zu den Zeiten der Guanchos [Ureinwohner der Kanarischen Inseln], war er schon so dick als jetzt. Fast mit Tränen reise ich ab; ich möchte mich hier ansiedeln: und bin doch kaum vom europäischen Boden weg. Könntest du diese Fluren sehn, diese tausendjährigen Wälder von Lorbeerbäumen, diese Trauben, diese Rosen! Mit Aprikosen mästet man hier die Schweine. Alle Straßen wimmeln hier von Kamelen.[4]

Eine sehr ausführliche, teilweise poetische Schilderung über Teneriffa und den Aufstieg auf den Teide veröffentlichte Humboldt später in seinem 1814 erschienenen Bericht *Reise in die Äquinoktial-Gegenden des Neuen Kontinents:*

> Obgleich es Sommer war und der schöne afrikanische Himmel über uns sich ausbreitete, hatten wir doch in der Nacht unter der Kälte zu leiden. Das Thermometer fiel auf fünf Grad. Unsere Führer machten ein großes Feuer mit den dürren Zweigen der Retama [Ginster]. Ohne Zelt und Mäntel lagerten wir uns auf Haufen verbrannten Gesteins, und die Flammen und der Rauch, die der Wind beständig gegen uns her trieb, wurden uns sehr lästig. Wir hatten versucht, mit Hilfe von Tüchern eine Art Windschutz herzustellen; aber das Feuer bemächtigte sich dieser Absperrung, was wir freilich erst bemerkten, als die Flammen das meiste ergriffen hatten. Wir hatten noch nie eine Nacht in so bedeutender Höhe zugebracht, und ich ahnte damals nicht, dass wir einst auf dem Rücken der Kordilleren in Städten wohnen würden, die höher liegen als die Spitze des Vulkans, den wir am nächsten Morgen vollends besteigen sollten. Je tiefer die Temperatur sank, desto mehr bedeckte sich der Pic mit dicken Wolken. Bei Nacht stockt die Luftströmung, die den

Tag über von den Ebenen in die hohen Luftregionen aufsteigt, und infolge der Abkühlung verliert die Luft auch von ihrer das Wasser auflösenden Kraft. Ein starker Nordwind jagte die Wolken; von Zeit zu Zeit brach der Mond durch das Gewölk, und seine Scheibe glänzte auf tief dunkelblauem Grunde; der Anblick des Vulkans verlieh dieser nächtlichen Szene etwas wahrhaft Großartiges. Der Pic verschwand bald gänzlich im Nebel, bald erschien er in fürchterlicher Nähe und warf wie eine ungeheure Pyramide seinen Schatten auf die Wolken unter uns. [...]

Drachenbaum von Orotava. Kupferstich von Louis Bouquet nach einer Zeichnung von Pierre Antoine Marchais auf Grundlage einer Skizze von Ozonne. Tafel 69 in Alexander von Humboldt: Vues des Cordillères, Paris: Schoell 1810–1813. Humboldt schätzte dessen Höhe auf 16 bis 19 Meter. Sein Umfang betrug nach seinen Messungen in Wurzelhöhe 14,6 Meter. »Ebendiese Dicke hatte er bereits erreicht«, schrieb Humboldt, als im 15. Jahrhundert »die Spanier zum ersten Mal auf Teneriffa landeten.«

Die Besteigung des Vulkans von Teneriffa ist nicht nur dadurch anziehend, dass sie uns so reichen Stoff für wissenschaftliche Forschung liefert; sie ist es noch weit mehr dadurch, dass sie dem, der Sinn hat für die Größe der Natur, eine Fülle malerischer Reize bietet. Solche Empfindungen zu schildern, ist eine schwere Aufgabe; sie wirken umso stärker auf uns, wenn sie etwas Unbestimmtes haben, wie es die Unermesslichkeit des Raumes und die Größe, Neuheit und Mannigfaltigkeit der uns umgebenden Gegenstände mit sich bringen. Wenn ein Reisender die höchsten Berggipfel unseres Erdballs, die Katarakte der großen Ströme, die gewundenen Täler der Anden beschreiben soll, so läuft er Gefahr, den Leser durch den eintönigen Ausdruck seiner Bewunderung zu ermüden. Es scheint mir den Zwecken, die ich bei dieser Reisebeschreibung im Auge habe, angemessener, den eigentümlichen Charakter zu schildern, der jeden Landstrich auszeichnet. Man lehrt die Physiognomie einer Landschaft umso besser kennen, je genauer man die individuellen Züge heraushebt, sie miteinander vergleicht und so auf diesem Wege der Analyse den Quellen der Genüsse nachgeht, die uns das große Gemälde der Natur bietet.

Die Reisenden wissen aus Erfahrung, dass man auf der Spitze sehr hoher Berge selten eine so schöne Aussicht hat und so mannigfaltige malerische Effekte beobachtet wie auf Gipfeln von der Höhe des Vesuvs, des Rigi, des Puy de Dôme. Kolossale Berge wie der Chimborazo, der Antisana oder der Monte Rosa haben eine so gewaltige Masse, dass man die mit reichem Pflanzenwuchs bedeckten Ebenen nur in großer Entfernung sieht und ein bläulicher Dunst gleichförmig über der ganzen Landschaft liegt. Durch seine schlanke Gestalt und seine eigentümliche Lage vereinigt nun der Pic von Teneriffa die Vorteile niedrigerer Gipfel mit denen, wie sehr bedeutende Höhen sie bieten. Man überblickt von seiner Spitze nicht allein einen ungeheuren Meereshorizont, der über die höchsten Berge der benachbarten Inseln hinaufreicht, man sieht auch die Wälder von Teneriffa und die bewohnten Küstenstriche so nahe, dass noch Umrisse und Farben in den schönsten Kontrasten hervortreten. Es ist, als ob der Vulkan die kleine Insel, die ihm zur Grundlage dient, erdrückte; er steigt aus dem Schoße des Meeres dreimal höher auf, als die Wolken im Sommer ziehen. Wenn sein seit Jahrhunderten halb erloschener Krater Feuergarben auswürfe wie der Stromboli der Äolischen Inseln, so würde der Pic von Teneriffa dem Schiffer in einem Umkreis von mehr als 260 Meilen als Leuchtturm dienen.

Wir lagerten uns am äußeren Rand des Kraters und blickten zuerst nach Nordwesten, wo die Küsten mit Dörfern und Weilern geschmückt sind. Vom Winde fortwährend hin und her getriebene Dunstmassen zu unseren Füßen boten uns das mannigfaltigste Schauspiel. Eine gleichförmige Wolkenschicht zwischen uns und den tiefen Regionen der Insel, dieselbe von der oben die Rede war, war da und dort durch die kleinen Luftströme durchbrochen, welche nachgerade die von der Sonne erwärmte Erdoberfläche zu uns heraufsandte. Der Hafen von Orotava, die dort ankernden Schiffe, die Gärten und Weinberge um die Stadt wurden durch die Öffnung sichtbar, welche jeden

> Augenblick größer zu werden schien. Aus diesen einsamen Regionen blickten wir nieder in eine bewohnte Welt; wir ergötzten uns am lebhaften Kontrast zwischen den dürren Flanken des Pics, seinen mit Schlacken bedeckten steilen Abhängen, seinen pflanzenlosen Plateaus und dem lachenden Anblick des bebauten Landes, wir sahen, wie sich die Gewächse nach der mit der Höhe abnehmenden Temperatur in Zonen verteilen.[5]

Die Idee, die Insel in verschiedene höhenbedingte Vegetationszonen einzuteilen, arbeitete Humboldt im Verlauf der späteren Reise in der Region des Äquators zur *Geographie der Pflanzen in den Tropenländern* am Beispiel der Vulkanregion des Chimborazo und des Cotopaxi aus. Im Jahr 1817 veröffentlichte er eine Veranschaulichung seiner »Pflanzengeographie« am Beispiel des Teide.[6] Großes Interesse widmete er auch den Guanchen, den Ureinwohnern der Kanarischen Inseln:

> Bevor ich die Alte Welt verlasse und in die Neue übersetze, möchte ich einen Gegenstand behandeln, der von allgemeinem Interesse ist, weil er sich auf die Geschichte der Menschheit und die verhängnisvollen Umwälzungen bezieht, durch welche ganze Völkerschaften vom Erdboden verschwunden sind. Auf Kuba, Santo Domingo, Jamaica fragt man sich, wo die Ureinwohner dieser Länder hingekommen sind; auf Teneriffa fragt man sich, was aus den Guan-

Der Vulkan Teide auf Teneriffa.
Holzstich eines unbekannten Künstlers, um 1850

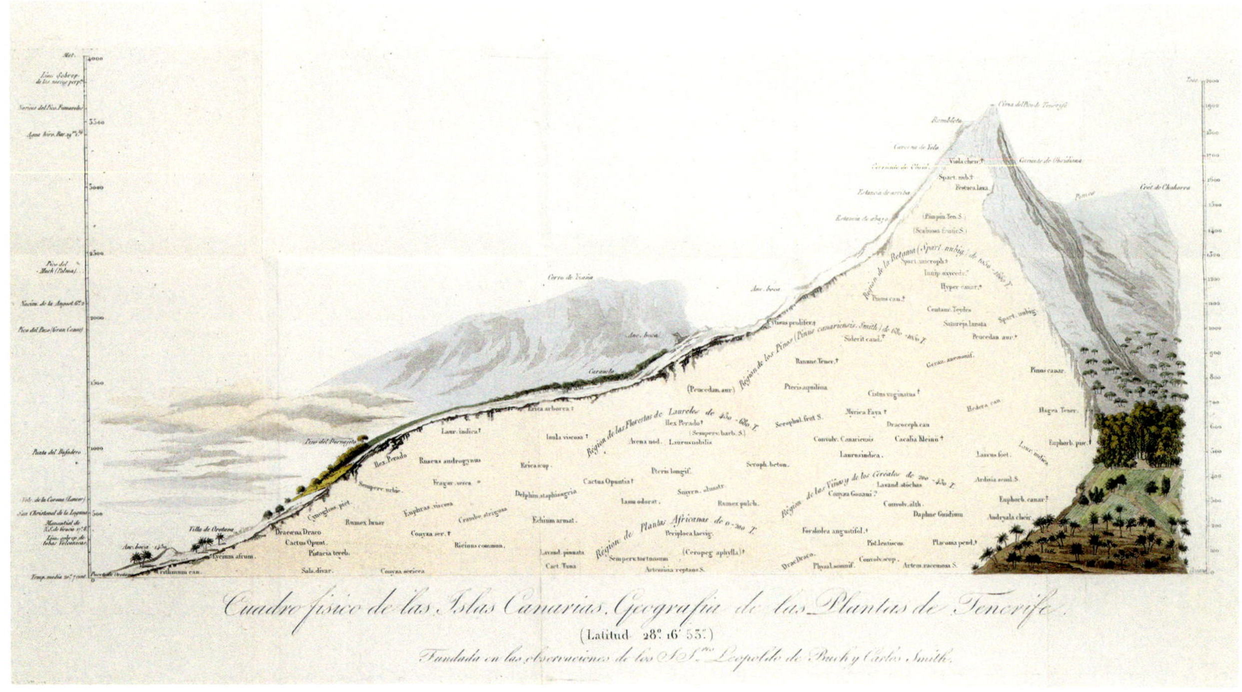

chen geworden ist, deren in Höhlen versteckte, vertrocknete Mumien ganz allein der Vernichtung entgangen sind. Im 15. Jahrhundert holten fast alle Handelsvölker, besonders aber die Spanier und Portugiesen, Sklaven von den Kanarischen Inseln, wie man sie jetzt von der Küste von Guinea holt. Die christliche Religion, die in ihren Anfängen die menschliche Freiheit so mächtig förderte, diente der europäischen Habsucht als Vorwand. Jedes Individuum, das gefangen wurde, ehe es getauft war, verfiel der Sklaverei. Zu jener Zeit hatte man noch nicht zu beweisen gesucht, dass der Neger eine Rasse zwischen Mensch und Tier ist; der gebräunte Guanche und der afrikanische Neger wurden auf dem Markte zu Sevilla gleichzeitig verkauft, und man stritt nicht über die Frage, ob nur Menschen mit schwarzer Haut und Wollhaar der Sklaverei verfallen sollten.

Auf dem Archipel der Kanaren bestanden mehrere kleine, einander feindlich gegenüberstehende Staaten. Oft war dieselbe Insel zwei unabhängigen Fürsten unterworfen, wie in der Südsee und überall, wo die Gesellschaft noch nicht sehr weit fortgeschritten ist. Die Handelsvölker befolgten damals hier dieselbe arglistige Politik wie jetzt auf den Küsten von Afrika: Sie leisteten den Bürgerkriegen Vorschub. So wurde ein Guanche Eigentum eines anderen Guanchen, und dieser verkaufte jenen den Europäern; manche zogen den Tod der Sklaverei vor und töteten sich und ihre Kinder. So

Physikalisches Gemälde der Kanarischen Inseln. Geographie der Pflanzen des Pic von Teneriffa. Nach Beobachtungen von Leopold von Buch und Carlos Smith. Kolorierter Kupferstich von Jean Louis Coutant nach einer Zeichnung von Pierre Antoine Marchais. In: Alexander von Humboldt: Viaje a las regiones equinocciales del Nuevo Continente, Paris: Casa de Rosa, 1826.

hatte die Bevölkerung der Kanaren durch den Sklavenhandel, durch die Menschenräuberei der Piraten, besonders aber durch lange blutige Zwiste bereits starke Verluste erlitten, als Alonso de Lugo sie vollends eroberte. Den Rest der Guanchen raffte im Jahr 1494 größtenteils die berühmte Pest, die sogenannte *Modorra* hin, die man den vielen Leichen zuschrieb, welche die Spanier nach der Schlacht bei Laguna hatten frei liegen lassen. Wenn ein halbwildes Volk, das man um sein Eigentum gebracht, im selben Lande neben einer zivilisierten Nation leben muss, so sucht es sich in den Gebirgen und Wäldern zu isolieren. Inselbewohner haben keine andere Zuflucht, und so war denn das herrliche Volk der Guanchen zu Anfang des 17. Jahrhunderts so gut wie ausgerottet; außer ein paar alten Männern in Candelaria und Guimar gab es keine mehr.[7]

Die Kritik an den politischen Zuständen der spanischen Kolonien, die Humboldt zunächst in seinen Reisetagebüchern formulierte, findet sich auch in seinem späteren Bericht *Reise in die Äquinoktial-Gegenden des Neuen Kontinents:*

> Das niedere Volk ist fleißig, aber es entwickelt seine Tätigkeit mehr in fernen Kolonien als auf Teneriffa selbst, wo dieselbe auf Hindernisse stößt, die eine kluge Verwaltung allmählich aus dem Wege räumen könnte. Die Auswanderung wird abnehmen, wenn man sich entschließt, das unangebaute Grundeigentum des Staats unter der Einwohnerschaft zu verteilen, die Ländereien, welche zu den Majoraten der großen Familien gehören, zu verkaufen und allmählich die Feudalrechteabzuschaffen. [...]
>
> Am Abend des 25. Juni verließen wir die Reede von Santa Cruz und schlugen den Weg nach Südamerika ein. Es wehte stark aus Nordost und das Meer schlug infolge der Gegenströmungen kurze gedrängte Wellen. Die Kanarischen Inseln, auf deren hohen Bergen ein rötlicher Dunst lag, verloren wir bald aus den Augen. Allein der Pic zeigte sich von Zeit zu Zeit, wenn der Himmel aufriss, wahrscheinlich weil der in der hohen Luftregion herrschende Wind dann und wann die Wolken um den Piton [Bergspitze] verjagte. Zum ersten Mal empfanden wir, welch lebhaften Eindruck der Anblick von Ländern an der Grenze des heißen Erdgürtels, wo die Natur so reich, so großartig und so wundervoll auftritt, auf unser Gemüt macht. Wir hatten nur kurze Zeit auf Teneriffa verweilt, und doch schieden wir von der Insel, als hätten wir lange dort gelebt.[8]

Die weitere Fahrt der *Pizarro* verlief ruhig. Humboldt verbrachte die Tage an Bord mit einem umfangreichen Programm an Messungen und, zusammen mit Bonpland, mit botanischen und zoologischen Studien an Pflanzen und Tieren, die sich vom Schiff aus während der Fahrt an Bord holen ließen oder, wie fliegende Fische und Vögel, durch Zufall an Deck landeten.

Wie sehr Humboldt Wissenschaft und Poesie zu einer Einheit verwob, zeigt sich in vielen Passagen seines Reiseberichts. In seiner Betrachtung des Sternenhimmels verschmolzen astronomische Beobachtungen und Ästhetik:

Seit unserem Eintritt in die heiße Zone wurden wir nicht müde, in jeder Nacht die Schönheit des südlichen Himmels zu bewundern, an dem, je weiter wir nach Süden vorrückten, immer neue Sternbilder vor unseren Blicken aufstiegen. Ein sonderbares, ganz unbekanntes Gefühl wird in einem rege, wenn man bei der Annäherung an den Äquator und namentlich beim Übergang aus der einen Halbkugel in die andere sieht, wie die Sterne, die man von frühester Kindheit an gekannt, immer tiefer hinabrücken und endlich verschwinden. Nichts mahnt den Reisenden so lebhaft an die ungeheure Entfernung seiner Heimat als der Anblick eines neuen Himmels. Die Gruppierung der großen Sterne, einige zerstreute Nebelflecke, die an Glanz mit der Milchstraße wetteifern, Strecken, die sich durch ihr tiefes Schwarz auszeichnen, geben dem südlichen Himmel eine ganz eigentümliche Physiognomie. Dieses Schauspiel regt selbst die Einbildungskraft von Menschen an, die den physischen Wissenschaften sehr ferne stehen und zum Himmelsgewölbe aufblikken, wie man eine schöne Landschaft oder eine großartige Aussicht bewundert. Man braucht kein Botaniker zu sein, um schon am Anblick der Pflanzenwelt den heißen Erdstrich zu erkennen, und wer auch keine astronomischen Kenntnisse hat, wer von Flamsteads und Lacailles Himmelskarten nichts weiß, fühlt, dass er nicht in Europa ist, wenn er das ungeheure Sternbild des Schiffs oder die leuchtenden Magellanschen Wolken am Horizont aufsteigen sieht. Erde und Himmel, allem in den Äquinoktialländern drückt sich der Stempel des Fremdartigen auf. [...]

Unsere freudige Genugtuung beim Erscheinen des Südlichen Kreuzes wurde lebhaft von denjenigen unter der Mannschaft geteilt, die in den Kolonien gelebt hatten. In der Meereseinsamkeit begrüßt man einen Stern wie einen Freund, von dem man lange Zeit getrennt gewesen. Bei den Portugiesen und Spaniern steigert sich diese Anteilnahme noch durch besondere Gründe: religiöses Gefühl zieht sie zu einem Sternbild hin, dessen Gestalt an das Wahrzeichen des Glaubens mahnt, das ihre Väter in den Einöden der neuen Welt aufgepflanzt.[9]

Am 15. Juli 1799 allerdings änderte sich die Stimmung auf der *Pizarro*:

Der heutige Morgen und gestrige Abend sehr traurig. Ein alter Matrose, den man unvorsichtigerweise krank embarquiert [an Bord gebracht] hatte, brachte ein Fieber in das Schiff, das wenigstens epidemisch wurde, wenn es nicht schon epidemisch war. Fürchterlich verdorbene Luft, Mangel an Ausleerung zur rechten Zeit durch Brechen, Aderlasse, Purganzen [Abführmittel], gar keine China [Mittel gegen Malaria] (sie fehlte an Bord), die größte Gleichgültigkeit eines dicken Chirurgus, der den ganzen Tag die Hände auf dem Bauch im hinteren Teil des Laderaums saß, die strafbarste Gleichgültigkeit des Kapitäns, der aus 25-jähriger Erfahrung versicherte, auf den Courierschiffen sei man nie krank – alles dies beförderte die Ausbreitung und Verschlimmerung des Fiebers. Es war kontinuierlich und äußerte sich schon in 12 Stunden mit Raserei. Dem alten Matrosen wurde im Sterben vor etwa

8 Tagen das Abendmahl gereicht. Nachdem er seinen Tod in einer sargartigen Lage (er hing so nahe am Balken, dass sein Gesicht nicht 5 bis 8 Zoll [13,5 bis 21,5 cm] davon abstand und in der heißen Zone!) erwartet hatte, bereitete man ihm, weil nun das geistliche Schauspiel angehen sollte, ein neues, prächtig ausstaffiertes Gemach zu. Im vorderen, luftigeren Schiffsraum spannte man mit farbigen Segeln eine Art Zelt. Selbst der Boden war mit Linnen bedeckt. Hierher wurde der Kranke gebracht. Der Commissär legte seine Uniform an, und mit langen Lichtern hielten wir eine Prozession, um den Capellan, der dem Sterbenden das Abendmahl gab, zu begleiten.

Man fragte ihn hunderterlei Dinge, die er glauben müsse, wir antworteten statt seiner. Diese Zeremonie rettete wahrscheinlich dem Matrosen das Leben. Er atmete kühlere, reinere Luft. Er genas von Tage zu Tage, und rührend war es mir, als er bleichen Antlitzes und mit langem Barte am 13ten morgens den Kopf auf das Verdeck herausstreckte, um auch die Insel Tabago zu sehen und, wie er sagte, Gott zu danken, dass er noch einmal Land (und setzte er hinzu), ein so schönes grünes Land sehe. Er genas sichtlich, aber in

Modell eines englischen Sloop, um 1785. Gebaut von Klaus Schrage, Berlin, 1989. Solchen englischen Schiffen suchte die mit ungefähr 35 Meter Decklänge relativ kleine spanische Korvette *Pizarro* während ihrer Fahrt nach Amerika auszuweichen. Die *Pizarro* unterschied sich von diesem Schiffstyp im Wesentlichen nur durch den etwas schmaleren Rumpf.

4 bis 5 Tagen lag noch ein Matrose, alle Neger des Commiss[ärs] (zwei Neger, die Negerin und der kleine Fernando, ein liebenswürdiges Kind!) und zwei Passagiere, ein Asturier und ein Katalane, krank an demselben Fieber. Ich sprach von Räuchern mit Essig, von einer Luftröhre, die man neben dem Maste aufsetzen sollte. Der Kapitän fand diese Ideen sehr lustig, und es geschah nichts.

Der Asturier, einziger Sohn einer Witwe, ging mit zwei noch jüngeren Vettern zu einem Onkel in der Insel Kuba, um dort sein Glück zu gründen. Er war 19 Jahre alt, blond und hatte ein offnes, sehr frohes, liebenswürdiges Äußeres. Auch soll er ziemlich gebildet gewesen sein, da er drei Jahre lang Philosophie studiert hatte. Er fiel in Raserei von dem ersten Tage seiner Krankheit an. Der Capellan war um sein Seelenheil sehr besorgt, man konnte ihn nicht beichten lassen. Gestern Abend um 6 Uhr gab man ihm die letzte Ölung. Nach dem Rosenkranz saßen wir alle besorgt und niedergeschlagen auf dem Verdeck. Die fast volle Mondscheibe erleuchtete die Felsenküste von Paria. Wir sprachen von den alten Bewohnern dieser Küste und wie die Entdecker das Glück dieser Menschen bis auf die letzten Generationen gestört. Die Luft, das Licht, das Meer, alles war milde.

Mit einem Schrei »Jesus María, Virgo del Carmen, er ist verschieden, die Füße sind steif und kalt«, sprang der eine junge Asturier (er war meinem Jugendfreunde John Guille in Barcelona so wunderbar ähnlich) auf das Ver-

Meeresleuchten. Holzstich aus dem Buch von Hermann Klencke: Alexander von Humboldt's Leben und Wirken, Reisen und Wissen, Leipzig: Otto Spamer, 1882. »Wir gelangten in eine Zone«, schreibt Humboldt, »wo das Meer mit einer ungeheuren Menge Medusen bedeckt war. Das Schiff stand beinahe still, aber die Weichtiere zogen gegen Südost, viermal rascher als die Strömung.«

deck. Er schlug mit dem Kopf bald auf den Cabestan [Ankerwinde], bald auf den Bord des Schiffes. Er heulte fürchterlich. Dieser Ausdruck tiefer Empfindung in einem jungen Gemüte, die Idee eines gescheiterten Glückes (gesund und heiter in das Schiff zu steigen, um im Golf von Mexiko von einem Fuscher [Pfuscher, dem Chirurgus] gemordet zu werden), die Eiskälte dieses Fuschers, die Härte des Kapitäns, der schon vom Überbordwerfen sprach – machte diesen Augenblick sehr tragisch. Es wird nicht der letzte sein, den ich in diesem Weltteil erlebe!

Nun läutete man die Todesglocke. Alles lag auf den Knien und betete. Dann wurde der Körper auf das Verdeck gebracht und in das Boot gelegt, worin einige Soldaten schliefen. Diese Leiche im Mondschein und vor 10 Tagen heiter und froh in die Zukunft blickend, die neue Welt eröffnet, dem Zwang des elterlichen Hauses entgangen und nun in wenigen Stunden ein Fraß der Fische. Heute Morgen um 6 Uhr wurde die Leiche von einem Brett mit einem Sandsack an den Füßen (nach Einweihung des Priesters) über Bord geworfen.

Dieser Tod veranlasste den Entschluss, nicht in dem verpesteten Courier weiterzusegeln. Alle Passagiere blieben in Cumaná und genasen kaum in 30 bis 40 Tagen. Der Katalane sah einer Leiche ähnlich. Der Neger starb toll als Folge des Fiebers. So wurde meine Reise nach Orinoco, Río Negro veranlasst ... Vielleicht wäre ich in Havanna auch gestorben, wo eben der vómito negro [das schwarze Erbrechen, Gelbfieber] herrschte.[10]

Humboldts amerikanische Reise. Ausschnitt der »Karte zur Übersicht von A. von Humboldt's Reisen in der Neuen und Alten Welt« von August Petermann, Gotha: Justus Perthes, 1869.

KARTE
zur Übersicht von
A.v. HUMBOLDT'S REISEN
IN DER ALTEN & NEUEN WELT
1799 - 1829.
Zusammengestellt von A. Petermann.
Maassstab im Äquator 1:40.000.000.
Deutsche Meilen
Lieues
Russische Werst
A.v. Humboldt's & A. Bonpland's Reisen in Amerika. 1799 - 1804.
A.v. Humboldt's Reisen in Asien. 1829.
Westliche 0 Östliche L. v. Greenwich
Nord-See
Ost-See
London
Berlin
Magdeburg
Göttingen
Freiberg
Dresden
DEUTSCHLAND
E U R O
Paris
Wien
Salzburg
Zürich
St. Gotthard P.
Mailand
Turin
FRANKREICH
Bordeaux
Genua
Florenz
Rom
Neapel
Toulon
Marseille
Barcelona
Tarragona
Valencia
Madrid
Aranjuez
Valladolid
Leon
Coruña
SPANIEN
MITTELLÄNDISCHES MEER
Rückreise nach Europa 1804
Azoren
ANTISCHER OCEAN
Madeira
Canarien
Teneriffa
Gr. Canaria
Lanzarote
Wendekreis des Krebses
Cap Verde I.
Cours der Corvette Pizarro
AFRIKA
ANA
Amazonen Strom
SILIEN
AMERIKA
GOTHA: JUSTUS PERTHES.
1869.

ANKUNFT IN DER TROPENWELT

Am 16. Juli 1799, 41 Tage nach der Abfahrt von La Coruña und 20 Tage nachdem sie in Teneriffa abgelegt hatte, ankerte die *Pizarro* an der Küste von Tierra Firme, des heutigen Venezuela. Über seine erste Begegnung mit amerikanischen Ureinwohnern notierte Humboldt:

> Als wir uns eben anschickten, an Land zu gehen, sah man zwei Pirogen die Küste entlangfahren. Man rief sie durch einen zweiten Kanonenschuss an, und obgleich man die Flagge von Kastilien aufgezogen hatte, kamen sie doch nur zögernd herbei. Diese Pirogen waren, wie alle der Eingeborenen, aus einem einzigen Baumstamm gefertigt und in jeder befanden sich 18 Indianer vom Stamme der Guayqueríes, nackt bis zum Gürtel und von hohem Wuchs. Ihr Körperbau zeugte von großer Muskelkraft, und ihre Hautfarbe lag zwischen Braun und Kupferrot. Von weitem, wie sie unbeweglich dasaßen und sich vom Horizont abhoben, konnte man sie für Bronzestatuen halten. Dieser Anblick beeindruckte uns umso mehr, da er so wenig dem Begriff entsprach, den wir uns nach manchen Reiseberichten von den charakteristischen Zügen und der großen Körperschwäche der Eingeborenen gemacht hatten. Wir machten in der Folge, ohne die Grenzen der Provinz Cumaná zu überschreiten, die Erfahrung, wie auffallend die Guayqueríes äußerlich von den Chaymas und den Kariben verschieden sind. So nahe alle Völker Amerikas miteinander verwandt scheinen, da sie ja derselben Rasse angehören, so unterscheiden sich doch die Stämme nicht selten bedeutend im Körperwuchs, in der mehr oder weniger dunklen Hautfarbe, im Blick, aus dem bei den

Alexander von Humboldt. Ölgemälde von Friedrich Georg Weitsch, 1806. Das kurz nach der Forschungsreise entstandene Gemälde zeigt Humboldt in einer idealisierten Urwaldlandschaft beim Botanisieren. Links steht das Reisebarometer, neben dem Sextanten sein wichtigstes Messinstrument.

einen Ruhe und Sanftmut, bei andern eine unheilvolle Mischung von Traurigkeit und Grausamkeit spricht.

Sobald die Pirogen so nahe waren, dass man die Indianer spanisch anrufen konnte, verloren sie ihr Misstrauen und fuhren geradezu an Bord. Wir erfuhren von ihnen, das niedrige Eiland, bei dem wir geankert, sei die Insel Coche, die immer unbewohnt gewesen und an der die spanischen Schiffe, die aus Europa kommen, gewöhnlich weiter nördlich, zwischen derselben und der Insel Margarita, durchgehen, um im Hafen von Pampatar einen Lotsen an Bord zu nehmen. Unbekannt in der Gegend, waren wir in den Kanal südlich von Coche geraten, und da die englischen Kreuzer sich damals häufig in diesen Strichen zeigten, hatten uns die Indianer für ein feindliches Fahrzeug gehalten. [...]

Die Guayqueríes gehören zum Stamm zivilisierter Indianer, welche an den Küsten von Margarita und in den Vororten der Stadt Cumaná wohnen. Nach den Kariben des spanischen Guayana sind sie der schönste Menschenschlag in Tierra Firme. Sie genießen verschiedene Vorrechte, da sie seit der ersten Zeit der Eroberung sich als treue Freunde der Kastilier bewährt haben. Der König von Spanien nennt sie daher auch in seinen Handschreiben »seine lieben, edlen und getreuen Guayqueríes«. Die Indianer, auf die wir in

Ansicht Cumanás von der alten Burg. Ölskizze von Ferdinand Bellermann, um 1844. Durch Humboldts Vermittlung erhielt der Maler aus Erfurt ein königliches Reisestipendium, das ihm von 1842 bis 1845 eine Reise nach Venezuela ermöglichte. Die künstlerische Ausbeute dieses Aufenthalts, 233 Ölskizzen und Zeichnungen, musste er allerdings als Gegenleistung in den Königlichen Museen abliefern.

den zwei Pirogen gestoßen, hatten den Hafen von Cumaná in der Nacht verlassen. Sie wollten Bauholz in den Cedrowäldern holen, die sich vom Kap San José bis über die Mündung des Río Carúpano hinaus erstrecken. Sie gaben uns frische Kokosnüsse und einige Fische von der Gattung Choetodon, deren Farben wir nicht genug bewundern konnten. Welche Schätze enthielten in unseren Augen die Kähne der armen Indianer! Ungeheure Vijaoblätter bedeckten Bananenbüschel; der Schuppenpanzer eines Tatou [Gürteltiers], die Frucht der Crescentia cujete [Kalebassenbaum], die den Eingeborenen als Trinkgefäße dienen, Naturkörper, die in den europäischen Kabinetten zu den gemeinsten gehören, hatten ungemeinen Reiz für uns, weil sie uns lebhaft daran mahnten, dass wir uns im heißen Erdgürtel befanden und das längst ersehnte Ziel erreicht hatten.

Der *Patrón* einer der Pirogen erbot sich, an Bord der *Pizarro* zu bleiben, um uns als Lotse (*de práctico*) zu dienen. Der Mann empfahl sich durch sein ganzes Wesen; er war ein scharfsinniger Beobachter und hatte sich in lebhafter Wissbegier mit den Meeresprodukten wie mit den einheimischen Gewächsen beschäftigt. Ein glücklicher Zufall fügte es, dass der erste Indianer, dem wir bei unserer Landung begegneten, der Mann war, dessen Bekanntschaft unseren Reisezwecken äußerst förderlich wurde. Mit Vergnügen schreibe ich in dieser Erzählung den Namen Carlos del Pino nieder: So hieß der Mann, der uns 16 Monate lang auf unseren Wegen längs der Küsten und im Binnenlande begleitet hat. [...]

Der Wind war sehr schwach; der Kapitän hielt es für ratsamer, bis zu Tagesanbruch zu lavieren. Er scheute sich, bei Nacht in den Hafen von Cumaná einzulaufen, und ein unglückseliger Unfall, der vor kurzem eben hier vorgekommen war, schien diese Vorsicht zu gebieten. Ein Paketboot hatte Anker geworfen ohne die Hecklaternen anzuzünden; man hielt es für ein feindliches Fahrzeug, und die Batterien von Cumaná gaben Feuer darauf. Dem Kapitän des Postschiffes wurde ein Bein weggerissen, er starb wenige Tage später in Cumaná.

Wir brachten einen Teil der Nacht auf dem Verdeck zu. Der Guayquerí-Lotse unterhielt uns mit der Schilderung von Tieren und Gewächsen seines Landes. Wir hörten zu unserer großen Befriedigung, wenige Meilen von der Küste sei ein gebirgiger, von Spaniern bewohnter Landstrich, wo empfindliche Kälte herrsche, und auf den Ebenen kämen zwei sehr verschiedene Krokodile vor, ferner Boas, Zitteraale und mehrere Tigerarten.* Obgleich die Worte Bava, Cachicamo und Temblador uns ganz unbekannt waren, ließ uns die naive Beschreibung von Gestalt und Gewohnheiten der Tiere doch alsbald die Arten erkennen, welche die Kreolen [die in Hispano-Amerika ge borenen Nachfahren von spanischen Eltern] so benennen. Wir dachten nicht daran, dass diese Tiere über ungeheure Landstriche zerstreut sind, und hoff-

* Humboldt bezeichnet, gemäß dem damaligen Sprachgebrauch, Jaguare als Tiger.

ten, sie gleich in den Wäldern bei Cumaná beobachten zu können. Nichts reizt die Neugierde des Naturkundigen mehr als der Bericht von den Wundern eines Landes, das er bald betreten soll.

Am 16. Juli 1799, bei Tagesanbruch, lag eine grüne, malerische Küste vor uns. Die Berge von Neu-Andalusien begrenzten, halb von Wolken verschleiert, nach Süden den Horizont. Die Stadt Cumaná mit ihrem Schloss erschien zwischen Gruppen von Kokosbäumen. Um neun Uhr morgens, 41 Tage nach unserer Abfahrt von La Coruña, gingen wir im Hafen von Cumaná vor Anker.[1]

Noch am Tag der Landung hielt Alexander von Humboldt seine Eindrücke in einem Brief aus Cumaná an seinen Bruder Wilhelm fest:

Mit eben dem Glück, guter Bruder, mit dem wir im Angesichte der Engländer in Teneriffa angekommen sind, haben wir unsre Seereise vollendet. Ich habe viel auf dem Wege gearbeitet, besonders astronomische Beobachtungen gemacht. Wir bleiben einige Monate in [der Provinz] Caracas.

Wir sind hier einmal in dem göttlichsten und vollsten Lande. Wunderbare Pflanzen, Zitteraale, Tiger [Jaguare], Armadille [Gürteltiere], Affen, Papageien, und viele viele echte halbwilde Indianer, eine sehr schöne und interessante Menschenrasse. Caracas ist, wegen der nahen Schneegebirge, der kühlste und gesundeste Aufenthalt in Amerika; ein Klima wie Mexiko; und, obgleich von [Nikolaus Joseph von] Jacquin besucht, noch einer der unbekanntesten Teile der Welt, wenn man etwas nur in das Innere der Gebirge geht. Was uns, außer dem Zauber einer solchen Natur (wir haben seit gestern auch noch nicht ein einziges Pflanzen- oder Tierprodukt aus Europa gesehen), vollends bestimmt, uns hier in Caracas – zwei Tagereisen von Cumaná zu Wasser – aufzuhalten, ist die Nachricht, dass eben in diesen Tagen englische Kriegsschiffe in dieser Gegend kreuzen. Von hier bis Havanna haben wir nur eine Reise von acht bis zehn Tagen; und da alle europäischen Konvoyen hier landen, Gelegenheit genug, außer den Privatgelegenheiten. Überdies ist gerade auf Kuba bis September und Oktober die Hitze am bösesten. Diese Zeit bringen wir hier in der Kühle und in gesunderer Luft hin; man darf hier sogar nachts im Freien schlafen.

Ein alter Marinekommissär mit einer Negerin und zwei Negern, der lange in Paris und Domingo und den Philippinen war, hält sich ebenfalls hier auf. Wir haben für 20 Piaster monatlich ein ganz neues freundliches Haus gemietet, nebst zwei Negerinnen, wovon eine kocht. An Essen fehlt es hier nicht; leider nur existiert jetzt nichts Mehl-, Brot- oder Zwiebackähnliches. Die Stadt ist noch halb in Schutt vergraben; denn dasselbe Erdbeben in Quito, das berühmte von 1797, hat auch Cumaná umgestürzt. Diese Stadt liegt an einem Meerbusen, schön wie der von Toulon, hinter einem Amphitheater 5000 bis 8000 Fuß [1625 bis 2600 Meter] hoher, und dick mit Wald bewachsener Berge. Alle Häuser sind von weißem Sinabaum und Atlasholz gebaut. Längs dem Flüsschen (Río de Cumaná), das wie die Saale bei Jena ist, liegen sieben Klöster und Plantagen, die wahren englischen Gärten gleichen. Au-

ßerhalb der Stadt wohnen die Kupferindianer, von denen die Männer alle fast nackt gehen. Die Hütten sind von Bambusrohr, mit Kokosblättern gedeckt. Ich ging in eine. Die Mutter saß mit den Kindern, statt auf Stühlen, auf Korallenstämmen, die das Meer auswirft; jedes hatte Kokosschalen statt der Teller vor sich, aus denen sie Fische aßen. Die Plantagen sind alle offen, man geht frei ein und aus. In den meisten Häusern stehen selbst nachts die Türen offen: so gutmütig ist hier das Volk. Auch sind hier mehr echte Indianer als Neger.

Welche Bäume! Kokospalmen, 50 bis 60 Fuß [16,25 bis 19,5 Meter] hoch! Poinciana pulcherrima [Pfauenstrauch], mit einem Fuß [32,5 cm] hohem Strauße der prachtvollsten hochroten Blüten; Pisange [Bananen] und eine Schar von Bäumen mit ungeheuren Blättern und handgroßen wohlriechenden Blüten, von denen wir nichts kennen. Denke nur, dass dies Land so unbe-

Urwald in Venezuela. Ölgemälde von Ferdinand Bellermann, um 1850.

Pflanzen aus dem Herbar von Humboldt und Bonpland aus Mexiko, Venezuela, Kuba und Peru sowie ein Mikroskop, um 1790 hergestellt von Samuel Gottlieb Hofmann in Leipzig. Bonpland benutzte ein baugleiches Instrument. Es diente nicht nur botanischen und zoologischen Zwecken, sondern auch der Unterhaltung der Damen der feinen Gesellschaft, die darin ihre Kopfläuse betrachten durften.

kannt ist, dass ein neues Genus, welches [José Celestino] Mutis* erst vor zwei Jahren publizierte, ein 60 Fuß [19,5 Meter] hoher weitschattiger Baum ist. Wir waren so glücklich, diese prachtvolle Pflanze (sie hatte zolllange Staubfäden) gestern schon zu finden. Wie groß also die Zahl kleinerer Pflanzen, die der Beobachtung noch entzogen sind? Und welche Farben der Vögel, der Fische, selbst der Krebse (himmelblau und gelb)! Wie die Narren laufen wir bis jetzt umher; in den ersten drei Tagen können wir nichts bestimmen, da man immer einen Gegenstand wegwirft, um einen andern zu ergreifen. Bonpland versichert, dass er von Sinnen kommen werde, wenn die Wunder nicht bald aufhören. Aber schöner noch als diese Wunder im Einzelnen, ist der Eindruck, den das Ganze dieser kraftvollen, üppigen und doch dabei so leichten, erheiternden, milden Pflanzennatur macht. Ich fühle es, dass ich hier sehr glücklich sein werde und dass diese Eindrücke mich auch künftig noch oft erheitern werden.

Wie lange ich hier bleibe, weiß ich noch nicht; ich glaube, hier und in Caracas an drei Monate; vielleicht aber auch viel länger. Man muss genießen, was man nahe hat. Wahrscheinlich mache ich, wenn der Winter künftigen Monat hier aufhört und die wärmste und müßigste Zeit eintritt, eine Reise an die Mündung des Orinoco, Boca del Drago (Drachenmaul) genannt, wohin von hier ein sicherer und gebahnter Weg geht. Wir sind an dieser Boca vorbeigesegelt, ein fürchterliches Wasserschauspiel! Nachts, den 4. Juli, sah ich zum ersten Mal das ganze südliche Kreuz vollkommen deutlich.[2]

Wie bereits während der Reise durch Europa erregten auch in Cumaná die in der Sonne glitzernden Messinstrumente, mit denen die beiden Forscher hantierten, die Aufmerksamkeit der Bevölkerung. Über die Schwierigkeiten, trotzdem ernsthafte wissenschaftliche Untersuchungen durchzuführen, berichtet Humboldt:

Die ersten Wochen unseres Aufenthalts in Cumaná verwendeten wir dazu, unsere Instrumente zu berichtigen, in der Umgegend zu botanisieren und die Spuren des Erdbebens vom 14. Dezember 1797 zu untersuchen. Die Mannigfaltigkeit der Gegenstände, die uns zugleich in Anspruch nahmen, ließ uns nur schwer den Weg zu geordneten Studien und Beobachtungen finden. Wenn unsere ganze Umgebung den lebhaftesten Reiz auf uns ausübte, so erregten dagegen unsere Instrumente die Neugier der Einwohnerschaft. Wir wurden durch häufige Besuche von der Arbeit abgehalten, und wollte man nicht Leute vor den Kopf stoßen, die so seelenvergnügt durch einen Dollond [Teleskop] die Mondflecken betrachteten, zwei Gase in der Röhre eines Eudiometers [Luftgütemeser] sich verzehren oder auf galvanische Berührung einen Frosch sich bewegen sahen, so musste man sich wohl herbeilassen, auf oft verworrene Fragen Auskunft zu geben und stundenlang dieselben Versuche zu wiederholen.

* José Celestino Mutis (1732–1808) war der bedeutendste Botaniker Lateinamerikas. Humboldt traf ihn 1801 in Bogotá.

So ging es uns die nächsten fünf Jahre, sobald wir uns an einem Orte aufhielten, wo man in Erfahrung gebracht hatte, dass wir Mikroskope, Fernrohre oder elektromotorische Apparate besäßen. Dergleichen Auftritte wurden meist umso ermüdender, je verworrener die Vorstellungen waren, welche die Besucher von Astronomie und Physik hatten, welche Wissenschaften in den spanischen Kolonien den sonderbaren Titel »neue Philosophie«, *nueva filosofía*, führen. Die Halbgelehrten sahen mit einer gewissen Geringschätzung auf uns herab, wenn sie hörten, dass sich unter unsern Büchern weder das *Spectacle de la nature* vom Abbé Pluche, noch der *Cours de physique* von Sigaud la Fond, noch das *Wörterbuch* von Valmont de Bomare befanden. Diese drei Werke und der *Traité d'économie politique* von Baron Bielfeld sind die bekanntesten und geachtetsten fremden Bücher im spanischen Amerika von Caracas und Chile bis Guatemala und Nordmexiko. Man gilt nur dann als gelehrt, wenn man die Übersetzungen derselben recht oft zitieren kann, und nur in den großen Hauptstädten, in Lima, Santa Fé de Bogotá und Mexiko, fangen die Namen Haller, Cavendish* und Lavoisier an, jene zu verdrängen, deren Ruf seit einem halben Jahrhundert populär geworden ist.[3]

Bereits in der ersten Stadt, die Humboldt auf dem amerikanischen Kontinent kennenlernte, begegnete ihm eine Besonderheit des europäischen Kolonialismus, mit der er sich während seiner gesamten Forschungsreise intensiv auseinandersetzen sollte:

Wenn unser Haus in Cumaná für die Beobachtung des Himmels und der meteorologischen Vorgänge sehr günstig gelegen war, so mussten wir dagegen zuweilen bei Tage etwas mit ansehen, was uns empörte. Der große Platz ist zum Teil mit Bogengängen umgeben, über denen eine lange hölzerne Galerie hinläuft, wie man sie in allen heißen Ländern sieht. Hier wurden die Schwarzen verkauft, die von der afrikanischen Küste herübergebracht werden. Unter allen europäischen Regierungen war die von Dänemark die erste und lange die einzige, die den Sklavenhandel abgeschafft hat, und dennoch waren die ersten Sklaven, die wir ausgestellt sahen, auf einem dänischen Sklavenschiff gekommen. Der gemeine Eigennutz, der mit den Pflichten der Menschlichkeit, Nationalehre und den Gesetzen des Vaterlandes im Streite liegt, lässt sich durch nichts in seinen Spekulationen stören.

Die zum Verkauf ausgesetzten Sklaven waren junge Leute von 15 bis 20 Jahren. Man gab ihnen jeden Morgen Kokosöl, um sich den Körper damit einzureiben und die Haut glänzend schwarz zu machen. Jeden Augenblick erschienen Käufer und schätzten nach der Beschaffenheit der Zähne Alter und

* Der Schweizer Arzt und Naturforscher Albrecht von Haller (1708–1777) war einer der bedeutendsten Anatomen und Physiologen seiner Zeit und machte sich auch als Dichter und Literaturkritiker einen Namen. Der britische Naturforscher Henry Cavendish (1731–1810) entdeckte u.a. den Wasserstoff.

RECHTS *Agaven und Cereus-Kakteen im Gebirge von La Guaira.* Ölskizze von Ferdinand Bellermann, um 1844.

Gesundheitszustand der Sklaven; sie rissen ihnen den Mund gewaltsam auf, ganz wie es auf dem Pferdemarkt geschieht. Dieser entwürdigende Brauch schreibt sich aus Afrika her, wie die getreue Schilderung zeigt, die Cervantes nach langer Gefangenschaft bei den Mauren in einem seiner Theaterstücke vom Verkauf der Christensklaven in Algier entwirft. Man stöhnt auf bei dem Gedanken, dass es noch heutigen Tages auf den Antillen europäische Kolonisten gibt, die ihre Sklaven mit dem Glüheisen zeichnen, um sie wiederzuerkennen, wenn sie entlaufen. So behandelt man Menschen, die anderen Menschen die Mühe des Säens, Ackerns und Erntens ersparen!

Je tieferen Eindruck der erste Verkauf von Negern in Cumaná auf uns gemacht hatte, desto mehr wünschten wir uns Glück, dass wir uns bei einem Volk und auf einem Kontinent aufhielten, wo ein solches Schauspiel sehr selten vorkommt und die Zahl der Sklaven im Allgemeinen höchst unbedeutend ist. Dieselbe betrug im Jahre 1800 in den Provinzen Cumaná und Barcelona nicht über 6000, während man zur selben Zeit die Gesamtbevölkerung auf 110 000 schätzte. Der Handel mit afrikanischen Sklaven, den die spanischen Gesetze niemals begünstigt haben, ist jetzt völlig bedeutungslos an Küsten, wo im 16. Jahrhundert der Handel mit amerikanischen Sklaven schauerlich lebhaft war.

Macarapan, früher Amaracapana genannt, Cumaná, Araya und besonders Neu-Cádiz, das auf dem Eiland Cubagua angelegt worden war, konnten damals als Comptoirs gelten, die zur Betreibung des Sklavenhandels errichtet waren. Girolamo Benzoni aus Mailand, der im Alter von 22 Jahren nach Tierra Firme gekommen war, machte im Jahre 1542 an den Küsten von Bordones, Cariaco und Paria Raubzüge mit, bei denen unglückliche Eingeborene weggeschleppt wurden. Er erzählt sehr naiv und oft mit einem Gefühlsausdruck, wie er bei den Geschichtsschreibern jener Zeit selten vorkommt, von den Grausamkeiten, die er mit angesehen. Er sah die Sklaven nach Neu-Cádiz gebracht werden, wo sie mit dem Glüheisen auf Stirne und Armen gezeichnet wurden und den Beamten der Krone der Quint entrichtet wurde. Aus diesem Hafen wurden sie nach Haiti oder Santo Domingo geschickt, nachdem sie mehrmals die Herren gewechselt, nicht weil sie verkauft wurden, sondern weil die Soldaten mit Würfeln um sie spielten.[4]

Am 4. September 1799 brachen Humboldt und Bonpland mit einigen einheimischen Begleitern und Maultieren, die die notwendigsten Instrumente trugen, zu einer Missionsstation von Kapuziner-Mönchen bei den Chaymas-Indianern im Süden von Cumaná auf. Einer der Begleiter war José de la Cruz, ein Indianer, den sie in Cumaná kennengelernt hatten. Er sollte ihnen während der gesamten amerikanischen Reise als Diener zur Seite stehen und später sogar mit ihnen nach Europa reisen.

Sowie man die plage [Küste] verlässt, tritt man in eine neue, belebtere Welt. Welche Üppigkeit des Pflanzenwuchses, welche Nacht unter dem dichtgewebten Laubdach. Hier sahen wir zuerst den majestätischen Wuchs der

Blattpflanze mit weißen Blüten auf dunklem Grund (Solanum angulatum). Ölskizze von Ferdinand Bellermann, um 1844

Cecropia peltata, der Hura crepitans, Cerbera, Erythrina Corallodendr[on]. Die dunkelgrünen, saftigen Pothos digitatum, Pothos ouatum, Dracontium pertusum, zahllose Costus, Alpinia, Curcuma, zuerst die Dorstenia contrajerva, welche der ehrwürdige Jacquin lange für ein Cryptogam hielt und an dem in der Tat die Fruchtteile so schwer zu erkennen sind. Doch was wag ich es, die Pflanzen zu nennen, welche diese Felsen bis San Fernando bedecken. Wo eine große Wassermasse und Sonnenwärme vereinigt sind, da reihet die schaffende Natur den Stoff zu tausendfältigen Formen zusammen. Von dem zehnten Teil der Pflanzen, die uns umgaben, ahndeten wir auch nicht einmal das Geschlecht. Bonplands Klagen, dass unser Papiervorrat diesen Reichtum nicht fassen könne, störte fast meinen Genuss. Unsere Pflanzenbüchsen und Schnupftücher waren bald gefüllt, und vom [Berg] Imposíbile aus sandten wir einen Boten nach Cumaná, um neue 800 Bogen Papier kommen zu lassen.

Der Weg ging meist in Schluchten, an deren einer Seite ein Waldstrom sich schäumend durch lose Felsmassen durchwindet. Wie des Himmels Bläue gegen dies dunkle Grün der Blätter kontrastierte, wie die faulenden Baumstämme (besonders Palo morado [Violettholz, Amarant]) und zahllose Blüten die Luft mit Wohlgerüchen füllten, und dabei eine so feierliche Stille des kühlen Wintermorgens.[5]

DIE MISSIONEN

Später, im Jahr 1801, schrieb Humboldt in Havanna: »Ich habe nun zwei Jahre lang vom Kapuziner an (ich war lange in ihren Missionen, unter den Chaymas-Indianern) bis zum Vizekönig mit allen Menschenklassen genau verbunden gelebt.«[1] Dieser intensive Kontakt mit allen Bevölkerungsschichten erlaubte ihm einen weitaus tieferen Einblick in das Alltagsleben und in die Kulturen der Neuen Welt, als ihn jemals ein Mitglied einer vielköpfigen Expeditionsgruppe aus Europa haben konnte. Zu Humboldts Art des Reisens gehörte es, Konflikte zu vermeiden und sich mit offener Kritik an den herrschenden politischen Zuständen zurückzuhalten. Sein Pass mit dem Siegel des spanischen Königs verpflichtete ihn nach außen zur Loyalität gegenüber der spanischen Krone und deren Repräsentanten.

Hätte Humboldt seine politische Meinung zu den kolonialen Missständen noch während der Reise öffentlich geäußert, wäre sein Forschungsunternehmen auf der Stelle gescheitert. Er wäre des Landes verwiesen worden. Das erklärt, warum alle von Humboldt bereits während der amerikanischen Reise veröffentlichten Texte sich jeder politischen Stellungnahme enthalten.[2] Er war sich des Privilegs nur allzu bewusst, dass die spanische Kolonialmacht einen aufgeklärten preußischen Forscher fünf Jahre lang unbeaufsichtigt durch ihre bereits von inneren Krisen heimgesuchten Hoheitsgebiete reisen ließ. Seine Kritik am Kolonialsystem vertraute er nur guten Freunden und seinem Tagebuch an. So verfasste er Ende 1802, während seines Aufenthalts in Lima, eine Abhandlung über die Willkürherrschaft der Mönche in den Missionen der spanischen Kolonien, vor allem in den Gebieten Venezuelas. Diese Anklage floss zwar später auch in den ab 1814 publizierten Bericht über die *Reise in die Äquinoktial-Gegenden des Neuen Kon-*

Kirche und Ruine des Konvents Caripe in der Provinz Cumaná, Ausschnitt. Ölskizze von Ferdinand Bellermann, 1843.

tinents ein. Dort allerdings hat Humboldt sie nicht mehr so scharf formuliert und auch nicht mehr mit so vielen Beispielen belegt wie hier in seinem Reisetagebuch:

> Keine Religion predigt die Unmoral, aber was sicher ist, ist, dass von allen existierenden die christliche Religion diejenige ist, unter deren Maske die Menschen am unglücklichsten werden. Dass man doch die Missionen besuchte, dass man in die Hütten der unglücklichen Amerikaner einträte, die unter der Fuchtel von Franziskaner- oder Kapuzinerpatern leben; man würde wünschen, auf einer verlassenen Insel (der Kokos-Insel) zu leben, um niemals von den Europäern und ihrer Theokratie sprechen zu hören.
>
> Die gegenwärtigen Missionen verursachen zwei Arten von Schäden: der eine vollzieht sich positiv, derjenige, die Zivilisation und Kultur der Menschen nicht zu fördern, der andere ist ein negativer und erregt die meiste Teilnahme, derjenige, das Gute zu verhindern, die Bevölkerung zu verringern, ungeheure Ländereien unbewohnbar zu machen und die freien Indios dazu zu bringen, sich täglich mehr von den christlichen Niederlassungen zurückzuziehen, wodurch der Hass gegen eine Menschenklasse vermehrt wird, die unter dem Anschein, ihnen Gutes zu tun, ihnen ihren Besitz, ihre Niederlassungen gewaltsam wegnimmt und sie glauben macht, dass es eine Sünde ist, sich darüber zu beklagen!
>
> Die deutschen Kleinstaaten beweisen zur Genüge, dass man den Launen eines Souveräns umso mehr unterworfen ist, je näher man ihm ist. Die Missionen sind Theokratien, denen sich die Indios leicht anpassen, weil jeder freie amerikanische Indio an eine mechanische Willfährigkeit gegenüber seinen Häuptlingen gewöhnt ist.
>
> Es gibt keine unbegrenztere Despotie als die der Mönche. Welche schreckliche Vorstellung, dass derselbe Mensch, der von den Sünden freispricht, der nach seinem Belieben den mildesten Trost eines zukünftigen, glücklicheren Lebens entziehen kann, auch Herr und Gebieter über euer Eigentum, die Früchte eures Ackerbaus, eure geringfügigsten Handlungen ist. [...]
>
> Die Missionare herrschen durch eine allen gemeinsame politische Intrige, welche vollständig erklärt, wie ein Weißer so despotisch regieren kann, der sich allein unter oft, besonders in ihrer Trunkenheit, gewalttätigen Indios (Morciélagos, Kariben) befindet. Die Intrige besteht darin, dass die Mission sich auf Geschenke gründet, die man den Anführern der Indios, den Sibierenes, den Kaziken, macht. Der Mönch hat immer drei bis vier Indios, und zwar die am meisten gefürchteten, auf seiner Seite. Er macht es wie die Souveräne, die Kreuze, Titel verleihen ... Die Mönche ernennen Kaziken, Gobernadores, ranghöhere Polizisten ... Sie verteilen die Stäbe (Ehrenzeichen) an diejenigen, die diese Rangabzeichen erlaubterweise tragen, um ihrerseits die Indios zu tyrannisieren. Diesen lässt man die Freiheit (Augustus nach dem Sturz der Republik), ihre Vorgesetzten zu wählen, aber der Mönch bestätigt, weist zurück ... Auf diese Weise gibt es in jeder Mission vier bis fünf Familien, die Interesse daran haben, die Partei des Mönchs zu nehmen. [...]

Der Missionar versucht, sein Dorf wie ein Kloster zu behandeln. Alles geschieht nach dem Ton der Glocken; der Indio ist nicht einen einzigen Augenblick in seinen Handlungen frei; man schickt ihn nach rechts und nach links, und die Flussreisen sind ausreichend, um die Missionen zu ruinieren. Der Indio will nichts anbauen, weil alles, was er hervorbringt, dem Pater gehört. In San Fernando de Atabapo zwingt man ihn, dem Missionsmönch eine Fanega Kakao für vier bis sechs Realen zu verkaufen. Stockschläge, wenn der Indio seinen Kakao einem benachbarten Missionar zu verkaufen oder bei diesem seine Leinwand zu kaufen wagt. Jeder unterhält Monopolrechte in seinem Dorf. Ich reiste mit einem Mönch, der auf dem großen Schildkrötenöl-Markt für fast 100 Piaster Leinwand, Bänder, Nadeln, gekauft hatte, die ihn nicht 20 Piaster gekostet hatten; denn statt mit Geld hatte er sie mit Titi-Affen, Viuditas-Affen, Felshühnern vom Orinoco bezahlt, die ihm die Indios zwangsweise für 2 Realen geben müssen und die er vor ihren Augen für 7 Piaster gut verkauft, während er denselben bei Strafe von 50 Peitschenhieben

Jagd auf den Jaguar.
Ölgemälde von Ferdinand Bellermann, 1866.

verbietet, den Kaufleuten von Guayana auch nur einen Affen auf eigene Rechnung zu verkaufen. Dieser Pater errichtete seinen Stand in allen Dörfern, durch die er kam; er hatte die Geduld, die Nadeln stückweise zu verkaufen, wobei er 3000 Prozent gewann. […] Dasselbe Monopol, dieses Fehlen des Nutzens, den die Indios aus ihrer Arbeit ziehen, ist die Ursache, dass es in den Missionen mit einem so fruchtbaren Boden nur wenige Handelsprodukte gibt, dagegen das Elend in ihnen die Bevölkerung bemerkenswert verringert. Die Indios bauen nichts an, weil der Kakao ihnen keinen Profit bringt, sondern ihnen im Gegenteil das Unglück (die Unbequemlichkeit) des Reisens verschafft. Im Gegenteil, sie zerstören heimlich die Bäume. […]

Ich sage das, weil ich es mit meinen eigenen Augen gesehen habe und ohne Hass gegen die Mönche, die mir niemals persönlich etwas zuleide getan haben, unter denen ich eine Anzahl sehr achtungswürdiger Personen kennengelernt habe und über die ich mich in meinem Werk mit viel mehr Vorsicht äußern werde, als ich es hier tat; denn ich möchte, dass dort eine Gesinnung des Friedens, der Gerechtigkeit und des Wohltuns herrscht. Ich bin in den Missionen gut aufgenommen worden, ich bin dort weder aus Gnade noch heimlich hineingekommen, ich bin auf direkten Befehl des Königs empfangen worden. Ein Historiker hat keine andere Verpflichtung als die der Wahrhaftigkeit, und sie muss ihm umso heiliger sein, als das Unglück der ausgedehntesten Gebiete davon abhängt. Man möge den Bericht des Vizekönigs Góngora, Erzbischofs von Bogotá, lesen, die Denkschriften von zahlreichen Bischöfen, selbst von Klostervorstehern, besonders wenn sie gerade von Europa angekommen und noch nicht daran gewöhnt sind, die Indios misshandelt zu sehen, und man wird darin viel schlimmere Sachen finden, als ich sie gesehen habe; z. B. hat der Missionar von San Fernando de Atabapo, der bei seinem Gardian angeklagt war, mit der Frau eines Indios zu leben, seinem Küchenjungen, von dem er glaubte, dass er ihn verraten habe, mit den Zähnen einen Hoden abgerissen. Der Mann ist heute Kirchendiener und eine anatomische Merkwürdigkeit, denn er hat Kinder, obwohl er nur mit einem Flügel schlägt. Der Mönch hat lange Zeit im Prozess gestanden, aber seine Klosterbrüder haben verstanden, ihn aus der Affäre zu ziehen, indem sie sagten, dass es wahr wäre, dass er den Penis zwischen den Zähnen gekaut habe (man könnte glauben, von den Kariben-Indianern zu sprechen!), aber dass er es in der Wut über den Anblick des Knaben getan habe, der eine kleine Indianerin in seinem keuschen Haus geküsst habe. Er liest die Messe in der Nähe der Küste. Aber das Faktum ist sehr sicher; ich habe es von den Mönchen selbst und kann die Personen bei Namen nennen!

Diese blutigen Ausschreitungen und andere, bei denen Indios zu Tode gepeitscht wurden (wovon alle Missionen Beispiele liefern), sind im Allgemeinen zu selten, um sie als Hauptursache des Unglücks der Indios anzuführen. Es ist mit ihnen wie mit den Afrikanern; man sagt, dass es ihnen gut geht, wenn man sie nicht tötet; man glaubt, dass sie durch die Gesetze geschützt sind, wenn man ihnen ohne Richter nur 25 Schläge zu geben wagt. Aber man vergisst, dass es besser ist, bei einem einzigen Mal unter den Schlägen den

Guayra-Indianer mit Pfeil und Bogen und Kazike mit Maulesel. Zwei Ölskizzen von Ferdinand Bellermann, um 1844.

Geist aufzugeben als ein trostloses Leben in die Länge zu ziehen, in dem man alle Tage geschlagen wird, jede Woche (nach der Laune des Herrn) drei- bis viermal in die Bäckerei, die »Pistrina« [Stampfmühle] nach Lima geschickt wird, ein Leben schlimmer als der Tod zu führen. Das Unglück des Indios in den Missionen besteht darin, dass er Sklave des Paters ist, des Gobernadors, des Alguacil, des Hauptmanns ... dass er keinen eigenen Willen hat, dass man ihn sechs Monate des Jahres von seiner Familie trennt, um ihn im Kanu des Paters rudern zu lassen, dass er kein Eigentum hat, weil der Missionar ihn zwingt, ihm alles abzutreten, was er nötig hat, dass man ihn jeden Augenblick, sogar in der Kirche, auspeitscht, dass er unbewegt sieht, wie seine Frau, seine Mutter, ohne Unterschied des Alters beim Gebet geschlagen wird, weil sie »infierno« (Hölle) wie »invierno« (Winter) ausspricht ...

Es gibt nichts Widerlicheres als (in den Kariben-Missionen) den Priester nach der Messe im Ornat vor der Kirchentür Aufstellung nehmen zu sehen, um die Geschenke (Abgaben) der Indios zu empfangen, die in zwei Reihen anstehen und Holz, Bananen, Maniok dem Mönch demütig zu Füßen legen. Nach diesem Akt der Huldigung befiehlt der Priester, die Indios auszupeitschen, die seinem Despotismus Widerstand geleistet haben; man peitscht oft drei viertel Stunden lang sieben bis acht bis neun Indios; der Priester kehrt in die Sakristei zurück und legt sein »geistliches Ehrenkleid« ab. Ihr [Gründer der christlichen Orden], die ihr die Gelübde der Demut, der Armut begründet habt ... die ihr die Einfachheit der Urkirche nachgeahmt habt, seht eure Anhänger in [West-]Indien! Was für eine Beschäftigung, unvereinbar mit der Stellung eines Priesters ... In Quito züchtigen die Herren der Haciendas vor der Kirche. Es ist eine grausame Idee, dass die Indios ihren Gott nicht anbeten können, ohne dass man sie auspeitscht.[3]

DIE HÖHLE DER GUÁCHAROS

Am 17. September 1799 verließen Humboldt und seine Begleiter die Kapuziner-Mission bei den Chaymas-Indianern. Bereits einen Tag später erreichten sie die 80 Kilometer von Cumaná im Nordosten Venezuelas gelegene Höhle der Guácharos. Durch Humboldts Bericht erlangte sie weltweit große Beachtung. In seinem Tagebuch notierte er:

> So reich geschmückt und fröhlich der Eingang dieser Höhle ist, so schauderhaft ist ihr Inneres. Wo das Tageslicht zu verschwinden anfängt, hört man ein fernes, dumpfes Gekrächze der zahllosen Vögel Guácharos, welche diese Höhle so berühmt gemacht haben. Der Guácharo gehört zum Geschlecht Caprimulgus. Ich habe ihn gezeichnet und unten weitläufig systematisch beschrieben. Den Vogel würde ein ungelehrter Mensch einen bärtigen Habicht nennen. Er ist schön bunt gefleckt, braun mit schwarzen Punkten und weißen herzförmigen Augen. Der Unterschnabel, der mit einer dünnen Haut bespannt ist, und das ungeheuer krötenartige Maul lassen schon die krächzende Stimme ahnden, deren das Tier fähig ist. Wer viele 1000 Krähen in hohen Fichten hat zusammen nisten sehen, kann kaum einen Begriff von dem wütigen Lärmen haben, welchen die Guácharos in der Höhle betreiben. Sie nisten alle in 50 bis 60 Fuß [16 bis 20 Meter] Höhe, wo das Gewölbe mit trichterförmigen Löchern ausgehöhlt ist. Dieser Umstand macht den Ton noch dumpfer, da der Widerhall ihm mehr Umfang gibt. Je tiefer man in die Höhle dringt, desto stärker wird der Lärm. Bisweilen hört das Gekrächze in einem Gewölbe auf, und man hört nur den entfernteren Chor.

Die Guácharo-Höhle in der Nähe von Caripe, in der Provinz Cumaná. Ölskizze von Ferdinand Bellermann, 1843. Ein erster Höhepunkt der Amerikareise für Humboldt und Bonpland: »Diese von Nachtvögeln bewohnte Höhle ist für die Indianer ein schauerlich geheimnisvoller Ort; sie glauben, tief unten wohnen die Seelen ihrer Vorfahren.«

Ein so furchtbarer Aufenthalt, die Öffnung eines Gebirges, von dessen Höhe (so unbeträchtlich sie uns scheint, die wir den Pic de Teide und die Pyrenäen kennen) die Chaymas gigantische Vorstellungen haben (selbst Kreolen fragen, ob man so hohe Berge gesehen), der Umstand, dass niemand das Ende der Höhle kennt und der Unfug, welchen die Zauberer in dem Eingange noch heute treiben, haben die Cueva de los Guácharos, so lange dieser Weltteil bewohnt ist, zum Gegenstand religiöser Mythen gemacht. Den Chaymas ist die Höhle der Eingang zur Hölle. Die nächtlichen Vögel sind Vögel der Hölle. So bei den Griechen der Acheron und die Stygischen Vögel. Zu den Guácharos gehen heißt auf Chaymisch sterben. Die abgeschiedenen Seelen sind im hintersten Teile der Höhle. Daher wagt kein Indianer, allein in die Höhle zu gehen, und wir bemerkten sichtbaren Widerwillen und Angst bei denen, welche wir zwangen, mit uns vorzudringen. Sie versicherten, die Fackeln würden verlöschen, ohnerachtet der Vorrat groß war.

Der vordere Teil der Höhle ist schon profaner, seitdem die Indianer alle Jahr um Johannis dort einige Tage zubringen, um die Brut auszunehmen und die Manteca [Fett] zu gewinnen. Man streitet selbst darüber, ob dieser Gebrauch nicht erst von den fettlüsternen Kapuzinern eingeführt ist. Gewiss ist, dass jetzt die Nachstellung und das Fettsammeln ordentlicher und betriebsamer geschieht. Am Eingange sieht man Hütten, in denen das Fettausbraten geschieht; man schneidet den kaum befiederten Jungen den Abdomen [Bauch] aus und bratet dort das Fett aus. Es ist weiß, halbflüssig und wie Öl, geruchlos. Alle Speisen, die wir im Kloster aßen, waren mit der Manteca gekocht. Man sammelt jährlich an 150 bis 160 Bouteillen [Flaschen] à 44 Quadratzoll Fett.[1] Da man nicht sehr tief in die Höhle eindringt, so bleibt noch Brut genug zur Fortpflanzung der Vögel übrig. Sonst ist es unbegreiflich, wie die Vögel nicht einen Ort verlassen, in dem man jährlich ein solches Blutbad anstellt. Auch gibt es kleinere Höhlen in der Gegend, aus denen vielleicht Guácharos in der großen nisten. [...]

Die Stalaktiten sind wie in allen sehr weiten Höhlen nicht sehr schön und nicht weiß, einige umso ungeheurere Säulen von 20 bis 25 Fuß [6,5 bis 8 Meter] Höhe. Die schönsten herabhängenden Zapfen am Eingange. Am hintersten Ende in 1450 Fuß [472 Meter] Entfernung steigt die Sohle der Höhle jäh unter 70 Grad an. Der Bach bildet einen kleinen Wasserfall. Von diesem Punkte aus, wo das Gekrächze der Vögel so groß ist, dass man sich mit Mühe versteht, sieht man die Öffnung, das Tageslicht mit den Zapfen und die buschige Felswand dem Eingang gegenüber – ein einzig pittoresker Anblick, eine Aussicht in eine andere, fröhlichere Welt.

Bonpland war so glücklich, zwei Guácharos, die um die Fackeln geblendet flattern, zu erlegen, nachdem man an zwölf vergebliche Schüsse da getan, wo die Menge am größten war. Das Geschrei, welches die Furcht verdoppelte, lässt sich nicht beschreiben. Auch verloren die Indianer allen Mut. Mit Mühe zwangen wir sie, den Hügel hinanzuklimmen.[2]

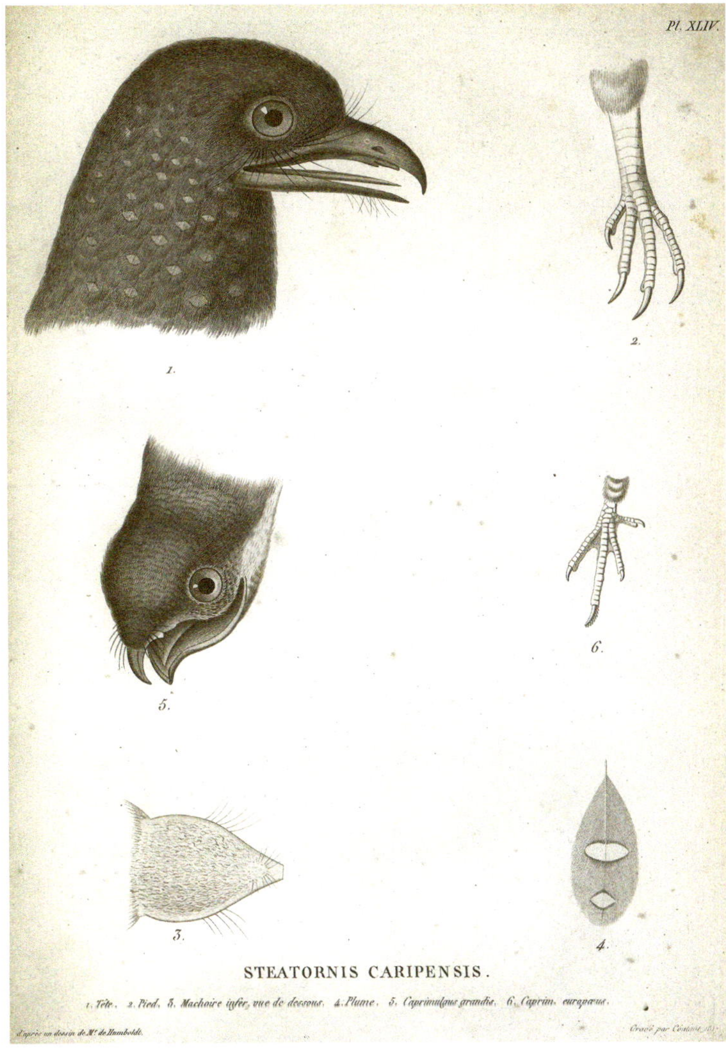

Guácharo oder Fettvogel (Steatornis caripensis). Kupferstich von Jean Louis Coutant nach einer Zeichnung von Humboldt. Tafel 36 in Alexander von Humboldt und Aimé Bonpland: Recueil d'observations de zoologie et d'anatomie comparée, Bd. 2, Paris: Smith, 1833. Humboldt hat diese Vogelart erstmals wissenschaftlich beschrieben und abgebildet. »In einem Lande, wo man so großen Hang zum Wunderbaren hat«, schreibt er, »ist eine Höhle, aus der ein Strom entspringt und in der Tausende von Nachtvögeln leben, mit deren Fett man in den Missionen kocht, natürlich ein unerschöpflicher Gegenstand der Unterhaltung.«

Dass die Vögel nicht längst ausgerottet waren, führte Humboldt vor allem auf die Angst der Indianer vor den Seelen ihrer Vorfahren zurück, die die Höhle ihrem Glauben nach beherbergte. In seinem späteren Reisebericht merkte er zudem an: »Die Menge des gewonnenen Öls steht mit dem Gemetzel, das die Indianer alle Jahre in der Höhle anrichten, in keinem Verhältnis.«[3] Den Verkauf des Guácharo-Öls allerdings hatten allein die über die Indianer herrschenden Missionare in der Hand. Zu deren Handelsmonopol meinte Humboldt:

> Es erschiene natürlich, dass der Ertrag der Jagd denen gehörte, die sie anstellen; aber in den Wäldern der Neuen Welt, wie im Schoße der europäischen Zivilisation, bestimmt sich das öffentliche Recht danach, wie sich das Verhaltnis zwischen dem Starken und dem Schwachen, zwischen dem Eroberer und dem Unterworfenen gestaltet.[4]

VON CUMANÁ NACH CARACAS

Nach ihrer Exkursion zu den Chaymas-Indianern und zur Guácharo-Höhle kehrten Humboldt und Bonpland am 24. September 1799 nach Cumaná zurück. Sie hatten beschlossen, nicht wie geplant nach Havanna weiterzureisen, sondern das Landesinnere von Venezuela eingehend zu erforschen. Doch vorerst blieben sie noch bis zum 18. November in Cumaná, wo es neben dem täglichen wissenschaftlichen Arbeitspensum genügend Möglichkeiten gab, das gesellschaftliche Leben zu genießen:

> Ein Fremder ist hier eine so seltene Erscheinung, dass jeder sich etwas von Europa oder vielleicht von Spanien (denn das übrige Europa kennt man hier nicht) erzählen lässt. Selbst indianische Damen (wir haben hier eine indianische Vorstadt, von den Guayqueríes bewohnt, lauter Hütten von Palmblättern) suchen uns heim und wenn man fragt, wie sie sich befinden, sagen sie sehr naiv: »Sehr wohl!« [...]
>
> Unsere Instrumente machen besonders großes Lärmen. Jeder will den Mond und die Sonne sehen, vor allem aber Läuse unter dem Mikroskop. Läuse sind nämlich unter den vornehmsten in gesticktem Musselin gekleideten Damen hier so häufig, dass die Damen, sobald ich das Mikroskop hervorsuche, schon wissen, wovon die Rede ist und sich sogleich eine die andere zu lausen beginnen. Ich bin oft erstaunt zu sehen, was für verschiedene Läusearten diese lockigen Frisuren (das Negerblut und Negerhaar mischt sich hier in alle Familien!) beherbergen. Jede Läuseart hat eigene indische Namen ... Seit einigen Wochen, da die Damen, nämlich Kreolen, hier geborene Spanierinnen, gemerkt, dass wir uns über ihren Läusereichtum mokie-

Meeresküste bei La Guayra bei Sonnenuntergang, Ausschnitt.
Ölskizze von Ferdinand Bellermann, um 1845.

ren, bringen sie eine Negerin oder mulattische Sklavin mit, an der sie die Gegenstände zum Mikroskop suchen. Die gebildetsten Menschen hier in Südamerika (sie müssen nämlich bedenken, dass wir in einer spanischen Provinz leben, die vor 30 Jahren noch fast ganz von heidnischen Indianern bewohnt war) haben keine Ahnung von einer Elektrisiermaschine, die sie *maquina aromatica* [Aroma-Maschine] nennen ... Könnten Sie, teure Christiane, nur einmal unseren Bällen beiwohnen, denn wir tanzen hier fast alle Tage, teils mit den Negern (denken Sie sich den Geruch von 80 schwitzenden Negern in feinem weißen Musselin, nämlich vornehme freie Neger) modische Tänze *el zambo, l'animalito*, teils mit Kreolen Anglaisen und selbst *Menuett à la Reine*, welche von den französischen Inseln sich hier als ganz neu übertragen hat und *Menuett Congo* heißt! Man glaubt bald vor Steifheit Spanier mit alten spanischen Sitten von 1500 zu sehen, bald unter den naivsten Geschöpfen der Südsee zu leben.

Wir haben demnach, so lange wir in dieser Palmenwelt leben, ein sehr gesundes fröhliches Leben geführt. Wir sind vollkommen jetzt an Klima, Sitten und Lebensart gewöhnt. Man schwitzt freilich viel, denn Cumaná ist der heißeste Ort in ganz Westindien, aber der Schweiß ist nicht unangenehm. Schwüle Tage gibt es nie und alle Abend blitzt es fünf Stunden lang. Die Nacht ist sehr kühl. Unsere Gesundheit hat nie den kleinsten Anstoß gehabt. Ich bin froher, gesünder und stärker (fetter) als in Europa.[1]

Schilderungen wie diese in einem Brief an seinen Jugendfreund Reinhard von Haeften und dessen Frau Christiane finden sich selten in Humboldts Publikationen. »Alles Persönliche«, bekannte er in der Einleitung zu seiner *Reise in die Äquinoktial-Gegenden des Neuen Kontinents*, »was nicht von direktem, sondern höchstens von stilistischem Interesse war, habe ich gestrichen.« Eines der wenigen Kapitel, in denen Humboldt diesem Vorsatz nicht völlig gefolgt ist, ist das über seinen zweiten Aufenthalt in Cumaná im Herbst 1799:

Wir blieben noch einen Monat in Cumaná. Die beschlossene Fahrt auf dem Orinoco und Río Negro erforderte Vorbereitungen aller Art. Wir mussten die Instrumente auswählen, die sich auf engen Kanus am leichtesten transportieren ließen; wir mussten uns für eine zehnmonatige Reise im Binnenlande, das in keinem Verkehr mit den Küsten steht, mit Geldmitteln versehen. Da astronomische Ortsbestimmung der Hauptzweck dieser Reise war, so war es mir von großem Belang, dass mir die Beobachtung einer Sonnenfinsternis nicht entging, die Ende Oktober eintreten sollte. Ich blieb lieber bis dahin in Cumaná, wo der Himmel meist schön und heiter ist. An den Orinoco konnten wir bis dahin nicht mehr kommen, und das hohe Tal von Caracas war für meinen Zweck minder günstig wegen der Dünste, welche die nahen Gebirge umziehen. Wenn ich die Länge von Cumaná genau bestimmte, so hatte ich einen Ausgangspunkt für die chronometrischen Bestimmungen, auf die ich allein rechnen konnte, wenn ich mich nicht lange genug aufhielt, um Monddistanzen zu nehmen oder die Jupitertrabanten zu beobachten.

Fast hätte ein unseliger Unfall mich genötigt, die Reise an den Orinoco aufzugeben oder doch lange hinauszuschieben. Am 27. Oktober, dem Tag vor der Sonnenfinsternis, gingen wir wie gewöhnlich am Ufer des Meerbusens spazieren, um der Kühle zu genießen und das Eintreten der Flut zu beobachten, die in diesem Gebiet nicht mehr als 12 bis 13 Zoll [32 bis 35 cm] beträgt. Es war acht Uhr abends und der Seewind hatte noch nicht eingesetzt. Der Himmel war bedeckt, und bei der Windstille war es unerträglich heiß. Wir gingen über den Strand zwischen dem Landungsplatz und der Vorstadt der Guayqueríes. Ich hörte hinter mir gehen, und wie ich mich umwandte, sah ich einen hochgewachsenen Mann von der Farbe der *Zambos* [Menschen mit schwarzen und indianischen Vorfahren], nackt bis zum Gürtel. Er hielt fast über meinem Kopf eine *Macana*, einen dicken, unten keulenförmig dicker werdenden Stock aus Palmholz. Ich wich dem Schlage aus, indem ich links zur Seite sprang. Bonpland, der mir zur Rechten ging, war weniger glücklich; er hatte den Zambo später bemerkt als ich und erhielt über der Schläfe einen Schlag, der ihn zu Boden streckte.

Wir waren allein, unbewaffnet, eine halbe Meile von jeder Wohnung auf einer weiten Ebene an der See. Der Zambo kümmerte sich nicht mehr um mich, sondern ging langsam davon und nahm Bonplands Hut auf, der die Gewalt des Schlags etwas gebrochen hatte und weit weggeflogen war. Aufs Äußerste erschrocken, da ich meinen Reisegefährten zu Boden stürzen und eine Weile bewusstlos daliegen sah, kümmerte ich mich nur um ihn. Ich half ihm aufstehen; Schmerz und Zorn gaben ihm doppelte Kraft. Wir stürzten auf den Zambo zu, der, sei es aus Feigheit, die bei dieser Kaste verbreitet ist, oder weil er von weitem Leute am Strande sah, nicht auf uns wartete, sondern dem *Tunal* zulief, einem kleinen Buschwerk aus Fackeldisteln und baumartigen Avicennien [Mangrovenbäume]. Zufällig fiel er unterwegs; Bonpland, der zunächst an ihm war, rang mit ihm und setzte sich dadurch der äußersten Gefahr aus. Der Zambo zog ein langes Messer aus seinem Beinkleid, und im ungleichen Kampfe wären wir sicher verwundet worden, wären nicht baskische Handelsleute, die am Strande Kühlung suchten, uns zu Hilfe gekommen. Als der Zambo sich umringt sah, gab er die Gegenwehr auf; er entsprang wieder, und nachdem wir ihm lange durch die stacheligen Kakteen nachgelaufen, schlüpfte er wie aus Überdruss in einen Viehstall, aus dem er sich ruhig herausholen und ins Gefängnis abführen ließ.

Bonpland hatte in der Nacht Fieber; aber als ein mutiger Mann, voll der Munterkeit, die eine der kostbarsten Gaben ist, welche die Natur einem Reisenden verleihen kann, ging er schon des anderen Tags wieder seiner Arbeit nach. Der Schlag der *Macana* hatte bis zum Scheitel die Haut gequetscht, und er spürte die Nachwehen mehrere Monate während unseres Aufenthaltes in Caracas. Beim Bücken, um Pflanzen aufzunehmen, wurde er mehrmals von einem Schwindel befallen, der uns befürchten ließ, dass im Schädel etwas ausgetreten sein möchte. Zum Glück war diese Besorgnis unbegründet, und die Symptome, die uns anfangs beunruhigt, verschwanden nach und nach. Die Einwohner von Cumaná bewiesen uns die rührendste Anteilnahme.

Küstenlandschaft bei Maracaibo bei Sonnenaufgang. Ölgemälde von Ferdinand Bellermann, 1869.

Wir hörten, der Zambo sei aus einem der indianischen Dörfer gebürtig, die um den großen See von Maracaibo liegen. Er hatte auf einem Kaperschiff von Santo Domingo gedient und war aufgrund eines Streits mit dem Kapitän, als das Schiff aus dem Hafen von Cumaná auslief, an der Küste zurückgelassen worden. Er hatte das Signal bemerkt, das wir aufstellen ließen, um die Höhe der Flut zu beobachten, und hatte gelauert, um uns am Strande anzufallen. Aber wie kam es, dass er, nachdem er einen von uns niedergeschlagen, sich mit dem Raub eines Hutes zu begnügen schien? Im Verhör waren seine Antworten so verworren und dumm, dass wir nicht klug aus der Sache werden konnten; meist behauptete er, seine Absicht sei nicht gewesen, uns zu berauben; aber in der Erbitterung über die schlechte Behandlung an Bord des Kapers aus Santo Domingo habe er dem Drang, uns eines zu versetzen, nicht widerstehen können, sobald er uns habe französisch sprechen hören. Da der Rechtsgang hierzulande so langsam ist, dass die Verhafteten, von denen die Gefängnisse wimmeln, sieben, acht Jahre auf ihr Urteil warten müssen, so hörten wir wenige Tage nach unserer Abreise von Cumaná nicht ohne Befriedigung, der Zambo sei aus dem Schlosse San Antonio entsprungen.[2]

Am 28. Oktober beobachteten Bonpland und Humboldt in Cumaná eine Sonnenfinsternis, die ihnen half, die Genauigkeit ihres Chronometers zu prüfen. Zufrieden notierte Humboldt: »Die vollkommene Übereinstimmung zwischen den Jupitertrabanten und den Angaben des Chronometers, von der ich mich an Ort und Stelle überzeugt, hatten mir großes Zutrauen zu Louis Berthouds Uhr gegeben, soweit sie nicht auf den Maultieren starken Stößen ausgesetzt war.«[3] Wenige Tage darauf wurden sie von einem Erdbeben überrascht:

Am 4. November gegen zwei Uhr nachmittags hüllten dicke, sehr schwarze Wolken die hohen Berge des Brigantin und Tataracual ein. Sie rückten allmählich bis in den Zenit. Gegen vier Uhr fing es an über uns zu donnern, aber ungemein hoch, ohne Rollen, trockene, oft kurz abgebrochene Schläge. Im Moment, wo die stärkste elektrische Entladung stattfand, um 4 Uhr 12 Minuten, erfolgten zwei Erdstöße, 15 Sekunden hintereinander. Das Volk schrie laut auf der Straße. Bonpland, der über einen Tisch gebeugt Pflanzen untersuchte, wurde beinahe zu Boden geworfen. Ich selbst spürte den Stoß sehr stark, obgleich ich in einer Hängematte lag. Der Stoß war, was in Cumaná ziemlich selten vorkommt, von Nord nach Süd gerichtet. Sklaven, die aus einem 18 bis 20 Fuß [5,8 bis 6,5 Meter] tiefen Brunnen am Manzanares Wasser schöpften, hörten ein Getöse, das einem starken Kanonenschuss glich. Das Getöse schien aus dem Brunnen heraufzukommen, eine auffallende Erscheinung, die übrigens in allen Ländern Amerikas, die den Erdbeben ausgesetzt sind, häufig vorkommt.

Einige Minuten vor dem ersten Stoß trat ein heftiger Sturm ein, dem ein elektrischer Regen mit großen Tropfen folgte. Ich beobachtete sogleich die Elektrizität der Luft mit dem Voltaschen Elektrometer. Die Kügelchen wichen vier Linien auseinander; die Elektrizität wechselte oft zwischen positiv und

negativ, wie immer bei Gewittern und im nördlichen Europa zuweilen selbst bei Schneefall. Der Himmel blieb bedeckt, und auf den Sturm folgte eine Windstille, welche die ganze Nacht anhielt. Der Sonnenuntergang bot ein Schauspiel von außerordentlicher Pracht. Der dicke Wolkenschleier zerriss dicht am Horizont wie zu Fetzen, und die Sonne erschien 12 Grad hoch auf indigoblauem Grunde. Ihre Scheibe war ungemein stark in die Breite gezogen, verschoben und am Rande ausgeschweift. Die Wolken waren vergoldet, und Strahlenbündel in den schönsten Regenbogenfarben liefen bis zur Mitte des Himmels auseinander. Auf dem großen Platze war viel Volk versammelt. Letztere Erscheinung, das Erdbeben, der Donnerschlag während desselben, der rote Nebel seit so vielen Tagen, alles wurde der Sonnenfinsternis zugeschrieben. [...]

Von Kindheit an prägen sich unserer Vorstellung gewisse Kontraste ein; das Wasser gilt uns als ein bewegliches Element, die Erde als eine unbewegliche, träge Masse. Diese Begriffe sind das Produkt der täglichen Erfahrung und hängen mit allen unseren Sinneseindrücken zusammen. Lässt sich ein Erdstoß spüren, wankt die Erde in ihren alten Grundfesten, die wir für unerschütterlich gehalten, so ist eine langjährige Täuschung in einem Augenblick zerstört. Es ist, als erwachte man, aber es ist ein unangenehmes Erwachen. Man fühlt, die vorausgesetzte Ruhe der Natur war nur eine scheinbare, man

Salzsee bei Cumaná. Ölskizze von Ferdinand Bellermann, um 1844.

Humboldt und Bonpland beobachten die Leoniden.
Lithographie eines unbekannten Künstlers, um 1910.

> lauscht hinfort auf das leiseste Geräusch, man misstraut zum ersten Mal einem Boden, auf den man so lange zuversichtlich den Fuß gesetzt. Wiederholen sich die Stöße, treten sie mehrere Tage hintereinander häufig ein, so nimmt dieses Zagen bald ein Ende.[4]

Schon bald bot sich den Reisenden ein weiteres Naturschauspiel, ein Meteorschauer, dessen Beschreibung Humboldt später publizierte. Der Bericht gewann für die Astronomie große Bedeutung, denn er beschrieb einen Sternschnuppenstrom, der später aufgrund seiner Beobachtungen genau berechnet werden konnte und den Namen »Leoniden« erhielt.[5] Der Name rührt vom Ursprung des Meteorschauers im Sternbild des Löwen her; doch der Auslöser für dieses Naturschauspiel ist der Komet Tempel-Tuttle, der auf seiner Umlaufbahn um die Sonne zahllose Bruchstücke hinterlässt.

> Die Nacht vom 11. zum 12. November war kühl und von großer Schönheit. Gegen Morgen, von halb drei Uhr an, sah man gegen Ost höchst merkwürdige Feuermeteore. Bonpland, der aufgestanden war, um auf der Galerie die Kühle zu genießen, bemerkte sie zuerst. Tausende von Feuerkugeln und Sternschnuppen fielen hintereinander, vier Stunden lang: Ihre Richtung ging sehr regelmäßig von Nord nach Süd; sie füllten ein Stück des Himmels, das vom wahren Ostpunkt 30 Grad nach Nord und nach Süd reichte. Auf einer Strecke von 60 Graden sah man die Meteore in Ostnordost und Ost über den Horizont aufsteigen, größere oder kleinere Bogen beschreiben und, nachdem sie in der Richtung des Meridians fortgelaufen, gegen Süd niederfallen. Manche stiegen 40 Grad hoch, alle höher als 25 bis 30 Grad. Der Wind war in der niederen Luftregion sehr schwach und blies aus Ost; von Wolken

war keine Spur zu sehen. Nach Bonplands Aussage war gleich zu Anfang der Erscheinung kein Stück am Himmel von der Größe dreier Monddurchmesser, das nicht jeden Augenblick von Feuerkugeln und Sternschnuppen gewimmelt hätte. [...]

Fast alle Einwohner von Cumaná sahen die Erscheinung mit an, weil sie vor vier Uhr aus den Häusern gehen, um die Frühmesse zu hören. Der Anblick der Feuerkugeln war ihnen keineswegs gleichgültig; die ältesten erinnerten sich, dass dem großen Erdbeben des Jahres 1766 ein ganz ähnliches Phänomen vorausgegangen war. In der indianischen Vorstadt waren die Guayqueríes auf den Beinen; sie behaupteten, »das Feuerwerk habe um ein Uhr nachts begonnen, und als sie vom Fischfang im Meerbusen zurückgekommen, hätten sie schon Sternschnuppen, aber ganz kleine, im Osten aufsteigen sehen«. Sie versicherten zugleich, an dieser Küste seien nach zwei Uhr morgens Feuermeteore sehr selten. Von vier Uhr an hörte die Erscheinung allmählich auf: Feuerkugeln und Sternschnuppen wurden seltener; indessen konnte man noch eine Viertelstunde nach Sonnenaufgang mehrere an ihrem weißen Licht und dem raschen Hinfahren im Nordosten erkennen. [...]

In einem von Vulkanen starrenden Land, auf der Hochebene der Anden, ist vor 30 Jahren eine ähnliche Erscheinung wie die am 12. November beobachtet worden. Man sah in der Stadt Quito nur an einem Stück des Himmels, über dem Vulkan Cayambe, Sternschnuppen in solcher Menge aufsteigen, dass man meinte, der ganze Berg stehe in Flammen. Dieses außerordentliche Schauspiel dauerte über eine Stunde; das Volk lief auf der Ebene von Exido zusammen, wo man eine herrliche Aussicht auf die höchsten Gipfel der Kordilleren hat. Schon war eine Prozession im Begriffe, vom Kloster San Francisco aufzubrechen, als man gewahr wurde, dass das Feuer am Horizont von Feuermeteoren herrührte, die bis zur Höhe von 12 bis 15 Grad nach allen Richtungen durch den Himmel schossen.[6]

Auf der Basis von Humboldts Angaben berechnete der Astronom Wilhelm Heinrich Olbers im Jahr 1837, dass dieser »Sternenregen« alle 33 Jahre verstärkt auftritt, und er prognostizierte für 1866 einen neuen Meteorsturm, der dann auch eintrat.

Mitte November 1799 verabschiedeten sich Humboldt und Bonpland von Vincente Emparán, dem Gouverneur der Provinz Cumaná, der sie bereitwillig unterstützt hatte. Am 18. November stachen sie mit einigen Begleitern in Richtung Caracas in See. Für die circa 300 Kilometer lange Fahrt hatten sie ein kleines Küstenschiff, eine Lancha von 2,6 Meter Breite, 1 Meter Tiefe und 10 Meter Länge mit einem großen Dreieckssegel, gemietet. Gesteuert wurde sie von »einem indianischen Schiffer vom Stamm der Guayqueríes«:[7]

Es war eine liebliche, sternhelle Nacht, in der wir unsere Reise antraten. Der Mond war noch nicht aufgegangen, aber der Nebel des Schützen goss eine milde Lichtmasse in die dunkelblauen Lüfte. Unaussprechlich ist die Anmut einer Tropennacht ... Diese Reinheit und Durchsichtigkeit des Dunstkreises, diese liebliche Kühle nach einem schwülen Tage, dieses sanfte, ruhige, planetenartige Licht der Gestirne, ihre Aneinanderhäufung in mannigfaltige Gruppen, welche (wie die Gruppen des Centauer, des Kranichs und Schiffes) durch sternleere Räume getrennt sind. [...]

Die Meeresfläche war sanft vom frischen Ost bewegt, bald verloren wir die Kokospalmen am Ufer des Manzanares und die Lichter in den indianischen Fischerhütten am Meeresstrande aus den Augen. Jede schäumende Welle goss phosphorisches Licht über den dunkelgrünen Seespiegel, und als wir dem hohen Varillón an der Punta Araya nahe waren, spielten ganze Scharen von Marsouinen [Schweinswale] um das Boot. Dieses Schauspiel war ebenso schön als seltsam. Zwölf bis vierzehn wälzten sich in langen Zügen. Ihr Weg war durch breite Lichtstreifen bezeichnet. Denn wo sie mit der breiten Flosse die Meeresfläche berührten, schienen lichte Flammen aus den Furchen aufzuschlagen. Diese große Lichtmasse war unstreitig nicht der Bewegung allein zuzuschreiben, denn ein stark aufschlagendes Ruder erregt mindere Phosphorenz. Ich vermute, dass der Schleim, mit dem die Marsouine bedeckt sind, die Intensivität der Phosphorenz vermehrt.[8]

Während der Fahrt allerdings wurde die See zusehends rauer:

Den Stoß der Wellen bekam man auf unserem Fahrzeug wohl zu spüren; meine Reisegefährten litten sehr; ich aber schlief ganz ruhig, da ich, ein seltenes Glück, nie seekrank werde. [...] Meinen Reisegefährten war bei der hochgehenden See vor dem Schlingern unseres kleinen Schiffes so bange, dass sie beschlossen, von Higuerote nach Caracas den Landweg einzuschlagen; dieser führt durch ein wildes, feuchtes Land, durch die Montaña de Capaya, nördlich von Caucagua, durch das Tal des Río Guatire und des Guarenas. Es war mir lieb, dass auch Bonpland diesen Weg wählte, auf dem er trotz des beständigen Regens und der ausgetretenen Flüsse viele neue Pflanzen zusammenbrachte. Ich selbst setzte als Einziger mit dem indianischen Steuermann die Reise zur See fort; es schien mir zu gewagt, die Instrumente, die uns an den Orinoco begleiten sollten, aus den Augen zu lassen.[9]

Am 21. November 1799 landete die kleine Lancha in La Guaira, dem Hafen von Caracas. Von dort aus machte sich Humboldt auf ins nahe Hochtal: »Man braucht mit guten Maultieren nur drei Stunden vom Hafen La Guaira nach Caracas und für den Rückweg nur zwei, mit Lasttieren oder zu Fuß vier bis fünf Stunden.«[10] In einer Herberge belauschte er zufällig ein Gespräch über die politische Situation in diesem Teil des spanischen Kolonialreichs. Er wurde Zeuge der ersten Anzeichen der beginnenden Unabhängigkeitsbewegung:

Als ich zum erstenmal über diese Hochebene auf dem Wege zur Hauptstadt von Venezuela ging, traf ich vor der kleinen Herberge von Guayavo viele Reisende, die ihre Maultiere ausruhen ließen. Es waren Einwohner von Caracas;

Der alte Kolonialweg zwischen La Guaira und Caracas.
Ölskizze von Ferdinand Bellermann, um 1844.

sie stritten über die Bewegung zur Unabhängigkeit ihres Landes und einen Aufstand, der kurz zuvor stattgefunden. Joseph España hatte auf dem Schafott geendet; seine Frau schmachtete im Gefängnis, weil sie ihren Mann auf der Flucht bei sich aufgenommen und nicht der Regierung angegeben hatte. Die Erregung der Gemüter, die Bitterkeit, mit der man über Fragen stritt, über die Landsleute nie verschiedener Meinung sein sollten, fielen mir ungemein auf. Während man ein Langes und Breites über den Hass der Mulatten auf die freien Neger und die Weißen, über den Reichtum der Mönche und die Mühe, die man habe, die Sklaven in der Zucht zu halten, verhandelte, hüllte uns ein kalter Wind, der vom hohen Gipfel der Silla de Caracas herabzukommen schien, in einen dicken Nebel und machte der lebhaften Unterhaltung ein Ende; man suchte Schutz in der Venta [Schänke]. In der Wirtsstube machte ein bejahrter Mann, der vorhin am ruhigsten gesprochen hatte, die anderen darauf aufmerksam, wie unvorsichtig es sei, zu einer Zeit, wo überall Denunzianten lauern, sei es auf dem Berge oder in der Stadt, über politische Themen zu diskutieren.[11]

Caracas mit dem Berg Silla. Holzstich aus dem Buch von Hermann Klencke: Alexander von Humboldt's Leben und Wirken, Reisen und Wissen, Leipzig: Otto Spamer, 1882.

Am Abend des 21. November 1799 erreichte Humboldt Caracas, vier Tage früher als seine Reisegefährten, die auf dem Landweg zwischen Capaya und Curiepe wegen der starken Regengüsse und Überschwemmungen durch Wildbäche viel zu leiden gehabt hatten. Zweieinhalb Monate lang blieben Humboldt und Bonpland in der Hauptstadt der spanischen Kolonialregion, die als *Capitanía general de Caracas* oder auch als *de las Provincias de Venezuela* bezeichnet wurde. Die Stadt beherbergte damals um die 30 000 Einwohner. Humboldt war begeistert von der »Aufnahme, die uns von den Einwohnern aller Klassen zuteil wurde«.[12]

Er lernte den Generalkapitän der Provinzen von Venezuela, Manuel de Guevara y Vasconcelos, kennen und wurde den Familien der politisch maßgebenden Großgrundbesitzer vorgestellt, die ihn auf ihre Haciendas in der Umgebung einluden. Am Neujahrstag bestieg er mit 17 einheimischen Begleitern die Silla, den Hausberg von Caracas, und wunderte sich, dass er und Bonpland in der ganzen Stadt »nicht einen einzigen Menschen auftreiben [konnten], der je auf dem Gipfel der Silla gewesen wäre«.[13]

KLIMASTUDIEN AM VALENCIA-SEE

Am 7. Februar 1800 brachen Humboldt und Bonpland zum Orinoco auf. Allerdings schlugen sie zunächst einen großen Umweg nach Westen ein. Sie hatten vor, »die wunderschönen Täler von Aragua [zu besuchen], wo der große See von Valencia den Betrachter an den Anblick eines Genfer Sees erinnert, der von majestätischer Tropenvegetation umrahmt wird«,[1] und sie wollten die Hafenstadt Puerto Cabello sehen.

Bereits kurz nach der Landung auf dem amerikanischen Kontinent, im Hinterland von Cumaná, in der Provinz Neu-Andalusien, hatte Humboldt begonnen, sich eingehend mit dem Wasserhaushalt der Tropenlandschaft zu befassen.[2] So sah er im September 1799, auf dem Weg nach Caripe, in den dort von ihm beobachteten immensen Waldrodungen

> [...] vielleicht einen Hauptgrund der seit fünf Jahren so zunehmenden Dürre und des Vertrocknens der Quellen in der Provinz Neu-Andalusien. Wälder (Pflanzen) bringen nicht nur Wasser hervor, geben eine große neu erzeugte Wassermasse durch ihre Ausdünstung in die Luft, sie schlagen nicht nur, da sie Kälte erregen [...], Wasser aus der Luft nieder und vermehren den Nebel, sondern sie werden vornehmlich wohltätig dadurch, dass sie schattengebend die Verdunstung der durch periodische Regenschauer gefallenen Wassermasse verhindern. Diese Verdunstung ist hier, wo die Sonne so hoch steht, unbegreiflich schnell.[3]

Humboldt erkannte, dass dort, wo keine Wälder mehr den Boden bedecken, die Landschaft austrocknet: »Je länger [...] ein Land urbar gemacht wird, desto baumloser wird es in der heißen Zone, desto dürrer, desto mehr den Winden aus-

Wald und Bach bei Campanero, Puerto Cabello, Ausschnitt. Ölskizze von Ferdinand Bellermann, um 1845.

gesetzt. [...] Deshalb gehen die Kakaopflanzungen in der Provinz Caracas zurück und häufen sich dafür ostwärts auf unberührtem, erst kürzlich urbar gemachtem Boden.«[4] Diese Erkenntnisse weitete er am Valencia-See, den die Indianer *Tacarigua* nannten und den er am 11. Februar 1800 erreichte, zu einer später viel beachteten Studie über den Zusammenhang zwischen Wald, Wasser und Klima aus. In dem 1819 erschienenen Teil seiner *Reise in die Äquinoktial-Gegenden des Neuen Kontinents* schreibt Humboldt:

> Die Ufer des Sees von Valencia sind [...] nicht allein wegen ihrer malerischen Reize im Lande berühmt; das Becken bietet verschiedene Erscheinungen, deren Aufklärung für die Naturforschung und für den Wohlstand der Bevölkerung von gleich großem Interesse ist. Aus welchen Ursachen sinkt der Seespiegel? Sinkt er gegenwärtig rascher als vor Jahrhunderten? Lässt sich annehmen, dass das Gleichgewicht zwischen dem Zufluss und Abfluss sich über kurz oder lang wieder herstellt, oder ist zu besorgen, dass der See ganz verschwindet? [...]
>
> Niemand leugnet wohl jetzt mehr, dass unsere Flüsse und Seen in sehr bedeutendem Maße abgenommen haben; aber zahlreiche geologische Tatsachen weisen auch darauf hin, dass dieser große Wechsel in der Verteilung der Gewässer vor aller Geschichte eingetreten ist und dass sich seit mehreren Jahrtausenden bei den meisten Seen ein festes Gleichgewicht zwischen dem Betrag der Zuflüsse einerseits und der Verdunstung und Versickerung andererseits hergestellt hat. Sooft dieses Gleichgewicht gestört ist, tut man gut, sich umzusehen, ob solches nicht von rein örtlichen Verhältnissen und aus jüngster Zeit herrührt, ehe man eine beständige Abnahme des Wassers annimmt. [...]
>
> Seit einem halben Jahrhundert, besonders aber seit 30 Jahren fällt es jedermann in die Augen, dass dieses große Wasserbecken von selbst austrocknet. Weite Strecken Landes, die früher unter Wasser standen, liegen jetzt trocken und sind bereits mit Bananen, Zuckerrohr und Baumwolle bepflanzt. Wo man am Gestade des Sees eine Hütte baut, sieht man das Ufer von Jahr zu Jahr gleichsam fliehen. Man sieht Inseln, die beim Sinken des Wasserspiegels eben erst mit dem Festlande zu verschmelzen beginnen (wie die Felseninsel Culebra, Güigüe); andere Inseln bilden bereits Vorgebirge (wie der Morro, zwischen Güigüe und Nueva Valencia, und die Cabrera südöstlich von Mariara); noch andere stehen tief im Lande in Gestalt zerstreuter Hügel. [...] Wir besuchten zwei noch ganz von Wasser umgebene Inseln und fanden unter dem Gesträuch auf kleinen Ebenen, 4 bis 6 [8 bis 12 Meter], sogar 8 Toisen [16 Meter] über dem jetzigen Seespiegel, feinen Sand mit Heliciten [versteinerte Schnirkelschnecken], den einst die Wellen hier abgesetzt. Auf allen diesen Inseln begegnet man den unzweideutigsten Spuren vom allmählichen Absinken des Wassers. Noch mehr, und diese Erscheinung wird von der Bevölkerung als ein Wunder angesehen: Im Jahr 1796 erschienen drei neue Inseln östlich von der Insel Caiguire, in derselben Richtung wie die Inseln Burro, Otama und Zorro. Diese neuen Inseln, die beim Volk *los*

nuevos Peñones [die neuen Felsen] oder *las Aparecidas* [die Aufgetauchten] heißen, bilden eine Art Untiefe mit völlig ebener Oberfläche. Sie waren im Jahr 1800 bereits über einen Fuß [32,5 cm] höher als der mittlere Wasserstand. [...]

Die Einwohner wissen wenig davon, was die Verdunstung leistet, und glauben daher schon lange, der See habe einen unterirdischen Abfluss, durch den ebenso viel abfließe, wie die Bäche hereinbringen. Die einen lassen diesen Abfluss mit Höhlen, die in großer Tiefe liegen sollen, in Verbindung stehen; andere nehmen an, das Wasser fließe durch einen schiefen Kanal ins Meer. Dergleichen kühne Hypothesen über den Zusammenhang zwischen zwei benachbarten Wasserbecken hat die Einbildungskraft des Volkes wie die der Physiker in allen Erdstrichen ausgeheckt; denn Letztere, wenn sie es sich auch nicht eingestehen, setzen nicht selten nur Volksmeinungen in die Sprache der Wissenschaft um. In der neuen Welt, wie am Ufer des Kaspischen Meeres, hört man von unterirdischen Schlünden und Verbindungen sprechen, obgleich der See Tacarigua 222 Toisen [423 Meter] über und das Kaspische Meer 54 Toisen [105 Meter] unter dem Meeresspiegel liegt, und so gut man auch weiß, dass Flüssigkeiten, die seitlich miteinander in Verbindung stehen, sich in dasselbe Niveau setzen.

Der Valencia-See in Venezuela. Farblithographie von Anton Goering, 1873. Dieser See inspirierte Humboldt zu einer viel beachteten Klimastudie: »Fällt man die Bäume, so schafft man in allen Klimazonen kommenden Geschlechtern ein zwiefaches Ungemach: Mangel an Brennholz und Wasser.«

> Einerseits die Verringerung der Masse der Zuflüsse, die seit einem halben Jahrhundert infolge der Zerstörung der Wälder, der Urbarmachung der Ebenen und des Indigobaus eingetreten ist, andererseits die Verdunstung des Bodens und die Trockenheit der Luft erscheinen als Ursachen, welche die Abnahme des Sees von Valencia zur Genüge erklären. Ich teile nicht die Ansicht eines Reisenden, der nach mir diese Länder besucht hat, der zufolge man »zur Befriedigung der Vernunft und zu Ehren der Physik« einen unterirdischen Abfluss soll annehmen müssen. Fällt man die Bäume, welche Gipfel und Abhänge der Gebirge bedecken, so schafft man in allen Klimazonen kommenden Geschlechtern ein zwiefaches Ungemach: Mangel an Brennholz und Wasser. Die Bäume sind vermöge des Wesens ihrer Transpiration und der Ausstrahlung ihrer Blätter gegen einen wolkenlosen Himmel fortwährend mit einer kühlen, dunstigen Lufthülle umgeben; sie üben einen wesentlichen Einfluss auf die Fülle der Quellen aus, nicht weil sie, wie man so lange geglaubt hat, die in der Luft verbreiteten Wasserdünste anziehen, sondern weil sie den Boden vor der unmittelbaren Wirkung der Sonnenstrahlen schützen und damit die Verdunstung des Regenwassers verringern. Zerstört man die Wälder, wie es die europäischen Ansiedler allerorten in Amerika mit unvorsichtiger Hast tun, so versiegen die Quellen oder nehmen doch stark ab. Die Flussbetten liegen einen Teil des Jahres über trocken und werden zu reißenden Strömen, sooft im Gebirge starker Regen fällt. Da mit dem Holzwuchs auch Rasen und Moos auf den Bergkuppen verschwinden, wird das Regenwasser in seinem Ablauf nicht mehr aufgehalten; statt langsam durch allmähliches Einsickern die Bäche zu speisen, zerfurcht es in der Jahreszeit der starken Regenniederschläge die Berghänge, schwemmt das losgerissene Erdreich fort und verursacht plötzliche Hochwässer, welche nun die Felder verwüsten. Daraus geht hervor, dass die Zerstörung der Wälder, der Mangel an fortwährend fließenden Quellen und die Existenz von Torrenten [Sturzbächen] drei Erscheinungen sind, die in ursächlichem Zusammenhang stehen. Länder in entgegengesetzten Hemisphären, die Lombardei am Fuße der Alpenkette und Nieder-Peru zwischen dem stillen Meer und den Kordilleren der Anden, liefern einleuchtende Beweise für die Richtigkeit dieses Satzes.[5]

In seinem Reisetagebuch notierte er: »Unbegreiflich, dass man im heißen, im Winter wasserarmen Amerika so wütig als in Franken abholzt *(desmonta)* und Holz- und Wassermangel zugleich erregt«, und er sprach vom »Menschenunfug [...], der die Naturordnung stört«.[6] In seiner Studie zum Valencia-See fasste Humboldt erstmals vier elementare klimatische Funktionen des Waldes zusammen: 1.) seine positive Wirkung auf die Niederschlagsmenge durch Verdunstung von Wasser, 2.) seine thermische Wirkung, 3.) seine Funktion als Wasserspeicher und 4.) seine Pufferwirkung gegen durch Sonneneinstrahlung verursachte Bodenverdunstung, also gegen die Austrocknung des Bodens. Moderne Forschungen, zum Beispiel diejenigen Peter Fabians,[7] bestätigen diese Erkenntnisse.

Rasch wurden Humboldts Forschungsergebnisse von anderen Forschern aufgegriffen. Der junge französische Wissenschaftler Jean-Baptiste Boussingault führte im Jahr 1821 Feldstudien am Lago de Valencia und vielen anderen Seen in Südamerika durch und korrelierte sie mit Wasserstandsmessungen, die der Schweizer Naturforscher Horace-Bénédict de Saussure an Seen von Neuchâtel, Bienne und Morat vorgenommen hatte. Auch verglich er sie mit Humboldts späteren Beobachtungen im Aralo-Kaspischen Becken. In seiner 1837 publizierten Studie bestätigte Boussingault Humboldts Thesen.

Kurz darauf griffen der deutsche Agrarwissenschaftler und Botaniker Karl Fraas und der US-amerikanische Staatsmann und Schriftsteller George Perkins Marsh die Erkenntnisse von Humboldt und Boussingault auf: Ihre Studien im Mittelmeerraum führten zu dem Ergebnis, dass durch die Ausbreitung der Zivilisation ein landschaftszerstörerisches Potential entfaltet worden war. Sie stellten fest, dass die »Entholzung« des Landes zu Bodenerosion, Anstieg der bodennahen Wärme und Verringerung der Niederschläge geführt hatte. Die Folge war eine zunehmende Desertifikation. Allmählich wurde man sich bewusst, dass nicht mehr der Mensch der Natur, sondern die Natur auch dem Menschen ausgeliefert war. Nachrichten von Dürrekatastrophen in Südafrika, Indien, Ägypten und Australien bestätigten die Warnungen von Fraas und Marsh. In Südaustralien initiierte, fünf Jahre nach einer fürchterlichen Dürre im Jahr 1865, der Direktor des Botanischen Gartens von Adelaide, Richard Schomburgk, ein groß angelegtes Wiederaufforstungsprogramm.[8]

Auch in den USA bezog man sich bei der Besiedlung und dem Versuch der Bewaldung der Great Plains auf Humboldt und Boussingault. So schrieb ein Regierungsbeauftragter 1849:

> Das übermäßige Abholzen in einigen Teilen des Landes hat bis zu einem gewissen Grad zu einem Klimawandel und in großen Gebieten auch zu einer Änderung der Dürre- und Regenperioden geführt. Im Sommer, wenn dringend gelegentliche und leichte Regengüsse benötigt werden, ist die Luft zu trocken und enthält wochenlang nicht mehr als ein wenig Tau. In Bezug auf ausführliche und gut belegte Studien zur Waldrodung, zum Austrocknen von natürlichen Quellen, zum Klimawandel und zur Regelmäßigkeit von Niederschlägen werden dem Leser die Schriften von Humboldt, [Ludwig Friedrich] Kaemtz, [James David] Forbes, Boussingault und anderen Meteorologen empfohlen.[9]

Dass der Mensch durch Zerstörung der Wälder das Klima beeinflusst, formulierte Humboldt später noch deutlicher. In seinen *Fragmenten einer Geologie und Klimatologie Asiens* schreibt er 1831:

> Schattenkühle, Ausdünstung und Strahlung sind von so hoher Wichtigkeit, dass die Kenntnis von dem Umfange der Wälder, verglichen mit der kahlen oder gras- und krautbedeckten Oberfläche, eines der interessantesten numerischen Elemente der Klimatologie eines Landes ist. Die Seltenheit oder der Mangel der Wälder vermehrt zugleich die Temperatur und die Trockenheit der Luft, und diese Trockenheit übt, indem sie die ausdünstenden Was-

> serabläufe und die Kraft der Rasenvegetation vermindert, eine Rückwirkung auf das Lokal-Klima.[10]

Zwölf Jahre später beschrieb Alexander von Humboldt in seinem Werk *Central-Asien – Untersuchungen über die Gebirgsketten und die vergleichende Klimatologie* die drei elementaren Faktoren, durch die der Mensch das Klima ändert, und nannte dabei – vermutlich als Erster – auch die Emission von Gasen als anthropogenen Klimafaktor:

> Das Klima der Kontinente und die Wärmeabnahme in der Luft [werden beeinflusst durch die Veränderungen], welche der Mensch auf der Oberfläche des Festlands durch Fällen der Wälder, durch die Veränderung in der Verteilung der Gewässer und durch die Entwicklung großer Dampf- und Gasmassen an den Mittelpunkten der Industrie hervorbringt.[11]

Im Jahr 1858, kurz vor seinem Tod, wies Humboldt in einem Brief nochmals darauf hin, dass der Mensch das überregionale Klima beeinflusst, wenn er durch Rodungen massiv in die Wechselwirkungen zwischen Wald und Wasser eingreift: »Ich erinnere daran, dass der größere Teil des Klimas nicht in dem Orte selbst, wo die Entholzung vorgeht, sondern viele hundert Meilen davon entfernt gemacht wird.«[12] Dass der Mensch allerdings schon in relativ naher Zukunft in der Lage sein könnte, das globale Klima zu ändern, und zwar vor allem durch die von ihm als Klimafaktor genannte »Entwicklung großer Gasmassen«, ahnte Humboldt nicht. In seinem Werk *Central-Asien* schreibt er:

> Diese [anthropogenen] Veränderungen sind ohne Zweifel wichtiger als man allgemein annimmt; aber unter den zahllos verschiedenen, zugleich wirksamen Ursachen, von denen der Typus der Klimate abhängt, sind die bedeutsamsten nicht auf kleine Lokalitäten beschränkt, sondern von Verhältnissen der Stellung, Konfiguration und Höhe des Bodens und von den vorherrschenden Winden abhängig, auf welche die Zivilisation keinen merklichen Einfluss ausübt.[13]

Damit hatte Humboldt zu seiner Zeit zweifellos recht: Im Jahr 1843 übte die Zivilisation auf den »Typus der Klimate« noch so gut wie keinen Einfluss aus. Seither jedoch ist die Weltbevölkerung von 1,2 auf 7,5 Milliarden Menschen angewachsen. Vor allem der Ausstoß an CO_2 – dessen Wirkung als Treibhausgas Humboldt noch nicht kannte – hat sich inzwischen als bedrohlicher Klimafaktor erwiesen. Er stieg durch die Industrialisierung, deren Einfluss auf das Klima Humboldt bereits beschrieben hatte, immens an. Seit seiner Bemerkung über die Gasemission als anthropogenen Klimafaktor nahm der CO_2-Ausstoß von 1840 bis heute in erschreckendem Maße zu. Die Gesamtkonzentration von CO_2 in der Atmosphäre ist in diesem Zeitraum von damals circa 280 ppm auf über 400 ppm angestiegen.[14] Humboldt hatte zwar den Klimafaktor Mensch, aber nicht die ganze Dimension seiner Wirkung erkannt.

Königspalme und andere Bäume.
Ölskizze von Ferdinand Bellermann, um 1844.

Pl. XXX.

Simia ursina.

Huet fils 1807. De l'Imprimerie de Langlois.

DIE LLANOS: HITZE, STAUB UND ZITTERAALE

Am 8. März 1800 begannen Humboldt und Bonpland zusammen mit einigen Begleitern, darunter wie immer Carlos del Pino, der Guayquerí-Indianer, ihre Durchquerung der Llanos. Auf Pferden und mit fünf Maultieren, die das Gepäck trugen, reisten sie durch das riesige Savannenland, das sich im Süden des Sees von Valencia von den Osthängen der Anden entlang des Orinoco bis weit in den Osten Venezuelas erstreckt. Diese Landschaft bildete einen extremen Kontrast zu den fruchtbaren Tälern von Aragua, durch die sie vorher gereist waren. Humboldt beschrieb die Llanos als

> [...] Wüstengegenden, die an die von Afrika erinnern, wo das Réaumur-Thermometer im Schatten (durch die rückstrahlende Hitze) auf 35 bis 37 Grad [43,7 bis 46,2 Grad Celsius] ansteigt. Über eine Fläche von 2000 Quadratmeilen schwankt die Bodenhöhe um keine fünf Zoll [13,5 cm]. Am Horizont dieses pflanzenlosen Meeres sieht man stets nur Sand; in der Trockenheit suchen Krokodile und träge Boas nach einem Versteck. Wie in ganz Spanisch-Amerika mit Ausnahme Mexikos reist man zu Pferde, und es können ganze Tage vergehen, ohne dass man eine Palme oder eine Spur menschlicher Besiedlung zu Gesicht bekommt.[1]

In seiner *Reise in die Äquinoktial-Gegenden des Neuen Kontinents* berichtet er:

> Nachdem wir zwei Nächte zu Pferde gewesen und vergeblich unter Gebüsch von Murichipalmen Schutz vor der Sonnenglut gesucht hatten, kamen wir vor

Roter Brüllaffe, Simia ursina. Kolorierter Kupferstich von Louis Bouquet nach einem Aquarell von Nicolas Huet, 1807, Tafel 30 in: Alexander von Humboldt und Aimé Bonpland: Recueil d'observations de zoologie, Bd. 1, Paris: Schoell, 1811. In den Llanos war, so berichtet Humboldt, das Geheul der Brüllaffen bis zu 1,6 Kilometer weit zu hören.

Nacht zum kleinen Gehöft *El Cayman,* auch *La Guadalupe* genannt. Es ist dies ein *Hato de ganado,* das heißt ein einsames Haus in der Steppe, umgeben von einigen mit Rohr und Häuten bedeckten Hütten. Das Vieh, Rinder, Pferde, Maultiere, ist nicht eingepfercht; es läuft frei in einem Gebiet von mehreren Quadratmeilen umher. Nirgends ist eine Umzäunung. Männer, bis zum Gürtel nackt und mit einer Lanze bewaffnet, streifen zu Pferd durch die Savannen, um die Herden im Auge zu behalten, zurückzutreiben, was sich zu weit von den Weiden des Hofes entfernt, mit dem glühenden Eisen zu zeichnen, was noch nicht den Stempel des Eigentümers trägt. Diese Farbigen, *Peones Llaneros* genannt, sind zum Teil Freie oder Freigelassene, zum Teil Sklaven. Nirgends gibt es eine Rasse, die so anhaltend dem sengenden Strahl der tropischen Sonne ausgesetzt wäre. Sie nähren sich von luftgetrocknetem, schwach gesalzenem Fleisch; selbst ihre Pferde fressen es zuweilen. Sie sind beständig im Sattel und meinen nicht den unbedeutendsten Gang zu Fuß machen zu können.

Wir trafen im Hof einen alten Negersklaven, der in der Abwesenheit des Herrn das Regiment führte. Herden von mehreren tausend Kühen sollten in der Steppe weiden; trotzdem baten wir vergeblich um einen Topf Milch. Man reichte uns in Tutumofrüchten gelbes, schlammiges, stinkendes Wasser: Es war aus einem Sumpf in der Nähe geschöpft. Die Faulheit der Bewohner in den Llanos ist so groß, dass sie keinerlei Brunnen graben, obgleich man wohl weiß, dass sich fast allenthalben in zehn Fuß Tiefe gute Quellen in einer Schicht von Konglomerat oder rotem Sandstein finden. Nachdem man die eine Hälfte des Jahres unter den Überschwemmungen gelitten, erträgt man in der andern geduldig den unangenehmsten Wassermangel. Der alte Neger riet uns, das Gefäß mit einem Stück Leinwand zu bedecken und so gleichsam durch einen Filter zu trinken, damit uns der üble Geruch nicht belästige und wir vom feinen, gelblichen Ton, der im Wasser suspendiert ist, nicht so viel zu verschlucken hätten. Wir ahnten nicht, dass wir von nun an monatelang auf dieses Hilfsmittel angewiesen sein würden. Auch das Wasser des Orinoco hat sehr viele erdige Bestandteile; es ist sogar stinkend, wo in Flussschlingen tote Krokodile auf den Sandbänken liegen oder halb im Schlamm stecken.

Kaum war abgeladen, kaum waren unsere Instrumente aufgestellt, so ließ man unsere Maultiere laufen und, wie es dort heißt, »Wasser in der Savanne suchen«. Rings um den Hof liegen kleine Teiche; die Tiere finden sie, geleitet von ihrem Instinkt, von den Mauritia-Gebüschen, die hie und da zu sehen sind, und von der feuchten Kühlung, die ihnen in einer Atmosphäre, die uns ganz still und regungslos erscheint, von kleinen Luftströmen zugeführt wird. Sind die Wasserlachen zu weit entfernt und die Knechte im Hof zu faul, um die Tiere zu diesen natürlichen Tränken zu führen, so sperrt man sie fünf, sechs Stunden lang in einen recht heißen Stall, bevor man sie laufen lässt. Der heftige Durst steigert dann ihren Scharfsinn, indem er gleichsam ihre Sinne und ihren Instinkt schärft. Sowie man den Stall öffnet, sieht man Pferde und Maultiere, die Letzteren besonders, vor deren Spürsinn die Intelligenz der Pferde zurückstehen muss, in die Savanne hinausjagen. Den

Schwanz hoch gehoben, den Kopf zurückgeworfen, laufen sie gegen den Wind und halten zuweilen an, wie um den Raum auszukundschaften; sie richten sich dabei weniger nach den Eindrücken des Sehens als nach denen des Geruchs, und endlich verkündet anhaltendes Wiehern, dass sich in der Richtung ihres Laufs Wasser findet. In den Llanos geborene Pferde, die sich lange in umherschweifenden Rudeln frei getummelt haben, sind in allen diesen Bewegungen rascher und kommen dabei leichter zum Ziele als solche, die von der Küste herkommen und von zahmen Pferden abstammen. Bei den meisten Tieren, wie beim Menschen, vermindert sich die Schärfe der Sinne durch lange Unterwürfigkeit und durch die Gewöhnungen, wie feste Wohnsitze und die Fortschritte der Zivilisation sie mit sich bringen.

In den Llanos. Holzstich aus dem Buch von Hermann Klencke: Alexander von Humboldt's Leben und Wirken, Reisen und Wissen, Leipzig: Otto Spamer, 1870.

Wir gingen unseren Maultieren nach, um zu einem der Tümpel zu gelangen, aus denen man das trübe Wasser schöpft, das unseren Durst so übel gelöscht hatte. Wir waren mit Staub bedeckt, verbrannt vom Sandwind, der die Haut noch mehr angreift als die Sonnenstrahlen. Wir sehnten uns sehr nach einem Bad, fanden aber nur ein großes Becken voll stehenden Wassers, mit Palmen umgeben. Das Wasser war trüb, aber zu unserer großen Verwunderung etwas kühler als die Luft. Auf unserer langen Reise gewöhnt, zu baden, sooft sich Gelegenheit dazu bot, oft mehrmals am Tage, besannen wir uns nicht lange und sprangen in den Teich. Kaum war das behagliche Gefühl der Kühlung über uns gekommen, als ein Geräusch am entgegengesetzten Ufer uns schnell wieder aus dem Wasser trieb. Es war ein Krokodil, das sich in den Schlamm grub. Es wäre unvorsichtig gewesen, zur Nachtzeit an diesem sumpfigen Ort zu verweilen.

Wir waren nur eine Viertelmeile vom Hof entfernt, wir gingen aber über eine Stunde und kamen nicht hin. Wir wurden zu spät gewahr, dass wir eine falsche Richtung eingeschlagen. Wir hatten bei Anbruch der Nacht, noch ehe die Sterne sichtbar wurden, den Hof verlassen und waren aufs Geratewohl in der Ebene fortgegangen. Wir hatten, wie immer, einen Kompass bei uns; auch konnten wir uns nach der Stellung des Canopus und des Südlichen Kreuzes leicht orientieren; aber all dies half uns nichts, weil wir nicht gewiss wussten, ob wir vom Hof weg nach Osten oder nach Süden gegangen waren. Wir wollten an unseren Badeplatz zurück und gingen wieder drei Viertelstunden, ohne den Teich zu finden. Oft meinten wir Feuer am Horizont zu sehen; es waren aufgehende Sterne, deren Bild durch die Dünste vergrößert wurde. Nachdem wir lange in der Savanne umhergeirrt, beschlossen wir, uns unter einem Palmbaume, an einem recht trockenen, mit kurzem Gras bewachsenen Ort niederzusetzen; denn frisch angekommene Europäer fürchten sich immer mehr vor den Wasserschlangen als vor den Jaguaren. Wir durften nicht hoffen, dass unsere Führer, deren träge Gleichgültigkeit uns wohl bekannt war, uns in der Savanne suchen würden, bevor sie ihre Lebensmittel zubereitet und ihre Mahlzeit eingenommen hätten. Da denn unsere Lage so bedenklich war, waren wir hocherfreut, fernen Hufschlag zu vernehmen, der auf uns zukam. Es war ein mit einer Lanze bewaffneter Indianer, der vom Rodeo zurückkam, das heißt von der Treibjagd, durch die man das Vieh auf einen bestimmten Raum zusammentreibt. Beim Anblick zweier Weißen, die verirrt sein wollten, dachte er zuerst an irgendeine böse List von unserer Seite, und es kostete uns Mühe, ihm Vertrauen einzuflößen. Endlich ließ er sich willig finden, uns zum Hof des Cayman zu führen, ritt aber dabei in seinem kurzen Trott weiter. Unsere Führer versicherten, »sie hätten bereits angefangen, sich um uns Sorgen zu machen«, und um diese Besorgnis zu rechtfertigen, zählten sie eine Menge Leute auf, die, in den Llanos verirrt, im Zustand völliger Erschöpfung gefunden worden. Die Gefahr kann begreiflicherweise nur dann sehr groß sein, wenn man weit von jedem Wohnplatz abkommt oder wenn man, wie es in den letzten Jahren vorgekommen ist, von Räubern geplündert und an Leib und Händen an einen Palmstamm gebunden wird.[2]

Strohhalm-Elektrometer, hergestellt um 1790. Humboldt führte ein ähnliches Instrument auf seiner Reise mit sich, und auch Carlos del Pozo wird mit einem solchen in den Llanos experimentiert haben.

Mitten in den Llanos traf Alexander von Humboldt zu seinem großen Erstaunen einen Mann, der sich experimentell mit dem Phänomen der Elektrizität beschäftigte. Carlos del Pozo hatte als Autodidakt »eine Elektrisiermaschine mit großen Scheiben, Elektrophoren, Batterien, Elektrometern« gebaut, »einen Apparat, fast ebenso vollständig«, wie ihn die damaligen Physiker in Europa besaßen.[3] Doch er hatte derartige Instrumente noch nie im Original gesehen. Seine Kenntnisse stammten aus Büchern, die er sich besorgt hatte. Humboldt berichtet:

> Pozo war außer sich vor Freude, als er zum ersten Mal Instrumente sah, die er nicht selbst verfertigt und die den seinigen nachgemacht schienen. Wir zeigten ihm auch die Wirkungen des Kontakts heterogener Metalle auf die Nerven des Frosches. Die Namen Galvani und Volta waren in diesen weiten Einöden noch nicht erklungen.
>
> Was nach den elektrischen Apparaten von der gewandten Hand eines sinnreichen Einwohners der Llanos uns in Calabozo am meisten beschäftigte, das waren die Zitteraale, die lebendige elektrische Apparate sind. Mit der Begeisterung, die zum Forschen treibt, aber der richtigen Auffassung des Erforschten hinderlich wird, hatte ich mich seit Jahren täglich mit den Erscheinungen der galvanischen Elektrizität beschäftigt; ich hatte, indem ich Metallscheiben aufeinanderlegte und Stücke Muskelfleisch oder andere feuchte Substanzen dazwischen brachte, mir unbewusst, Säulenbatterien aufgebaut, und so war es natürlich, dass ich mich seit unserer Ankunft in Cumaná eifrig nach elektrischen Aalen umsah. Man hatte uns mehrmals welche versprochen, wir hatten uns aber immer getäuscht gesehen. Je weiter

von der Küste weg, desto wertloser wird das Geld, und wie soll man über das unerschütterliche Phlegma des Volkes Herr werden, wo der Stachel der Gewinnsucht fehlt?

Die Spanier begreifen unter dem Namen *Tembladores* (Zitterer) alle elektrischen Fische. Es gibt welche im Antillischen Meer an den Küsten von Cumaná. Die Guayqueríes, die gewandtesten und fleißigsten Fischer in jener Gegend, brachten uns einen Fisch, der, wie sie sagten, ihnen die Hände starr machte. Dieser Fisch schwimmt den kleinen Fluss Manzanares aufwärts. Es war eine neue Rochenart mit kaum sichtbaren Seitenflecken, dem Zitterrochen Galvanis ziemlich ähnlich. Die Zitterrochen haben ein elektrisches Organ, das wegen der Durchsichtigkeit der Haut schon außen sichtbar ist, und bilden eine eigene Gattung oder doch eine Untergattung der eigentlichen Rochen. Der Zitterrochen von Cumaná war sehr munter, seine Muskelbewegungen sehr kräftig, dennoch waren die elektrischen Schläge, die wir von ihm erhielten, äußerst schwach. Sie wurden stärker, wenn wir das Tier mittels der Berührung von Zink und Gold *galvanisierten*. [...] Wir wollten zuerst in unserem Hause zu Calabozo unsere Versuche anstellen, aber die Furcht vor den Schlägen des Gymnotus ist im Volk so übertrieben, dass wir in den ersten drei Tagen keinen bekommen konnten, obgleich sie sehr leicht zu fangen sind und wir den Indianern zwei Piaster für jeden recht großen und starken Fisch versprochen hatten. Diese Furcht der Indianer ist umso sonderbarer, als sie von einem nach ihrer Behauptung ganz zuverlässigen Mittel gar keinen Gebrauch machen. Sie versichern den Weißen, sooft man sie über die Schläge der *Tembladores* befragt, man könne sie ungestraft berühren, wenn man dabei Tabak kaue. Dieses Märchen vom Einfluss des Tabaks auf die tierische Elektrizität ist auf dem südamerikanischen Kontinent so weit verbreitet wie unter den Matrosen der Glaube, dass Knoblauch und Unschlitt [Talg] auf die Magnetnadel wirken.

Des langen Wartens müde, und nachdem ein lebender, aber sehr erschöpfter Gymnotus, den wir bekommen, uns sehr zweifelhafte Resultate geliefert, gingen wir nach dem Caño de Bera, um unsere Versuche im Freien, unmittelbar am Wasser, anzustellen. Wir brachen am 19. März in der Frühe zum kleinen Dorf *Rastro de abaxo* auf, und von dort führten uns Indianer zu einem Bach, der in der trockenen Jahreszeit ein schlammiges Wasserbecken bildet, um das schöne Bäume stehen, Clusia, Amyris, Mimosen mit wohlriechenden Blüten. Mit Netzen sind die Gymnoten sehr schwer zu fangen, weil der ausnehmend bewegliche Fisch sich gleich den Schlangen in den Schlamm eingräbt. Die Wurzeln der Piscidia Erithryna, der Jacquinia armillaris und einiger Arten von Phyllanthus haben die Eigenschaft, dass sie, in einen Teich geworfen, die Tiere darin berauschen oder betäuben: dieses Mittel, das man auch Barbasco nennt, wollten wir nicht anwenden, da die Gymnoten dadurch geschwächt worden wären. Da sagten die Indianer, sie wollten *mit Pferden fischen, embarbascar con caballos*. Wir hatten keine Vorstellung von einer so seltsamen Fischerei; aber nicht lange, so kamen unsere Führer aus der Savanne zurück, wo sie ungezähmte Pferde und Maul-

tiere zusammengetrieben. Sie brachten ihrer etwa 30 und trieben sie ins Wasser.

Der ungewohnte Lärm vom Stampfen der Rosse treibt die Fische aus dem Schlamm hervor und reizt sie zum Angriff. Die schwärzlich und gelb gefärbten, großen Wasserschlangen gleichenden Aale schwimmen an der Wasseroberfläche hin und drängen sich unter den Bauch der Pferde und Maultiere. Der Kampf zwischen so ganz verschieden gestalteten Tieren gibt das malerischste Bild. Die Indianer stellen sich mit Harpunen und langen, dünnen Rohrstäben bewaffnet in dichter Reihe um den Teich; einige besteigen die Bäume, deren Zweige sich waagerecht über die Wasseroberfläche breiten. Durch ihr wildes Geschrei und mit ihren langen Rohren scheuchen sie die Pferde zurück, wenn sie sich ans Ufer flüchten wollen. Die Aale, betäubt vom Lärm, verteidigen sich durch wiederholte Entladung ihrer elektrischen Batterien. Lange scheint es, als solle ihnen der Sieg verbleiben. Mehrere Pferde erliegen den unsichtbaren Schlägen, von denen die wesentlichsten Organe allerwärts getroffen werden; betäubt von den starken, unaufhörlichen Schlägen, gehen sie unter. Andere, schnaubend, mit gesträubter Mähne, wilde Angst im starren Auge, raffen sich wieder auf und suchen dem um sie toben-

Fang der Zitteraale mit Pferden. Holzstich aus dem Buch von Hermann Klencke: Alexander von Humboldt's Leben und Wirken, Reisen und Wissen, Leipzig: Otto Spamer, 1870. »Die Aale«, berichtet Humboldt, »betäubt vom Lärm, verteidigen sich durch wiederholte Entladung ihrer elektrischen Batterien.«

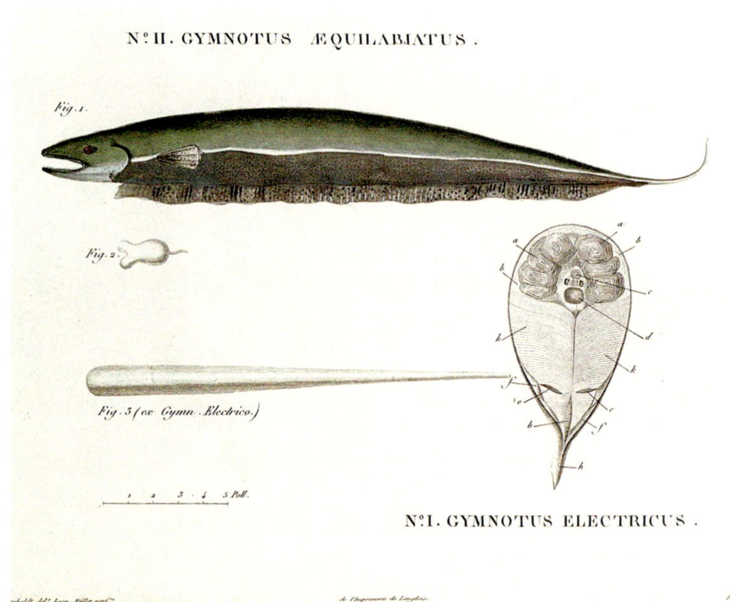

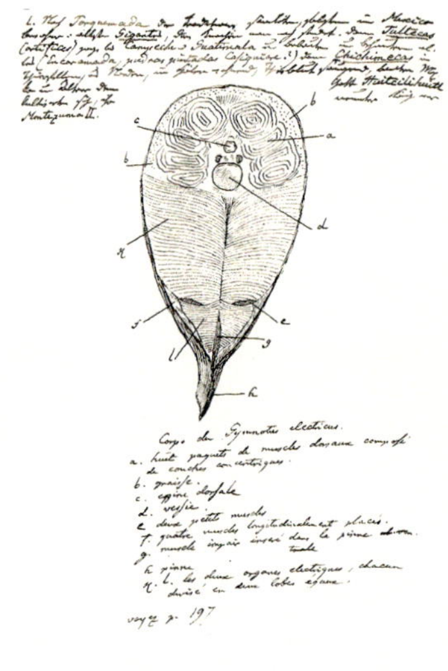

den Ungewitter zu entkommen; sie werden von den Indianern ins Wasser zurückgetrieben. Einige aber entgehen der regen Wachsamkeit der Fischer; sie gewinnen das Ufer, straucheln aber bei jedem Schritt und werfen sich in den Sand, zu Tod erschöpft, mit von den elektrischen Schlägen der Gymnoten erstarrten Gliedern.

Ehe fünf Minuten vergingen, waren zwei Pferde ertrunken. Der fünf Fuß [1,6 Meter] lange Aal drängt sich dem Pferd an den Bauch und gibt ihm nach der ganzen Länge seines elektrischen Organs einen Schlag; das Herz, die Eingeweide und der *plexus coeliacus* [Nervengeflecht im Oberbauch] der Abdominalnerven [Bauchnerven] werden dadurch zugleich getroffen. Derselbe Fisch wirkt so begreiflicherweise weit stärker auf ein Pferd als auf den Menschen, wenn dieser ihn nur mit einer Extremität berührt. Die Pferde werden dadurch ohne Zweifel nicht getötet, sondern nur betäubt; sie ertrinken, weil sie sich nicht aufraffen können, so lange der Kampf zwischen den anderen Pferden und den Gymnoten fortdauert.

Wir zweifelten nicht daran, dass alle Tiere, die man zu dieser Fischerei gebraucht, nacheinander zugrunde gehen müssten. Aber ganz allmählich nimmt die Hitze des ungleichen Kampfes ab und die erschöpften Gymnoten zerstreuen sich. Sie bedürfen jetzt langer Ruhe und reichlicher Nahrung, um den erlittenen Verlust an galvanischer Kraft wieder zu ersetzen. Maultiere und Pferde verrieten weniger Angst, ihre Mähne sträubte sich nicht mehr,

LINKS *Zwei südamerikanische Gymnotus-Arten.* Kolorierter Kupferstich von Louis Bouquet nach Skizzen Humboldts, Tafel 10 in: Alexander von Humboldt und Aimé Bonpland: Recueil d'observations de zoologie Bd. 1, Paris: Schoell, 1811.

RECHTS *Querschnitt durch den Gymnotus electricus.* Federzeichnung Alexander von Humboldts aus seinem Reisetagebuch, 1800.

ihr Auge blickte ruhiger. Die Gymnoten kamen scheu ans Ufer des Teichs geschwommen, und hier fing man sie mit kleinen, an langen Stricken befestigten Harpunen. Wenn die Stricke recht trocken sind, so fühlen die Indianer beim Herausziehen des Fisches an die Luft keine Schläge. In wenigen Minuten hatten wir fünf große Aale, die zumeist nur leicht verletzt waren. Auf dieselbe Weise wurden gegen Abend noch weitere gefangen. […]

Den ersten Schlägen eines sehr großen, stark gereizten Gymnotus würde man sich nicht ohne Gefahr aussetzen. Bekommt man zufällig einen Schlag, bevor der Fisch verwundet oder durch lange Verfolgung erschöpft ist, so sind Schmerz und Betäubung so heftig, dass man sich von der Art der Empfindung gar keine Rechenschaft geben kann. Ich erinnere mich nicht, je durch die Entladung einer großen Leidner Flasche eine so furchtbare Erschütterung erlitten zu haben wie die, als ich unvorsichtigerweise beide Füße auf einen Gymnotus setzte, der eben aus dem Wasser gezogen worden war. Ich empfand den ganzen Tag heftigen Schmerz in den Knien und fast in allen Gelenken. Will man den ziemlich auffallenden Unterschied zwischen der Wirkung der Voltaschen Säule und der elektrischen Fische genau beobachten, so muss man diese berühren, wenn sie sehr erschöpft sind. Die Zitterrochen und die Zitteraale verursachen dann ein Sehnenhüpfen vom Glied an, das die elektrischen Organe berührt, bis zum Ellbogen. Man glaubt, bei jedem Schlag innerlich eine Schwingung zu empfinden, die zwei, drei Sekunden anhält und der eine schmerzhafte Betäubung folgt. In der ausdrucksvollen Sprache der Tamanacos heißt daher der Temblador *Arimna*, das heißt, »der die Bewegung raubt«.[4]

Drei Wochen lang reisten Humboldt und seine Begleiter unter glühendem Himmel in stauberfüllter Luft durch die Llanos. Die Landschaft erschien ihnen wie eine grenzenlose Meeresoberfläche. Am 24. März sahen sie eine Gestalt im Staub liegen:

Gegen vier Uhr abends fanden wir in der Savanne ein junges indianisches Mädchen. Sie lag auf dem Rücken, war ganz nackt und schien nicht über 12 bis 13 Jahre alt. Sie war von Ermüdung und Durst erschöpft, Augen, Nase, Mund voll Staub, der Atem röchelnd; sie konnte uns keine Antwort geben. Neben ihr lag ein umgeworfener Krug, halb voll Sand. Zum Glück hatten wir ein Maultier bei uns, das Wasser trug. Wir brachten das Mädchen zu sich, indem wir ihr das Gesicht wuschen und ihr einige Tropfen Wein einflößten. Sie war anfangs erschrocken über die vielen Leute um sie her, aber sie beruhigte sich nach und nach und sprach mit unseren Führern. Sie meinte, dem Stand der Sonne nach müsse sie mehrere Stunden betäubt dagelegen haben. Sie war nicht dazu zu bringen, eines unserer Lasttiere zu besteigen. Sie wollte nicht nach Uritucu zurück; sie hatte in einem Hofe in der Nähe gedient und war von ihrer Herrschaft verstoßen worden, weil sie infolge einer langen Krankheit nicht mehr so viel leisten konnte wie zuvor. Unsere Drohungen und Bitten fruchteten nichts; für Leiden unempfindlich wie ihre ganze Rasse, in

> die Gegenwart versunken ohne Bangen vor künftiger Gefahr, beharrte sie auf ihrem Entschluss, in eine der indianischen Missionen in der Nähe der Stadt Calabozo zu gehen. Wir schütteten den Sand aus ihrem Krug und füllten ihn mit Wasser. Noch ehe wir wieder zu Pferde waren, setzte sie ihren Weg in der Steppe fort. Bald entzog eine Staubwolke sie unseren Blicken.[5]

Auf ihrem Weg durch die Llanos konnten die Reisenden nur wenige Tiere beobachten. Um die extreme Hitze und Trockenheit zu überstehen, verfallen, wie man Humboldt berichtete, einige der dort heimischen Reptilien in einen »Sommerschlaf«:

> Man zeigte uns eine Hütte oder vielmehr einen Schuppen, wo unser Gastgeber in Calabozo, Don Miguel Cousin, einen höchst merkwürdigen Auftritt erlebt hatte. Er schlief mit einem Freunde auf einer mit Leder überzogenen Bank, da wird er frühmorgens durch heftige Stöße und einen furchtbaren Lärm aufgeschreckt. Erdschollen werden in die Hütte geschleudert. Nicht lange, so kommt ein junges, 2 bis 3 Fuß [65 bis 97 cm] langes Krokodil unter der Schlafstätte hervor, fährt auf einen Hund los, der an der Türschwelle lag, verfehlt ihn im ungestümen Lauf, eilt dem Ufer zu und entkommt in den Fluss. Man untersuchte den Boden unter der *Barbacoa* oder Lagerstätte, und da war denn der Hergang des seltsamen Abenteuers bald klar. Man fand die Erde weit hinab aufgewühlt; es war vertrockneter Schlamm, in dem das Krokodil im *Sommerschlaf* gelegen hatte, in welchen Zustand manche Individuen dieser Tierart während der trockenen Jahreszeit in den Llanos verfallen. Der Lärm von Menschen und Pferden, vielleicht auch der Geruch des Hundes hatten es aufgeweckt.[6]

Orinoco-Krokodil. Holzstich aus dem Buch von Hermann Klencke: Alexander von Humboldt's Leben und Wirken, Reisen und Wissen, Leipzig: Otto Spamer, 1870.

DER ORINOCO: EINSAMKEIT UND GROSSARTIGKEIT

Am 27. März 1800 erreichte Alexander von Humboldt mit seinen Reisegefährten San Fernando de Apure, den Hauptort der Kapuzinermissionen in der Provinz Barinas. »Damit waren wir am Ziel unserer Reise über die Ebenen, denn die drei Monate April, Mai und Juni brachten wir auf den Strömen zu.«[1] Das wichtigste Ziel dieser Expedition tief ins Landesinnere war, »die vielbestrittene Gabelung des Orinoco zu untersuchen«.[2] Die wenigen Europäer, die so weit in den Urwald vorgedrungen waren, hatten berichtet, dass dort ein natürlicher Kanal existiere, der die zwei riesigen Flusssysteme des Amazonas und des Orinoco miteinander verbinde.

In Europa allerdings stand man diesen Berichten skeptisch gegenüber: Zwei Flusssysteme, so meinte man, mussten durch eine Wasserscheide voneinander getrennt sein. Auf den Landkarten des berühmten französischen Geographen Philippe Buache (1700–1773) war anstelle des Casiquiare, dessen genauen Verlauf erst Humboldt beschreiben würde, ein Gebirgszug eingezeichnet. Eine derart schwierige Flussreise bedurfte einer gründlichen Vorbereitung. Einmal mehr erwies sich Humboldts flexible Art, ohne Mannschaft und eigene Verkehrsmittel zu reisen, als entscheidender Vorteil:

> Ich mietete eine geräumige Lancha [Langboot] (10 duro bis Carichana, mit einem Patron [Steuermann] täglich 4 reales und vier Indianer täglich 2 reales). Man baute in wenigen Stunden von Schirmpalmblättern korbartig geflochten ein Häuschen auf dem Boote. Von Swietenia Mahagoni wurde ein Tisch, von Kuhhäuten Stühle zusammengeschlagen. Wir luden Lebensmittel auf vier Wochen, Pisang [Bananen], Hühner, Eier, Kassave [Maniok], Brannt-

Piroge, Ausschnitt. Holzstich aus dem Buch von Hermann Klencke: Alexander von Humboldt's Leben und Wirken, Reisen und Wissen, Leipzig: Otto Spamer, 1870.

wein (um von Indianern Waren zu erkaufen), Tamarindenschoten, um eine erfrischende Limonade zu machen, und besonders Kakao, die wunderschöne Erfindung der spanischen Conquistadoren (eine Speise, deren Wert auf Reisen man in Europa nicht kennt, nährend, reizend und sättigend in kleinem Volumen). Am meisten wurde auf Angel, Netz und Schießgewehr gerechnet, denn der Fluss wimmelt von Fischen, Schildkröteneiern, Garzas [Reiher], Paujís [Helmhokkos], Guacharacas [Schopfhühner], Wild ... alles vortreffliche Speisen: Der reiche, aber sehr liebenswürdige Kapuziner in San Fernando, Fray José María de Málaga (ein jesuitenartig weltkluger Mann), gab uns Wein und Zuckerwerk. Der Schwager des Gouverneurs von Barinas, Don Nicolas Sotto, ein recht geschmeidiger und verständiger Offizier, der an den Flüssen Geldgeschäfte mit Añil [Indigo] und Maultieren macht (man gewinnt hier im Handel mit Angostura mühsam, wenn man Bargeld hat und es verzetteln will an Produkten von Barinas von 60 bis 300 Prozent), begleitete uns. Wir hatten im Schiffe eine ganz erträgliche Existenz. Die Indianer (ganz nackt, bloß Schamteile und Hintern sehr künstlich in einem Beutel) waren lustig nach Schiffsvolks Sitte. Da der Wind uns immer entgegen blies, ruderten sie mit Riesenkraft und machten sehr wunderbare indianische Späßchen im Rudern, indem sie durch das Ruder durchkriechend mit einer Hand auf den Hintern schlagen. Ganz im wildindianischen Charakter, burlesk und obszön zugleich. [...]

31. März. Von Diamante an tritt man erst eigentlich in eine wilde Natur, in der Tiger [Jaguare], Krokodile, Chiguire [Wasserschweine], Wildbret und zahllose Vogelgeschlechter als Herren der Erde leben. Der Fluss wird immer breiter und hat bis an den Orinoco die malerischsten Ufer, bald zur Rechten, bald zur Linken, nämlich immer ein sandiges Ufer, das wo der Strom austritt und versandet, und ein geschütztes Waldufer, bisweilen, aber recht selten, wo das Ufer recht hoch und sehr fest, auch zwei Waldufer. Der Fluss stets 2 bis 300 Varas [170 bis 250 Meter] breit und die Ufer (wie der an Kunst gewöhnte Mensch sagt) ein englischer Garten. Der Wald, meist das mangleartige [mangrovenartige] Strauchwerk Sauza foliis lanceolatis servatis, dicht am Fluss eine 4 Fuß [1,3 Meter] hohe, überall gleich hohe, wie geschnittene Hecke bildend (ich begreife nicht, woher diese Gleichförmigkeit?) und hinter der Hecke dicht aneinandergedrängte hohe Laubbäume, Cedrela, Swietenia, Mimosen, Samán, Brasilienholz, Guayacán, keine andere Palme als Corozo und Píritu, doch beide selten – bald fehlt die Hecke und man hat freie Aussicht tief in den Wald. Durch die Hecke haben Tiger [Jaguare] und verwilderte Stiere hier und da Öffnungen gebrochen und aus diesen treten die Waldtiere wie auf einen Schauplatz hervor. Je mehr der Hintergrund durch die Hecke versteckt ist, desto angenehmer gespannt ist die Aufmerksamkeit des Reisenden. Man hat das Auge stets geheftet auf die Öffnungen, aus denen Tiger [Jaguare], wilde Katzen ... hervortreten, um am Wasser zu trinken [...]. Welche zahllose Tierwelt, wo der Mensch den Lauf der Natur nicht stört oder die Elemente mächtiger als er sind.

Krokodile, gewöhnlich 10, oft 25 bis 28 Fuß [3,25, oft 8 bis 9 Meter], auf dem Wasser ausgestreckt (wie ein Baumstamm) schwimmend oder sich an dem Sandufer sonnend. Um von der Menge zu urteilen, kann ich nur versichern – und wir reisten zu einer Zeit, wo der Fluss eben erst zu steigen anfängt, wo Tausende Krokodile in der Savanne wegen Wassermangel sterben oder im Schlamm erstarrt (im Winterschlaf) liegen – dass nie 10 Minuten vergingen, in denen wir nicht vier bis fünf, ja bisweilen auf einen Blick 10 bis 12 Kaimane im Flusse entdeckten. [...]

An dieser Vuelta [Flussbiegung] die Natur grausam wild. Wir sahen den ersten lebendigen Tiger, und zwar in großer Schönheit. Alle Indianer versicherten, es sei einer der größten Tiger, die sie je gesehen. Felis Onca. Der Tiger lag ausgestreckt vor der Hecke unter einem weitschattigen Samán, als Schildwach seine frische Beute, einen Chiguire [Wasserschwein] bewachend. [...] Er war größer als alle afrikanischen Tiger, die ich in London, Paris und Wien gesehen. [...]

Nachts großer Lärm. Ein Gewitter mit Platzregen vertrieb uns aus der Hamake [Hängematte], und in demselben Augenblick winselte und schrie Bonpland fürchterlich. Wir glaubten, der Tiger liege schon auf ihm. Es war eine zahme Katze, die vom Baume auf ihn herabfiel. Er erwachte vom Stoß und fühlte die Krallen des zottigen Tieres.[3]

Landestelle am Orinoco. Ölskizze von Ferdinand Bellermann, um 1845.

Am Orinoco. Holzstich aus dem Buch von Hermann Klencke: Alexander von Humboldt's Leben und Wirken, Reisen und Wissen, Leipzig: Otto Spamer, 1870. »Welche zahllose Tierwelt, wo der Mensch den Lauf der Natur nicht stört oder die Elemente mächtiger als er sind«, schrieb Humboldt in sein Tagebuch.

Wenige Tage später, am 3. April 1800, geriet Humboldt am Río Algodonal in ernste Gefahr. In seinem Tagebuch schilderte er die unmittelbare Begegnung mit einem Jaguar wesentlich ausführlicher als in der späteren Publikation seiner Reisebeschreibung. Der damaligen Terminologie entsprechend verwendete Humboldt für die größte Raubkatze des amerikanischen Urwaldes die Bezeichnung »Tiger«.

> Ein grässlicher Vorfall, der noch lange meine Einbildungskraft beschäftigen wird. Unterhalb der Vuelta [Flussbiegung] des Algodonal, wo wir den Mittag in einer fürchterlichen Sandwüste (immer ein trockner Teil des Flussbettes) zubrachten, trieb mich die Neugierde, Krokodile in der Nähe schlafend zu beobachten, weit von den Gefährten weg. Ich ging allein, ohne alle Waffe dem Strande nach. Zufällig bückte ich mich, um den Glimmer im Sande zu betrachten. Ich sah neben mir frische Tigertritte, gewaltige, leicht erkennbare Tatzen. Ich blickte mechanisch der Spur nach – und etwa 30 Schritt von mir entfernt, vor mir etwas rechts sah ich einen gewaltigen Tiger im Schatten einer Sauzahecke liegen. Ich fuhr schrecklich zusammen, doch verlor ich keineswegs die Besinnung. Ich war wie bei aller großer Gefahr in einer völligen Ergebung, dem Schicksal mich überlassend. Ich besinne mich deutlich, dass mein inneres Gefühl mir zurief, nicht feige, denn nun ist es auf einmal aus mit dir. Das zweite Gefühl war, kannst du dich retten, so laufe nicht. Ich wandte mich behend um und ging langsam rückwärts, dem Ufer zu, langsam, ich zwang mich, wollte langsam gehen, aber die Furcht vor der furchtbaren Katze spannte mich mächtig an. Nach fünf bis sechs Minuten hielt ich es nicht für gefährlich, mich umzublicken. Der Tiger, wohl gemästet, saß majestätisch nach wie vor unter dem Laubdach, stier über den Fluss blickend, mich keines Anblicks würdigend. Beruhigter eilte ich nun weiter. Als ich mich noch einmal umsah, wo der Fluss einen Busen macht, hatte der Tiger seinen Platz verlassen, wahrscheinlich auf Affengeschrei, das ich tief im Walde wahrnahm. Lief ich oder schrie ich vor Schreck auf, so war ich verloren! Wir gingen nun mit Gewehr alle samt den Indianern dem Tiger nach, fanden ihn aber nicht mehr. So war ich bis heute dem Tigerrachen entronnen![4]

Als ihre Lancha vom Río Apure aus am folgenden Tag die Einmündung des Orinoco erreichte, wurden Bonpland und Humboldt von einem »Gefühl der Rührung« ergriffen; sie sahen sich

> [...] in ein ganz anderes Land versetzt. So weit das Auge reichte, dehnte sich eine ungeheure Wasserfläche, einem See gleich, vor uns aus. Wind und Strömung brachten in ihrem wechselseitigen Kampf Wellenkämme von mehreren Fuß Höhe hervor. Das durchdringende Geschrei der Reiher, Flamingos und Löffelgänse, wenn sie in langen Schwärmen von einem Ufer zum anderen ziehen, erfüllte nicht mehr die Luft. [...] Die ganze Natur schien weniger belebt. Kaum bemerkten wir in den Wellentälern hie und da ein großes Krokodil, das mit seinem langen Schwanz die bewegte Wasserfläche tief durchschnitt. Der

Horizont war von einem Waldgürtel begrenzt, aber nirgends traten die Wälder bis ans Strombett vor. […] Diese sandigen Ufer verwischten vielmehr die Grenzen des Stroms, statt sie fürs Auge festzustellen; nach dem wechselnden Spiel der Strahlenbrechung rückten die Ufer bald nahe heran, bald wieder weit weg. Diese zerstreuten Landschaftszüge, dieses Gepräge von Einsamkeit und Großartigkeit kennzeichnen den Lauf des Orinoco, eines der gewaltigsten Ströme der Neuen Welt.[5]

Nach einer Woche Flussfahrt auf der mit Mess- und Beobachtungsinstrumenten gut ausgestatteten Lancha, die mit Hilfe ihres Segels erstaunlich rasch vorankam, schrieb Humboldt zufrieden in sein Tagebuch:

Die Flussschifffahrt [ist] für die Naturbeobachtung am vorteilhaftesten. Wie lange könnte man im festen Lande umherstreifen, ehe man jene Schar von Tieren in der Nähe beobachten könnte, welche des Fischfanges, Raubes, Trinkens oder der Kühlung wegen aus dem Dickicht an den Fluss hervortreten. Wie bequem kann man hier schießen, die Sitten beobachten, ja den Tieren sich auf 5 Fuß [1,6 Meter] nahen, da sie großenteils nie, nie Menschen gesehen haben! Aber wie viele Tiere sieht man durch das Fernrohr halb verwirrt, die man nicht beschreiben kann. Wenn weit reisende Naturalisten, [Joseph] Banks, [Andreas] Sparrmann, [Louis] Née die Menge der Gewächse zählen, die sie nie mit Blüten gesehen, die Menge der Vögel, die sie nie in der Nähe beschauen konnten – so wird es wohl klar, dass wir kaum zwei Drittel der Tier- und Pflanzenspezies bisher ordentlich kennen! Bei Vuelta de Basilio (hier Schwalben) sahen wir zwei wunderbare schwarze, kleine (2 Fuß [0,65 Meter]) Affen, ganz schwarz ohne Abzeichen, mit Rollschwänzen. Was war dies? Ein deutscher Professor wird von diesen genaue Beschreibungen fordern. Schade, dass die Tiere nicht die Mäuler aufsperren, um die Zähne zu zählen.[6]

Neben diesen eher harmlosen Schwierigkeiten hatten sich die Reisenden allerdings Tag für Tag mit anderen Widrigkeiten auseinanderzusetzen, die das Leben auf dem Boot erschwerten. Eines der Probleme waren Pirañas:

3. April. […] Am Morgen fingen unsere Indianer mit der Angel den Fisch, der hierzulande *Caribe* oder *Caribito* heißt, weil kein anderer so blutgierig ist. Er fällt die Menschen beim Baden und Schwimmen an und reißt ihnen oft ansehnliche Stücke Fleisch ab. Ist man anfangs auch nur unbedeutend verletzt, so kommt man doch nur schwer aus dem Wasser, ohne die schlimmsten Wunden davonzutragen. Die Indianer fürchten diese Karibenfische ungemein, und verschiedene zeigten uns an Waden und Schenkeln vernarbte, sehr tiefe Wunden, die von diesen kleinen Tieren herrührten, die bei den Maipures *Umati* heißen. Sie leben auf dem Boden der Flüsse; gießt man aber ein paar Tropfen Blut ins Wasser, so kommen sie zu Tausenden herauf. Bedenkt man, wie zahlreich diese Fische sind, von denen die gefräßigsten

> und blutgierigsten nur vier bis fünf Zoll [10,8 bis 13,5 cm] lang werden, betrachtet man ihre dreiseitigen schneidenden, spitzen Zähne und ihr weites retraktiles [einziehbares] Maul, so wundert man sich nicht, dass die Anwohner des Apure und des Orinoco den *Caribe* so sehr fürchten. An Stellen, wo der Fluss ganz klar und kein Fisch zu sehen war, warfen wir kleine blutige Fleischstücke ins Wasser. In wenigen Minuten war ein ganzer Schwarm von Karibenfischen da und stritt sich um den Fraß. [...] Ich habe sie an Ort und Stelle beschrieben und gezeichnet. Der *Caribito* hat einen sehr angenehmen Geschmack. Weil man nirgends zu baden wagt, wo er vorkommt, ist er als eine der größten Plagen dieser Landstriche zu betrachten, wo der Stich der Moskitos und die Reizung der Haut das Baden zu einem dringenden Bedürfnis machen.[7]

Nicht nur wegen der Pirañas, sondern auch, weil im Wasser kaum sichtbar Krokodile lauerten, war ein Bad im Fluss ein Wagnis. Allerdings hielten diese Gefahren die Reisenden und ihre Gefährten nicht lange davon ab, trotzdem ins Wasser zu gehen. Erstaunt beobachtete Humboldt dabei einen bemerkenswerten Unterschied zwischen Indianern und Europäern:

***Piraña*. Zeichnung Alexander von Humboldts aus seinem Reisetagebuch, 1800.**

> Wie der Mensch allem trotzt! Wir baden uns jetzt schon mitten unter Kariben, Sägefischen, Rayas [Rochen] und Krokodilen. Ein Indianer warnt immer den anderen, und nach und nach baden wir uns alle. Die Badelust erfindet immer Gründe, warum gerade hier, des Ufers, des Bodens, der Tageszeit wegen, die Krokodile sich nicht nähern. Ein wahres Hazardspiel, denn jährliche Beispiele beweisen, nach derselben Versicherung der Indianer, dass alle diese Gründe falsch sind. Auch werden besonders Indianer, ihrer Sorglosigkeit wegen, genug gefressen. Aber die Gefährten sind, wie bei allem Unglück der Mitreisenden, gleichgültig. Man sagt mit Recht: »Quien va con Indio, va solo« [Wer mit dem Indianer geht, der geht allein]. Man hat hundert Beispiele. Die Indianer sitzen im Vorderteil des Schiffes. Einer fällt ins Wasser. Man könnte ihn retten, das Segel einziehen. Nein! Keiner der Kameraden schreit, keiner spricht ein Wort. Der Steuermann sieht den Indianer schon weit hinter sich. Man macht den Indianern Vorwürfe. Er kann schwimmen, und kann er das Schiff nicht erreichen, nun so ersäuft er, so holt ihn *Tixitixi* (der Teufel). Ein eigener Charakterzug des Wilden (denn was man als Eigentümlichkeit des amerikanischen Indianers verschreit, gehört allen Menschen im Naturzustande zu), dem lebenden Gefährten gefällig; keiner trinkt, isst etwas allein, ohne nicht dem Gefährten mitzugeben; aber scheint der Gefährte dem Tode nahe (durch Tiger, Krokodil, vor Krankheit sterbend), nun, so ist er nicht mehr Glied dieser Gesellschaft, er gehört dem *Tixitixi*, keine Hilfe, kein Mitleid, keine Klagen![8]

In den ersten Apriltagen des Jahres 1800 erreichten die Forscher die Schildkröteninseln im Orinoco: »Der frische Nordostwind brachte uns mit vollen Segeln zur Schildkrötenbucht. […] Die Insel ist berühmt wegen des Schildkrötenfangs oder, wie man hier sagt, der cosecha, der jährlichen Eierernte.«[9] Jahr für Jahr kamen Tausende Arrau-Schildkröten im Februar und März zur Eierablage auf die Flussinseln. Die Indios pressten Öl aus den Eiern und produzierten, so berechnete Humboldt, pro Ernte einen Ertrag von 125 000 Litern. Dafür wurden jedes Jahr um die 33 Millionen Eier von 330 000 Schildkröten verarbeitet: »Die Missionare stellen es dem besten Olivenöl gleich, und man braucht es nicht nur zum Brennen, sondern auch, und zwar vorzugsweise, zum Kochen, da es den Speisen keinerlei unangenehmen Geschmack gibt.«[10] Scharf kritisierte Humboldt den mangelnden Sinn für Nachhaltigkeit bei den Franziskanern, die die Ernte und den Verkauf des Schildkrötenöls kontrollierten und so den Bestand der Tiere auf Dauer gefährdeten:

> Den Jesuiten gebührt das Verdienst, dass sie die Ausbeutung *geregelt* haben; die Franziskaner, welche die Jesuiten in den Missionen am Orinoco abgelöst haben, rühmen sich zwar, dass sie das Verfahren ihrer Vorgänger einhalten, gehen aber leider keineswegs mit der gehörigen Vorsicht zu Werke. Die Jesuiten erlaubten nicht, dass das ganze Ufer ausgebeutet wurde; sie ließen ein Stück unberührt, weil sie befürchteten, die Arrau-Schildkröten möchten, wenn nicht ausgerottet werden, so doch bedeutend abneh-

men. Jetzt wühlt man das ganze Ufer rücksichtslos um, und man meint auch zu bemerken, dass die *Ernten* von Jahr zu Jahr geringer werden.[11]

Die Missionare trieben eifrig Handel. Für einen lächerlichen Betrag kauften sie den Indianern Naturprodukte ab, verkauften diese um ein Vielfaches an Händler, erstanden Leinwand, Nadeln und Bänder und veräußerten diese wiederum mit unglaublichem Gewinn an die Indianer. Sie untersagten den Indianern den direkten Handel und bestraften Verstöße mit Peitschenhieben. Humboldt errechnete eine Gewinnspanne von bis zu 3000 Prozent bei dieser Art von Geschäft.[12] In sein Tagebuch notierte er:

> Wenn in den Kapuziner- und Observantenklöstern in Spanien man wüsste, wie herrlich das Missionsleben ist, alle Mönche liefen nach Amerika. Ich habe oft die Kapuzinerspeise in Tirol mit dem verglichen, was ich tief im Innern von Südamerika an Weinen, Likören, Kuchen, Süßigkeiten, Pasteten genossen habe. […] Der Reichtum, den ein fleißiger Missionar an zum Handel günstigen Orten haben kann, ist grenzenlos. Der Reichste hier ist, wer Hände hat, und des Missionars Sklaven sind alle Indianer seines Dorfes. […] Niemand will zurückkehren und sich wieder ins Kloster einzwängen.[13]

Ein Missionar, den sie auf den Schildkröteninseln trafen und der sich verwundert über die mit Messinstrumenten hantierenden Männer zeigte, befragte Humboldt

Schildkröten am Orinoko. Holzstich aus dem Buch von Hermann Klencke: Alexander von Humboldt's Leben und Wirken, Reisen und Wissen, Leipzig: Otto Spamer, 1870.

und Bonpland misstrauisch: »Wie soll einer glauben«, sagte er, »dass ihr euer Vaterland verlassen habt, um euch auf diesem Flusse von den Moskitos aufzehren zu lassen und Land zu vermessen, das euch nicht gehört?«[14] In der Tat war es für viele Bewohner der spanischen Kolonien nicht nachzuvollziehen, dass ein Mann »zum Fortschritt der Naturwissenschaften eine selbstfinanzierte Reise«[15] durch Amerika unternahm und sich dabei freiwillig großen Gefahren aussetzte. Wie gefährlich diese Expedition sein konnte, erlebte Humboldt wenige Tage später, am 6. April 1800:

> Von Boca de Tortuga [der Schildkrötenbucht] absegelnd, es war Palmsonntag, fing unser Unglück an. Der dumme und eitle Patron [Steuermann], *para hacer una famosa salida* [um eine grandiose Abfahrt zu bieten], legte die Lancha bis auf ¼ Zoll Bord in den Wind, und in 10 Minuten waren wir mitten im Orinoco. Der Patron versicherte, dass am Ufer alles erstaunt sein müsse über solch ein Absegeln. Von nun an vertraute er zu viel seiner Lancha. Er glaubte, sie könne nicht umschlagen. Ich schrieb fleißig, eben im gelben Buche über Missionen, als urplötzlich unser Boot umschlug und der Strom über das Buch und den Tisch wegschoss, an dem ich saß. Der Augenblick war fürchterlich. Wir glaubten uns alle verloren, doch behielten wir alle Besinnung. Ich bin mir deutlich bewusst, dass ich den Entschluss in mir erneuerte, der Krokodile wegen kein Ruder, kein Holz zu ergreifen. Es ist aus, dachte ich, Wilhelm, Haeftens … schnell, schnell, desto leichter der Tod. Ich war mehr gerührt als erschrocken. So war es in mir. Bonpland zeigte sich sehr edel. Er schlief, sah die Todesgefahr, als er erwachte; als er aber zugleich das Ufer im Schwimmen erreichbar sah, drängte er sich an mich, *ne craignez pas mon ami, nous nous sauvons* [keine Sorge mein Freund, wir retten uns]. Das Wasser füllte schon zwei Drittel des Bootes, als derselbe *raffle de vent,* ein Wirbelwind, der uns umstürzte, uns aufrichtete. Doch vergingen nicht zwei bis drei Minuten über dies alles. Unsere Rettung war eine Art Wunder! Die Empfindung im Aufrichten, die Rückkehr zum Leben war sehr, sehr schön.
>
> Ich werde den Vorfall noch beschreiben, denn heute schreib ich in Carichana, fast ohne Tinte und ohne Papier! Fortsetzung der Reise, Sicherheit vor Krokodilen, Wilhelm, Haeftens Wiedersehen, dieselben Ideen, die erst so schmerzhaft vordrangen, folgten nun abermals in lichten Farben, ein Sonnenblick. Wir waren in guter Gesellschaft, denn 10 Minuten nachher scherzten wir alle, doch auf den Patron scheltend, der durch falsches Steuern allerdings am Unglück Teil hatte. Alle Bücher, alle Manuskripte im Wasser, zum Glück gute Tinte und daher alles lesbar, doch mühsam zu trocknen. Wir schöpften eine halbe Stunde Wasser aus und gingen wieder unter Segel, doch den ganzen Abend in großer Spannung. Nachts auf einer Sandinsel. Tiger heulten um uns. Wir freuten uns, zusammen zu essen bei Mondlichte. Wir stellten uns lebhaft vor, wenn einer sich allein gerettet, der Schmerz, die übrigen von Krokodilen verzehrt zu wissen und sich selbst von Tigern umgeben, und wohin gehen? Kein Weg am Ufer! Wald. So viel Caños [Wirbel]. Tiger! Der Strom so breit. Indianer nicht zu errufen, so indolent [gleichgültig].

> Unser indianischer Práctico [Lotse] veränderte seine Miene nicht beim Unfall. Er schien zu lächeln, dass die Blancos [Weißen] an ihren Papieren so ängstlich zu trocknen hatten.[16]

In Pararuma war der Fluss schmaler und reißender geworden. Die Forscher stiegen deshalb in ein kleineres, wendigeres Boot um:

> Die neue für uns bestimmte Piroge wurde noch am Abend geladen. Es war, wie alle indianischen Kanus, ein mit Axt und Feuer ausgehöhlter Baumstamm, 40 Fuß [13 Meter] lang und 3 Fuß [1 Meter] breit. Drei Personen konnten nicht nebeneinander darin sitzen. Diese Pirogen sind so beweglich, sie erfordern, weil sie so wenig Widerstand leisten, eine so gleichmäßige Verteilung der Last, dass man, wenn man einen Augenblick aufstehen will, den Ruderern (bogas) zurufen muss, die entgegengesetzte Seite zu belasten; ohne diese Vorsicht käme das Wasser notwendig über die geneigte Seite ins Boot. Man macht sich nur schwer eine Vorstellung davon, wie übel man auf einem solchen elenden Fahrzeug dran ist.[17]

Nicht nur wegen der Enge an Bord, sondern auch wegen der massiv zunehmenden Insektenplage stellte sich die vor ihnen liegende Fahrt als wesentlich unbequemer heraus als die bisherige:

> 10. April. Wir konnten erst um zehn Uhr morgens unter Segel gehen. Nur schwer gewöhnten wir uns an die neue Piroge, die uns wie ein neues Gefängnis erschien. Um an Breite zu gewinnen, hatte man am Heck des Fahrzeugs aus Baumzweigen eine Art Gitter angebracht, das auf beiden Seiten über den Schiffsrumpf hinausreichte. Leider war das Blätterdach (*el toldo*) darüber so niedrig, dass man gebückt sitzen oder ausgestreckt liegen musste, wo man dann nichts sah. [...] Das Dach war für vier Personen bestimmt, die auf dem Verdeck oder dem Gitter aus Baumzweigen lagen; aber die Beine reichen weit über das Gitter hinaus, und wenn es regnet, wird man am halben Leib nass. Dabei liegt man auf Ochsenhäuten oder Tigerfellen, und die Baumzweige darunter drücken einen durch die dünne Decke gewaltig. Das Vorderteil des Fahrzeugs nahmen die indianischen Ruderer ein, die drei Fuß [1 Meter] lange, löffelförmige Paddel führen. Sie sind ganz nackt, sitzen paarweise und rudern im Takt, den sie merkwürdig genau einhalten. Ihr Gesang ist trübselig, eintönig. [...]
>
> Auf der überfüllten, keine 3 Fuß [1 Meter] breiten Piroge blieb für die getrockneten Pflanzen, die Koffer, einen Sextanten, den Inklinationskompass und die meteorologischen Instrumente kein anderer Platz als der Raum unter dem Gitter aus Zweigen, auf dem wir den größten Teil des Tags ausgestreckt liegen mussten. Wollte man irgendetwas aus einem Koffer holen oder ein Instrument gebrauchen, musste man ans Ufer fahren und aussteigen. Zu diesen Unbequemlichkeiten kam noch die Plage der Moskitos, die unter einem so niedrigen Dache in Scharen hausen, und die Hitze hinzu, welche die Palm-

> blätter ausstrahlen, deren Oberseite beständig der Sonnenglut ausgesetzt ist. Jeden Augenblick suchten wir uns unsere Lage erträglicher zu machen, und immer vergeblich. Während der eine sich unter ein Tuch steckte, um sich vor den Insekten zu schützen, verlangte der andere, man solle grünes Holz unter dem *Toldo* anzünden, um die Mücken durch den Rauch zu vertreiben. Wegen des Brennens der Augen und der Steigerung der ohnehin erstickenden Hitze war das eine Mittel so wenig anwendbar wie das andere. Aber mit etwas Frohsinn, bei gegenseitiger Herzlichkeit, bei offenem Sinn und Auge für die großartige Natur dieser weiten Stromtäler fällt es den Reisenden nicht schwer, Beschwerden zu ertragen, die zur Gewohnheit werden.[18]

Während die Piroge zur Fahrt zum Oberen Orinoco vorbereitet wurde, war Humboldt wieder einmal Zeuge der unmenschlichen Behandlung der Indianer durch einen Missionar geworden:

> Der Missionar aus den *Raudales* [Stromschnellen] betrieb die Zurüstungen zur Weiterfahrt eifriger, als uns lieb war. Man befürchtete, nicht genug Macos- und Guahibes-Indianer zur Hand zu haben, die mit dem Labyrinth von kleinen Kanälen und Wasserfällen, welche die *Raudales* oder Katarakte bilden, vertraut wären; man legte daher die Nacht über zwei Indianer in den *Cepo*, das heißt, man legte sie auf den Boden und steckte ihnen die Beine durch zwei Holzstücke mit Ausschnitten, um die man eine Kette mit Vorhängeschloss legte. Am frühen Morgen weckte uns das Geschrei eines jungen Mannes, den man mit Seekuhriemen unbarmherzig peitschte.[19]

Humboldt schritt ein und gewann das Vertrauen des Indios, eines, wie sich herausstellte, hervorragenden Dolmetschers, der neben Spanisch auch mehrere Indianersprachen beherrschte: »Es war Zerepe, ein sehr verständiger Indianer, der uns in der Folge die besten Dienste leistete.«[20] Dieser Vorfall gab Humboldt erneut Anlass zu einer Betrachtung über die Unterdrückung der indianischen Kultur durch die europäische:

> Wird das Opfer, das man ihm auferlegt, nicht durch die Vorteile der Zivilisation aufgewogen, so nährt der Wilde in seiner verständigen Einfalt fort und fort den Wunsch, in die Wälder zurückzukehren, in denen er geboren wurde. Weil der Indianer aus den Wäldern in den meisten Missionen als ein Leibeigener behandelt wird, weil er der Früchte seiner Arbeit nicht froh wird, veröden die christlichen Niederlassungen am Orinoco. Ein Regiment, das sich auf die Vernichtung der Freiheit der Eingeborenen gründet, tötet die Geisteskräfte oder hemmt doch ihre Entwicklung.
>
> Wenn man sagt, der Wilde müsse wie das Kind unter strenger Zucht gehalten werden, so ist dies ein unrichtiger Vergleich. Die Indianer am Orinoco haben in den Äußerungen ihrer Freude, im raschen Wechsel ihrer Gemütsbewegungen etwas Kindliches; sie sind aber keineswegs große Kinder, so wenig wie die armen Bauern im östlichen Europa, die in der Barbarei unseres

Feudalsystems sich der tiefsten Verkommenheit nicht entringen können. Zwang als hauptsächlichstes und einziges Mittel zur Zivilisierung des Wilden erscheint zudem als ein Grundsatz, der bei der Erziehung der Völker und bei der Erziehung der Jugend gleich falsch ist. Wie schwach und tief gesunken auch der Mensch sein mag, keine Fähigkeit ist ganz erstorben. Die menschliche Geisteskraft ist nur dem Grad und der Entwicklung nach verschieden.[21]

Dass der Orinoco so wenig von Indianern befahren wurde und dass auch die Flussufer nahezu menschenleer waren, erstaunte Humboldt nur wenig. Es gab ihm vielmehr Anlass, auch hier über die unheilvolle Rolle der Europäer nachzudenken:

Humboldt und Bonpland in der Urwaldhütte. Ölgemälde von Eduard Ender, 1856. Humboldt konnte sich mit diesem theatralisch inszenierten Gemälde, das entstand, als er 87 Jahre alt war, nie anfreunden. So stehen auf dem Tisch ein Theodolit – ein Instrument, das er in Lateinamerika nicht mit sich führte – und ein billiges Nürnberger Pappemikroskop.

> Wenn man wie wir 30 Tage lang auf dem Orinoco schifft und so ewig nur sich selbst, nie ein freundlich begegnendes Schiff, nie Menschen am Ufer sieht, dann fragt man sich, wem diese Welt diese Totenstille verdankt. Euch, Ihr Europäer, die Ihr den Armen, friedlichen Einwohnern (sie mit Schießgewehr schreckend oder feig im Schlaf überfallend) nächtlich die Kinder raubt, Euch, die Ihr den Wilden vom Ufer verdrängt … Und wäret Ihr dadurch glücklich, dass andere darben. Aber nein! In einer Strecke von 200 Meilen habt ihr 15 Häuser gebaut, wenn man Lehmhütten Häuser nennen darf. Der Wilde lebt jetzt zurückgedrängt an den entfernten Flüssen, Armen, Caños, die von den großen Flüssen hier überall ab- und zugehen … Er kann sich nicht frei ausbreiten, kommunizieren, und in seiner meist erzwungenen Kommunikation mit Spaniern (und ebenso Holländern, Portugiesen, Franzosen, denn alle Europäer in dieser Region sind gleich abscheulich) gewinnt er nichts. Der gechristete Wilde in den Pueblos ist feiger und dümmer, an physischen Kräften einbüßend, ohne an intellektuellen zu gewinnen.[22]

Am 16. April 1800 überwanden die Forscher die Katarakte von Atures. In sechs mühevollen Stunden schafften die Indianer die Piroge einen Pfad neben den Wasserfällen hinauf.

> Jenseits der Großen Katarakte beginnt ein unbekanntes Land. […] Oberhalb fanden wir längs des Orinoco auf einer Strecke von hundert Meilen nur drei christliche Niederlassungen, und in ihnen waren kaum sechs bis acht Weiße, das heißt Menschen mit europäischer Abkunft. Es ist nicht zu verwundern, dass ein so ödes Land von jeher der klassische Boden für Sagen und Wundergeschichten war. Hierher versetzten ernste Missionare die Völker, die ein Auge an der Stirn, einen Hundskopf oder den Mund unter dem Magen haben.[23]

Taschensextant, Typ Snuffbox, um 1800 hergestellt von Edward Troughton, London. Humboldt war von der Handlichkeit dieses Sextanten begeistert. Er verwendete ein Instrument dieses Typs zur kartographischen Erfassung kleinerer Gebiete vom engen Boot oder vom Rücken seines Pferdes aus.

Bereits zwei Tage später gelangten sie erneut an gewaltige Wasserfälle. Die tosenden Katarakte von Maipures boten Humboldt

> [...] das furchterregende Schauspiel eines eingeengten und wie völlig in Schaum verwandelten großen Stromes. [...] Hat man den Gipfel des Felsens erreicht, so liegt auf einmal, eine Meile weit, eine Schaumfläche vor einem da, aus der ungeheure Steinmassen eisenschwarz aufragen. Die einen sind abgerundet, Basalthügeln ähnlich, andere gleichen Türmen, Kastellen, zerfallenen Gebäuden. Ihre düstere Färbung hebt sich scharf vom Silberglanze des Wasserschaums ab. Jeder Fels, jede Insel ist mit Gruppen kräftiger Bäume bewachsen. Vom Fuß dieser Felsen an schwebt, so weit das Auge reicht, eine dichte Dunstmasse über dem Strom und über diesen weißlichen Nebel schießen die Wipfel der hohen Palmen empor. [...]
>
> Zu jeder Tagesstunde nimmt sich die Schaumfläche wieder anders aus. Bald werfen die hohen Inseln und die Palmen ihre gewaltigen Schatten darüber, bald bricht sich der Strahl der untergehenden Sonne in der feuchten Wolke, die den Katarakt einhüllt. Farbige Bogen bilden sich, verschwinden und erscheinen wieder, und im Spiel der Lüfte wiegt sich ihr Bild über der Ebene.[24]

Hier trafen die Reisenden den Franziskanerpater Bernardo Zea, der ihnen anbot, sie auf ihrer weiteren Reise zu begleiten. »Wir blieben drei Tage in Maipures, das noch malerischer liegt als Apures«, notierte Humboldt. »Zea hat übrigens weder Tisch noch Stuhl, und die Schweinerei im Hause des Mönchs sticht gegen die Ordnung und Reinlichkeit der Indianer sonderbar ab!«[25] Acht Tage darauf gelangten sie nach San Fernando de Atabapo und untersuchten die gravierenden Unterschiede der Flüsse, die man heute als Schwarz- und Weißwasserflüsse bezeichnet. Während im sauren, nähr- und sauerstoffarmen Schwarzwasser weder Mückenlarven noch Krokodile leben können, weist das trübe und mineralreiche Weißwasser eine reichhaltige Flora und Fauna auf:

> Sobald man in das Bett des Atabapo kommt, ist alles anders, die Beschaffenheit der Luft, die Farbe des Wassers, die Gestalt der Bäume am Ufer. Bei Tage hat man von den Moskitos nicht mehr zu leiden; die Schnaken mit langen Füßen (Zancudos) werden bei Nacht sehr selten, ja oberhalb der Mission San Fernando verschwinden diese Nachtinsekten ganz. Das Wasser des Orinoco ist trübe, voll erdiger Stoffe, und in den Buchten hat es wegen der vielen toten Krokodile und anderer faulender Körper einen bisamartigen, süßlichen Geruch. Um dieses Wasser zu trinken, mussten wir es nicht selten durch ein Tuch seihen. Das Wasser des Atabapo dagegen ist rein, von angenehmem Geschmack, ohne eine Spur von Geruch, bei reflektiertem Licht bräunlich, bei durchgehendem gelblich. [...] In 20, 30 Fuß [6,5 bis 10 Meter] Tiefe sieht man die kleinsten Fische, und meist blickt man bis auf den Grund des Flusses hinunter. Und dieser ist nicht etwa Schlamm von der Farbe des Flusses, gelblich oder bräunlich, sondern blendend weißer Quarz- und Gra-

nitsand. […] Oberhalb von San Fernando gibt es keine Krokodile mehr; man trifft hier und da einen Bava [Brillenkaiman] und viele Süßwasserdelphine, aber keine Seekühe. Man sucht hier auch vergeblich den Chiguire [das Wasserschwein], die Araguatos oder großen Brüllaffen, den Zamurogeier und den Fasanen mit der Haube, den sogenannten Guacharaca. Ungeheure Wassernattern, im Habitus der Boa gleich, sind leider sehr häufig und werden den Indianern beim Baden gefährlich. Gleich in den ersten Tagen sahen wir welche neben unserer Piroge herschwimmen, die 12 bis 14 Fuß [4 bis 4,5 Meter] lang waren.[26]

Am 30. April 1800 passierten sie den »Felsen der Guahiba-Mutter«. Hier hatten drei Jahre zuvor Missionare eine Indianerin gefesselt und ausgepeitscht, weil sie versucht hatte, ins Dorf ihrer Familie und zu ihren drei Kindern zurückzugehen. Nach der Tortur gelang ihr zwar die Flucht; doch als die Missionare sie wieder zwangen, ihr Dorf zu verlassen, verweigerte sie jede Nahrung und starb.[27]

»So unverschämt unmoralisch dieses Mönchsgesindel!«, notierte Humboldt in sein Tagebuch und klagte: »Das, König von Spanien, das sind deine Mönche, und es gibt eine Gottheit, die solchen Frevel ungeahndet lässt!«[28] Auch in seiner *Reise in die Äquinoktial-Gegenden* schilderte er diesen Vorfall und prangerte die doppelte Moral der Europäer an, die am Orinoco das Sagen hatten:

Wenn der Mensch in diesen Einöden kaum eine Spur des Daseins hinterlässt, so ist es für den Europäer doppelt demütigend, dass durch den Namen eines Felsen, der durch eines der unvergänglichen Denkmale der Natur, das Andenken an den moralischen Verfall unseres Geschlechts, an den Gegensatz zwischen der Tugend des Wilden und der Barbarei des zivilisierten Menschen verewigt wird.[29]

Über den Río Atabapo, einen Zufluss des Orinoco, erreichten die Forscher am 1. Mai 1800 ihr nächstes Etappenziel, den Ort Javita. Hier sollte die Piroge auf einem kleinen Stück Landweg zum Pimichín, einem Zufluss des Río Negro, geschafft werden. 23 Indianer benötigten viereinhalb Tage für die 14 Kilometer lange Strecke, wobei sie nacheinander Baumstämme als Walzen dem Einbaum unterlegten. Schon einen Tag später, am 6. Mai, gelangten sie mit ihrer Piroge in den Río Negro, der tausend Kilometer südöstlich, bei Manaos, in den Amazonas fließt.

Die Einmündung des Casiquiare, der sich von Osten her mit dem Río Negro vereinigt, ließen Humboldt und seine Reisegefährten jedoch zunächst links liegen, um zum Außenposten San Carlos de Río Negro an der Grenze zu Brasilien zu gelangen. Diesen erreichten sie am 9. Mai 1800. Es war der südlichste Punkt von Humboldts Reise durch Venezuela. Gerne wäre Humboldt nach Brasilien eingereist. Doch die politischen Spannungen zwischen Spanien und Portugal ließen ihn davon Abstand nehmen, was ihm mit Sicherheit einige Schwierigkeiten ersparte. Denn in Brasilien hatte man von seiner Anwesenheit erfahren und entsprechende Vorsichtsmaßnahmen ergriffen: In einem im Namen des Prinzregen-

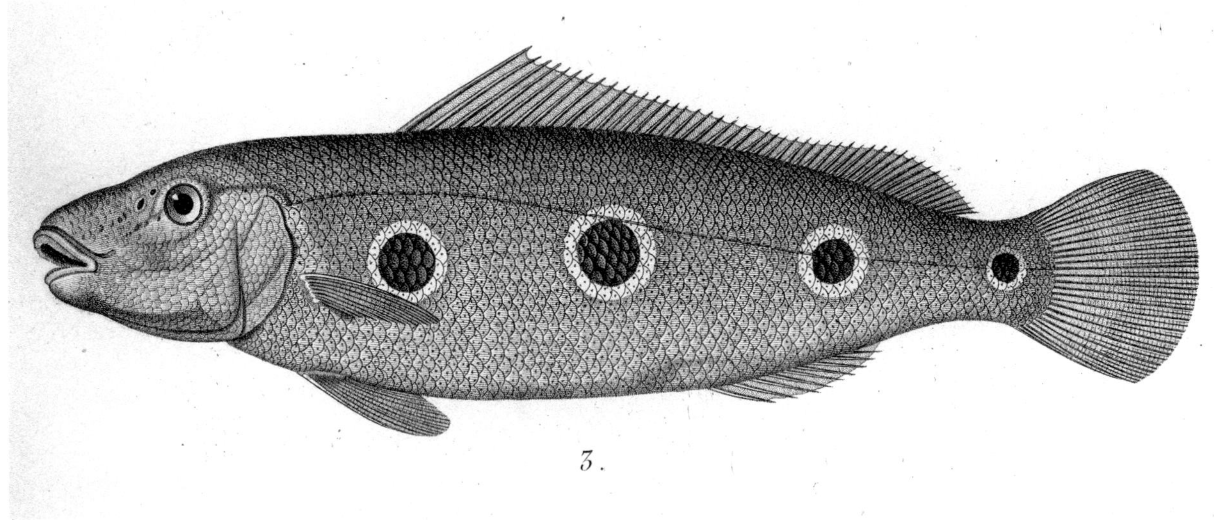

ten João verfassten Dienstschreiben an den Gouverneur und Generalkapitän der brasilianischen Provinz Ceará vom 2. Juni 1800 hieß es, dass man im Falle, dass Humboldt versuche, nach Brasilien einzureisen, »rigorose Maßnahmen zum Schutz des Portugiesischen Amerika ergreifen« müsse. Der Forscher trage »neue Ideen und verfängliche Prinzipien« in die Kolonie.[30] Zu den im Schreiben empfohlenen Maßnahmen gehörte auch die Gefangennahme des Forschers: »Man hätte uns auf dem Amazonas nach Gran Pará und von dort nach Lissabon gebracht«,[31] schrieb Humboldt später. Am 10. Mai fuhren die Forscher den Río Negro wieder flussaufwärts, bis zur Einmündung des Casiquiare:

> Seit einem halben Jahrhundert zweifelte kein Mensch in diesen Missionen mehr daran, dass hier wirklich zwei große Stromsysteme miteinander in Verbindung stehen; das wichtige Ziel unserer Flussfahrt beschränkte sich also darauf, mittels astronomischer Beobachtungen den Lauf des Casiquiare aufzunehmen, besonders den Punkt, wo er in den Río Negro tritt, und den anderen, wo der Orinoco sich gabelt.[32]

Acht Seemeilen nordwestlich von San Carlos liefen sie in den Río Casiquiare ein. »Die weißen Wasser«, schreibt Humboldt, »brachten uns nach und nach wieder heiteren Himmel, Sterne, Moskitos und Krokodile.«[33] Sein Boot glich inzwischen einer kleinen Arche Noah:

> Unsere Tiere waren meist in kleinen Holzkäfigen, manche liefen aber frei überall auf der Piroge herum. Wenn Regen drohte, erhoben die Aras ein

Cichla orinocensi; das »Pfauenauge vom Río Negro und vom Orinoco«. Kupferstich von Jean Louis Coutant nach einer Zeichnung von Nicolas Huet basierend auf einer Skizze Humboldts, Tafel 45 in: Alexander von Humboldt und Aimé Bonpland: Recueil d'observations de zoologie, Bd. 2, Paris: Smith, 1833. Humboldt fing diesen Speisefisch bei der Orinoco-Insel Dapa, wo er auch Ameisenpastete kostete.

> furchtbares Geschrei, und der Tukan wollte ans Ufer, um Fische zu fangen, die kleinen Titi-Affen liefen zu Pater Zea und krochen in die ziemlich weiten Ärmel seiner Franziskanerkutte.[34]

Dass nirgendwo Menschen zu sehen waren, beschäftigte Alexander von Humboldt so sehr, dass er sich ein Bild der Natur ausmalte, in der der Mensch vollkommen verzichtbar war:

> Jene unbewohnten, mit Wald bedeckten, geschichtslosen Ufer des Casiquiare beschäftigten damals meine Einbildungskraft wie die in der Geschichte der Kulturvölker hochberühmten Ufer des Euphrat und des Oxus dies heute tun. Hier, im Innern des Neuen Kontinents, gewöhnt man sich beinahe daran, den Menschen als etwas zu betrachten, das für die Ordnung der Natur nicht von Notwendigkeit ist. Der Boden ist dicht bedeckt mit Gewächsen [...], Krokodile und Boas sind die Herren des Stroms; der Jaguar, der Pecari [Nabelschwein], der Tapir und die Affen streifen durch den Wald, ohne Furcht und ohne Gefahr; sie hausen hier wie auf ihrem angestammten Erbe. Dieser Anblick der lebendigen Natur, in der der Mensch nichts ist, hat etwas Befremdendes und Tristes. [...] Hier, in einem fruchtbaren Lande, geschmückt mit unvergänglichem Grün, sieht man sich umsonst nach Spuren der Macht des Menschen um; man glaubt sich in eine andere Welt versetzt [...]. Diese Eindrücke sind umso stärker, je länger sie andauern. Ein Soldat, der sein ganzes Leben am oberen Orinoco zugebracht hatte, war einmal mit uns am Strome gelagert. Er war ein gescheiter Mensch, und in der ruhigen heitern Nacht richtete er an mich Frage um Frage über die Größe der Sterne, über die Mondbewohner, über tausend Dinge, von denen ich so viel wusste wie er. Meine Antworten konnten seine Neugier nicht befriedigen, und so sagte er in zuversichtlichem Tone: »Was die Menschen anlangt, so glaube ich, es gibt da oben nicht mehr als ihr angetroffen hättet, wenn ihr zu Land von Javita an den Casiquiare gegangen wäret. In den Sternen, meine ich, ist eben wie hier eine weite Ebene mit hohem Gras und ein Wald *(mucho monte)*, durch den ein Strom fließt.«[35]

Doch dann und wann stießen sie auch am Casiquiare auf eine Siedlung: »Diese christlichen Niederlassungen befinden sich meist in so kläglichem Zustande, dass längs des ganzen Casiquiare auf einer Strecke von 50 Meilen [222 Kilometer] keine 200 Menschen leben.«[36] Ein Missionar, bei dem die Forscher Unterkunft fanden, berichtete Humboldt von dem Brauch der Indianer, Menschenfleisch zu essen.

> Erst die Zivilisation hat dem Menschen die Einheit des Menschengeschlechts zum Bewusstsein gebracht und ihm gleichsam offenbart, dass ihn auch mit Wesen, deren Sprache und Sitten ihm fremd sind, ein Band der Blutsverwandtschaft verbindet. Die Wilden kennen nur ihre Familie, und ein Stamm erscheint ihnen nur als ein größerer Verwandtschaftskreis. [...] Indianer einer benachbarten Völkerschaft, mit der sie im Kriege leben, jagen sie

> wie wir das Wild. [...] Keine Regung von Mitleid hält sie davon ab, Frauen oder Kinder eines feindlichen Stammes ums Leben zu bringen. Letztere werden bei den Mahlzeiten nach einem Kampfe oder einem Überfall vorzugsweise verzehrt.[37]

Je näher die Forscher der Gabelung des Orinoco kamen, desto dichter wurde der Urwald: »Ein freies Ufer ist gar nicht mehr vorhanden; vielmehr bildet nun ein Pfahlwerk aus dicht belaubten Bäumen das Flussufer. Man hat einen 200 Toisen [400 Meter] breiten Kanal vor sich, den zwei ungeheure, mit Laub und Lianen bedeckte Mauern einfassen. Wir versuchten öfters zu landen, konnten aber nicht aus dem Kanu kommen.«[38] Am 21. Mai legten sie schließlich am Ufer der legendären Gabelteilung an:

Nächtliche Szene am Orinoco. Kupferstich von Gottlieb Schick in: Allgemeine Geographische Ephemeriden, Weimar: J. F. Bertuch, 1807. Humboldt kommentierte: »In der Mitte des Bildes hat Herr Schick eine indianische Küche abgebildet. Sie ist sehr einfach. Ein von Baumzweigen gebildeter Rost, auf dem man den Affen, die große Simia Paniscus bratet. Affenschinken sind ein Leckerbissen dieser Welt.«

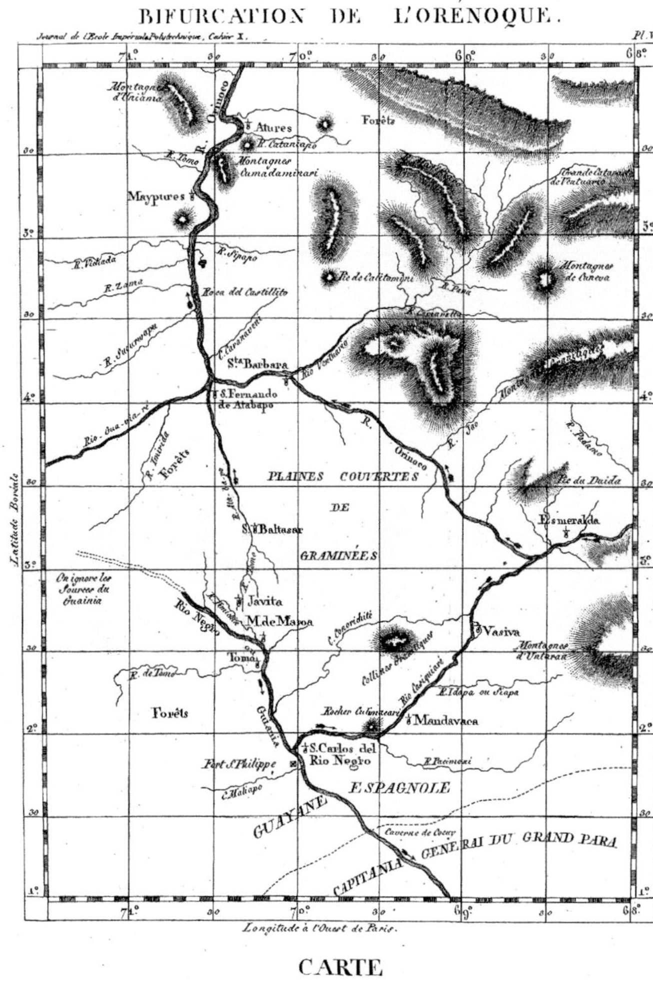

Bifurkation des Orinoco. Karte Alexander von Humboldts in: Journal de l'École Polytechnique 4, 1810.

> Der Punkt, wo die vielberufene Gabelteilung des Orinoco sich befindet, gewährt einen wahrhaft großartigen Anblick. Am nördlichen Ufer erheben sich hohe Granitberge; in der Ferne erkennt man unter denselben den Maraguaca und den Duida. Auf dem linken Ufer des Orinoco, westlich und östlich der Gabelung sind keine Berge bis zur Einmündung des Tamatama. Hier liegt der Fels Guaraco, der in der Regenzeit zuweilen Feuer speien soll. Da wo der Orinoco gegen Süd nicht mehr von Bergen umgeben ist und er die Öffnung eines Tals oder vielmehr einer Einsenkung erreicht, welche sich zum Río Negro hinunterzieht, teilt er sich in zwei Äste.[39]

Mit der Befahrung des 326 Kilometer langen Casiquiare konnte Humboldt bestätigen, was der Jesuitenpater Roman im Jahr 1744 als Erster erkannt hatte: Diese Flussverbindung war keine »geographische Ungeheuerlichkeit«,[40] wie es noch auf der *Carte générale de la Guyane* aus dem Jahr 1798 geheißen hatte, und es gab hier auch keine Bergkette, wie sie darin anstelle des Casiquiare eingezeichnet war. Heute weiß man, dass der Casiquiare die größte Bifurkation der Erde ist. Er entzieht dem oberen Orinoco etwa 25 Prozent seines Wassers, das dann über den Río Negro in den Amazonas fließt.

Nur wenige Kilometer orinocoaufwärts lag die Urwaldmission Esmeralda. Eigentlich hatte Humboldt geplant, den Fluss weiter hinauf bis zu den Quellen des Orinoco zu fahren. Die Angriffslust der dortigen Indianer allerdings machte dieses Vorhaben zunichte: »Die Guaica-Indianer, eine fast mit den Pygmäen vergleichbare, sehr hellhäutige, aber ausgesprochen kriegerische Menschenrasse, vereitelten jeden Versuch, direkt zu den Quellen zu gelangen.«[41] Hier, in Esmeralda, zeigte ein alter Indianer dem Forscher, wie das Pfeilgift Curare zubereitet wurde. Humboldt berichtet: »›Ich weiß‹, sagte er, ›die Weißen verstehen die Kunst, Seife herzustellen und das schwarze Pulver, bei dem das Üble ist, dass es Lärm macht und die Tiere verscheucht, wenn man sie verfehlt. Das Curare, dessen Herstellung bei uns vom Vater auf den Sohn übergeht, ist besser als alles, was ihr dort drüben (über dem Meere) zu machen wisst. Es ist der Saft einer Pflanze, der ganz leise tötet (ohne dass man weiß, woher der Schuss kommt).‹«[42] Später publizierte Humboldt den ersten wissenschaftlich brauchbaren Bericht über das Curare. »Es schmeckt«, schreibt er darin, »sehr angenehm bitter, und Bonpland und ich haben oft kleine Mengen verschluckt. Gefahr ist keine dabei, wenn man nur sicher ist, dass man an den Lippen oder am Zahnfleisch nicht blutet.«[43] Gelangt es aber in die Blutbahn, so ist dieses Gift tödlich:

> Auf unserer Rückfahrt von Esmeralda nach Atures entging ich selbst einer ziemlich nahen Gefahr. Das *Curare* hatte Feuchtigkeit angezogen, war flüssig geworden und aus dem schlecht verschlossenen Gefäß über unsere Wäsche gelaufen. Beim Waschen vergaß man einen Strumpf innen zu untersuchen, der voll *Curare* war, und erst als ich den klebrigen Stoff mit der Hand berührte, merkte ich, dass ich einen vergifteten Strumpf angezogen hätte. Die Gefahr war umso größer, als ich gerade an den Zehen blutete, weil mir Sandflöhe (pulex penetrans) schlecht entfernt worden waren. Diesem Fall mögen Reisende entnehmen, wie vorsichtig man sein muss, wenn man Gift mit sich führt.[44]

Der Weg der Forscher führte nun den Orinoco abwärts. Am 26. Mai erreichten sie San Fernando de Atabapo und waren damit wieder am Ausgangspunkt ihrer Reise angelangt. Vor der erneuten Überquerung des Raudales von Atures besuchten sie die Höhle von Ataruipe. Sie fanden dort um die 600 menschliche Skelette in korbähnlichen Gebilden aus Palmblattstielen, sogenannten Mapires. Es waren Überreste von Angehörigen des schon zu Humboldts Zeiten ausgestorben Stammes der Atures: »Die Skelette sind alle zusammengebogen und so vollständig, dass keine Rippe, kein Fingerglied fehlt.«[45] Um die Skelette anthropologisch genau zu untersuchen, entschied sich Humboldt, einige nach Europa mitzunehmen. Vor allem sein Göttinger Lehrer Johann Friedrich Blumenbach sollte Gelegenheit bekommen, diese eingehend zu studieren:

> Wir suchten recht charakteristische Schädel für Blumenbach und öffneten daher viele Mapire. Armes Volk, selbst in den Gräbern stört man deine Ruhe! Die Indianer sahen diese Operation mit großem Unwillen an, besonders ein paar Indianer von Guaicia, welche kaum vier Monate lang weiße Menschen kannten. Wir sammelten Schädel, ein Kinderskelett und zwei Skelette erwachsener Personen. [...]
>
> Die Nacht brach ein, indem wir noch unter den Knochen wühlten. Die Mienen unserer indianischen Führer sagten uns, dass wir diese Grabstätte genug entheiligt hätten und den Frevel endlich endigen sollten. [...] Wir schleppten unsere Skelette zu Wasser bis Angostura und von da zu Lande bis Nueva Barcelona durch die Missionen der Cariben. Dem Spürgeist der Indianer entgeht nichts. Die Knochen waren in doppelten Mapire und schienen uns völlig unsichtbar. Kaum aber kamen wir in einem caribischen Dorfe an, und kaum versammelten sich die Indianer, um unsere Tiere (Kapuziner- und Tigeraffen) zu sehen, so waren sogleich die Knochen ausgespürt. Man weigerte sich, uns Maultiere zu geben, weil der Kadaver sie töte.[46]

Dass Humboldt der wissenschaftlichen Untersuchung den Vorzug vor dem Respekt gegenüber einer indigenen Kultur eingeräumt und damit eine Grenze überschritten hatte, war ihm wohl bewusst. Seine Schilderung ist nicht frei von Schuldbewusstsein. Über Umwege gelangte einer der Schädel tatsächlich zu Blumenbach und wurde in einem seiner Werke abgebildet. Die Skelette der Indianer allerdings gingen bei einem Schiffbruch vor der Küste Afrikas verloren. Humboldt hatte einen jungen Franziskaner, der über Havanna nach Europa reisen wollte, gebeten, sie und einen weiteren Teil seiner Sammlungen mitzunehmen.

Die Stimmung nach dem Besuch der Grabhöhle beschrieb er später in seiner *Reise in die Äquinoktial-Gegenden:*

> Schweigend entfernten wir uns von der Höhle von Ataruipe. Es war eine der stillen, heiteren Nächte, die im heißen Erdstrich so gewöhnlich sind. Die Sterne glänzten im milden, planetarischen Licht. Ihr Funkeln war kaum am Horizont bemerkbar, den die großen Nebelflecken der südlichen Hemisphäre zu beleuchten schienen. Ungeheure Insektenschwärme verbreiteten ein rötliches Licht in der Luft. Der dicht bewachsene Boden erglühte von lebendigem, bewegtem Feuer, als hätte sich die gestirnte Himmeldecke auf die Savanne niedergesenkt. Vor der Höhle blieben wir noch öfters stehen und bewunderten den Reiz des merkwürdigen Orts. Duftende Vanille und Gewinde von Bignonien schmückten den Eingang, und darüber, auf der Spitze des Hügels, wiegten sich säuselnd die Wipfel der Palmen.[47]

Am 13. Juni 1800 erreichten sie nach 75 Tagen Flussfahrt, während derer sie 2250 Kilometer zurückgelegt hatten, Angostura, eine Hafenstadt am Orinoco mit immerhin 6000 Einwohnern: »Sich wieder inmitten der Zivilisation zu wissen, ist ein großer Genuss, aber er hält nicht lange an, wenn man für die Wunder der Natur im heißen Erdstrich ein lebendiges Gefühl hat.«[48]

Mit ihrer indianischen Gesichtsbemalung fielen die Reisenden in der Stadt allerdings auf: »Der schwarze, ätzende Farbstoff des Caruto (genipa americana) widersteht dem Wasser länger, wie wir zu unserem großen Verdruss an uns selbst erfuhren. Wir scherzten eines Tages mit den Indianern und ließen uns mit Caruto Tupfen und Striche ins Gesicht malen, die man noch sehen konnte, als wir schon wieder in Angostura, im Schoße der europäischen Zivilisation waren.«[49] Nachdem nun alle Strapazen glücklich überstanden waren, erkrankten beide Forscher. Humboldt überwand die Krankheit schnell, Bonpland jedoch war dem Tod nahe:

> Bonplands Zustand war sehr bedenklich, und wir schwebten mehrere Wochen lang in der höchsten Besorgnis. Zum Glück behielt der Kranke Kraft genug, um sich selbst behandeln zu können. [...] Während der ganzen schmerzlichen Krankheit behielt Bonpland die Charakterstärke und die Sanftmut, die ihn auch in der schlimmsten Lage niemals verlassen haben.[50]

An seinen Bruder schrieb Alexander später: »Ich kann Dir meine Unruhe nicht beschreiben, in der ich während seiner Krankheit war: Niemals würde ich einen so treuen, tätigen und mutigen Freund wieder gefunden haben.«[51] Erst nach vier Wochen war Bonpland stark genug für die Weiterreise. Zwei Wochen lang beförderten sie mit Maultieren ihre Pflanzensammlungen und das Reisegepäck durch die Llanos. Am 23. Juli 1800 erreichten sie die Küstenstadt Nueva Barcelona, »weniger angegriffen von der Hitze in den Llanos, an die wir längst gewöhnt waren, als von den Sandwinden, die auf die Länge schmerzhafte Schrunden in der Haut verursachen«.[52]

Vier Monate später, am 24. November 1800, gingen sie in Nueva Barcelona Richtung Havanna unter Segel.

GEGEN DIE SKLAVEREI – DER AUFENTHALT AUF KUBA

Fast drei Monate blieben Humboldt und Bonpland, zusammen mit ihrem Diener José de la Cruz, auf der Karibikinsel. Ein Brief aus Havanna an seinen Freund Willdenow vermittelt einen Eindruck, wie glücklich und zuversichtlich der Forscher zu dieser Zeit war:

> Meine Gesundheit und Fröhlichkeit hat, trotz des ewigen Wechsels von Nässe, Hitze und Gebirgskälte [...], sichtbar zugenommen, seitdem ich Spanien verließ. Die Tropenwelt ist mein Element, und ich bin nie so ununterbrochen gesund gewesen als in den letzten zwei Jahren. Ich arbeite sehr viel, schlafe wenig, bin oft bei astronomischen Beobachtungen vier bis fünf Stunden lang ohne Hut der Sonne ausgesetzt. [...] Ein Menschenleben, begonnen wie das meinige, ist zum Handeln bestimmt, und sollte ich unterliegen, so wissen die, welche meinem Herzen so nahe als Du sind, dass ich mich nicht gemeinen Zwecken aufopfere.[1]

In die Freude über den bisherigen Verlauf der Reise mischte sich aber auch Sorge über die noch vor ihnen liegenden Gefahren: »Es ist sehr ungewiss, fast unwahrscheinlich, dass wir beide, Bonpland und ich, lebendig über die Philippinen und das Kap der guten Hoffnung zurückkehren.«[2] Viele Unwägbarkeiten hatte er bisher überstanden. Aber er war sich bewusst, dass er noch große Wagnisse eingehen musste. Die Annehmlichkeiten des Stadtlebens boten dazu eine willkommene Abwechslung und Erholung. Wie in Cumaná und Caracas wurde der Forscher auch in Havanna von den politisch und wirtschaftlich einflussreichen Personen der Oberschicht mit offenen Armen empfangen:

Tabakplantage auf Kuba, Ausschnitt. Farblithographie von Federico Mialhe, 1853. Über die Insel Kuba, wo »jeder Tropfen Zuckersaft Blut und Ächzen kostet«, schrieb Humboldt später seinen *Politischen Essay*, in dem er die Sklaverei als »das größte aller Übel, welche die Menschheit gepeinigt haben« bezeichnete.

> Ich hatte das Glück, das Vertrauen der Personen zu genießen, welche wegen ihrer Talente und ihrer Stellung in der Verwaltung, als Grundbesitzer oder Kaufleute in der Lage waren, mir Aufklärung über die Vermehrung des öffentlichen Wohlstandes zu geben.[3]

Die meiste Zeit wohnte er in Havanna, wo ihm die spanische Kolonialverwaltung bereitwillig Einsicht in die »wertvollsten statistischen Urkunden, über den Stand des Handels, des Kolonialbodenbaus und der Finanzen«[4] gewährte.

Die Daten, ergänzt mit vielen weiteren Statistiken aus anderen Quellen und vor allem durch seine eigenen Erfahrungen vor Ort, vereinigte er später in dem Werk *Essai politique sur l'Îsle de Cuba.* Die erste Ausgabe erschien 1826 in Paris. Diese Arbeit beschäftigt sich vor allem, wie Humboldt schreibt, »mit dem Agrikultur- und Sklavenzustand der Antillen«.[5]

Während seiner Exkursionen auf der Insel, besonders zu den ausgedehnten Zuckerplantagen im Tal von Güines, hatte er die »großen Neger-Haciendas, in denen jeder Tropfen Zuckersaft Blut und Ächzen kostet«,[6] kennengelernt. Bereits in Venezuela notierte er in sein Tagebuch:

> Man glaubt in Europa, die Kultur des Zuckerrohrs, Kaffees etc. und mit ihr der die Verfeinerung des Menschengeschlechtes befördernde Handel mit diesen Produkten würde aufhören, wenn die Sklaverei aufhöre, Amerika werde dann ganz unkultiviert sein usw. Nein, der Gewinn der Haciendados ist so ungeheuer, dass man immer Zucker bauen wird, nur dass der Besitzer einen mäßigeren Gewinn haben wird.[7]

In den vom Kolonialismus geförderten Monokulturen und der Sklaverei sah er eine »gegenwärtige Zwangslage«, die nicht von Dauer sein dürfe. Dabei stellte er eine Verbindung von natürlicher Ordnung und menschlicher Freiheit her:

> Hört die Zwangslage durch Revolutionen auf, baut man selbst Seide, Wein, Öl, webt man selbst in selbständiger, freier Existenz – dann nimmt [der] ausländische Handel nach und nach ab, ja ich glaube, die Industrie der Menschen ist dann auch mehr auf diese Produktion und Fabrikation als auf diese Handelsprodukte (Añil [Indigo], Cacao) geheftet, Handelsprodukte, deren Wohlfeilheit wo nicht Menge ohnedies mit Abschaffung des Sklavenhandels einst abnimmt. Alles kommt dann in eine natürliche Lage, denn natürlich ist die Lage gewiss nicht, dass hier alles mit Zuckerschilf und Blaufarbenkräutern bedeckt sein muss, damit man mit diesen Produkten Dinge erkaufen, holen kann, welche die wohltätige Natur in gleicher Güte (Wein) hervorbringt.[8]

Auf dieselbe Weise analysierte Humboldt die soziale und wirtschaftliche Situation der Insel Kuba:

> Eine Hacienda de Caña [Zuckerrohr], nach dem Fuß der Insel Kuba, bringt fast nichts als Zucker hervor. Ohne Fleisch von Nueva Barcelona und Buenos Aires verhungert die Insel Kuba. Sie ist abhängig von äußeren Umständen. Die Sklaven-Haciendas setzen unnatürliche Verhältnisse voraus und begründen neue, noch unnatürlichere. Was aber gegen die Natur ist, ist ungerecht, schlecht und ohne Bestand.[9]

Vor Ort allerdings konnte Humboldt diese Kritik nicht offen äußern. Er hätte sonst seine Expedition in Gefahr gebracht. Später jedoch, nach seiner Rückkehr nach Europa, begann er, sich in seinem gedruckten Werk auch öffentlich gegen die Unterdrückung aller Menschen – seien es die Indios, verarmte Weiße oder die nach Amerika verschleppten und entrechteten Afrikaner – einzusetzen. »Wenn der Sklavenhandel ganz aufhört«, schrieb er in seinem *Politischen Essay über die Insel Kuba,*

> [...] so werden die Sklaven nach und nach in die Klasse der freien Menschen übertreten, und eine aus neuen Elementen gebildete Gesellschaft wird, ohne die Erschütterungen bürgerlicher Zwiste zu erleiden, in jene Bahnen

Zuckersiederei auf Kuba. Farblithographie von Federico Mialhe, 1853.

> übergehen, welche die Natur allen zahlreichen und aufgeklärten Gesellschaften vorgezeichnet hat.[10]

Für die Abschaffung der Sklaverei führte er nicht nur humanistische, sondern auch wirtschaftliche und politische Argumente ins Feld. So sah er die Gefahr, dass sich auf Kuba ein Sklavenaufstand wie in Haiti wiederholen könnte, wenn »nicht in Bälde die Gesetzgebung der Antillen und der Rechtsstand der farbigen Menschen günstige Veränderungen erhalten«.[11] Im zentralen Abschnitt des Buches heißt es:

> Ohne Zweifel ist die Sklaverei das größte aller Übel, welche die Menschheit gepeinigt haben, sei es, dass man den Sklaven betrachtet, wie er seiner Familie in der Heimat entrissen und in die Schiffsräume eines für den Negerhandel zugerichteten Fahrzeugs geworfen wird, oder dass man ihn als einen Teil der Herde schwarzer Menschen, die auf dem Boden der Antillen zusammengepfercht wird, betrachtet; immerhin aber gibt es noch Abstufungen für die Individuen in solchen Leiden und Entbehrungen. Welcher Unterschied zwischen einem Sklaven, der im Haus eines reichen Mannes in Havanna und in Kingston [Jamaica] dient oder auf eigene Rechnung arbeitet und dem sein Herr nur eine tägliche Löhnung zahlt, gegenüber dem in einer Zuckerpflanzung dienstbaren Sklaven! Aus den Drohungen, die gegen widerspenstige Neger gebraucht werden, mag man die Stufenfolge menschlicher Entbehrungen ablesen. Der *calessero* [Kutscher] wird mit dem *cafetal* [Kaffeepflanzung] bedroht, der im *cafetal* arbeitende Sklave mit der Arbeit in der Zuckerpflanzung. In dieser Letzteren hat derjenige Neger, welcher ein Weib hat und in abgesonderter Hütte lebt, der zärtlich, wie die meisten Afrikaner es sind, nach vollbrachter Tagesarbeit im Schoß einer dürftigen Familie erwünschte Pflege findet, ein ungleich günstigeres Los als der vereinzelte und unter der Menge sich verlierende Sklave.
>
> Diese Verschiedenheit der Lage und Umstände muss denen unbekannt bleiben, welche die Antillen nicht selbst gesehen haben. Die fortschreitenden Verbesserungen auch in den Verhältnissen der Sklavenkaste selbst machen begreiflich, wie auf der Insel Kuba der Luxus der Herren und die Gelegenheit des Arbeitsverdienstes mehr als 80 000 Sklaven in die Städte ziehen konnten und wie die durch weise Gesetze begünstigten Freilassungen sich dermaßen wirksam erzeigen konnten, dass, um bei der gegenwärtigen Epoche zu bleiben, über 130 000 freie farbige Menschen vorhanden sind. Bei sorgfältiger Erörterung der absonderlichen Lage jeder Klasse mag es der Kolonialverwaltung möglich werden, durch Belohnung der Tüchtigkeit, Arbeitsliebe und häuslicher Tugenden nach dem Verhältnis der Entbehrungen das Schicksal der Neger zu verbessern. Es darf die Philanthropie nicht darin bestehen, »ein wenig mehr Stockfisch und etwas weniger Geißelhiebe auszuteilen«; eine wahrhafte Verbesserung der dienenden Klasse muss sich auf alle physischen und moralischen Verhältnisse des Menschen ausdehnen.

> Der Antrieb hierfür kann allerdings durch diejenigen europäischen Regierungen gegeben werden, welche ein Gefühl für Menschenwert haben und wissen, dass jede Ungerechtigkeit einen Keim der Zerstörung in sich trägt; dieser Antrieb aber wird (es ist bedauerlich, dass man es sagen muss) kraftlos bleiben, solange nicht die Gesamtheit der Eigentümer und die Kolonial-Versammlungen oder Legislaturen die nämlichen Ansichten teilen und nach einem wohlberechneten Plan zusammenarbeiten, um die völlige Aufhebung der Sklaverei in den Antillen zu erzielen.[12]

Humboldt blieb vom 19. Dezember 1800 bis zum 15. März 1801 auf Kuba. Eigentlich war von hier aus die Weiterreise nach Veracruz und Mexiko-Stadt geplant. Danach wollte er über Acapulco zu den Philippinen segeln und von dort aus über Bombay und Aleppo in Syrien nach Konstantinopel reisen. Diesen Plan, der zu einer Reise um die Welt hätte werden können, durchkreuzte jedoch der französi-

Plantage in der Nähe von Havanna.
Lithographie von Hippolite Garnerey, um 1850.

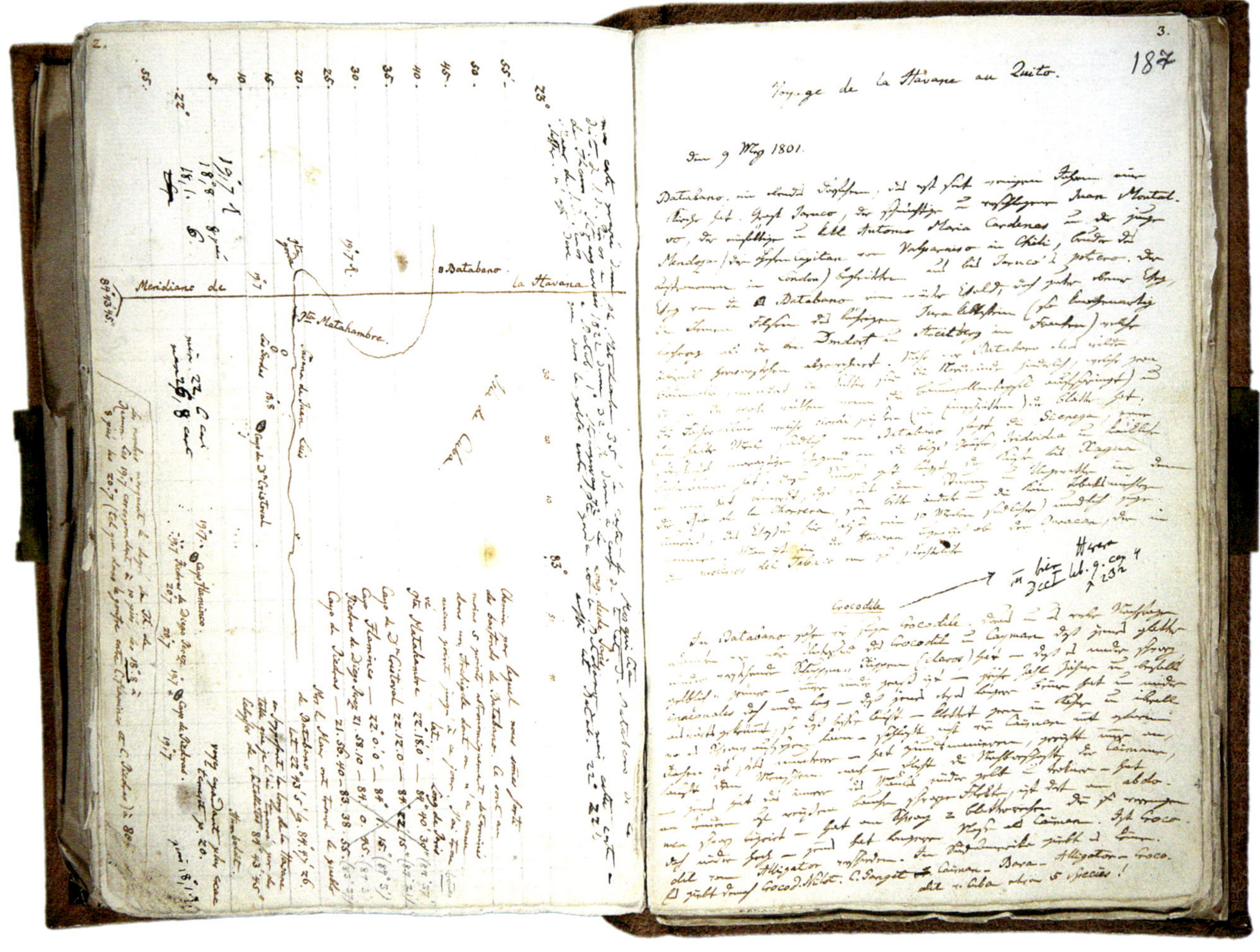

sche Kapitän, dessen Expedition Humboldt und Bonpland sich ursprünglich hatten anschließen wollen. In Havanna kursierten Nachrichten, dass Thomas Nicolas Baudin von Frankreich aus nach Buenos Aires segeln und von dort aus um Kap Horn nach Chile zu den Küsten Perus reisen wollte. Humboldt suchte nun sein Versprechen einzulösen, das er Baudin und dem Musée de Paris gegeben hatte, nämlich, dass er – von welchem Ort aus auch immer – versuchen würde, sich der Expedition Baudins anzuschließen, falls sie je durchgeführt werden würde. Um sie nicht der Gefahr einer weiteren Reise auszusetzen, entschloss er sich, seine Manuskripte der Jahre 1799 und 1800 direkt nach Europa zu senden. Wie er später erfuhr, kamen diese auch unversehrt an. Ein Drittel seiner Sammlungen allerdings ging durch einen Schiffbruch verloren, darunter die Skelette aus Ataruipe und seine Insektensammlung vom Orinoco und Río Negro. Der junge Franziskanerpater, dem Humboldt das Material anvertraut hatte, war ertrunken.

An der Südküste Kubas, in Batabanó, mieteten die Reisenden einen kleinen Schoner, um so schnell wie möglich nach Cartagena in Neu-Granada, dem heuti-

Humboldts Reisetagebuch, mit Eintragungen zum Aufenthalt in Batabanó auf Kuba, 1801.

gen Kolumbien, zu gelangen. Humboldts Plan war, von dort aus über die Landenge von Panama in die Südsee zu gelangen, um Baudin in Guayaquíl oder in Lima zu treffen. Zusammen mit den Wissenschaftlern seiner Expedition wollten sie dann Australien und die Inseln des Pazifischen Ozeans erforschen. Dass Baudin allerdings ganz andere Pläne hatte, sollte Humbodt erst viel später erfahren.

Vor der Überfahrt nach Neu-Granada segelte der Schoner an Kubas Südküste entlang Richtung Osten, nach Trinidad de Cuba. »Der Wind wehte uns die lieblichsten Honiggerüche zu. Keine Insel so duftreich als Kuba«,[13] notierte Humboldt am 13. März 1800 in sein Reisetagebuch. Während der Küstenfahrt ankerten sie in Cayo Buenito. Hier, so schreibt Humboldt,

> [...] war dichter Wald voll lorbeerartigem Rhizophora mangle [rote Mangrove], der erde-befestigenden Avicennia nitida [scharze Mangrove], kleinblättriger Euphorbien [Wolfsmilch], Syngenesisten [miteinander verwachsene Pflanzen], und einer schönen saftigen, gräulichgrünen foliis incanis Tournefortia [staudenartige Tournefortie], die angenehmen Wohlgeruch verbreitete. Zahllose Alcatrasse [Pelikane] hatten auf den Bäumen genistet. Ein nachlässiges Nest von ein paar Zweigen, der Dummheit, incuria [Sorglosigkeit] großer Wasservögel gemein. Die Matrosen, erzürnt, nicht Langusten zu finden, stiegen auf die Bäume und kämpften gegen die Alcatrasse, die sich mit dem ungeheuren, 8 Zoll [22 cm] langen Sackschnabel verteidigten. Als wir die Insel verließen, zappelte alles auf den Bäumen voll blutender, verstümmelter Alcatrasse. Die Jungen beklagend krächzten die Alten um das Boot. So lässt der Mensch überall Spuren seines Zerstörungsgeistes zurück – Unglück bereitend, wo er hintritt. [...]
>
> In der Boca [Mündung] des Río San Juan meist Contrebandiers [Schmuggler] und bisweilen selbst Korsare [Piraten] von Providence [Mauritius]. Dazu zahllose unerträgliche Zancudos [Stechmücken]. Kein Licht, kein Mensch an der Küste. Alle, alle Bewohner haben die Europäer ausgerottet! War das Land, diese Küste vor 1492 ebenso einsam? Ich zweifle. Die Kunstwerke, besonders Beile, Streitäxte von Jade (Nephrit), welche man überall ausgräbt, zeugen für die alte Bevölkerung. Jetzt bloß hier und da ein Hato [einsames Bauernhaus], Schweine- und Kuhviehzucht, alle 10 Meilen ein einzelnes Haus. Von Trinidad bis Batabanó z. B. kein Pueblo, nicht eine Gruppe von 5–6 Häusern.[14]

Nach fünf Tagen Fahrt ankerten sie im Hafen von Trinidad. Der Forscher hegte die Hoffnung, hier vielleicht auf ein Paketbot (*correo marítimo*) zu treffen und gemeinsam mit diesem dann im Verband nach Cartagena zu segeln. Doch dieser Wunsch zerschlug sich, wie er gleich nach seiner Ankunft im Hafen erfuhr. In seinem Tagebuch notierte er:

> Ich war erst entschlossen, um das lästige Ankleiden zu vermeiden, nicht den Bord zu verlassen. Ich stieg bloß ans Land, um im künstlichen Horizont Sonnenhöhen zu nehmen. Aber der Administrador de Real Hacienda [Königlicher

Finanzverwalter], Muñoz, ein dicker Guarda mayor [Aufseher] und eine Schar katalanischer Krämer, welche alle in einer neben uns liegenden, von Jamaica kommenden Goleta [einem Schoner] speisten, beredeten uns, nachmittags mit ihnen nach der Stadt, zwei und zwei auf einem Pferde zu reiten. Wir wurden dort unbeschreiblich geehrt. Wir wohnten bei dem alten, sehr vernünftigen Administrador [Verwalter]. Den nächsten Mittag gab uns der Teniente Gobernador [Vizestatthalter] Vicente y Ulloa [...] ein großes Fest mit unverdaulichem Essen, noch unverdaulicheren sich überall einnistenden Emigrierten und fürchterlichen Versen, die ein feister – trotz der schrecklichen Hitze in Samt gekleideter – Doctor theologiae zu meinem Lobe mit peinlicher Langsamkeit deklamierte. [...] Im Hause des Don Antonio Padron, der reichsten Familie, viel Damengesellschaft, sehr lebendige, etwas zudringliche alte Schwestern. Doch alles zeigte, dass man in der Insel Cuba sei. Die Weiber dieser Insel haben eine eigene Lebendigkeit, eine Gewandtheit, die sie meilenweit vor den insignifikanten [unscheinbaren] und indisch indolenten [trägen] Geschöpfen in Caracas und Cumaná auszeichnet. [...] Die Straßen meist mit 50 Grad ansteigend. Unbequemer ist nichts zu ersinnen! Der höchste, nördlichste Teil heißt die Popa, wo eine einzelne Wallfahrtskirche liegt. Aus

Trinidad, Sicht von der Popa. **Farblithographie von Federico Mialhe, 1853.**

allen Straßen, besonders aber von der Popa aus, hat man eine wunderschöne Aussicht auf das offene Meer, beide Häfen, das Palmengebüsch und das hohe Gebirge San Juan. […] Die ersten Einwohner oder Ansiedler der Trinidad sollen diesen entlegenen Ort an einem Berggehänge gesucht haben, weil diese Küste damals sehr von französischen und englischen Seeräubern misshandelt wurde. Die Popa zeigte in der Ferne die Gefahr, und die Seeräuber wagten es nicht, so tief ins Land einzudringen.[15]

In der Nacht vom 15ten März verließen wir Trinidad, und unsere Abreise aus der Stadt glich der Einfahrt nur wenig, die wir mit den katalonischen Krämern zu Pferde gemacht hatten. Die Municipalität [Obrigkeit] ließ uns in einem schönen, mit altem cramoisinfarbenen Damast ausgeschlagenen Wagen nach der Ausmündung des Rio Guaurabo führen. Und um unsere Verlegenheit noch vollends zu steigern, [feierte der Geistliche,] der Ortspoet, des heißen Klimas unerachtet, in Samt gekleidet, unsere Reise nach dem Orinoco durch ein Sonett […].

Unterwegs nach dem Hafen war uns eine Erscheinung sehr auffallend, mit der wir, möchte man denken, nach zweijährigem Aufenthalt im wärmsten Teile der Tropenländer bereits völlig vertraut geworden sein sollten. Nirgend anderswo jedoch habe ich eine so zahllose Menge phosphoreszierender Insekten gesehen. Das Gras am Boden, die Äste und Blätter der Bäume – alles glänzte von den rötlichen beweglichen Lichtern, deren Intensität wechselnd vom Willen der Tiere, die sie hervorbringen, abhängt. Es war, als hätte das Sternenfirmament des Himmels sich auf die Savanne niedergesenkt.[16]

NEU-GRANADA – AUFBRUCH IN DIE ANDENWELT

Die Überfahrt von Trinidad de Cuba nach Cartagena in Kolumbien erwies sich als weitaus gefährlicher, als Humboldt erwartet hatte. Zunächst ließ anhaltende Windstille die Reisenden nur sehr langsam vorankommen, und Strömungen trugen den kleinen Schoner zu weit nach Westen. Nach zwei Wochen kam plötzlich ein Sturm auf:

> Das Meer wurde mit jeder Stunde stürmischer. Die Wellen bäumten hoch auf, und unser Beiboot schien eine Nussschale im Ozean. [...] Das Meer war fürchterlich hoch. Die Brise tobte und der Himmel war freundlich blau. [...] Wir sahen nichts, aber fühlten, dass das Schiff umkippte, ohne sich wieder aufzurichten. Zugleich hörten wir anhaltendes, wildes Angstgeschrei auf dem Verdeck. [...] Durch ein Versehen des Steuermanns hatte man nämlich eine ungeheure Welle, statt sie zu durchschneiden, gegen die Seite des Schiffes schlagen lassen.[1]

Nur mit großer Mühe gelang es der Besatzung, das kleine zweimastige Schiff in der Nähe der Mündung des Río Sinú, circa 100 Kilometer südlich von Cartagena, in Sicherheit zu bringen. Auf der weiteren Seefahrt kenterten die Reisenden erneut, um endlich vier Tage später, am 30. März 1801, glücklich in dem Karibikhafen zu landen. Den Plan, über Panama in den Pazifik und an die Westküste Südamerikas zu gelangen, gab Humboldt nun allerdings auf. Denn die »gefahrvolle Navigation [...] hatte uns das Meer etwas versalzen. [Außerdem liefen wir] Gefahr, drei bis vier Monate vergebens in Panama auf Einschiffung zu warten

Der Quindío-Pass in der Kordillere der Anden, Ausschnitt. Kupferstich von Christian Friedrich Traugott Duttenhofer nach einer Zeichnung von Josef Anton Koch auf Grundlage einer Skizze von Humboldt, Tafel 5 in Alexander von Humboldt: Vues des Cordillères, Paris: Schoell, 1810–1813.

»Mir ist es unmöglich gewesen«, schrieb Humboldt, »auf Menschen zu reiten, und ich habe mich gefragt, ob in einer Republik nicht das ganze Tragen durch Gesetze eingeschränkt werden sollte, zum Beispiel auf Kranke und Hilflose oder Weiber.«

und dann drei weitere Monate nach Guayaquíl gegen Südströme kämpfend zu verlieren«.[2] Aber auch die Landreise entlang der Andenkette hatte ihre Nachteile: »Wer sollte auch nicht vor der Idee schaudern, mit zwölf Maultieren und ewigem Umpacken den über 4 bis 500 Meilen [2000 Kilometer] langen Landweg über Honda, Popayán … anzutreten? Ich glaubte, selbst meine Finanzen hielten diesen Weg nicht aus.«[3]

Den Ausschlag für die Landreise gab schließlich die Möglichkeit, in Bogotá José Celestino Mutis, den berühmtesten Botaniker Südamerikas, zu treffen: »Die Idee, eine so ungeheure Landstrecke zu sehen. Mutis so nahe! Mutis, das bestärkte uns. Die Hoffnung, seine Bibliothek zu benutzen, unsere Pflanzen mit den seinigen zu vergleichen …!«[4] Am 6. April 1801 verließen die Forscher Cartagena. Zunächst war geplant, den 1500 Kilometer langen Río Magdalena stromaufwärts nach Süden zu fahren. Acht Wochen sollte ihre Reise dauern: von Barrancas Nuevas, wo sie am 21. April ablegten, über Mompós bis nach Honda. Hierfür mietete Humboldt einen Champán, ein flaches Boot:

> Unser Champán hatte 23,5 Meter Länge und in der Mitte 2 Meter Breite, beide Enden sind zugespitzt. Der Boden ist völlig vierkantig, eine des Widerstandes wegen gewiss sehr unbequeme Form. Die Mitte […] ist bogenförmig mit Fächerpalmen dicht bedacht, ein 6 Fuß [zwei Meter] hoher Toldo [Sonnenzelt]. Im hinteren freien Ende macht man Feuer, und dort stehen stumm, mit dem Ausdruck mysteriöser Wichtigkeit der Steuermann und vor ihm der Piloto [Bootsmann].[5]

Im vorderen, unbedeckten Teil von Humboldts Champán arbeiteten sechs Ruderer, sogenannte *Bogas*, oben auf dem Sonnendach vier, die mit langen Stangen, den *Palancas*, das Boot geschickt durchs Wasser bewegten:

> Die Ruderer sind Zamben [Menschen, die schwarze und indianische Vorfahren haben], selten Indianer, ganz nackt […]. Es ist sehr pittoresk, wenn diese bronzenen Gestalten mit Athletenkraft auf die Palanca gestemmt, mächtig einhertreten. […] Es ist auffallend, wie sehr diese Flussarbeit, statt der Gesundheit zu schaden, robust macht. Alle Ruderer sind herkulisch stark, essen fürchterlich, sind immer gut gelaunt und haben eine sehr hohe, breite gewölbte Brust.[6]

Der Lärm, den die Ruderer während ihrer Arbeit machten, störte nicht nur Humboldt, sondern er irritierte auch die Hunde, von denen die Forscher, wie fast immer während ihrer amerikanischen Expedition, einige als Begleiter mitgenommen hatten.

> Am lästigsten ist das barbarische, unzüchtige, krächzende, wütige, bald stöhnende, bald aufjauchzende, bald in langen Formeln fluchende Geschrei, durch welches sich diese Menschen die Muskelanstrengung zu erleichtern suchen. […] Das Getöse, welches man bis Santa Fe 35 Tage lang ununter-

brochen hört, ist ebenso lästig, als das Trampeln der Ruderer auf dem Toldo, welche so mächtig auftreten, dass sie oft durchzubrechen drohen. Unsere Hunde konnten sich viele Tage nicht an dies ungeschlachte Gelärm gewöhnen. Ihr Gebell und Geheul vermehrte das Unwesen.[7]

Nicht selten fiel allerdings beim Rudern einer der Bogas in den Fluss.

Die Bogas sind uns beim Anstemmen mehrmals vom Toldo herab ins Wasser gestürzt. Man achtet solch einen Zufall wenig, und der Herabstürzende schwimmt gegen die Strömung nach. Wegen der Krokodile, die oft [...] dem Champán folgen, sind diese Vorfälle nicht wenig gefahrlos. – Die Bogas sind dem Schlangenbiss sehr ausgesetzt, da sie meist nicht drei Spannen vom hohen Ufer entfernt sind. Die Schlange, welche ihre Löcher im Ufer hat, sieht sich durch die Palanca beunruhigt und springt gereizt auf den Ruderer zu.[8]

Die Schlammvulkane von Turbaco, Kolumbien. Kolorierter Kupferstich von Louis Bouquet nach einer Zeichnung von Pierre Antoine Marchais auf Grundlage einer Skizze von Louis de Rieux, Tafel 41 in Alexander von Humboldt: Vues des Cordillères, Paris: Schoell, 1810–1813. »Nähert man sich diesen kleinen Kratern«, schrieb Humboldt, »so hört man in Abständen ein dumpfes und recht lautes Geräusch, auf das nach 15 bis 18 Sekunden das Austreten einer großen Luftblase folgt.«

Der Río Magdalena machte auf Humboldt allerdings nicht denselben Eindruck wie die großen Flüsse, die er in Venezuela bereist hatte. Er notierte in sein Tagebuch:

> Der Anblick des Flusses ist groß und majestätisch, ob man gleich nur einen Arm desselben übersieht. Doch kann er niemand erstaunen, welcher an die Größe des Orinoco, Guaviare und Guainía gewöhnt ist. Überhaupt werde ich in diesen Blättern oft ungerecht gegen den Magdalenenfluss scheinen, weil meine Einbildungskraft noch voll von den großen Bildern jener Orinocowelt ist. Man sollte das Größte immer zuletzt sehen.[9]

Weiter stromaufwärts, in Peñon, erlebte Humboldt erneut, wie grausam die Vertreter der spanischen Kolonialverwaltung sein konnten. Der dortige *Corregidor*,

Ein Champan auf dem Magdalenenstrom.
Holzstich eines unbekannten Künstlers, um 1850.

der Amtsschreiber, hatte eine junge Indianerin mit den Füßen in einen durchlöcherten Holzblock fesseln lassen:

> [...] die Füße so hoch, dass sie auf dem Rücken lag und der Stock (die Löcher im Block) so eng, dass die Füße anschwollen. Das ganze Verbrechen war, dass das arme Mädchen beim Wasserschöpfen ihrer Freundin gesagt, der Corregidor lebe in Vertraulichkeit mit seiner Köchin, was übrigens dorfkundig war. [...]
>
> Man denke sich den Zustand dieses Mädchens, die nackt in diesem heißen Klima und ohne sich wehren zu können den Moskitos ausgesetzt war. Eine alte Indianerin [...] brannte aus Mitleid Kuhmist unfern des Mädchens ab, um die Moskitos etwas zu verscheuchen. Unsere Begleiter gewannen durch Geld diese Alte und setzten das Mädchen nachts in Freiheit, indem sie den Stock öffneten. Die Alte versprach, alle Nächte dasselbe zu tun, bis der Beamte wiederkomme.[10]

Das ständige Stromaufwärtsstaken war für die Ruderer eine mörderische Arbeit: »Von 20 Bogas, Ruderknechten, ließen wir sieben bis acht krankheitshalber auf dem Wege zurück. Fast ebenso viel gelangten mit schändlich stinkenden Fußgeschwüren und bleich in Honda an.«[11] Hier begannen sie den Aufstieg aus dem Magdalenental in Richtung Osten. Acht Tage benötigten sie, um auf die 2600 Meter über dem Meeresspiegel gelegene Hochebene von Bogota zu gelangen.

> So sehr man auch auf diese Naturszene vorbereitet ist, so erstaunt man doch nicht wenig, in dieser Höhe eine solche meeresähnliche Ebene zu finden. Vier Tage lang ist man in Hohlwegen eingeschlossen gewesen, in denen kaum der Körper der Maultiere Platz findet; das Auge ist an des Waldes Dickicht, an Abgründe und Felsklippen gewöhnt, und plötzlich sieht man grenzenlose Weizenfelder in der baumleeren Ebene. Und gerade in dieser Höhe, in der Höhe der höchsten Pyrenäen [...], in dieser luftdünnen Atmosphäre haben Menschen eine große Stadt angelegt.[12]

Auf dem Weg nach Santa Fe de Bogotá begegneten ihnen unversehens zwei mit sechs Pferden bespannte Kutschen. Es war die Abordnung von José Celestino Mutis, der den preußischen Gelehrten freudig erwartete:

> Man wollte den Einzug so feierlich als möglich machen, man beredete mich, Uniform anzulegen, mich mit Bonpland in die Kutsche zu setzen, damit die übrige Gesellschaft zu Pferde diesen Wagen umgebe. Ich widersetzte mich allem und zog das Reiten trotz der Kälte und dem Mangel an Winterkleidung vor. [Schließlich zwang man] mich, in eine der Kutschen zu steigen, hielt von allen Seiten schöne Reden vom Interesse der Menschheit, Aufopferungen für die Wissenschaften, Komplimente im Namen des Vizekönigs und Erzbischofs ... Dies alles war unendlich groß, nur fand man mich selbst sehr klein und jung. Man dachte sich einen 50-jährigen steifen Menschen. Die wider-

sprechendsten Nachrichten hatten von Cartagena aus sich von uns verbreitet, wir könnten nicht Spanisch reden, beobachteten die Sterne stets in tiefen Brunnen, ein Kaplan (Bonpland im schwarzen Rock) und eine Hure (die Manuela, Rieux' [eines Mitreisenden] Maîtresse) begleite mich. [...]

Alle Fenster waren voll Köpfen, die Gassenbuben und Schulknaben liefen schreiend und mit Fingern auf mich weisend eine viertel Meile weit neben der Kutsche her. Alles versicherte, dass in dem toten Santa Fé seit 20 Jahren nicht solche Bewegung und Aufstand stattgefunden habe. In Caracas wäre das unmöglich gewesen. Dort ist man gewohnt, Fremde und Nicht-Spanier zu sehen. Aber im Innern von Süd-Amerika, und so wunderbare Ketzer, welche die Welt durchlaufen, um Pflanzen zu suchen und nun hier ankamen, um ihr Heu mit dem des Don Mutis zu vergleichen! Das musste die Neugierde reizen. Dazu der Umstand, dass der Vizekönig unsere Ankunft mit Wichtigkeit behandle, uns aufs feinste zu behandeln befohlen. [13]

In Bogotá begegnete Humboldt dem berühmten Botaniker, Mathematiker und Mediziner José Celestino Mutis (1732–1808). Geboren in Spanien, war er 1760 ins Vizekönigreich Neu-Granada gereist. Erfolgreich hatte er sich hier als Leiter

José Celestino Mutis. Ölgemälde, vermutlich von Salvador Rizo, einem der besten Pflanzenmaler seiner Schule, um 1800. In seiner Hand hält der Botaniker die von ihm entdeckte *Mutisia grandiflora*.

der in Bogotá ansässigen Botanischen Expedition um Anerkennung der modernen Naturwissenschaften bemüht. Die mehr als 6000 Aquarelle, die seine Mitarbeiter anfertigten, zählen zu den bedeutendsten Leistungen der botanischen Abbildungskunst. Mutis ließ in seiner Malschule 32 Pflanzenmaler, darunter auch zahlreiche begabte Indios, ausbilden. Sein Ziel war es, die Pflanzen in natürlicher Größe und Farbe wiederzugeben. Zum Abschied schenkte Mutis den beiden Reisenden 60 Aquarelle seiner besten Maler Francisco Javier Matis, Salvador Rizo und Nicolas Cortés.[14] Später widmete Humboldt seinem Kollegen den ersten botanischen Band seines Reisewerks.

In den Archiven Bogotás versuchte Humboldt, Quellen zur Geschichte der vorspanischen Hochkulturen aufzuspüren. Nützlich fand er vor allem die Aufzeichnungen des Conquistadoren Gonzalo Jiménez de Quesada (1509–1579), der 1538 hier die Hauptstadt Neu-Granadas gegründet hatte. Doch der Forscher bedauerte, dass von der Kultur der altindianischen Völker nur noch wenig zu finden war: »Die Mönche verbrannten alles, verabscheuten ohne zu untersuchen, weil sie alles für Teufelswerk hielten, und die Soldaten schmolzen alle Götzenbilder und Symbole ein.«[15]

Ein Ausflug führte Humboldt zum Guatavita-See, 60 Kilometer nordöstlich von Bogotá. Hier nahm, so vermutete er, die Legende vom El Dorado ihren Ausgang. Jeden Morgen wurde der Sage nach ein Indianerhäuptling von seinen Dienern mit wohlriechenden Ölen gesalbt; anschließend blies man ihm aus langen Blasrohren Goldstaub auf den Leib. »Dorado ist nicht der Name eines Landes; er bedeutet ganz einfach ›der Vergoldete‹, el rey dorado.«[16] Zu bestimmten Zeiten soll der Häuptling, »den Körper mit Goldstaub bedeckt, in einen See mitten im Gebirge«[17] gegangen sein. Humboldt nahm an, dass damit der heilige See Guatavita, der östlich der Steinsalzgruben von Zipaquirà liegt, gemeint war:

> Ich sah am Rande dieses Wasserbeckens die Reste einer in Fels gehauenen Treppe, die den religiösen Waschungen diente. Die Indianer erzählen, man habe Goldstaub und Gold-geschirr hineingeworfen, als Opfer für die Götzen des *adoratorio de Guatavita*. Man sieht noch die Spuren eines Einschnitts, den die Spanier gemacht, um den See trockenzulegen.[18]

Seine Vermutung, dass sich auf dem Grund des Sees unvorstellbare Goldschätze befinden müssten, lockte zahllose Schatzsucher an. Einige von ihnen bargen tatsächlich Goldarbeiten der Muiscas. Im Jahr 1969 wurde in dem kleinen Ort Pasca südwestlich von Bogotá ein rund 20 cm langes, aus reinem Gold gefertigtes Floß mit stehenden Ruderern und einer größeren Figur in ihrer Mitte gefunden. In ihr vermutet man den Häuptling der Muisca-Indianer, den die Legende zum El Dorado gemacht hatte.

Diese Goldarbeit, heute eines der wichtigsten Exponate des Goldmuseums in Bogotá, lieferte einen wichtigen Beweis für Humboldts Hypothese vom El Dorado. Doch es gab zu Humboldts Zeiten auch andere Theorien: So hielten manche Abenteurer und Kartographen den sogenannten Parime-See für den Ort, in dem sich die legendären Goldschätze finden ließen. Fast auf allen Karten bis ins

18. Jahrhundert ist dieser See von der Größe eines Binnenmeeres eingezeichnet, obwohl er niemals existierte. Der Mythos vom Dorado, so Humboldt, entstand am Ostabhang der Anden und wanderte dann allmählich Richtung Osten:[19]

> Die Eingeborenen, um ihre ungebetenen Gäste loszuwerden, versicherten allerorten, zum *Dorado* sei leicht zu kommen, er befände sich ganz in der Nähe. Es war wie ein Phantom, das vor den Spaniern zurückwich und sie gleichzeitig beständig rief. Es liegt in der Natur des Erdenbewohners, dass er das Glück in der unbekannten Weite sucht. Der Dorado, gleich dem Atlas und den Hesperischen Inseln, rückte allgemach vom Gebiete der Geographie auf das der Mythendichtung hinüber.[20]

In sein Tagebuch notierte er einmal: »Das Goldsuchen ist eine europäische Krankheit, welche an Raserei grenzt.«[21] Da Bonpland erneut erkrankt war, dauerte der Aufenthalt in Bogotá länger als geplant. Verärgert schrieb Humboldt in sein Tagebuch:

> Zum Unglück fiel Bonpland krank auf dem Alto de Sargento, Fieber, Folge der Miasmen des Flusses, aber näher veranlasst durch ein tolles kaltes Bad in

Der See von Guatavita, Kolumbien. Kupferstich von Louis Bouquet nach einer Zeichnung von Jean-Thomas Thibaut auf Grundlage einer Skizze Humboldts, nach der Tafel 67 von Humboldts Vues des Cordillères, in: Alexander von Humboldt: Tableaux de la Nature, Paris: Morgand, 1865. »Ich sah am Rande dieses Wasserbeckens die Reste einer in Fels gehauenen Treppe, die den religiösen Waschungen diente«, berichtet Humboldt.

> Honda, mittags um ein Uhr. Dieses Fieber schien anfangs in Guaduas sehr ernsthaft, ernsthafter noch wegen Bonplands Weichlichkeit. Es verzögerte meinen Aufenthalt in Santa Fé um zwei Monate, verspätete unsere Reise nach Quito, die nun in die schändlichste Regenzeit fiel und hatte tausenderlei unangenehme Folgen.[22]

Als Miasmen, wie sie Humboldt in seinen Aufzeichnungen erwähnt, bezeichnete man damals üble Gerüche. Bis zur Mitte des 19. Jahrhunderts nahm man an, dass Krankheiten durch üble Ausdünstungen verbreitet würden. Auch Humboldt unterlag noch dem Irrglauben, Krankheiten würden durch schlechte Luft – *mal aria* – übertragen. Am 8. September 1801 konnten Humboldt, Bonpland und ihre Begleiter endlich zu ihrer Reise nach Quito aufbrechen. Die Zahl ihrer Maultiere war mittlerweile gewaltig angewachsen: »Wir hatten elf Gepäckmulas, davon drei mit Speisen, Feldtisch, Nachtstuhl, zwei mit Betten, so sehr stieg unser Luxus, und im Orinoco waren wir mit zwei Koffern.«[23]

Über Ibagué, ein, so Humboldt, »elendes Städtchen, in dem gewiss kaum tausend Menschen leben«,[24] erreichten sie den Quindío-Pass. Humboldt war empört über die Arbeit der dortigen Cargueros oder Silleros: Indianer, die Weiße gegen Bezahlung in auf den Rücken geschnallten Stühlen über den Andenpass trugen:

> Der Stuhl ist auf dem Rücken des *Sillero* durch einen Kreuzriemen aus Bast gehalten, der über die Schulter geht. Ein zweiter Kreuzriemen ruht auf der Stirn und dient dazu, die Balance zu halten. Der *Sillero* geht unendlich gerade und steif einher, während der Getragene, hintenüber liegend, eine elende, hilflose Figur spielt. Zum Auf- und Absteigen dienen Steine, Felsenstücke. [...] Die *Cargueros* erzählen schändliche Geschichten von der Unmenschlichkeit der Reisenden. [...] Mir, meinem Gefühl nach, ist es unmöglich gewesen, auf Menschen zu reiten, und ich habe mich gefragt, ob in einer Republik nicht das ganze Tragen durch Gesetze eingeschränkt werden sollte, zum Beispiel auf Kranke und Hilflose oder Weiber.[25]

Um sich auch körperlich eine Vorstellung von der Arbeit eines Silleros zu machen, schlüpfte Humboldt in dessen Rolle:

> Ich wusste im Voraus, dass ich mich in Quindío weder der Mulas noch der Silleros bedienen würde. Doch zwang man mich, beide zu nehmen. Als die Silleros ihren Contrakt schlossen (und so machen sie es immer), holten sie ihre Stühle und probierten unser Gewicht. Sie sind unbegreiflich geschickt, nach Augenmaß schon im Voraus das Gewicht zu bestimmen. Diese Probe im Zimmer war das einzige Mal, dass ich mich tragen ließ. Als ich abstieg, bat ich den Sillero, mir den Stuhl zu geben und sich tragen zu lassen. Der Mensch machte große Augen und glaubte, ich sei verrückt. Er erfüllte indes meine Bitte. Der Kerl war nicht schwer. Ich trug ihn leicht in den Armen, aber im Stuhl hatte ich Mühe, drei Schritte weit mit ihm zu gehen. Man wird wundersam zurückgezogen und schwiemelt von einer Seite zur anderen. Ich wech-

selte den großen Sillero mit einem 15-jährigen Knaben und hatte nun eine deutliche Idee von der Bequemlichkeit, auf welche in der Befestigung der Kreuzriemen gedacht ist. Man kann in der Tat nichts Geschickteres ersinnen, um die Last recht gleichförmig zu verteilen. Es ist sehr, sehr selten, dass die Cargueros fallen, und sie raten im Voraus, falls sie fallen, nicht herabzuspringen, weil der Sprung gefährlich ist, oft nicht gelingt und dem Sillero einen Schwung gibt, der den Fall doppelt gefahrvoll macht.[26]

Als Humboldt eines Abends im November 1801 die unendliche Schönheit der gigantischen Andenberge betrachtete, überkam ihn das Gefühl, »das Größte und Höchste dieser Erde gesehen zu haben«.[27] Er schaute in den Sternenhimmel und sinnierte darüber, wann es wohl gelingen könnte, dorthin zu gelangen. Von der Kolonialisierung anderer Himmelskörper malte er allerdings ein düsteres Bild:

> Mond und Venusberge! Wann werden wir diese Reise unternehmen, unsere Kultur, das heißt das Gemisch unserer Laster und Vorurteile über andere Planeten verbreiten und sie veröden, wie Europäer beide Indien [Amerika und Asien] entvölkert und verheert haben.[28]

Der Wasserfall von Tequendama bei Bogotá. Kolorierter Kupferstich von Inocente Migliavacca, ca. 1820, nach der Tafel 6 von Humboldts Vues des Cordillères. »Die Einsamkeit des Ortes, der Reichtum an Vegetation und der fürchterliche Lärm, der dort herrscht«, schrieb Humboldt, »machen den Fluss des Wasserfalls von Tequendama zu einer der wildesten Landschaften der Kordilleren.«

ECUADOR UND PERU: VULKANE, URWALD UND KÜSTENWÜSTE

Über seine Reise im Vizekönigreich Neu-Granada, dem heutigen Kolumbien, vom Quindíu-Pass bis in die Provinz Quito berichtete Humboldt später:

> Der dreizehntägige Fußmarsch führte über stark verschlammte Pfade und Wälder ohne eine Spur menschlicher Besiedlung. Nach dem Dorf Cartágo im Tal von Cauca folgten wir dem Lauf des Choco. Die Gegend ist die Heimat des Platins, das man dort unter runden Stücken von Basalt, grünem Fels (Grünstein) und fossilem Holz findet. Über Buga gelangten wir in die Bischofsstadt Popayán am Fuße der Vulkane Sotará und Puracé, die höchst malerisch und in einem der köstlichsten Klimata der Erde gelegen ist. Das Réaumur-Thermometer zeigt hier konstant zwischen 16 und 18 Grad [20 und 22,5 Grad Celsius] an. Wir stiegen zum Krater des Vulkans von Puracé auf, dessen Schlund inmitten von Schnee unter anhaltendem, furchterregendem Getöse schwefelhaltigen Wasserstoffdampf ausspeit.[1]

Am 28. Dezember des Jahres 1801 passierte Humboldt mit seinen Begleitern die damals noch nicht existierende Grenzlinie zwischen den Ländern Kolumbien und Ecuador. Diesen Abschnitt der Reise beschrieb er später in einem Brief an seinen Bruder:

> Die größte Schwierigkeit hatten wir auf dem Weg von Popayán nach Quito zu überwinden. Wir mussten die Páramos von Pasto passieren, und das in der Regenzeit, die unterdessen begonnen hatte. In den Anden nennt man jeden Ort Páramo, wo in einer Höhe von 1700 bis 2000 Toisen [3400 bis 4000 Me-

Der Vulkan Cayambe, Ecuador, Ausschnitt. Kolorierter Kupferstich von Louis Bouquet nach einer Zeichnung von Pierre Antoine Marchais auf Grundlage einer Skizze Humboldts, Tafel 42 in: Alexander von Humboldt: Vues des Cordillères, Paris: Schoell, 1810–1813.

> ter] die Vegetation aufhört und wo die Kälte bis in die Knochen dringt. Um der Hitze des Tales von Patia zu entgehen, wo man in einer einzigen Nacht Fieber bekommt, die drei oder vier Monate dauern und die unter dem Namen Calenturas (Fieber) de Patia bekannt sind, gingen wir über den Gipfel der Kordillere, durch mächtige Abgründe, um von Popayán nach Almaguer zu gelangen und von dort nach Pasto, das am Fuß eines schrecklichen Vulkans liegt. Der Weg zu und aus dieser kleinen Stadt, wo wir das Weihnachtsfest verbrachten und wo uns die Einwohner mit der rührendsten Gastfreundschaft empfingen, ist der fürchterlichste auf der Welt. Dichte Wälder, zwischen Morasten gelegen, in die die Maultiere bis zum halben Leib einsinken, und man geht durch so tiefe und enge Schluchten, dass man glaubt, in die Stollen eines Bergwerkes einzutreten. Auch sind die Wege mit den Knochen der Maultiere gepflastert, die hier vor Kälte oder aus Erschöpfung umkamen.[2]

Am 2. Januar 1802 lernten Humboldt und Bonpland in Ibarra mit Francisco José de Caldas einen weiteren bedeutenden Forscher Südamerikas kennen. Der hochbegabte junge Wissenschaftler, nur ein Jahr älter als Humboldt, hatte sich auf den Gebieten der Geographie, Botanik und Astronomie einen Namen gemacht. Er bestürmte Humboldt, ihn auf der weiteren Reise als drittes Expeditionsmitglied mitzunehmen. Doch zu seiner großen Enttäuschung verwehrte ihm Humboldt diesen Wunsch. Worin die Gründe lagen, wird sich wohl nie klären lassen, da entsprechende Einträge in Humboldts Tagebuch fehlen.

Eines der wichtigsten Themen, über die sie sich mit Caldas austauschten, war der China-Baum, mit dem sich auch Mutis eingehend beschäftigte. Die China-Rinde wurde als Arznei vor allem gegen Malaria eingesetzt. Wenige Tage nach der Begegnung mit Caldas erreichten die Forscher am 6. Januar 1802 Quito, die Hauptstadt der gleichnamigen Provinz. Ein halbes Jahr lang diente ihnen die von Vulkanen umgebene Andenstadt als Ausgangsbasis für Exkursionen in die Umgebung. Hier lernte Humboldt Carlos Montúfar y Larrea, den 21-jährigen Sohn des Marqués de Selva-Alegre, kennen und lud ihn ein, sie auf der weiteren Reise bis nach Europa zu begleiten. Seinem Bruder Wilhelm berichtete Alexander:

> Die Stadt Quito ist schön, aber der Himmel ist hier düster und bewölkt. Die benachbarten Berge bieten wenig Grün, und es ist sehr kalt. Das große Erdbeben vom 4. Februar 1797, das die ganze Provinz erschütterte und in einem einzigen Augenblick 35 000 bis 40 000 Menschen tötete, ist auch in dieser Hinsicht den Einwohnern verhängnisvoll gewesen. Es hat die Lufttemperatur dermaßen verändert, dass das Thermometer hier gewöhnlich zwischen 4 und 10 Grad Réaumur [5 bis 12,5° Celsius] anzeigt und es selten auf 16 oder 17 Grad [20 bis 21,25° Celsius] ansteigt [...]. Seit dieser Katastrophe gibt es fortwährend Erdbeben, und was für Stöße! Wahrscheinlich ist der ganze hohe Teil der Provinz nur ein einziger Vulkan. Was man die Berge Cotopaxi und Pichincha nennt, sind nur kleine Gipfel, deren Krater verschiedene Schlote bilden, die alle zu dem gleichen Herd führen. Das Erdbeben von 1797 hat unglücklicherweise nur zu sehr diese Hypothese bewiesen, denn die Erde

hat sich damals überall geöffnet und Schwefel, Wasser und anderes ausgestoßen. Trotz dieser Schrecken und Gefahren, mit denen die Natur sie ringsumher umgibt, sind die Einwohner von Quito froh, lebendig und liebenswürdig. Ihre Stadt atmet nur Vergnügen und Üppigkeit, und vielleicht gibt es nirgends einen entschiedeneren und allgemeineren Hang, sich zu vergnügen. So gewöhnt sich der Mensch daran, am Rande eines Abgrundes friedlich einzuschlafen.

Alexander von Humboldt in Quito. Der Maler Rafael Salas porträtierte Humboldt im Jahr 1802 in seiner Uniform des Preußischen Oberbergrats. Das Original des Gemäldes ist leider verschollen. Glücklicherweise existiert eine Kopie von José Cortés aus dem Jahr 1871.

> Fast acht Monate hielten wir uns in der Provinz Quito auf: von Anfang Januar bis August. In dieser Zeit waren wir damit beschäftigt, jeden der dortigen Vulkane zu besuchen. Nacheinander untersuchten wir die Gipfel des Pichincha, des Cotopaxi, des Antisana und des Iliniza, wobei wir uns 14 Tage bis drei Wochen bei jedem von ihnen aufhielten und zwischendurch immer nach Quito zurückkehrten.[3]

Schon 1735 hatte die *Académie des Sciences* in Paris die Wissenschaftler Charles-Marie de La Condamine und Pierre Bouguer beauftragt, hier Vermessungen durchzuführen, um den Äquatorumfang der Erde zu ermitteln. Dieser Expedition hatten auf Wunsch der spanischen Regierung auch die beiden spanischen Marineoffiziere Jorge Juan und Antonio de Ulloa angehört. Durch Messungen in der Nähe von Quito wurde Newtons Theorie bestätigt, nach der der Umfang der Erde am Äquator größer ist als an den Polkappen. La Condamine hatte auch zahlreiche Versuche unternommen, die Vulkane der Gegend um Quito zu besteigen.

> Zu Zeiten von La Condamine ist der mineralogische und physikalische Teil [bei der Erforschung Amerikas] bedeutend vernachlässigt worden. Man machte damals nichts, als Höhen, Luftdruck, Wärme- und Kältegrade zu messen. Man blieb bei der Quantität stehen. Ursachen – Bei meinem Eintreffen

Carlos Montúfar y Larrea. Ölgemälde eines anonymen europäischen Malers, um 1808. Der Sohn des Marqués de Selva-Alegre schloss sich in Quito Humboldts Expedition an und begleitete ihn bis nach Europa.

> in der Provinz Quito hatte ich mir vorgenommen, die großen Nevados [schneebedeckte Berge] einen nach dem anderen aufzusuchen, dort mineralogische Untersuchungen vorzunehmen, alpine Pflanzen zu sammeln und atmosphärische Luft in einer großen Höhe aufzufangen, die magnetische Inklination zu bestimmen ... Ich begann mit dem Antisana, danach kamen der Cayambe und Chimborazo, der höchste Berg der Welt.[4]

Der Vulkan Pichincha hat zwei Gipfel: den Guagua-Pichincha und den Rucu-Pichincha. Den Aufstieg bis zum Krater des Rucu-Pichincha nahm Humboldt am 26. Mai 1802 in Angriff.

> Bonpland stand unter dem Druck, in Chillo sein Lamaskelett fertigmachen und konservieren zu müssen. Unser Freund Carlos Montúfar begleitete ihn. Erfreut darüber, dass sie nicht die Beschwerlichkeiten einer Expedition mit mir teilen sollten, die ich aus Starrsinn unternahm, die ich aber für unergiebig hielt, sah ich sie gern weggehen. Es erschien mir schimpflich, aus Quito abzureisen, ohne neue Anstrengungen unternommen zu haben, und ich wusste, dass ich immerhin den Gewinn dabei haben würde, die Aufnahme der Karte des Vulkans zu vervollständigen.[5]

Alexander von Humboldt und Aimé Bonpland in der Ebene von Tapia am Fuße des Chimborazo, Ausschnitt. Ölgemälde von Friedrich Georg Weitsch, 1810. Dies ist das einzige bislang bekannte authentische Porträt Aimé Bonplands in jüngeren Jahren. Humboldt veranlasste nach der Reise, dass sein Gefährte persönlich dem Hofmaler Weitsch in Berlin Modell saß.

Begleitet wurde Humboldt von dem ortskundigen Don Javier Ascásubi, dem Marqués de Maenza, Don Pedro Urquinaona und Don Vicente Aguirre sowie von vielen mit Instrumenten beladenen Indios. »Herrliches Wetter«,[6] notierte er.

> Bei näherer Betrachtung des steilen Abhangs des Rucupichincha verlor ich alle Hoffnung, bis an den Krater zu gelangen. Die Indios mit den Instrumenten und unsere Begleiter widersetzten sich und blieben zurück. Nur Herr Urquinaona und ein Indio, Philipp Aldas, hatten den Mut, mir zu folgen. Die nackten, schneelosen Felskanten schienen mir zu steil und zu gefährlich, um über sie emporzuklimmen. Mein Plan war, in ihrer Nähe zu bleiben, damit ich mich an ihnen festhalten konnte, während ich direkt über den Schnee kletterte [...]. Ich hatte das Pech, allein zu weit vorzudringen. Ich verlor meine beiden Begleiter aus den Augen und wagte mich nicht weiter. Der Nebel hüllte mich ein, der Wind machte meine Rufe unhörbar. Ich war schon über mehrere, zwei bis drei Fuß [5 bis 8 cm] dicke Schneefelder gelangt, dann kehrte ich auf meiner Spur zurück, und obgleich ich nur 60 Toisen [120 m] wieder zurückstieg, zählt das viel in Bimssteinsand, in dem man oft drei Schritte vorwärts und vier zurück macht. Endlich traf ich meine Begleiter und ermunterte sie, schneller zu steigen. Der Indio ging voraus, obgleich er den Weg ebensowenig kannte wie ich. Dummerweise hatten wir keine Stöcke dabei. [...] Es blieben uns vielleicht noch 50 Toisen [100 m], um an den Rand des Kraters zu gelangen, wo wir festen Fuß fassen zu können glaubten. [...] Ein vor-

Der Vulkan Pichincha. Kupferstich von Louis Bouquet nach einer Zeichnung von Pierre Antoine Marchais auf Grundlage einer Skizze Humboldts, Tafel 61 in: Alexander von Humboldt: Vues des Cordillères, Paris: Schoell, 1810–1813.

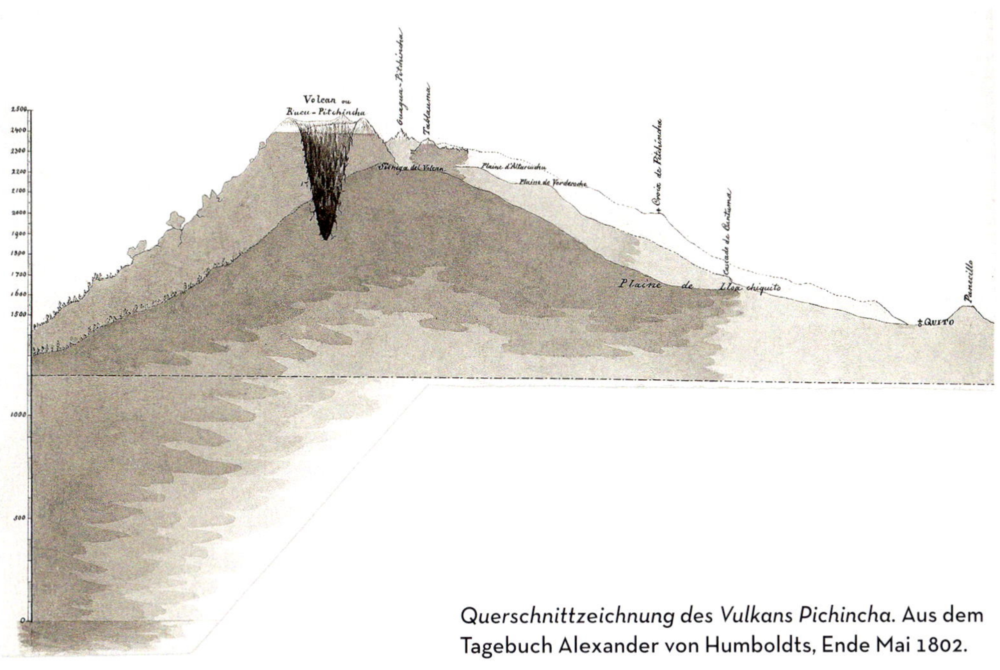

Querschnittzeichnung des Vulkans Pichincha. Aus dem Tagebuch Alexander von Humboldts, Ende Mai 1802.

springender Teil des Felsens hinderte uns daran, den Weg zu sehen, den wir noch zurücklegen mussten. Wie groß war unser Erstaunen, als wir beim Umgehen dieses vorspringenden Teils sahen, dass der Wind den Schnee auf dem Rand des Kraters zu einer enormen Höhe aufgetürmt hatte. Wir versuchten, ob der Schnee uns trug. Er war nicht gerade fest und drang uns in Schuhe und Hosen.

Der Abhang war so steil, dass wir beim geringsten Sturz über eine schiefe Ebene von 100–120 Toisen [200–240 m] Tiefe gerollt und gegen die vom Vulkan herausgeschleuderten Felsen geprallt wären. Bei dieser Passage wurde uns sehr bange. Wir sprachen uns gegenseitig Mut zu, ein sicheres Zeichen unserer Angst. Doch plötzlich brach der arme Indio Aldas bis zum halben Bauch ein. Er schrie, dass seine Beine in der Luft schwebten, dass er im Schnee hängengeblieben sei. Ich war ihm am nächsten. Obwohl wir noch ein gutes Stück bis zum Kraterrand hatten, kam mir der Gedanke, er könnte durchaus in eine Spalte geraten sein. [...] Nachdem mein erster Schreck vorbei war, half ich dem armen Indio, so gut ich konnte, und zog ihn hoch. Denn obwohl nur zwei Schritte von ihm entfernt, hatte ich einen festen Stand. Wir kehrten um, denn es war unmöglich, diesen Versuch fortzusetzen. Der Indio schien sehr froh darüber, denn mit Widerwillen erfüllt durch die Gefahr, die er ausgestanden hatte, versteifte er sich auf die Idee, dass es nicht erlaubt sei, sich der Gottheit des Vulkans zu sehr zu nähern.

Wir stiegen mehr als 100 Toisen [200 m] herab. Welche Menge an Ideen kreuzten sich in meiner Vorstellung! Auf der einen Seite die drohende Gefahr, die sichere Überzeugung, dass die Indios mit dem Barometer und den anderen Instrumenten uns nicht folgten, auf der andern Seite der Gedanke, sinnlos soviel durchgestanden zu haben, der Gedanke, von Quito abzureisen, ohne das größte Schauspiel, das die Natur bietet, mitangesehen zu haben. Mein Verstand sagte mir, dass es nötig sei, einen zweiten Versuch zu unternehmen [...].

Ich überredete den Indio, vorweg zu gehen. Wir kletterten anfangs mit großen Schwierigkeiten. Man hatte kaum etwas, wo man den Fuß aufsetzen konnte, und da der Felsen auf allen Seiten isoliert stand, riskierte man einen Sturz, wie von der Galerie der Sankt-Pauls-Kathedrale in London. Indessen fand ich sehr wenig Schnee, nur Flecken von 6–8 Zoll [16–22 cm] Stärke, Traversen von 2–3 Toisen [4–6 m]. Das tröstete uns, denn nach dem, was wir erlebt hatten, fürchteten wir nichts mehr als Schnee. Ich rief meinen Begleiter, der sich sofort in Bewegung setzte. Ich munterte ihn auf, indem ich ihm zurief, dass ich glaubte, schon oberhalb des Kraters zu sein. Der Nebel war stark, aber zur Linken sah ich wahrhaftig eine tiefe Spalte neben einem großen Schneehaufen, über den hinaus ich nichts als eine ungeheure Leere erblickte. [...] Der Schwefelgeruch verkündete uns, dass wir am Krater waren, aber wir ahnten nicht, dass wir direkt über ihm waren. Eine Schneetraverse von kaum drei Fuß [90 cm] Breite verband zwei Felsbrocken [siehe Abbildung]. Wir gingen über diesen Schnee in der Richtung a b. Er trug uns vollkommen. Wir machten zwei bis drei Schritte, der Indio voran und in seinem indianischen Phlegma.

Ich war ein wenig an seiner Linken hinter ihm, als ich mit Schaudern sah, dass wir auf einer Schneebrücke direkt über dem Krater gingen. Ich bemerkte, daß der Stein d, von den Felsen b und c gehalten, in der Luft hing und sah es zwischen dem Schnee und diesem Stein d blau schimmern. Während der folgenden Expedition haben wir alle dieses blaue Licht in der Tiefe gesehen. Es scheint brennender Schwefel zu sein, denn da die Sonne nicht schien, konnte man es dem Reflex ihrer Strahlen nicht zuschreiben. Wir waren in Gefahr, 200 Toisen [400 m] tief in den feurigsten Teil des Kraters zu stürzen, und niemand in Quito hätte erfahren, wenn nicht durch unsere Spuren im Schnee, was aus uns geworden war. Ich zitterte vor Schrecken, und ich erinnere mich, dass ich nur schrie: »Nicht bewegen, unten ist Licht!«. Ich warf mich auf den Bauch gegen den Felsen c und zog den Indio an seiner Ruana (Poncho) zurück. Wir glaubten uns auf diesem Felsen c in Sicherheit. Wir entdeckten, dass der Rand dieses Felsens auf allen Seiten, außer hinter uns, in die Luft ragte. Wir hatten kaum zwei Toisen [4 m] im Quadrat, um uns zu bewegen. Wir untersuchten die Gefahr, aus der wir uns gerettet hatten.

Wir warfen einen Stein auf den Schnee, der dem Loch, durch das wir die Schwefelflamme gesehen hatten, am nächst lag. Er vergrößerte das Loch und wir besaßen nun Gewissheit, dass wir über einer Spalte zwischen den beiden Felsen b und c gegangen waren und dass eine Decke von gefrorenem Schnee

Tagebucheintrag Humboldts mit der Beschreibung des Aufstiegs zum Krater des Rucu-Pichincha, **26. Mai 1802.**

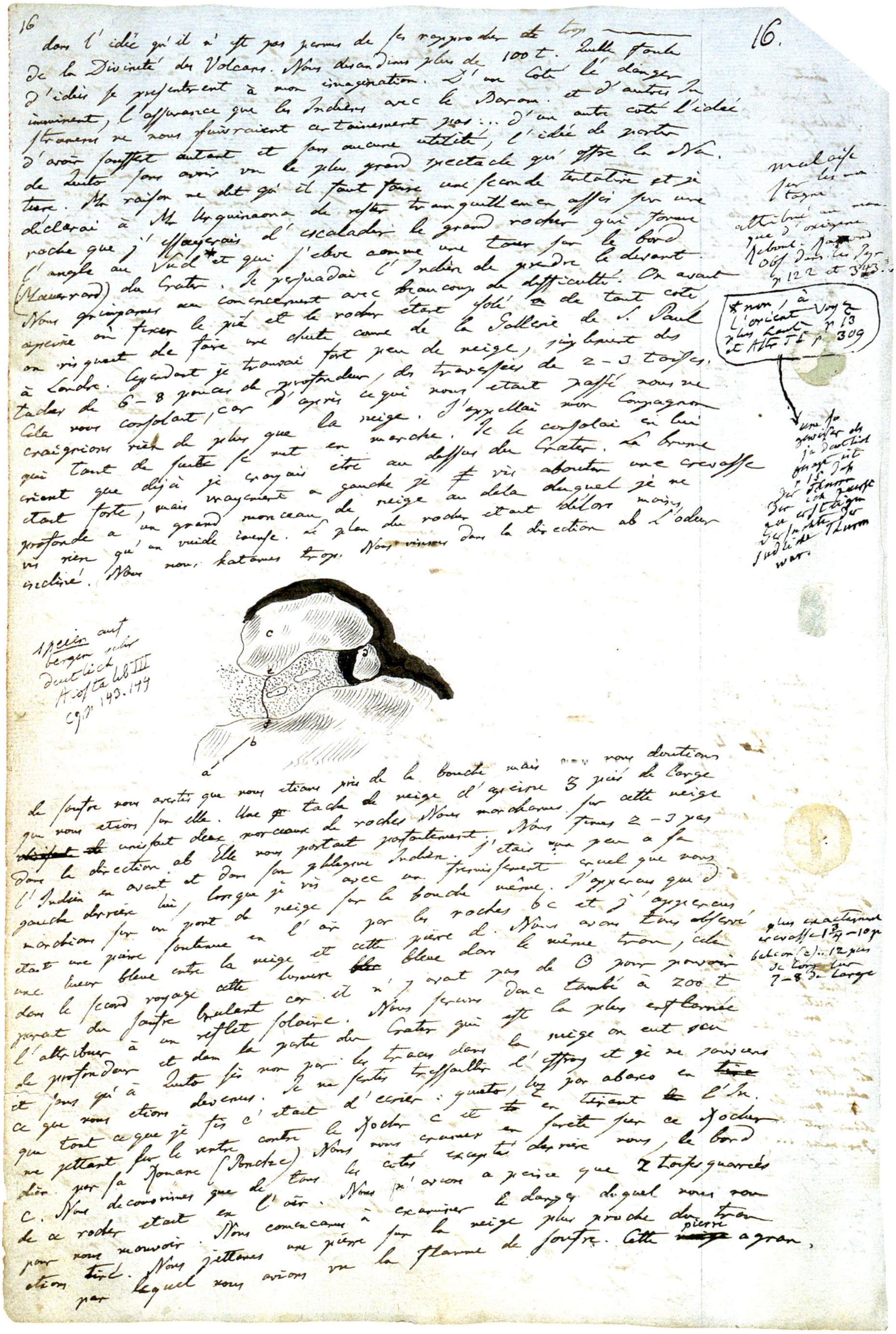

16

dans l'idée qu'il n'est pas permis de s'en rapprocher ~~de~~ trop

de la Divinité des Volcans. Nous descendîmes plus de 100 t. Quelle foule

d'idées se présentèrent à mon imagination. D'un côté le danger

imminent, l'assurance que les Indiens avec le Baron. et d'autres In

Etrangers ne nous suivraient certainement pas... d'un autre côté l'idée

d'avoir souffert autant et sans aucune utilité, l'idée de sortir

de Quito sans avoir vu le plus grand spectacle qu'offre la Na.

ture. Ma raison me dit qu'il faut faire une seconde tentative et je

déclarai à Mr Urquinaona de rester tranquillement assis sur une

roche que j'essayerais d'escalader le grand rocher qui forme

l'angle au Sud* et qui s'élève comme une tour sur le bord

(Mauvarard) du Crater. Je persuadai l'Indien de prendre le devant.

Nous grimpâmes au commencement avec beaucoup de difficulté. On avant

apeine où fixer le pié et le rocher étant isolé ~~a~~ de tout côté

on risquait de faire une chute comme de la Gallerie de S. Paul

à Londre. Cependant je trouvai fort peu de neige, simplement des

tâches de 6–8 pouces de profondeur, des traverses de 2–3 toises.

Cela nous consolant, car d'après ce qui nous était passé nous ne

craignions rien de plus que la neige. J'appellai mon Compagnon

qui tout de suite se mit en marche. Je le consolai en lui

criant que déjà je croyais être au dessus du Crater. La brume

était forte, mais vraiment a gauche je ‡ vis aboutir une crevasse

profonde a un grand monceau de neige au delà duquel je ne

vis rien qu'un vuide immense. Le plan du rocher était dès lors moins

incliné. Nous nous hâtâmes trop. Nous vinmes dans la direction ab l'odeur

c a b

Le soufre nous avertis que nous étions près de la bouche mais nous doutions

qu'en nous étions sur elle. Une ~~p~~ tache de neige d'environ 3 piés de large

~~droit~~ ~~de~~ unissant deux morceaux de roches Nous marchames sur cette neige

dans la direction ab Elle nous portant parfaitement. Nous fimes 2–3 pas

l'Indien en avant et dans son phlegme Indien. J'étais un peu à sa

gauche derrière lui, lorsque je vis avec un frémissement cruel que nous

marchions sur un pont de neige sur la bouche même. J'apperçus que d

était une pierre soutenue en l'air par les roches bc et j'apperçus

une lueur bleue entre la neige et cette pierre d. Nous avons tous observé

dans le second voyage cette lumière ~~ble~~ bleue dans le même trou, cela

paraît du soufre brûlant car il n'y avait pas de ☉ pour pouvoir

l'attribuer à un reflet solaire. Nous serions donc tombé à 200 t

de profondeur et dans la partie du Crater qui est la plus enflammée

et jusqu'à Quito si non par les traces dans la neige on eut su

ce que nous étions devenus. Je ne sentis tressaillir l'effroi et je ne souviens

que tout ce que je fis c'était d'écrier : questo, ley por abaxo en ~~tire~~

me jettant sur le ventre contre le rocher c et ~~to~~ en tirant ~~le~~ l'In.

dien par sa Ponare (Ponche) Nous nous crames en sureté sur ce rocher

c. Nous découvrimes que de tous les côtés excepté derrière nous, le bord

de ce rocher était en l'air. Nous n'avions a peine que 2 toises quarrées

pour nous mouvoir. Nous commençames à examiner le danger duquel nous nous

étions tiré. Nous jettames une pierre sur la neige plus proche du trou

par lequel nous avions vu la flamme de soufre. Cette ~~neige~~ pierre a gran.

mal aisé par les montagnes attribué au manque d'oxigène Relonit. Voyez 065 dans les Voy. p. 122 et 343.

* non, à l'orient. Voyez plus haut p. 13 et Atl. I. p. 309

(Margin notes, partly illegible:) Crevasse ... Sud ... war.

speien auf bergen sehr deutlich Hist. Atl. III Cg. p. 143. 144

plus exactement crevasse 1 3/4–10 p. balcon (c) ... 12 pies de longueur 7–8 de large von nur 8 Zoll [22 cm] Dicke, uns gehalten hatte. Wir glauben, daß diese Spalte nur bis e f geht, denn von dort nach links haben wir den Schnee nicht eindrücken können, und wir meinen, dass der Felsen c dort mit dem Felsen b zusammenhängt. Wir sind bei dieser und bei der folgenden Expedition ohne Gefahr darüber hinweggeschritten, und dieses ist der sicherste Weg, um auf den Stein zu gelangen, der eine Galerie über dem Krater bildet.

Mehr als zwei Drittel dieses riesigen Schlundes waren von Nebel frei, als ich dort mit dem Indio ankam. Keine Sprache hat Worte, um auszudrücken, was wir sahen. Ein fast kreisförmiges Oval, von Nordosten nach Südosten ein wenig ausgelängt, das Innere eines Gefäßes, dessen Wände senkrecht behauen sind und tintenschwarz, während die Ränder bis auf einen Schritt vor dem Abgrund mit Schnee bedeckt sind. Zu unserer Rechten sahen wir nach Nordosten große Berge vom Grund des Kraters auftauchen, riesige, spitze Stalagmiten. Sie sind ebenfalls schwarz und ihre Oberfläche scheint stärker verschlackt zu sein als die der Kraterränder, weil sie mehr glänzt.

In welcher Tiefe muss der Fuß, der Sockel dieser Pics liegen, deren Gipfel mindestens 80 Toisen [160 m] unter uns zu liegen schienen? La Condamine hat diesen Ort sehr treffend mit dem Chaos der Dichter verglichen. Man glaubt sich in eine zerstörte Welt versetzt, ohne jede Hoffnung, sie könne jemals Lebewesen als Wohnstätte dienen.

Nichts auf der Erde hat in mir jemals einen tieferen und zugleich so verstörenden Eindruck hinterlassen. Noch bei der Niederschrift dieser Zeilen fühle ich Beklemmung. Ich sehe mich wieder über diesem entsetzlichen Schlund. Die schauerlichen Farben, die gewaltigen Massen, das düstere Licht, der mystische Schleier der Dämpfe, der eine Partie einhüllt, während er eine andere entblößt – alles das ergreift die Phantasie und fordert sie heraus wie John Miltons Gesang vom verlorenen Paradies. Die Dämpfe im Innern des Kraters sind in ständiger Bewegung, angetrieben durch die Hitze des vulkanischen Feuers. Kaum hat man die Augen fest auf eine Stelle gerichtet, so verdunkelt sich diese wieder, und hat man eine andere gewählt, wird man ebenso in seinen Hoffnungen getäuscht. Man glaubt, man hat es mit einer Laterna magica zu zun, in der die Bilder aus dem Brennpunkt des Objektiv gerutscht sind. Man ist gefesselt, man ist entsetzt, aber man ist außerstande zu entwirren, was man eigentlich sieht. Sicherlich urteilt man in einer so kritischen Lage, von Schwefeldämpfen behelligt und mit so erregter Phantasie, sehr schlecht über die Größe der Gegenstände. [...]

Herr Urquinaona kam nicht; ich musste den Indio schicken, um ihn zu suchen. Ich blieb allein. Dies war nicht der angenehmste Augenblick meines Lebens. Er kam 8–10 Minuten später; die Dämpfe begannen bereits, uns den Blick auf das Chaos zu rauben. [...] Wir bemerkten schon 20 Schritte vor dem Krater einen sehr starken schwefelsauren Geruch. Er vermehrte sich an dem Rand, und es war zu beobachten, dass der Krater ihn bald in größerer, bald in geringerer Menge entsandte. [...]. Außerdem wurde Hitze fühlbar, wenn man auf dem Bauch liegend den Kopf über den Schlund beugte. Wir schätzten sie auf 16–17° Réaumur [20–21,25° Celsius], während unterhalb 4° Réaumur

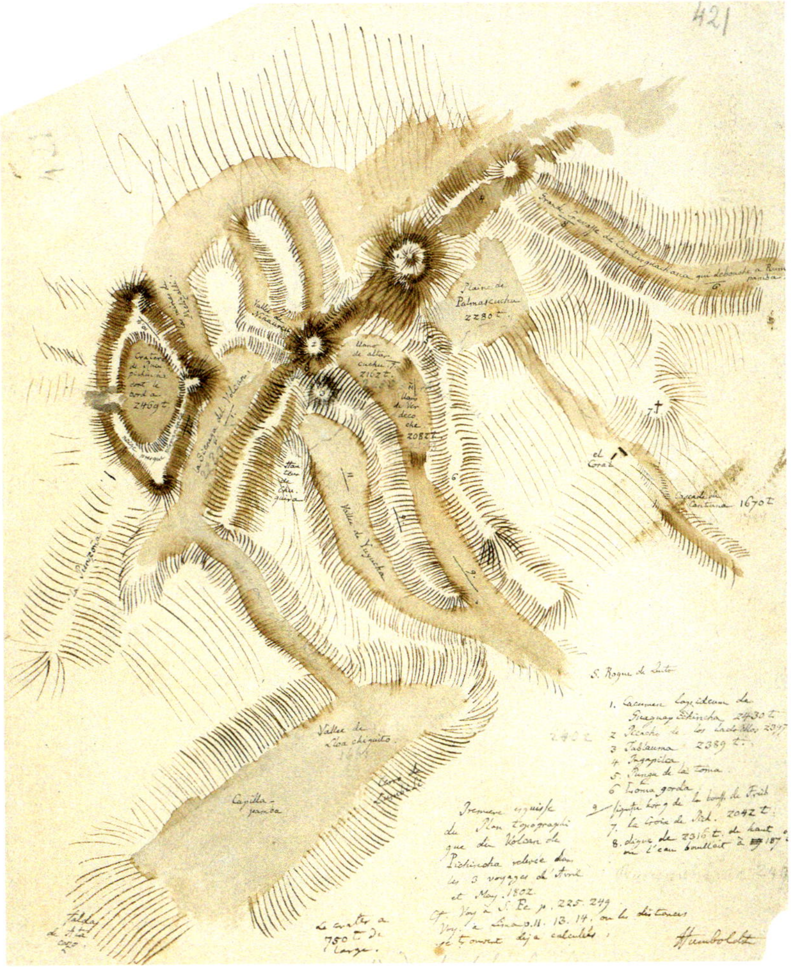

[5° Celsius] herrschten. Unsere Hosen und Stiefel waren vom Schneewasser durchdrungen. Weniger als acht Minuten am Kraterrand genügten, sie völlig zu trocknen – der zweite Beweis für die Hitze. Alle Instrumente waren unten geblieben, ich hatte nur einen Winkelmesser, mit dem ich mehrere Punkte aufnahm.

Der Nebel hüllte uns fast vollständig ein. Wir mussten uns auf den Rückweg machen. Über den Bimsstein stiegen wir in weniger als 9 bis 10 Minuten zu den Pferden hinab. Wir hatten die ganze Zeit mit der Suche nach dem Krater verloren, als uns die Nacht, und eine sehr finstere Nacht, im Tal Yuyucha überfiel. Wir mussten alle jene gefährlichen Hänge in völliger Dunkelheit überqueren. Bei Verdecoche verfehlten wir den Pass. Die Maultiere gerieten in den Sumpf und blieben dort wie tot liegen, die einen ausgestreckt, die andern bis zum Hals eingesunken. Das hielt uns mehr als eine Dreiviertelstunde auf. Wir gingen bald zu Fuß, bald zu Pferd.

Erste Skizze des topographischen Plans des Pichincha.
Aquarellierte Zeichnung aus dem Reisetagebuch Humboldts, Ende Mai 1802.

> Wir amüsierten uns damit, zu zählen, auf wieviel Stürze wir es zu Fuß brachten. In weniger als drei Stunden zählte Don Vicente Aguirre, der hinter mir ging, bei mir 123 Stürze, ich bei dem Indio, der vor mir ging, 34. Folglich steht die Geschicklichkeit eines Indio gegenüber einem Weißen im Verhältnis von 34:123. Nachts um 11½ Uhr erreichten wir Quito. Ich war 15 Stunden auf den Beinen gewesen.[7]

Einen Tag später, am 27. Mai erlebten die Einwohner von Quito einen starken Erdbebenstoß. Er kam vom Pichincha. Humboldt notierte: »Die Indios ermangelten nicht, ihn mir zuzuschreiben. Man sagte, dass wir ein magisches Pulver in den Krater geworfen hätten.«[8] Wenig später, am 23. Juni 1802, wagte er die Besteigung des, wie man damals annahm, höchsten Berges der Welt, des nach neuesten Messungen 6263 Meter hohen erloschenen Vulkans Chimborazo. Das Ergebnis notierte er in sein Tagebuch:

> Diese Expedition war viel erfolgreicher, als ich zu hoffen wagte. Wir sammelten eine riesige Menge von ebenso schönen wie unbekannten Pflanzen (eine Vegetation, die gänzlich verschieden ist von jener der Páramos um Popayán und Los Pastos), wir hatten einen so heiteren Tag, dass wir höher emporgelangen konnten, als jemals ein Mensch auf der Erde gestiegen ist. Ich bestimmte mehrere geographische Punkte nach Länge und Breite, ich nahm den Plan des ganzen Vulkans auf, ich vermaß geodätisch seinen höchsten Gipfel, ich analysierte die Luft aus 2773 Toisen [5400 Meter] Höhe, ich trug das Cyanometer [Farbskala zur Messung der Himmelsbläue] und den Inklinationskompass in Höhen, in welche niemals ein Instrument getragen worden ist.[9]

Einen zusammenhängenden Bericht über die Besteigung des Chimborazo veröffentlichte Humboldt erst im Jahr 1853, in seinen *Kleineren Schriften*. Mehr als alle seine wissenschaftlichen Leistungen erfüllte es ihn mit Stolz, den vermeintlich höchsten Berg der Welt fast bis zum Gipfel bestiegen zu haben. Als man später herausfand, dass die Berge des Himalaya höher waren, konnte er seine Enttäuschung nicht verbergen. Aber erst lange nach seinem Tod wurde entdeckt, dass der Höhenrekord, den Humboldt meinte aufgestellt zu haben, bereits vor ihm von Inkas bei Kulthandlungen in Peru überboten worden war. Immerhin gelangten Humboldt, Bonpland und Montúfar in eine unglaubliche Höhe von ungefähr 5600 Metern. Dies ergaben Rekonstruktionen seines Aufstiegs durch den ecuadorianischen Bergführer Marco Cruz und den Extrembergsteiger Reinhold Messner in den 1990er-Jahren. Diese Angabe liegt nur wenig unter den Messungen Humboldts, der nach seinen Instrumenten glaubte, eine Höhe von 5915 Metern erreicht zu haben. In seinem Tagebuch findet sich folgender Bericht:

> Der Tag war sehr dunkel und neblig. Man sah den Gipfel nur von Zeit zu Zeit. In der vorangegangenen Nacht war viel Schnee gefallen. [...] Das Gelände ist herrlich, und es zeigt eine einheitliche und sehr ausgedehnte Basis. Ich hatte den Sextanten und den Künstlichen Horizont mitgenommen. Aber das

schlechte Wetter machte alles unmöglich. [...] Unsere Reisegefährten stiegen erst zu Beginn des ewigen Schnees vom Pferd. Da sahen wir große, senkrechte Mauern aus Porphyr auf Pechsteinbasis. [...] Ich bewunderte ihren Verlauf, [...] ihre grotesken Säulen. [...] Unsere Begleiter waren vor Kälte erstarrt und ließen uns im Stich; nur Bonpland, Montúfar, der Mann am Barometer und zwei Indianer mit anderen Instrumenten folgten mir. Die Indianer blieben bei 2600 Toisen [5065 Meter], all unseren Drohungen zum Trotz, schließlich ebenfalls zurück. Sie versicherten, sie würden vor Atemnot sterben, obgleich sie uns wenige Stunden zuvor voller Mitleid betrachtet und behauptet hatten, dass die Weißen es nicht einmal bis zur Schneegrenze schaffen würden.

Vultur gryphus (Kondor). Kolorierter Kupferstich von Louis Bouquet nach einer Zeichnung von Humboldt, korrigiert von Jacques Barraband. Tafel 8 in: Alexander von Humboldt und Aimé Bonpland: Recueil d'observations de zoologie, Bd. 1, Paris: Schoell, 1811. »Höher als alle Gipfel der Andeskette«, schreibt Humboldt, »schwebte oft über uns der Kondor, der Riese unter den Geiern.«

Wir stiegen sehr hoch, höher als ich gehofft hatte. Wir stießen auf einen schmalen Grat, auf eine sehr eigenartige *cuchilla* [Klinge]. Der Weg war kaum 5 bis 6 Zoll [13,5 bis 16,2 cm], manchmal keine 2 Zoll [5,4 cm] breit. Der Hang zur Linken war von erschreckender Steilheit und mit an der Oberfläche gefrorenem (verkrustetem) Schnee bedeckt. Zur Rechten gab es kein Atom Schnee, aber der Hang war mit großen Felsbrocken übersät. Man hatte die Wahl, ob man sich lieber die Knochen brechen wollte, wenn man gegen diese Felsen schlug, von denen man in 160 bis 200 Toisen [312 bis 390 Meter] Tiefe schön empfangen worden wäre, oder ob man zur Linken über den Schnee in einen noch viel tieferen Abgrund rollen wollte. Der letztere Sturz schien uns der grauenvollere zu sein.

Die gefrorene Kruste war dünn, und man wäre im Schnee begraben worden ohne Hoffnung, je wieder aufzutauchen. Aus diesem Grund neigten wir unseren Körper immer nach rechts. Die schneebedeckte Seite lag nach Osten hin; aus diesem Grund ist das Fehlen von Schnee, wie ich glaube, nicht der Lage zuzuschreiben, sondern vielmehr der wärmeleitenden Kraft, die bestimmte Felsen haben. Wir vergnügten uns damit, Steine über den Schnee

Der Chimborazo, vom Plateau von Tapia her gesehen. Kolorierter Kupferstich von Jean-Thomas Thibaut nach einer Skizze Humboldts, Tafel 25 in: Alexander von Humboldt: Vues des Cordillères, Paris: Schoell, 1810–1813.

rollen zu lassen, wir verloren sie oft aus den Augen, bevor sie zur Ruhe kamen. Die *cuchilla*, der wir folgten, war mit Reihen von Felsblöcken bedeckt, ähnlich denen der *reventación* [des Auswurfs] des Pinantura, des Yanaurcu … am Antisana. Diese Ähnlichkeit mit den unbestreitbaren Auswirkungen von Vulkanausbrüchen und die gebrannte Materie, der wir auf Schritt und Tritt begegneten, ließen keinen Zweifel daran, dass wir tatsächlich auf einer *reventación* aufstiegen. Der Hang wurde bald sehr steil. Man musste sich mit Händen und Füßen festhalten. Wir verletzten uns, wir alle bluteten, denn die Steine hatten scharfe Kanten. Man konnte nirgends den Fuß hinsetzen, da sich die Felsbrocken in dem sehr feinen Sand bewegten. Man brachte sie oft in Bewegung, wenn man glaubte, sich an ihnen mit den Händen festhalten zu können, und diese Beweglichkeit wurde zu einer größeren Gefahr als der Sturz, den man vermeiden wollte. Wir glaubten uns schon fast auf der Höhe, bis zu der wir auf dem Antisana gelangt waren (auf 2773 Toisen [5402 Meter]). […]

Wir waren noch kräftig genug, obgleich wir unsere Füße vor Kälte kaum spürten, denn das Schneewasser war in die elenden Stiefel eingedrungen, die man hierzulande herstellt. Die Luft hatte 2,3 Grad Réaumur [2,9° Celsius]. Das Thermometer, 3 Zoll [8,1 cm] tief in den trockenen Sand gesteckt, blieb konstant bei 4,7° Grad Réaumur [5,9° Celsius]. Wir stiegen höher, die *cuchilla* wurde sanfter, aber die Kälte nahm mit jedem Schritt zu. Auch das Atmen wurde stark beeinträchtigt, und noch unangenehmer war, dass alle Übelkeit, einen Drang sich zu erbrechen verspürten. Ein Landmann (ein *chagra* aus San Juan), der uns mit viel gutem Willen folgte, ein sehr robuster Mann, versicherte, dass ihm in seinem Leben der Magen noch nie so geschmerzt habe wie in diesem Augenblick. Außerdem bluteten uns das Zahnfleisch und die Lippen. Das Weiße unserer Augen war blutunterlaufen. Bei Montúfar, dessen Körper das meiste Blut enthielt, waren diese Phänomene am schlimmsten. Wir fühlten alle eine Schwäche im Kopf, einen ständigen Schwindel, der in der Situation, in der wir uns befanden, sehr gefährlich war. Alle diese Symptome von Asthenie rühren ohne Zweifel von dem Sauerstoffmangel her, dem das Blut ausgesetzt ist. […]

Wir stiegen noch eine halbe Stunde weiter auf. Es wurde so neblig, dass wir den Gipfel nicht sehen konnten. Die Reihe von Felsblöcken setzte sich immer noch fort. In uns kam ein Schimmer von Hoffnung auf, den Gipfel erreichen zu können. Aber eine große Spalte setzte unseren Bemühungen ein Ende. Sie war mindestens 90 Toisen [175 Meter] tief und vielleicht 10 Toisen [20 Meter] breit. Das waren unsere Säulen des Herkules. […] Wir waren also […] auf einer Höhe von 3036 Toisen [5915 Meter], höher als der Cayambe, Antisana, Cotopaxi … Es fehlten uns nur noch 200 Toisen [390 Meter] (zweimal die Höhe des Panecillo [des Hügels innerhalb der Stadt] von Quito), um auf den Gipfel zu gelangen. Die Luft hatte dort 1,3 Grad [1,6° Celsius] unter Null um 1 Uhr 5 Minuten wahrer Zeit. Wir konnten vor Kälte nicht weiter. Unterdessen nahmen wir in dieser Höhe mit großer Vorsicht eine Luftprobe. Keine Kohlensäure? Kann man höher hinauf gelangen? Von dieser Seite schwerlich. […] Durch das Fernrohr sahen wir, dass der Gipfel selbst nur aus

Schnee besteht, dass dort kein Felsen herausragt. In Europa kann man ohne Schwierigkeiten auf dem Schnee gehen. Bei der größeren Kälte, die dort herrscht, gefriert der Schnee entweder von oben oder von unten und kann einen Menschen tragen. Im Schnee von Quito würde man 5 Toisen [10 Meter] tief einsinken, wie wir es am Antisana, am Pichincha und besonders am Chimborazo erlebt haben, wo Herr Montúfar fast im Schnee verlorengegangen wäre. [...] Ich glaube also, dass weniger die Atemnot als vielmehr der Schnee das Erreichen des Gipfels verhindert. [...] Indessen ist es sicher schwierig zu beurteilen, in welchem Maße diese Leiden zunehmen, und sehr wohl könnten einem (wegen des Mangels an atmosphärischem Gegendruck) die Lungengefäße platzen, und man könnte Blut spucken. Welchen Nutzen hätte man davon, wenn man seine Instrumente 200 Toisen [390 Meter] höher trüge, auf ein Gelände, wo das Gestein sich der Beobachtung entzieht, auf einen Berg, der für magnetische Experimente ungeeignet ist, weil das Gestein die Magnetnadel beeinflusst und selbst Pole besitzt. Doch es wäre interessant, auf den Gipfel zu gelangen und zu sehen, ob er einen Krater hat. [...]

Unser Aufenthalt in dieser ungeheuren Höhe war äußerst traurig und düster. Wir waren in einen Nebel gehüllt, der uns nur hin und wieder die uns umgebenden Abgründe erblicken ließ. Kein lebendes Wesen, kein Insekt, nicht einmal der Kondor, der am Antisana über unseren Köpfen schwebte, belebte die Lüfte. Lichen geographicus auf 2852 Toisen [5536 Meter] und Lichen postulatus [zwei Flechtenarten] waren die einzigen Lebewesen, die uns daran erinnerten, dass wir uns in einer bewohnten Welt befanden. Wir taten gut daran, hinabzusteigen. Kaum befanden wir uns auf einer Höhe von 2900 Toisen [5650 Meter], als es zu hageln begann (ein feiner Hagel von undurchsichtigem Schneeweiß) und 300 Toisen [585 Meter] tiefer zu schneien, und dies mit einer Heftigkeit, dass in weniger als 20 Minuten mehr als 10 bis 20 Zoll [27 bis 54 cm] Schnee fielen. Wir trugen kurze Stiefel, einfache Kleidung, hatten keine Handschuhe (man kennt sie hier kaum); man mag sich vorstellen, in welchem Zustand wir uns befanden. Die Hände waren blutig, ständig stieß ein kranker, mit Geschwüren bedeckter Fuß gegen spitze Felsen, jeder Schritt musste berechnet werden, da man den vom Schnee bedeckten Weg nicht mehr sah – dergestalt war meine wenig vergnügliche Lage. Ist man an Strapazen gewöhnt, so tröstet man sich leicht über physische Schmerzen hinweg.

Wie schon beim Aufstieg sammelten wir viele Steine, von denen wir zwei Sammlungen nach Madrid und Paris schickten und die dritte für das Kabinett des Königs in Berlin bei uns behielten. Wer in Europa würde nicht einen Stein vom Chimborazo haben wollen, und wo gibt es bis heute ein Kabinett, das einen solchen besitzt?[10]

Nachdem sie sich von den Strapazen erholt hatten, zog Humboldts Maultierkarawane weiter nach Süden. Am 3. Juli 1802 erreichten die Reisenden die Ruinen von Ingapirca. Hier untersuchten sie den Inkapalast, der durch die Forschungen von La Condamine unter dem Namen »Festung von Cañar« bekannt geworden

war. Humboldt bezeichnete die in 3500 Metern Höhe gelegene Festung als »das am besten erhaltene Denkmal«,[11] das er bis dahin auf seiner Reise gesehen hatte, und vermaß es genauestens. Eine Ruine mit dem Namen *Inga-chungana* – das »Spiel des Inka« – gab ihm dagegen ein Rätsel auf:

> Die Kreolen nennen es »Billard des Inka« und stellen sich vor, dass diese in Form einer Kette gemeißelte Vertiefung, die ich Arabeske nenne, dem Lauf einer Kugel gedient habe, fast wie bei einem Billard. Man kann auch nicht leugnen, dass die Kette abschüssig verläuft, aber sie schließt nirgends ab und scheint selbst wenig geeignet, als Bahn für eine Kugel zu dienen.[12]

Auch die merkwürdigen verschlungenen und scharf an den Felskanten entlangführenden Wege und eine Art Aquädukt gaben Humboldt zu denken: »Fand das Spiel auf diesem Aquädukt statt und kommt daher der Name Chungana? Bestand es zum Beispiel in der Geschicklichkeit, auf dem Pfad am Rand des Abgrunds zu gehen …?«[13]

Seilbrücke bei Penipe, nahe des Chimborazo. Kolorierter Kupferstich von Louis Bouquet nach einer Zeichnung von Pierre Antoine Marchais auf Grundlage einer Skizze Humboldts, Tafel 33 in: Alexander von Humboldt: Vues des Cordillères, Paris: Schoell, 1810–1813.

Humboldt schrieb: »Vor nicht langer Zeit riss die Brücke, vier Indios ertranken in dem reißenden Fluss. Die Pferde gewöhnen sich überhaupt nicht an diese schwingenden Kunstwerke.«

Die europäische Habsucht hat sich dies alles auf eine ganz andere Art erklärt. Man hat uns erzählt, dass der Inka auf die Nachricht vom Eintreffen der Spanier seine Schätze im Innern dieses Hügels verbergen ließ, dass der Pfad dazu diente, dorthin zu gelangen, dass man den Gang wieder verschloss ... dass man bei Beginn der Conquista dort nachgrub, dass man in der Tat einen Gang fand und davor eine Tür, vor der sich ein Knabe mit der Kopfbinde der Inkaherrscher befand. »Was stört ihr«, sagte der Knabe, »die Ruhe meiner Vorfahren; nachdem ihr das, was sie auf der Oberfläche der Erde besaßen, gestohlen habt, kommt ihr ruchlosen Fremden noch, um das herauszuwühlen, was unsere Kunst im Schoß der Erde verborgen hat.« Nach diesen Worten verschwand der Knabe, die erschreckten Schatzgräber flohen, und der Gang schloss sich in dem Zustand, in dem wir ihn jetzt sehen. Es blieb nur eine einfache Kluft. Dieser schöne Roman ist die Mythe des Ortes, und obwohl ich nicht weiß, was der Pfad bedeutet, wäre ich doch eher geneigt zu glauben, dass die Inkafürsten Billard gespielt haben, als mir vorzustellen, dass sie ihre Schätze an einem so zugänglichen Ort, der für ihr Vergnügen bestimmt war, versteckt hätten![14]

Über den weiteren Verlauf seiner Reise vom 20. Juli bis zum 23. August 1802 berichtet Humboldt:

Da wir die in Santa Fe de Bogotá von Mutis entdeckten Chinarindenbäume (*Cinchona*) mit denen von Popayán und die (fälschlich als Cortex Angosturae bezeichneten) *Cuspa* und *Cuspare* Neu-Andalusiens und des Río Caroní mit den Cinchona von Loja und Peru vergleichen wollten, wählten wir nicht die bekannte Reiseroute von Cuenca nach Lima, sondern schafften unter größten Schwierigkeiten unsere Instrumente und Sammlungen durch die kalte, bewaldete Bergregion (*Páramo*) von Saraguro nach Loja und von dort aus in die Provinz Jaén de Bracamoros. Innerhalb von zwei Tagen mussten wir den aufgrund seiner rasch auftretenden Hochwasser gefährlichen Río de Huancabamba 35 Mal überqueren. Wir sahen auch die Überreste der beeindruckenden Inka-Straße (die von Brunnen und Herbergen gesäumte Straße ist mit den besten Frankreichs vergleichbar und verläuft auf dem Rücken der Anden von Cuzco bis nach Azuay). Wir fuhren den Río Chamaya hinab, der in den Amazonas mündet; auf diesem reisten wir bis zu den Wasserfällen von Tomependa, welche in einer der fruchtbarsten, aber auch heißesten Klimazonen der Erde liegen.[15]

Mit der Überquerung des Río Calvas bei Lucarque überschritten sie am 1. August 1802 die damals noch nicht existierende Grenzlinie zum heutigen Peru und fuhren auf drei Flößen den Río Marañón abwärts bis Tomependa an der Mündung des Río Chinchipe. Von dort aus schickte Humboldt einen Brief mit der »schwimmenden Post« der Indios an den Bruder von Carlos Montúfar, José Ignacio Checa, den Gouverneur der Provinz Jaen. Dieser machte ihn mit dem in der Nähe lebenden Stamm der freien Jíbaro-Indianer bekannt, einem Stamm, dessen Kultur bis heute in Ecuador und Peru existiert:

Eines der großen Feste, das uns Don Ignacio Checa (der Gobernador von Jaén) gab, war die Aufforderung an die freien Jíbaros-Indianer, mit denen er in großer Freundschaft lebte, uns in Tomependa zu besuchen. Ein Indianerstamm, der seine Feinde flieht (der Mensch führt überall Krieg gegen seinesgleichen), hat die Ufer des Río Santiago verlassen und sich in Tutumberos am Marañón, gegenüber dem Pongo von Cacangores niedergelassen, unterhalb des Dorfes Puyaya. Die große Einsamkeit des Ortes, umgeben von Wasserfällen, durch die Pongos von Yariquisa und Patorumi von der bewohnten Welt getrennt, hat sie ohne Zweifel zu dieser Wahl eingeladen. Wir hätten sie selbst in ihrer Niederlassung, die noch nicht älter als zwei bis drei Jahre ist, besucht, wenn der Gedanke, den Zweck der Reise zu verfehlen und vielleicht die Hütten verlassen zu finden (während die Indios sich im Innern ihres Gebietes befanden), uns nicht zurückgehalten hätte. […]

Sie kamen, rittlings auf einem Stamm von Balsaholz schwimmend. Dies ist die Art aller Indios dieses Landes zu reisen, sei es der Indios aus den Wäldern oder der Missionen. Sie reisen zwei bis drei Tage auf diese Weise und gehen auf dem Land weiter, wo Flussengen sie behindern. Der Kurier, welcher dem Gobernador die Briefe aus Trujillo bringt, schwimmt den ganzen

Ynga-Chungana bei Cañar, Ecuador. Kupferstich von Louis Bouquet nach einer Zeichnung von Wilhelm Friedrich Gmelin auf Grundlage einer Skizze Humboldts, Tafel 19 in: Alexander von Humboldt: Vues des Cordillères, Paris: Schoell, 1810–1813. »Die Kreolen nennen es ›Billard des Inka‹«, schrieb Humboldt.

Río Chamaya und den Río Marañón von Ingatambo bis Tomependa herab, wobei er seinen Lendenschurz oder seine kleine Hose mit den Briefen in Form eines Turbans um den Kopf bindet. Die Indios hätten keine Schwierigkeiten, auf diese Weise bis Pará zu gelangen. An den Küsten des Südmeeres reisen die Indios auf Caballitos [Pferdchen] genannten Flößen.

Ich war gerade auf einer Insel des Chinchipe mit dem Vermessen einer Basis beschäftigt, als die freien Indios kamen. Sie durchschwammen den Fluss mit der größten Geschicklichkeit. Die Strömung ist stark, aber sie lenkte sie fast nicht von der Linie ab, auf welcher sie sie schnitten. Dies sind die fröhlichsten freien Indios, die ich jemals gesehen habe. Sie haben lebhafte Gesichtszüge, die die sehr große Lebhaftigkeit ihres Charakters anzeigen, aber sie sind klein, kaum 4 Fuß 10 Zoll [1,57 Meter] hoch, und voll Hautausschlag. Wenn sie bei anderen Reisen mit einer schwangeren Indianerin kamen, dann nahm der Ehemann sie beim Schwimmen durch den Chinchipe auf den Rücken. Kinder von zwei Monaten halten sich (so wie wir es auf dem Orinoco sahen) selbst am Hals der Mutter fest.

Welcher Unterschied zwischen dem freien Indio und dem der Missionen, der Sklave der priesterlichen Ansichten und Unterdrückung ist! Welche Lebhaftigkeit, welche Wissbegierde, welches Gedächtnis, welch leidenschaftlicher Drang, die spanische Sprache lernen zu wollen und sich in ihrer eigenen verständlich zu machen! [...]

Ich ließ die Jíbaros durch das Fernrohr meines Sextanten sehen. Die Umkehrung dieser astronomischen Brille amüsierte sie sehr und sie lachten aus vollem Halse darüber. An dem Chronometer erkannten sie im Augenblick die Uhr, die sie vor vielen Monaten gesehen hatten. Sie nannten meinen kleinen Taschenkompass, der einer Uhr sehr ähnlich sieht, einen Tactac und forderten, dass man ihn ihnen ans Ohr hielte. Trotz dieser Wissbegierde zeigten sie eine gewisse Zurückhaltung, den Wunsch, nicht lästig zu werden; sie hielten sich gegenseitig zurück, wenn einer zur Last zu fallen schien, indem sie ihm zum Beispiel einen Gegenstand wegnahmen, den man ihnen nicht anvertrauen wollte. Man sieht sie sehr geneigt, andere Indios aus dem Dorf zu bestehlen, aber nie haben sie im Haus des Gobernadors etwas berührt, sei es, um die Gastfreundschaft nicht zu verletzen oder aus Furcht vor der bekannten Macht des Chefs Apu. Was mich am meisten an ihnen in Erstaunen versetzt hat und was sie sehr von allen Indios des Orinoco, des Río Negro und selbst dem Indio vom Río Guainía, den wir von San Carlos nach Guayana mit uns führten, unterscheidet, ist die enorme Leichtigkeit, mit der sie alle Sprachen aussprechen. Welche Zungenfertigkeit, welche Geläufigkeit gewährt ihnen ihr Organ!

Ich habe ihnen Sätze von vier bis fünf Worten auf Deutsch, Französisch und Englisch vorgesprochen, sie wiederholten sie beim ersten Versuch mit einer Deutlichkeit, dass man glauben musste, sie seien an diese drei Sprachen gewöhnt. Sie fanden selbst ein so großes Vergnügen daran, spanische Worte nachzusprechen, dass sie, wenn man in ihrer Gegenwart sprach, fortgesetzt Wort für Wort das, was man sagte, wiederholten. Sie haben die glei-

> che Besessenheit, ihre eigene Sprache zu lehren. Beginnt man einmal, ihnen Worte durch Zeichen abzufragen, um ein Vokabular zusammenzustellen, so bestürmen sie einen, fortzufahren. Sie sprechen ihre eigene Sprache mit einer erstaunlichen Schnelligkeit.[16]

Das freundschaftliche, nahezu partnerschaftliche Verhalten der Jíbaros ihm und dem weißen Verwaltungsbeamten gegenüber faszinierte Humboldt. Dies umso mehr, als die Jíbaros, die als Kopfjäger bekannt waren, 15 Jahre zuvor die Stadt Zamora zerstört und alle männlichen Bewohner getötet hatten. »Das sind Eroberungen, die die Indios bei den Spaniern machen, Reconquistas«,[17] notierte Humboldt in sein Tagebuch.

Am 9. September 1802 besuchte er die unergiebig gewordenen Silberbergwerke von Hualgayoc. In seinem Tagebuch verglich er sie mit »Kaninchenhöhlen« und notierte: »In vielen Gruben riss man aus Geiz und Unverstand die Zimmerung, die Pfeiler oder firsterhaltenden Mittel nieder, und Grube und Bergleute verstürzten.« Er habe niemals »einen unhaushälterischen Bergbau gesehen«, schreibt Humboldt: »Wenn man in Hualgayoc von allem, was man bisher getan, genau das Gegenteil täte, so würde man sich einer guten Vorrichtung nähern.«[18]

Indianische Post in der Provinz Jaen de Bracamoros, Peru. Kolorierter Kupferstich nach der Tafel 31 von Humboldts Vues des Cordillères, in: F. J. Bertuchs Bilderbuch für Kinder, Weimar, um 1815.

In Cajamarca besichtigte er wenige Tage später die Ruinen des Inka-Palastes, in dem der von Francisco Pizarro ermordete letzte Inka-Fürst Atahualpa bis zu seinem Tod im Jahr 1533 gelebt hatte: »Man zeigt noch das Zimmer, in dem das Scheusal Pizarro Atahualpa gefangen hielt, und man zeigt an der Mauer die Höhe, bis zu der der unglückliche König versprach, das Zimmer mit Gold zu füllen, wenn man ihm Freiheit gäbe.«[19] Hier, in den Palastruinen, lernte Humboldt Atahualpas Nachkommen, die »in der größten Armut«[20] lebende Familie Astorpilco, kennen:

> Der Sohn des Kaziken Astorpilco, ein freundlicher junger Mensch von 17 Jahren, der mich durch die Ruinen seiner Heimat, des alten Palastes, begleitete, hatte in großer Dürftigkeit seine Einbildungskraft mit Bildern angefüllt von der unterirdischen Herrlichkeit und den Goldschätzen, welche die Schutthaufen bedecken, auf denen wir wandelten. Er erzählte, wie einer seiner Altväter einst der Gattin die Augen verbunden und sie durch viele Irrgänge, die in den Felsen ausgehauen waren, in den unterirdischen Garten des Inka hinabgeführt habe. Die Frau sah dort kunstreich nachgebildet im reinsten Golde Bäume mit Laub und Früchten, Vögel auf den Zweigen sitzend, und den vielgesuchten goldenen Tragsessel (*una de las andas*) des Atahualpa. Der Mann gebot seiner Frau, nichts von diesem Zauberwerke zu berühren, weil die längst verkündigte Zeit (die Wiederherstellung des Inka-Reichs) noch nicht gekommen sei. Wer früher sich davon aneigene, müsse sterben in derselben Nacht. Solche goldenen Träume und Phantasien des Knaben gründeten sich auf Erinnerungen und Traditionen der Vorzeit. Der Luxus künstlicher goldener Gärten (*Jardines ó Huertas de oro*) ist von Augenzeugen vielfach beschrieben: von Cieza de Leon, Sarmiento, Garcilaso und anderen frühen Geschichtsschreibern der *Conquista*. Man fand sie unter dem Sonnentempel von Cuzco, in Caxamarca, in dem anmutigen Tale von Yucay, einem Lieblingssitze der Herrscherfamilie. Da, wo die goldenen *Huertas* nicht unterirdisch waren, standen lebend vegetierende Pflanzen neben den künstlich nachgebildeten. Unter den Letzteren nennt man immer die hohen Mais-Stauden, und Mais-Früchte in Kolben (*mazorcas*) als besonders gelungen. Die krankhafte Zuversicht, mit welcher der junge Astorpilco aussprach, dass unter mir, etwas zur Rechten der Stelle, wo ich eben stand, ein großblütiger Datura-Baum, ein *Guando* von Golddraht und Goldblech künstlich geformt, den Ruhesitz des Inka mit seinen Zweigen bedecke; machte einen tiefen, aber trüben Eindruck auf mich. Luftbilder und Täuschung sind hier wiederum Trost für große Entbehrung und irdische Leiden. »Fühlest du und deine Eltern«, fragte ich den Knaben, »da ihr so fest an das Dasein dieser Gärten glaubt, nicht bisweilen ein Gelüste in eurer Dürftigkeit nach den nahen Schätzen zu graben?« Die Antwort des Knaben war so einfach, so ganz der Ausdruck der stillen Resignation, welche der Rasse der Urbewohner des Landes eigentümlich ist, dass ich sie spanisch in meinem Tagebuche aufgezeichnet habe: »Solch ein Gelüste (*tal antojo*) kommt uns nicht; der Vater sagt, dass es sündlich wäre (*que fueso pecado*). Hätten wir die goldenen Zweige

samt allen ihren goldenen Früchten, so würden die weißen Nachbarn uns hassen und schaden. Wir besitzen ein kleines Feld und guten Weizen (buen trigo).«[21]

Bei all seinen Erlebnissen, Beobachtungen und Begegnungen war Humboldt nie versucht, die prähispanische Kultur der Inkas zu verklären:

> Der Altperuaner war eine Maschine und nicht mehr. Jedem war sein Platz, seine Beschäftigung angewiesen. Alle Geistesfreiheit war unterdrückt. [...] Die Inkas allein waren fähig, den Einwohnern Amerikas ein Vorspiel von dem zu geben, was die blutrünstige, christliche Raserei durch spanische Hände ausrichtete. [...] Dürfen wir uns wundern, dass es für die Spanier so leicht war, dieses Maschinenvolk zu besiegen? [...] Sie hielten die Spanier für die Söhne des Pachacámac, deren Ankunft der Visonar Inka Virachoca verheißen hatte.[22]

***Gewölbte Nische im Palast von Atahualpa*. Zeichnung aus dem Reisetagebuch Humboldts, 15. September 1802.**

Das peruanische Monument von Cañar (Ingapirca), Ecuador. Kupferstich von Louis Bouquet nach einer Zeichnung von Wilhelm Friedrich Gmelin auf Grundlage einer Skizze Humboldts, Tafel 19 in: Alexander von Humboldt: Vues des Cordillères, Paris: Schoell, 1810–1813.

Später schrieb er in seinen *Ansichten der Kordilleren und Monumente der eingeborenen Völker Amerikas:*

> Die peruanische Theokratie war wohl weniger drückend als die Herrschaft der mexikanischen Könige; doch die eine wie die andere haben dazu beigetragen, den Monumenten, dem Kultus und der Mythologie zweier Bergvölker jenen trüben, dunklen Charakter zu verleihen, der im Gegensatz zu den Künsten und den süßen Fiktionen der Völker Griechenlands steht. [...] Wundern wir uns nicht über die Rohheit des Stils und die Fehlerhaftigkeit der Umrisse in den Werken der Völker Amerikas. Vielleicht frühzeitig vom Rest der menschlichen Gattung getrennt, umherirrend in einem Land, wo der

> Mensch lange gegen eine wilde, stets bewegte Natur zu kämpfen hatte, haben sich diese sich selbst überlassenen Völker nur langsam entwickeln können. […] Die einzigen amerikanischen Völker, bei denen wir bedeutende Monumente finden, sind Bergvölker. Abgesondert in den Wolkenregionen, auf den höchsten Plateaus des Globus, umringt von Vulkanen, deren Krater vom ewigen Eis bedeckt sind, scheinen sie in der Einsamkeit dieser Wüsten nur das zu bewundern, was die Einbildungskraft durch Größe und Masse ergreift. Die Werke, die sie hervorgebracht haben, tragen das Gepräge der wilden Natur der Kordilleren.[23]

Von Cajamarca aus stiegen Humboldt, Bonpland und Montúfar an einem steilen Felshang im Zickzack hinab in das zerklüftete Tal von Magdalena. Sie überwanden dabei einen Höhenunterschied von 2000 Metern. Aus der Hitze des Magdalenentals kletterten sie dann noch einmal eine Felswand von beinahe 1400 Meter Höhe hinauf in die Frostzone der Kordillere. Dort oben hatten sie mit einem Mal einen freien Blick auf die Südsee. In seinen *Ansichten der Natur* schreibt Humboldt später:

> Schon als Knabe habe ich auf die Erzählung von der kühnen Expedition des Vasco Nuñez de Balboa gelauscht: des glücklichen Mannes, der, von Francisco Pizarro gefolgt, der Erste unter den Europäern, von den Höhen von Quarequa auf der Landenge von Panama, den östlichen Teil der Südsee erblickte […]. Was so durch kindliche Eindrücke, was durch Zufälligkeiten der Lebensverhältnisse in uns erweckt wird, nimmt später eine ernstere Richtung an, wird oft ein Motiv wissenschaftlicher Arbeiten, weitführender Unternehmungen.[24]

Durch staubige Täler und ausgetrocknete Flussbetten bewegte sich ihre Maultierkarawane schließlich an der kargen Küste entlang, deren Gebiete einstmals von Kanälen der Inkas, die die Spanier zerstört hatten, bewässert wurden:

> Die Proviz Trujillo hat nur drei, von den Flüssen Chicama, Moche und Virú durchzogene grüne Täler, die wie Oasen im libyschen Sand wirken. Nach der Tradition verdankt Peru dem letztgenannten Fluss seinen Namen. Als die ersten Spanier an die Küste kamen, hörten sie einen Indio rufen: »Pelú, pelú« – Fluss, Fluss. Sie glaubten jedoch, er meine das ganze Land, und bildeten das Wort in ihrer Sprache zuerst in Virú um und dann in Perú.[25]

Mitte September 1802 erreichten die Forscher die Ruinen von Chan-Chan, der größten präkolumbianischen Stadt in Amerika. Über diesen von den Inkas zerstörten Königssitz des Chimú-Reichs schrieb Humboldt in sein Tagebuch: »Man reitet durch ein wahres Labyrinth von Straßen und Plätzen, in dem man sich ohne Führer leicht verliert. Alles war hier aus Lehm gebaut.«[24] Während der 30 bis 70 Kilometer, die sie Tag für Tag in der Küstenwüste zurücklegten, trafen sie immer wieder auf Überreste dieser Hochkultur: »Auf dem ganzen Weg von Trujillo nach Santa und von da über Chimbote nach Casma haben wir Denkmäler der großartigen Zivilisation gesehen, in der die Untertanen des Königs Chimún-Cauchu lebten.«[26]

Am 23. Oktober 1802 erreichten Humboldt und seine Reisegefährten Lima. Sie blieben dort und in der Umgebung bis zum 24. Dezember. Humboldt erhielt Zugang zum Staatsarchiv, in dem er sich über die Entwicklung von Wirtschaft und Bergbau informierte. Dort machte er sich unter anderem Auszüge aus einer ihm zugänglich gewordenen Denkschrift des Forschungsreisenden Thaddaeus Haenke über die Provinz Cochabamba. Am 9. November 1802 beobachtete er den Merkurdurchgang vor der Sonne in der peruanischen Hafenstadt Callao und bestimmte den Längenunterschied zwischen Lima und Callao. Am 24. Dezember 1802 ging er, zusammen mit seinen Begleitern, in Callao an Bord der spanischen Fregatte *La Castora*, um an der Küste entlang nach Guayaquíl zu segeln.

Seine Eintragungen im Reisetagebuch beweisen, dass ihm spanische Offiziere auch Informationen über die Galapagos-Inseln gegeben hatten, die Charles Darwin 33 Jahre danach, mit Humboldts Reisebeschreibungen im Gepäck, besuchen sollte. Darwin nannte Humboldt später den »Vater einer großen Nachkommenschaft von Forschungsreisenden«.[27] Doch Humboldt segelte Ende Februar 1803 nur wenige hundert Kilometer an den Inseln vorbei, deren Tierwelt Darwin zur Evolutionstheorie inspirierte. An Bord setzte er seine in Callao begonnenen Messungen fort und stellte die niedrige Temperatur der Meeresströmung an der Küste Perus fest. Später wurde sie nach ihm *Humboldt-Strom* genannt. Die Ehre, sie entdeckt zu haben, wies er jedoch immer entschieden zurück: »Die Strömung war schon 300 Jahre vor mir allen Fischerjungen von Chili bis Payta bekannt; ich habe bloß das Verdienst, die Temperatur des strömenden Wassers zuerst gemessen zu haben.«[28]

Lupinus nubigenus. Kolorierter Kupferstich von Dien nach einem Aquarell von Pierre Jean François Turpin, Tafel 50 in: A. von Humboldt, A. Bonpland und C. S. Kunth: Mimoses et autres plantes légumineuses du Nouveau Continent, París: Libraire Grecque-Latine-Alleman, 1819–1824. Humboldt und Bonpland fanden diese Lupinie in der Nähe der Gletscherregion der Vulkane Pichincha, Chimborazo und Antisana.

AUFENTHALT IN GUAYAQUÍL: PFLANZENGEOGRAPHIE UND EINE SCHRIFT GEGEN DEN KOLONIALISMUS

Am 4. Januar 1803 ging Humboldt mit seinen Reisegefährten in Guayaquíl von Bord. Er konnte damals nicht ahnen, dass seine Messungen der Meerestemperatur aus nur elf Tagen seinen Namen weltberühmt machen sollten. Da er kein Schiff fand, das ihn weiter nach Acapulco, seinem nächsten Reiseziel, hätte bringen können, saß er mit Bonpland, Montúfar, seinem Diener José de la Cruz und 20 Kisten Reisegepäck im Hafen von Guayaquíl fest. Zwei Wochen nach ihrer Ankunft erfuhren sie, dass der Cotopaxi ausgebrochen war. »Wir hörten Tag und Nacht das Brüllen des Vulkans«, schrieb Humboldt in sein Tagebuch.[1] Da sie das Naturschauspiel unbedingt aus der Nähe miterleben wollten, entschlossen sie sich, auf direktem Weg die Anden hinauf wieder nach Quito zu reisen. »Jedermann sagte uns, dass wir unterwegs sterben würden, so unzugänglich sei das Gebirge.«[2] Als Humboldt jedoch erfuhr, dass in Kürze ein Schiff nach Acapulco die Anker lichten würde, entschied er sich zur Umkehr:

> Wir segelten in der Tat am 17. Februar mit der *Orue* ab, und der Cotopaxi hat nur Asche ausgestoßen, welche man mir gesandt hat, keine Steine, keine Lava, keinen Bimsstein, nichts, was Gegenstand einer geologischen Untersuchung sein könnte. Aber wir haben das herrliche Schauspiel versäumt, ihn nachts erleuchtet zu sehen und aus der Nähe sein furchterregendes Brüllen zu hören.[3]

Die lange Wartezeit vor der Weiterfahrt nach Acapulco nutzte Humboldt zur Arbeit an zwei für das Verständnis seines Werkes grundlegenden Arbeiten. Zum

Floß auf dem Fluss Guayaquíl, Ecuador, Ausschnitt. Kolorierter Kupferstich von Pierre Antoine Marchais auf der Grundlage einer Skizze Humboldts, Tafel 63 in: Alexander von Humboldt: Vues des Cordillères, Paris: Schoell, 1810–1813. Humboldts Absicht war es, in dieser Abbildung »eine Ansammlung von Früchten der Äquinoktialzone vorzustellen und die Gestalt der größten Flöße (balsas) bekannt zu machen, denen sich die Peruaner [...] seit den entferntesten Zeiten bedienen«.

einen aquarellierte er das Profil der äquatorialen Breiten in der Nähe des Chimborazo mit allen von ihm in Relation zur Höhe beobachteten Naturerscheinungen. Es sollte wenig später die Grundlage seines berühmten Kupferstichs *Geographie der Pflanzen in den Tropen-Ländern* werden, mit dem er die Disziplin der Pflanzengeographie auch öffentlich begründete. In Guayaquíl schrieb er aber zudem eine kurze Analyse der Missstände in den spanischen Kolonien, die er allerdings in dieser Weise nie veröffentlichte. Sie ist das eigentliche Manifest seiner Haltung gegenüber dem Kolonialismus und bildet ein Pendant zu der Anklage gegen das »Missionsregiment«[4] der spanischen Mönche:

> Einem feinfühligen Menschen können die europäischen Kolonien nicht angenehm für dauernden Aufenthalt sein. Ein sensibler Mensch wird dort mehr erdulden als ein gebildeter. Letzterer wird die Verbindung mit Europa herstellen, er wird über Bücher, Instrumente verfügen; das nämliche Interesse, das die Tropennatur einflößt, wird ihn den Mangel an Pflege der Wissenschaft in [West-]Indien vergessen lassen. Es wird leicht sein, Aufklärung in den Kolo-

Geographie der Pflanzen in der Nähe des Äquators. Aquarell von Alexander von Humboldt. Dieses Blatt fertigte Humboldt 1803 in Guayaquíl an und sandte es an José Celestino Mutis in Bogotá. Es bildet die Vorstudie zu Humboldts berühmtestem und wichtigstem Werk, der *Geographie der Pflanzen in den Tropen-Ländern.* Heute befindet es sich im Museo Nacional de Colombia in Bogotá.

nien zu verbreiten, aber es wird nicht leicht sein, die Menschen dort in milde, liebenswürdige, soziale Wesen umzuwandeln.

Woher kommt dieser Mangel an Moral, woher diese Leiden, dieses Unbehagen, dem jeder empfindsame Mensch in den europäischen Kolonien ausgesetzt ist? Das rührt daher, dass die Idee der Kolonie selbst eine unmoralische Idee ist, diese Idee eines Landes, das einem andern zu Abgaben verpflichtet ist, eines Landes, in dem man nur zu einem bestimmten Grad an Wohlstand gelangen soll, in welchem der Gewerbefleiß, die Aufklärung sich nur bis zu einem bestimmten Punkt ausbreiten dürfen. Denn jenseits dieser Grenze würde das Mutterland nach eingebürgerten Vorstellungen weniger gewinnen, jenseits dieser Mittelmäßigkeit würde sich eine zu starke, wirtschaftlich zu selbständige Kolonie unabhängig machen. Jede Kolonialregierung ist eine Regierung des Misstrauens. Man verteilt die Autorität dort nicht so, wie es die öffentliche Wohlfahrt der Einwohner erfordert, sondern entsprechend dem Argwohn, dass diese Autorität sich vereinigen, dass sie sich zu sehr um das Wohl der Kolonie bemühen und den Interessen des Mutterlandes gefährlich werden könnte.

Je größer die Kolonien sind, je konsequenter die europäischen Regierungen in ihrer politischen Bosheit sind, umso stärker muss sich die Unmoral der Kolonien vermehren. Man sucht seine Sicherheit in der Uneinigkeit, man trennt die Kasten, man schürt ihren Hass und ihre Streitigkeiten, man beklagt heuchlerisch ihren gegenseitigen Hass, man verbietet ihnen, sich durch Heiraten zu verbinden, man fördert die Sklaverei, weil die Regierung eines Tages, wenn alle anderen Mittel versagen, zu dem grausamsten von allen Zuflucht nehmen kann, nämlich die Sklaven gegen ihre Herren zu bewaffnen, diese erwürgen zu lassen, bevor man selbst erwürgt wird, was doch immer das Ende dieser schrecklichen Tragödie sein wird. Man vergibt Ämter nur an Emporkömmlinge und gemeine Menschen, die der Hunger aus Europa vertrieben hat, man erlaubt diesen, die in den Kolonien Geborenen geringschätzig zu behandeln, man schickt Leute, die den Kreolen [in Hispano-Amerika geborenen Nachfahren von spanischen Eltern] das Blut aussaugen; und diese Leute sprechen unaufhörlich von den Besitztümern, die sie im Stich gelassen haben, um in einem Land sesshaft zu werden, in dem ihnen alles missfällt, wo der Himmel nicht blau ist, wo das Fleisch nicht schmackhaft ist, wo alles verächtlich ist; und dennoch verlassen sie es nicht. Die europäischen Beamten von niedriger Herkunft, die aber durch den Missbrauch, den sie mit der ihnen anvertrauten Autorität getrieben haben, reich geworden sind, prahlen mit ihren Stellungen. Daher streben die Kreolen ihrerseits nach Ordenskreuzen und Titeln, durch die das Mutterland ihrer Eitelkeit schmeichelt, wobei es sie sanft zur Ader lässt. Die gleiche Reaktion bringt einen tödlichen Hass zwischen dem Europäer und dem Kreolen hervor; der Sohn verabscheut den Vater.

In dem Maße, in dem der Hass auf das Mutterland zunimmt, wächst die Liebe zum Geburtsland. Man ist bemüht, sich von allem falsche Vorstellungen zu machen. Man hält Caracas und Lima für kultivierter als Madrid, man liebt die Spanien feindlich gesinnten Nationen, man wünscht nichts brennender, als London oder Paris zu sehen, und eingebildet auf die Größe des väterlichen Hauses und die Achtung, mit der sich die Aristokratie in Amerika Geltung verschafft, fühlt man sich [dort] herabgesetzt, zu wenig geehrt und kehrt in ein Land zurück, wo man behauptet, in Freiheit leben zu können, weil man dort seine Sklaven straflos misshandeln und die Weißen beleidigen kann, wenn sie arm sind.

Die europäischen Regierungen haben so viel Erfolg in der Verbreitung des Hasses und der Uneinigkeit in den Kolonien erzielt, dass man in diesen die Freuden des geselligen Lebens kaum kennt; wenigstens ist jede dauerhafte Geselligkeit unmöglich, zu der viele Familien zusammenkommen müssen. Aus dieser Lage entsteht eine Verwirrung von Ideen und unbegreiflichen Meinungen, eine allgemeine revolutionäre Tendenz. Aber dieser Wunsch beschränkt sich darauf, die Europäer zu vertreiben und sich danach gegenseitig zu bekriegen.

Ein aufgeklärter Bischof, der von Trujillo, mit dem ich über die Ursachen der Unmoral in den Kolonien sprach, sagte mir in einem sehr entschiedenen Ton: »Es ist so schwierig für einen Europäer, in diesen Breiten ein anständiger Mensch zu bleiben, wo die Straflosigkeit bis in den Klerus hinein herrscht, dass ich Gott täglich bitte, mich nicht hier sterben zu lassen, denn ohne Zweifel werde ich verdammt sein.«

Je größer die Kolonien und je erheblicher die Missstände sind, desto stärker vermehrt sich das Misstrauen der Regierung. Deswegen wären die Inseln [die Großen und die Kleinen Antillen] zum Wohnen geeigneter als die großen Kolonien des Kontinents. Die weißen Familien hassen sich dort weniger, sie wechseln dort öfter, ziehen sich nach Europa zurück; der Hass ist dort weniger alt, es gibt weniger Beamte; aber es gibt dort einen anderen Schrecken, der die Inseln viel weniger bewohnbar macht als die übrigen Kolonien, das sind die Schwarzen, die nirgends zahlreicher sind und mehr misshandelt werden. Nirgends muss sich ein Europäer mehr schämen, ein solcher zu sein, als auf den Inseln, seien es französische, seien es englische, seien es dänische, seien es spanische. Sich darüber streiten, welche Nation die Schwarzen mit mehr Humanität behandelt, heißt, sich über das Wort Humanität lustig machen und fragen, ob es angenehmer ist, sich den Bauch aufschlitzen zu lassen oder bei lebendigem Leib die Haut abgezogen zu bekommen, heißt fragen, ob die Spanier mehr Grausamkeiten in Peru als in Venezuela verübt haben, ob die Spanier mehr Grausamkeiten in Amerika als die Engländer und die Franzosen in Ostindien verübt haben!!

Die Urheber der ersten französischen Verfassung haben bestimmt nicht in den Grundsätzen geirrt, obgleich sie diese oft in gefahrbringender Weise und mit Überstürzung angewendet haben. Sie schafften den Namen »Kolonie« ab, sie betrachteten ihre entfernten Besitzungen als integrierende Bestandteile der Republik, sie gaben ihnen ein gleiches Recht auf Glück, auf eine Regierung. Sie hätten besser daran getan, kleine vereinigte und von Frankreich abhängige Republiken daraus zu machen. Was hat England im Handel mit Nord-Amerika seit der Unabhängigkeitserklärung verloren?

> Dieses gleiche Nord-Amerika ist vor seiner Revolution viel besser zu bewohnen gewesen [als andere Kolonien], die Familien waren dort weniger uneinig, die Kolonie war daher viel leichter zu revolutionieren, weil England ihr schon viele Rechte abgetreten hatte, weil man sich schon einer Art Provinzialregierung erfreute, die geeignet war, die Geister zu einigen und die Menschen liebenswürdig und großmütig zu machen, so wie wir sie in dieser großen, im Werden befindlichen Republik sehen. Man fordert sogar eine Art Straflosigkeit für die Chapetones [in Europa geborene Spanier] in den Kolonien. Es ist nicht nur eine Meinung des niederen Volkes, dass die Chapetones nicht gehängt werden können, sondern ich weiß, dass ein Rechtsanwalt diese These bei einer Gerichtsverhandlung verteidigt hat, obwohl niemals ein solches Gesetz existiert hat, um einen Mörder zu retten, der vier bis fünf Menschen getötet hatte. Der allgemeinen, unter dem europäischen Gesindel verbreiteten Meinung liegt zugrunde, dass die europäischen Richter meistens die Mörder schützen, wenn sie ihre Landsleute sind.[5]

Auch in seinen Publikationen vertrat Humboldt später diese Meinung, allerdings formulierte er sie dort selten in solcher Schärfe wie hier. Die erste Arbeit, in der er seine politische Haltung nach der amerikanischen Expedition zum Ausdruck brachte, war bereits seine *Geographie der Pflanzen*. Als »das wichtigste Resultat meiner Reise«[6] publizierte er diese Arbeit als erste seines großen Reisewerks im Jahr 1807. Sie erschien gleichzeitig in Paris auf Französisch und in Tübingen bei Cotta auf Deutsch.[7] Bereits in der linken Spalte zur »Cultur des Bodens nach Verschiedenheit der Höhe« findet sich der Text: »Africanische Sklaven durch die civilisirten Völker Europens eingeführt!« Und im Begleitband zu dieser Veröffentlichung schreibt Humboldt:

> Die Europäer haben hier Zuckerrohr, Indigo und Kaffee eingeführt – neue Zweige des Pflanzenbaus, welche, statt wohltätig zu werden, vielmehr Unmoralität und grenzenloses Elend über das Menschengeschlecht verbreitet haben: denn die Einführung afrikanischer Sklaven, indem sie einen Teil des alten Kontinents entvölkert, bereitet dem neuen blutige Schauspiele der Zwietracht und Rachgier.[8]

Noch deutlicher wurde er kurz darauf in seinem *Politischen Essay über das Vizekönigreich Neu-Spanien*. Wie bei den meisten anderen Einzeltiteln seines umfangreichen 29-bändigen Reisewerkes auch, erschien dieses Werk in Lieferungen,

Folgende Doppelseite: *Geographie der Pflanzen in den Tropen-Ländern, ein Naturgemälde der Anden* von Alexander von Humboldt und Aimé Bonpland. Kolorierter Kupferstich von Louis Bouquet nach einer Zeichnung von Lorenz Adolf Schönberger und Pierre Jean François Turpin auf der Grundlage einer Skizze von Humboldt, Paris 1807. Mit diesem Werk begründete Humboldt eine neue wissenschaftliche Disziplin: die Pflanzengeographie. In einem einzigen großen »Naturgemälde« stellte er alle seine Beobachtungen und Messungen in der Region des Äquators in Beziehung zur Höhe dar. Die Arbeit zeigt auch das ökologische Denken Humboldts, sein Bestreben, das Zusammenwirken aller Kräfte der Natur zu erfassen und in einer Gesamtschau botanische, zoologische und geologische Beobachtungen mit physikalischen Messungen zu vereinen.

METER	Horizontale STRAHLENBRECHUNG	ENTFERNUNG in welcher Berge auf dem Meere sichtbar sind (ohne Rücksicht auf die Strahlenbrechung).	HÖHEN-MESSUNGEN in verschiedenen Welttheilen	ELECTRISCHE ERSCHEINUNGEN nach Höhe der Luftschichten	CULTUR DES BODENS nach Verschiedenheit der Höhe	ABNAHME DER SCHWERE durch die Schwingungen des Pendels im leeren Raume ausgedrückt	LUFTBLÄUE in Graden des Kyanometers	ABNAHME DER FEUCHTIGKEIT in Graden des Saussureschen Hygrometers ausgedrückt.	DRUCK DER LUFT in Barometer-Höhen.	TOISEN
			Höhe der kleinsten Wolken (Schäfchen).							4000
									Bar. 0,30068m (133, 36. lin.) Zu 7500m Höhe Temper. −16°,0.	
						9988638 zu 7000m			Bar. 0,32035m (142,61 lin.) Zu 7000m Höhe Temper. −13°,0.	3500
6500			Gipfel des Chimborazo 6544m (3358!); die gemessene Basis durch Laplace's barometrische Formel auf die Meeresfläche reducirt.	Viele leuchtende Meteore.					Bar. 0,34356m (152, 38 lin.) Zu 6500m Höhe Temper. −10°,0.	
6000	90″,7	2°,7630	Gipfel des Cayambe 5954m (3055!) Höhe von Antisana 5833m (2993!) Gipfel des Cotopaxi 5753m (2952!)	Wenige electrische Explosionen mit Donner begleitet. Die große Trockenheit der Luft und die beständige Wolkenbildung vermehren die electrische Tension. In der Nähe des Krater geht die Electricität oft vom Positiven zum Negativen über. Häufiger Hagel.		99905404 zu 6000m		Mangel an Beobachtungen. Die mittlere Trockenheit der nebellosen Luft ist wahrscheinlich unter 38°, welche bei einer Temperatur von 23°,3 gleich sind 26°,7.	Bar. 0,36747m (162,93 lin.) Zu 6000m Höhe Temper. −6°,0.	3000
5500		2°,6450	Gipfel des St. Elias-Berge 5513m (2829!) Gipfel des Popocatepetel 5387m (2764!) Gipfel des Pico von Orizava 5303m (2722!)				Von 40° zu 46°. Mittlere Intensität 44°.		Bar. 0,39206m (173,84 lin.) Zu 5500m Höhe Temper. −3°,0.	
5000	103″,2	2°,5470	Vulcan Tunguragua 4958m (2544!) Gipfel des Rucu-Pichincha 4868m (2498!) Mont-Blanc … 4775m (2450!)			9992170 zu 5000m			Bar. 0,41823m (185,40 lin.) Zu 5000m Höhe Temper. 0°,4.	2500
4500		2°,3930	Finsterarhorn .. 4362m (2238!) Versteinerte Muscheln zu Huancavelica in der Höhe von 4300m (2228!) Antisana, bewohnte Meierei, … 4093m (2101!)		Kein Pflanzenbau. Grasefluren, auf welchen Lamas, Schaafe, Rinder und Ziegen weiden.		Von 32° zu 42°. Mittlere Intensität 38°.	Von 46° zu 100°. Mittlere Feuchtigkeit 54°.	Bar. 0,44553m (197,55 lin.) Zu 4500m Höhe Temper. 3°,7.	
4000	117″,0	2°,2560	Groß-Glockner (in Tyrol) 3898m (2000!)	Viel Explosionen, aber unperiodisch. Die der Erde nahen Schichten sind oft und auf lange Zeit negativ electrisirt. Häufiger Hagel und selbst Nachts. Höher als 3900 M. ist der Hagel oft mit Schneeflocken gemengt.	Kartoffeln (Solanum tuberosum). Olluco. Tropäolum esculentum. Kein Waitzen mehr seit 3300 M. Höhe. Gerste.	99936936 zu 4000m			Bar. 0,47417m (210,20 lin.) Zu 4000m Höhe Temper. 6°,4.	2000
3500		2°,1100	Stadt Micuipampa 3557m (1825!) Mont-Perdu … 3436m (1763!) Ätna … 3338m (1713!)				Von 28° zu 37°. Mittlere Intensität 32°.	Von 51° zu 100°. Mittlere Feuchtigkeit 65°.	Bar. 0,50418m (223,50 lin.) Zu 3500m Höhe Temper. 9°,0.	
3000	132″,5	1°,9540	Watemann … 2941m (1509!) Canigou … 2781m (1427!) St. Gothard (Gipfel des Pettina) … 2722m (1397!)		Europäisches Korn. Waitzen. Gerste. Hafer. Chenopodium Quinoa. Maïs. Kartoffeln. Baumwolle. Etwas Zuckerrohr. Juglans. Äpfel. (Wenig afrikanische Sklaven).	99952702 zu 3000m			Bar. 0,53689m (238,06 lin.) Zu 3000m Höhe Temper. 14°,4.	1500
2500		1°,7840	Untere Grenze des Schnees, unterm 45° der Breite, in der Höhe von … 2500m. Steinsalzflöz zu St. Maurice in Savoyen … 2188m (1123!)				Von 24° zu 30°. Mittlere Intensität 27°.	Von 54° zu 100°. Mittlere Feuchtigkeit 74°.	Bar. 0,57073m (253,05 lin.) Zu 2500m Höhe Temper. 18°,7.	
2000	149″,4	1°,5960	Strasse auf dem Mont-Cenis 2066m (1060!) Mont d'Or … 1886m (968!) Stadt Popayan .. 1756m (901!)	Sehr häufige und sehr starke electrische Explosionen, wiederkehrend besonders zwei Stunden nach der Culmination der Sonne. Mehrere Stunden lang des Tages zeigt das Voltaische Electrometer kaum 0,001 Meter Electricität.	Caffe. Baumwolle. Zuckerrohr in geringerer Menge. Keine reifen Pisang-Früchte seit der Höhe von 1750 M. Erythroxylum peruvianum. Schon etwas Waitzen.	99968468 zu 2000m			Bar. 0,60501m (268,24 lin.) Zu 2000m Höhe Temper. 20°,0.	1000
1500		1°,3820	Puy de Dome .. 1477m (758!)				Von 17° zu 27°. Mittlere Intensität 22°.	Von 60° zu 100°. Mittlere Feuchtigkeit 80°.	Bar. 0,64134m (284,28 lin.) Zu 1500m Höhe Temper. 21°,2.	
1000	167″,7	1°,1280	Vesuv 1198m (615!) im Jahr 1794, aber 991m (509!) im Jahr 1805. Brocken … 1062m (545!) Hecla … 1013m (520!)		Zuckerrohr. Indigo. Cacao. Caffe. Baumwolle. Maïs. Jatropha. Pisang. Weinreben. Achras Mamei. (Afrikanische Sklaven durch die civilisirten Völker Europens eingeführt!)	99984234 zu 1000m			Bar. 0,67923m (301,18 lin.) Zu 1000m Höhe Temper. 22°,6.	500
500		0°,7980	Kinekulle, einer von den hohen Bergen Schwedens, 306m (157!)				Von 13° zu 23°. Mittlere Intensität 18°.	Von 65° zu 100°. Mittlere Feuchtigkeit 86°.	Bar. 0,71961m (319,03 lin.) Zu 500m Höhe Temper. 24°,0.	
0	187″,6	0°,0000				1,0000000 zu 0m		Menge des gefallenen Regens 1,89 M. (70 Zoll). In Europa 0,67 M. (25 Zoll). Alle angegebene Hygrometer-Grade hängen von der mittlern Luft-Temperatur ab.	Bar. 0,76202m (337,80 lin.) Auf der Meeresfläche Temp. 25°,3	0

Gipfel des Chimborazo

Höhe des Chimborazo, zu welcher Bonpland, Montufar und Humboldt mit Instrumenten gelangt sind d. 23 Jun. 1802 Bar. 0m,5 … (13z 11l,2) Therm. −1°,6.

Höhe des Popocatepetel

Höhe des Corazon, zu welcher Bouguer und la Condamine gelangt sind im Jahr 1738.

Höhe des Pico de Teyde

Entworfen von A. von Humboldt, gezeichnet 1805 in Paris von Schönberger und Turpin, gest. von Bouquet, die Schrift von L. Aubert, gedruckt von Langlois.

Geographie der Pfla

ein Naturge

gegründet auf Beobachtungen und Messungen, welche vom 10ten Grade nörd

von ALEXANDER VON

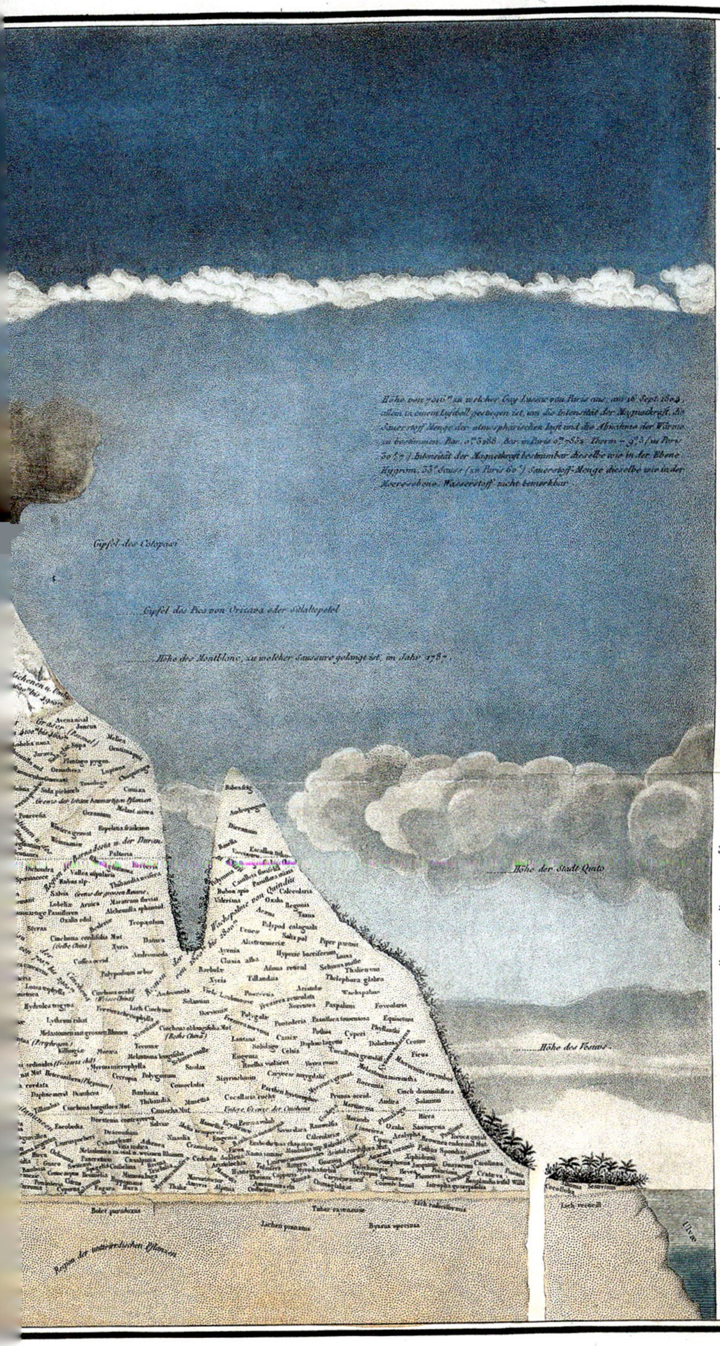

Höhe von 7016m zu welcher Gay Lussac von Paris aus, am 16 Sept. 1804, allein in einem Luftball gestiegen ist, um die Intensität der Magnetkraft, die Sauerstoff-Menge der atmosphärischen Luft und die Abnahme der Wärme zu bestimmen. Bar. 0m,3288. Bar. in Paris 0m,7652. Therm. − 9°,5 (zu Paris 30°,7). Intensität der Magnetkraft bestimmbar dieselbe wie in der Ebene. Hygrom. 33° Sauss. (zu Paris 60°). Sauerstoff-Menge dieselbe wie in der Meeresebene. Wasserstoff nicht bemerkbar.

Gipfel des Cotopaxi

Gipfel des Pics von Orizava oder Sitlaltepetl

Höhe des Montblanc, zu welcher Saussure gelangt ist, im Jahr 1787.

Höhe der Stadt Quito

Höhe des Vesuvs

METER	LUFTWÄRME NACH HÖHE DER SCHICHTEN durch den höchsten und niedrigsten Stand des Thermometers ausgedrückt	CHEMISCHE NATUR des LUFTKREISES	HÖHE DER UNTERN GRENZE DES EWIGEN SCHNEES, nach Verschiedenheit der Geographischen Breite.	THIERE, geordnet nach der HÖHE IHRES WOHNORTS	SIEDHITZE DES WASSERS nach Verschiedenheit der Höhen	GEOGNOSTISCHE ANSICHT der Tropen-Welt	SCHWÄCHUNG DER LICHTSTRAHLEN beim Durchgange der Luftschichten	TOISEN
						Die Natur der Gebirgsarten ist im Ganzen unabhängig von der Breite und Höhe über der Meeresfläche, aber in einzelnen Theilen des Erdbodens bemerkt man eine gewisse Ordnung in der Schichtung u. Lagerung, welche als Folge eines particularen Systems von Anziehungskräften zu betrachten ist. Eben diese Betrachtung erweiset, wie schwierig es ist, etwas Allgemeines über die geognostischen Verhältnisse der Äquatorial-Gegenden zu sagen. Nahe am Äquator befinden sich neben einander die höchsten Gebirge der Welt, und die niedrigsten weit ausgedehntesten Ebenen. Von 0° bis 1°,45 südlicher Breite, und sonst nirgends auf dem Erdboden, erheben sich Berge von mehr als 5850 M. oder 3000 T. Höhe; doch nehmen die Gebirgsketten gegen den Pol hin weder gleichmäßig noch sehr beträchtlich ab. Denn unter dem 19°, unter dem 45° und 60° Grade nördl. Breite kennt man noch Berge von 4700 M. (2400 T.) und selbst von 5500 M. (2800 T.) Höhe. Die großen Äquatorial-Ebenen, welche sich von dem östlichen Abfall der Andes-Kette längst dem Amazonen-Strome bis zur brasilianischen Küste hin erstrecken, sind in 700 Seemeilen Länge kaum 70 M. bis 200 T. über der Meeresfläche erhaben.		4000
6500				Kein organischer Stoff an den Erdboden geheftet.	Siedhitze zu 77°,0. (61°,6. R.) Bar. 0,320m		0,9164	3000
6000 5500	Zu wenig besuchte Regionen, um ihre Temperatur genau zu kennen. Die mittlere Wärme scheint unter dem Eispunkte zu seyn. Doch sieht man auf 5403 M. Höhe das Th. noch bisweilen 17°,8.	Die Sauerstoffmenge scheint in der obern Luftregion eben so groß als in der Ebene zu seyn; aber die Nähe der Vulcane kann auf den hohen Gipfeln der Andes die chemische Mischung des Luftkreises modificiren.	Die Luft, welche man aus dem Schneewasser entbindet, enthält 0,287 Sauerstoff.	Der Condor der Anden. Einige Fliegen und Sphinxe, wahrscheinlich durch senkrechte Luftströme emporgehoben.	Siedhitze zu 81°,0. (64°,8. R.) Bar. 0,367m	Alle Gebirgsarten, welche die Natur auf der Erdoberfläche verstreuet hat, finden sich unter dem Äquator zusammengedrängt. Ihr relatives Alter und ihre Lagerung scheinen im Ganzen dieselbe, welche man in den gemäßigten Zonen entdeckt hat. Der glimmerarme Granit mit großen Feldspathkristallen, älter als der feinkörnige; Gneiss, Syenit, Glimmerschiefer und Thonschiefer sich gegenseitig untertеufend; unter den Flözgebirgsarten zwei Sandstein-, zwei Gips- und drei Kalkstein-Formazionen; Basalt, Mandelstein, Grünstein, Obsidian-Pechstein- und Perlstein-Porphyre (die ganze problematische Trapp-Formazion) auf dem höchsten Rücken der Cordillera in [illegible] einzelt — alle diese Verhältnisse beweisen die geognostische Ähnlichkeit der entferntesten Weltgegenden.	0,9047	3000
5000 4500	Von −7°,5 bis 18°,7. Mittlere Temperatur 3°,7. (3° R.) Es schneit bis 4100 M.		Schneegrenze unter dem Äquator und unter 5° nördl. und südl. Breite auf 4800 M. (2464 T.) Höhe. Oscillation kaum 80 M. Schneegrenze unter 20° nördlicher Breite 4600 M. (2361 T.). Oscillation im Winter bis 3800 M.	Heerden von Vicuna, Alpaca u. Huanaco. Einige Bären. Condor. Falken. Caprimulgus. Keine Fische in den Seen.	Siedhitze zu 84°,7. (67°,7. R.) Bar. 0,418m		0,8922	2500
4000 3500	[illegible] Mittlere Temperatur 9°. (7°,2 R.) Viel Hagel, selbst bisweilen Nachts.	[illegible] wasserstoff, welcher in der Atmosphäre vorhanden ist, beträgt weniger als zwei tausend Theile. Die Luft, in 7000 M. Höhe gesammelt, ist nicht wasserstoffreicher als die der Ebenen.	Ewiger Schnee unter 35° nördl. Breite auf 3500 M. (1800 T.) Höhe. Ewiger Schnee unter 40° Breite auf 3100 M. (1600 T.) Höhe.	Lamas, verwildert am westlichen Abfall des Chimborazo. Der kleine Bär mit weißer Stirn. Große Hirsche. Der kleine Löwe. Einige Colibris. Kein Pulex penetrans.	Siedhitze zu 88°,1. ([illegible] R.) Bar. 0,474m		0,8787	2000
3000 2500	Von 1°,2 bis 23°,7. Mittlere Temperatur 18°,7. (15° R.) Viel Hagel und tiefe Nebel.		Schneegrenze unter 45° nördl. Breite 2500 M. (1282 T.). In den Pyrenäen zu 2350 M., in den Schweizer-Alpen auf isolirten Bergen 2700 M.; aber auf Gipfeln, deren Höhe 3100 M. übersteigt, zu 2550 M. Im Ganzen ist das Phänomen der Schneelinie veränderlicher in den nördlichen Ländern als unter dem Äquator.	Viverra mapurito. Felis tigrina. Große Hirsche. Palamedea bispinosa. Menge von Enten und Tauchern. Viele Läuse (Pediculus humanus).	Siedhitze zu 91°,3. (73°,0. R.) Bar. 0,536m	Merkwürdige Eigenheiten der amerikanischen Tropen-Region sind die ungeheure Mächtigkeit der Gebirgsschichten und die Höhe, zu der sie sich über der Meeresfläche erheben. In Europa steht der Granit zwischen 3300 M. und 4700 M. (1700 T. und 2400 T.) überall unbedeckt zu Tage aus. In der Andeskette ist der Granit nicht sichtbar, höher als 3500 M. (1800 T.). Die höchsten Gebirgsstöcke der Welt bestehen bis zu ihren beeisten Gipfeln aus hornblend-reichen Porphyren, welche einige Geognosten vom vulkanischen Feuer erzeugt, andere von demselben nur umgebildet halten. Der Sandstein bei Huancavelica steigt bis zu einer Höhe von 4400 M. (2300 T.). Das Steinkohlenflöz bei Santa Fe findet sich 2633 M. (1352 T.) hoch über dem Meere. Die große Ebene von Bogota auf 2700 M. (1400 T.) Höhe ist mit Flözschichten von Gyps und Steinsalz bedeckt. Versteinte Seemuscheln finden sich in der Andes-Kette 4200 M. hoch (in Europa nicht höher als 3500 M.). Auf den Gebirgskuppen von Quito gräbt man, in 2500 M. Höhe, fossile Elephanten-Knochen aus. Der Sandstein von Cuenca ist 1560 M., die Quarz-Formazion, westlich von Coxamarca, 2900 M. mächtig.	0,8640	1500
2000 1500	Von 12°,5 bis 3[illegible]. Mittlere Temperatur 21°,2. (17° R.) Wenig Hagel, aber häufiger Nebel.	Die atmosphärische Luft besteht aus 0,210 Sauerstoff, 0,787 Stickstoff und ohngefähr 0,003 Kohlensäure. Der Sauerstoffgehalt der Atmosphäre scheint nicht um 0,001 zu wechseln.		Kleine Hirsche (Cervus mexicanus). Tapir. Sus tajassu. Felis pardalis. Einige Affen (Aluaten). Truppiale (Oriolus). Coluber coccin. Keine Boa, kein Crocodil. Viele Niguas (Pulex penetrans) auf Menschen, Hunden und Affen.	Siedhitze zu 94°,3. (75°,3. R.) Bar. 0,605m		0,8478	1000
1000 500	Von 18°,5 bis 38°,4. Mittlere Temperatur 25°,3. (20°,2 R.) Kein Hagel. Der Sand oft bis 52° erhitzt		Es schneit unter dem Äquator in 4100 M. (2100 T.) Höhe, in Neu-Spanien unter 19° nördl. Breite bis 1800 M.	Affen (Sapajous und Aluaten). Jaguar (Felis onca). Schwarzer Tiger. Löwe (Felis concolor). Cavia capibara. Faulthier. Ameisenbär. Cervus mexicanus. Armadille. Aptenodytes. Crak. Ampelis. Boa. Crocodil. Lamentin. Elater noctilucus. Mosquito (Oestrus humanus.)	Siedhitze zu 97°,1. (77°,7. R.) Bar. 0,679m		0,8309	500
0	Die Wärme der Meeresfläche ist unter dem Äquator, fern von Strömungen, 28°, aber in 400 M. Tiefe ist die Wärme nur 7°,6. Die Temperatur des festen Erdkörpers scheint 22°,5.		Schneegrenze unter 75° Breite.	Im Innern der Erde unbeschriebene Dermestes-Arten, welche sich von den unterirdischen Pflanzen ernähren.	Siedhitze zu 100° (80° R.) Bar. 0,762m	Die Andes-Kette hat noch mehr als 50 brennende Vulcane, von denen einige 37 bis 40 Seemeilen vom Meere entfernt liegen. Die höchsten speien nie fließende Lava aus, sondern verschlackte Grünstein- und Porphyr-Massen, Obsidian, Bimstein und vorzüglich eine ungeheure Menge Wasser und kohlenstoffhaltigen Letten, in welchem kleine Fische (Pimelodus Cyclopum) eingehüllt sind.	0,8123	0

…n in den Tropen-Ländern;

…e der Anden,

…zum 10ten Grade südlicher Breite angestellt worden sind, in den Jahren 1799 bis 1803.

…OLDT und A. G. BONPLAND.

d.h. in Fortsetzungen, die die Käufer selbst binden lassen mussten. Die ersten Lieferungen des *Essai politique sur le royaume de la Nouvelle-Espagne* kamen im März 1808 in Paris in französischer Sprache auf den Markt. Darin kritisierte Humboldt, dass die 3 ½ Millionen Indianer Neu-Spaniens keinerlei

> Schutz einer weisen und menschlichen Gesetzgebung« genössen.[9] In der zweiten Lieferung, die am 26. September 1808 erschien, heißt es: »Mexiko ist das eigentliche Land der Ungleichheit; denn nirgends ist sie in der Verteilung der Glücksgüter, der Zivilisation, des Anbaus und der Bevölkerung größer als hier. [...] Betrachtet man die mexikanischen Indianer in Masse, so sieht man nichts als ein Gemälde großen Elends. Auf die unfruchtbarsten Ländereien verwiesen, indolent [gleichgültig] von Charakter und noch mehr infolge ihrer politischen Lage, leben die Eingeborenen eigentlich nur von einem Tag zum anderen.[10]

Das Argument der Kolonialherren, die Indianer würden sich sofort gegen die früheren Unterdrücker auflehnen, wenn man ihnen mehr Rechte zugestehe, ließ Humboldt nicht gelten: Diese Auffassung höre man überall dort, »wo es darauf ankommt, die Bauern Menschen- und Bürgerrechte genießen zu lassen«, sei es in Amerika oder in Europa. Er hingegen plädierte dafür, die Ungleichheit gerade deshalb abzuschaffen, weil es ansonsten zu Aufständen käme: »Diese selben stumpfsinnigen und indolenten Indianer, die sich geduldig an den Kirchentüren peitschen lassen, zeigen sich jedes Mal, wenn sie in einem Volksaufruhr in Masse handeln, listig, tätig, heftig und grausam.«[11] In diesem Zusammenhang unterstreicht er auch nochmals die Feststellung aus seiner Abhandlung, die er in Guayaquil verfasst hat, nämlich dass »die europäische Politik, von der ersten Entdeckung der Neuen Welt an, die Uneinigkeit der Kasten, der Familien und der konstituierenden Autoritäten als das Mittel angesehen hat, die Kolonien in Abhängigkeit vom Mutterland zu erhalten«[12]. Seine Lösung ist folgende:

> Eine in den wahren Interessen der Menschheit hellsehende Regierung würde Einsichten und Kenntnisse mit Leichtigkeit verbreiten und den physischen Wohlstand der Kolonisten erhöhen, wenn sie nur nach und nach diese ungeheure Ungleichheit der Rechte und der Vermögenszustände verschwinden machte, allein sie würde ungeheure Schwierigkeiten [mit dem Mutterland] finden, wenn die Einwohner durch sie geselliger werden und wenn sie von ihr lernen sollten, sich samt und sonders für Mitbürger anzusehen.[13]

Ein solcher, von Humboldt postulierter Staat ist zweifellos eine Republik. Auch wenn er es im Jahr 1808, als dieser Text erschien, noch nicht direkt aussprach: Hinter diesen Passagen steckt eindeutig Humboldts Forderung nach der Unabhängigkeit der spanischen Kolonien.

Höhenvergleichstafel der Alten und Neuen Welt. Kolorierter Kupferstich nach einer Zeichnung Johann Wolfgang von Goethes, Paris 1813. Die Lektüre von Humboldts *Ideen zu einer Geographie der Pflanzen* regte Goethe im Jahr 1807 zum Entwurf dieser Tafel an. Es stellt die Gebirge Europas den Anden Südamerikas gegenüber. Links, auf dem Gipfel des Mont Blanc, sieht man den Erstbesteiger, Horace-Benedict de Saussure, und auf dem Weg zum Gipfel des Chimborazo Alexander von Humboldt, über dem ein Kondor fliegt. Links oben schwebt in einem Ballon Joseph Louis Gay-Lussac, der im Jahr 1804 mit 7000 Metern den Höhenrekord gebrochen hatte.

NEU-SPANIEN: AZTEKEN, BERGWERKE UND VULKANE

Am 22. März 1803 ging die *Orue* im Hafen von Acapulco vor Anker. Über seine Reise durch das damalige Vizekönigreich Neu-Spanien, das heutige Mexiko, berichtet Humboldt:

> Nach ruhiger Fahrt über den Pazifischen Ozean gelangten wir nach Acapulco, einen Hafen im Westen des Königreiches von Neu-Spanien, der für sein durch Erdbeben gebildetes Hafenbecken, das Elend seiner Bewohner sowie für sein ebenso heißes wie ungesundes Klima Berühmtheit erlangt hat. Ich hatte zunächst vor, mich nur einige Monate lang in Mexiko aufzuhalten und von dort aus zügig nach Europa weiterzureisen. Zu lange zog sich unsere Reise schon hin. Die Instrumente, allen voran die Chronometer, begannen den Dienst zu versagen und alle Anstrengungen, sich neue zusenden zu lassen, erwiesen sich als erfolglos. Darüber hinaus machten die Wissenschaften in Europa solch rasche Fortschritte, dass man bei einer mehr als vier- bis fünfjährigen Reise Gefahr lief, die beobachteten Phänomene unter einem Blickwinkel zu betrachten, der im Augenblick der Publikation der Forschungsergebnisse schon nicht mehr interessant ist. Ich hoffte, im August und September 1803 in Frankreich zu sein, doch die Anziehungskraft eines ebenso schönen wie abwechslungsreichen Landes, wie es das Königreich von Neu-Spanien ist, die ausgeprägte Gastfreundschaft seiner Bewohner und die Furcht vor dem Gelbfieber, das von Juni bis November für die aus den Bergregionen Stammenden so dramatisch verläuft, ließen mich ein Jahr in Neu-Spanien verweilen.

Federico Alejandro Barón de Humboldt, Consejero de minas de S.M. el rey de Prusia, miembro de varias Academias de Ciencias. Ölgemälde von Rafael Ximeno y Planes, 1803. Während seines Aufenthalts in Mexiko-Stadt entstand dieses Porträt Humboldts, das ihn in der Uniform des preußischen Oberbergrats und mit seinem Sextanten zeigt. Zum ersten Mal erscheint hier in einem Humboldt-Porträt der Chimborazo.

Von Acapulco aus begaben wir uns in das in nördlicher Richtung gelegene Taxco, das wegen seiner ebenso alten wie interessanten Minen Berühmtheit erlangt hat. Von den sengend heißen Flusstälern des Río Mezcala und des Río Papagayo, wo das Réaumur-Thermometer im Schatten konstant 28 bis 31 Grad [35 bis 38,75° Celsius] anzeigte, gelangten wir allmählich in die 600 bis 700 Toisen [1169 bis 1364 Meter] über dem Meeresspiegel gelegene Region, in der Eichen, Tannen und baumgroße Farnkräuter zusammen mit Feldern europäischer Getreidesorten anzutreffen sind.[1]

Die Forscher benötigten 21 Maultiere, um das Gepäck mit den botanischen, zoologischen und geologischen Sammlungen und den wissenschaftlichen Instrumenten zu transportieren. Nur langsam kam die Karawane auf der vielbereisten Strecke voran. »Der ganze Weg von Acapulco bis Mexiko-Stadt ist mit Mauleseln übersät. Man hat Mühe, an ihnen vorbeizukommen«,[2] schrieb Humboldt in sein Tagebuch und fragte sich: »Warum hat man hier keine Kamele eingeführt?«[3] Am 7. April 1803 erreichten sie Taxco. Der einstige Reichtum der Bergwerksstadt war allerdings im Verfall begriffen. Angesichts des Elends ringsumher konnte sich Humboldt nicht an der Schönheit der dortigen Kirche Santa Prisca erfreuen, die der einstige Besitzer der Minen, José de la Borda, hatte bauen lassen:

Das höchste Wesen hat dieses Mauerwerk nicht nötig, das im Missverhältnis zur Kleinheit der Hütten ringsum steht, und man würde ihm besser dienen, wenn man das Beispiel seiner Wohltätigkeit nachahmen würde. Aber die Eitelkeit der Menschen liebt sichtbarere und dauerhaftere Denkmäler.[4]

Am 12. April 1803 erreichten sie schließlich Mexiko-Stadt:

Von Taxco reisten wir über Cuernavaca in die mexikanische Hauptstadt. Die Stadt mit ihren 150 000 Einwohnern wurde auf dem Gelände des alten Tenochtitlán errichtet; sie befindet sich zwischen den Seen von Texcoco und Xochimilco (seitdem die Spanier den Kanal von Huehuetoca errichtet haben, ist der Wasserspiegel beider Seen leicht gesunken) und in Sichtweite zweier schneebedeckter Berge, von denen einer (der Popocatépetl) ein noch immer aktiver Vulkan ist, um den herum zahlreiche bepflanzte Alleen und Indiodörfer zu finden sind.

Die Hauptstadt Mexikos befindet sich 1160 Toisen [2260 Meter] über dem Meeresspiegel in mildem gemäßigtem Klima und lässt sich sicher mit den schönsten Städten Europas vergleichen. Bedeutende wissenschaftliche Einrichtungen, unter ihnen die Akademie für Malerei, Skulptur und Gravur, die Bergschule (deren Existenz der Großzügigkeit der Mexikanischen Bergbauvereinigung zu verdanken ist) und der Botanische Garten sind Institutionen, die der Regierung, die sie ins Leben gerufen hat, alle Ehre machen.[5]

Mexiko-Stadt wurde zum Mittelpunkt von Humboldts Forschungsarbeit in Neu-Spanien, von hier aus unternahm er seine Expeditionen. »Es gibt vielleicht

keine Stadt in ganz Europa, die insgesamt gesehen schöner wäre als Mexiko. Sie hat die Eleganz, die Regelmäßigkeit, die Einheitlichkeit der schönen Gebäude Turins, Mailands, der vornehmen Viertel von Paris, von Berlin.«[6] Ihre Schönheit täuschte allerdings nicht über die große Armut der indigenen Bevölkerung hinweg: »Keine Stadt in ganz Europa, wo man mehr Elend auf den Straßen sieht. 30 bis 40 000 Menschen (Indios) entweder ganz nackt in eine Wolldecke gehüllt oder in Lumpen. Ein ebenso trauriger wie abstoßender Anblick. Eine Unmenge Läuse! Ungleiche Verteilung des Reichtums.«[7]

Vizekönig José de Iturrigaray nahm Humboldt gastfreundlich auf und unterstützte ihn bereitwillig in seinen wissenschaftlichen Studien. Enttäuscht war Humboldt allerdings über die geringe Wertschätzung und unsachgemäße Aufbewahrung der aztekischen Bilderschriften, die der italienische Archäologe und Historiker Lorenzo Boturini Bernaducci 60 Jahre zuvor gesammelt hatte. Sie lagen gebündelt in einem feuchten Raum des Palastes des Vizekönigs: »Ein großer Teil ist bereits zerfetzt, weil man sie jedes Mal, wenn man die Bündel öffnet, zerreißt. Warum schickt man die kostbaren Reste des indianischen Altertums nicht nach Madrid? Die großen historischen Bilderschriften könnten wie Bilder aufge-

Maultierkarawane auf dem Weg von Orizaba nach Acultzingo im Abendlicht. Ölskizze von Johann Moritz Rugendas, 1831. Der Augsburger Maler, den Humboldt schätzte und förderte, reiste in den Jahren 1831 bis 1834 auf dessen Spuren durch Mexiko.

Fragmente von Hieroglyphen-Malereien aus dem Codex Telleriano-Remensis. Kolorierter Kupferstich von Louis Bouquet nach einer Zeichnung von Gottlieb Schick. Tafel 56 in: Alexander von Humboldt: Vues des Cordillères, Paris: Schoell, 1810–1813. »Es ist schrecklich«, notierte Humboldt, »dass man bei der Durchsicht der mexikanischen chronologischen Bilderschriften sicher ist, Spanier anzutreffen, sobald man erhängte Indios sieht.«

hängt werden.«[8] Studenten, die die Werke benutzen durften, hatten ganze Teile davon abgetrennt und nicht zurückgegeben. Viele der Bilderschriften waren, wie Humboldt erkannte, erst nach der Unterwerfung der Azteken durch die Spanier entstanden: »Man muss bewundern, mit welcher Intelligenz die Mexikaner im Augenblick der Conquista neue Hieroglyphen erfanden für Dinge, die sie nicht gesehen hatten. So zeigt ein Kopf, von dem ein Faden ausgeht, der zwei Schlüssel hält, eine Person, die sich Petrus nennt.«[9] Und er notierte: »Man sieht Bischöfe, die firmen, Kreuze und viele erhängte Indios; denn es ist schrecklich, dass man bei der Durchsicht der mexikanischen chronologischen Bilderschriften sicher ist, Spanier anzutreffen, sobald man erhängte Indios sieht.«[10]

Humboldt erwarb einige aztekische Bilderschriften aus dem Nachlass des mexikanischen Gelehrten Antonio León y Gama und nahm sie mit nach Europa. Zusammen mit weiteren Bilderschriften, die er später unter anderem in den vatikanischen Archiven in Rom erforschte, bildete er sie in seinen *Ansichten der Kordilleren* ab. Außerdem konnte Humboldt drei der bedeutendsten Zeugnisse der aztekischen Kultur besichtigen: den großen Sonnenstein, den Stein von Tizoc und die Statue der Coatlicue, die 1790 bei Sanierungsarbeiten im Erdreich des Großen Platzes von Mexiko entdeckt worden waren. Heute sind es die Glanzstücke des Anthropologischen Nationalmuseums von Mexiko-Stadt. Doch die Basaltstatue der Göttin Coatlicue war zur Zeit von Humboldts Aufenthalt bereits wieder mit Erde bedeckt. Der Rektor der Universität hatte sie in der Galerie der Universität eingraben lassen. Humboldt jedoch bestand darauf, sie wieder freizulegen:

Die Kolossalstatue hat ein sehr seltsames Schicksal gehabt. Sie wurde der Universität übergeben, welche sie auf dem Hof aufstellte. Die jungen Leute begannen, Stückchen davon abzubrechen, und der Rektor wählte den Ausweg, sie in einem der Korridore eingraben zu lassen, so dass ich keine Aussicht gehabt hätte, sie zu sehen, wenn nicht Herr Marín, der Bischof von Monterrey, der mich seit meiner Ankunft in Mexiko-Stadt mit Wohltaten überhäufte und den ich oft im Kloster San Agustín besucht hatte, auf meine Bitte von der Universität gefordert hätte, den Koloss auszugraben. Wir sahen ihn auf der Erde ausgestreckt, und man ist in der Tat betroffen über die riesige Masse [...].

Ich begleitete den Bischof in sein Kloster, ich kehrte zur Universität zurück, um den Koloss noch einmal zu sehen, aber er hatte nur während 20 Minuten das Tageslicht erblickt. Ich fand ihn schon erneut eingegraben. Der boshafte Teil des Publikums sagt der Universität nach, sie fürchte, die jungen Leute würden sich der Götzenverehrung ergeben, wenn man das Monstrum ihren Blicken aussetze. In Popayán zerschlug man ein Götterbild auf dem Marktplatz, weil es als Donnergott brüllte! Warum hat man diese Teoyaomiqui nicht irgendwie auf zwei Säulen gesetzt, so wie die Alten sie aufgestellt hatten?[11]

In Mexiko-Stadt schloss Humboldt auch Freundschaft mit dem Bildhauer und Architekten Manuel Tolsá. Dieser lud ihn ein, mit dabei zu sein, als das große von ihm geschaffene Reiterstandbild König Karls IV. im November 1803 auf dem Großen Platz aufgestellt wurde. Das Ereignis hätte um ein Haar tragisch geendet:

Es riss ein Hauptseil, die ganze Masse und das Gerüst krachte. Ich stand mit Tolsá unter dem Pferde. Wir glaubten, zerschmettert zu werden. Tolsá blieb ruhig und großherzig. Freudentränen entstürzten allen Umstehenden, als des Pferdes Füße auf dem Postament ruhten. Man glaubte, dem Schiffbruch entgangen zu sein, denn jeder nahe Stehende lief Gefahr. Das Leben und die Schönheit des Pferdes ist unbeschreiblich schön – echt andalusische Rasse und so munter fortschreitend, so ungezwungen und edel. Der König gebietend, herrschend, und dabei milde und gütig wie Marc Aurel. Die Draperie unbeschreiblich schön. Am Halse des Pferdes, am Vordergestell, ein Medusenkopf von großer Wirkung. Da die Häuser umher nicht sehr hoch sind, so sieht man die Statue gegen den blauen Himmel, eine unbeschreiblich schöne Wirkung. Leider am schönen Postament eine sehr kalte spanische Inschrift, und viermal dieselbe. Warum nicht lateinisch, spanisch, otomitisch und mexikanisch? Wird die Statue von langer Dauer sein?[12]

Humboldt beschäftigte sich auch mit der bereits von den Conquistadoren begonnenen und seither ständig weiter betriebenen Trockenlegung der Hauptstadt durch die Spanier: »Das alte Mexiko war wie Venedig voller Kanäle. Man wollte alles trockenlegen, eine Stadt mit festem Boden daraus machen; aber um an sein Ziel zu kommen, wenn man überhaupt jemals dahin gelangen wird, muss man das

Tal unfruchtbar machen, die Seen ablaufen lassen.«[13] Und er notierte: »Die Spanier haben das Wasser als Feind behandelt. Sie wollen anscheinend, dass dieses Neu-Spanien genauso trocken wie die Innenbezirke ihres alten Spaniens ist. Sie wollen, dass die Natur ihrer Moral ähnlich wird, und das gelingt ihnen nicht schlecht.«[14]

Während seiner Exkursionen in das Hochtal von Mexiko untersuchte er, wie auch bereits in Venezuela, intensiv den Zusammenhang zwischen dem Wasserhaushalt einer Landschaft und dem lokalen Klima. Mitten in dieser auf Französisch verfassten Studie findet sich in seinem Tagebuch auf Deutsch der Satz: »Alles ist Wechselwirkung.«[15]

Obwohl er in seinen Tagebuchaufzeichnungen die Fehler und Mängel des spanischen Kolonialsystems scharf kritisierte, lobte Humboldt doch auch viele Errungenschaften Neu-Spaniens. So bewunderte er die wissenschaftlichen Einrichtungen in der Hauptstadt von Mexiko und hob die Verdienste von mexikanischen Gelehrten wie Joaquín Velázques, Antonio de León y Gama und José Antonio de Alzate hervor. Seine Anerkennung fanden auch die Arbeiten der Mineralogen Fausto de Elhuyar, der 1792 die Bergschule, das Colegio de Minería, gegründet hatte, und seines Freiberger Freundes Andrés Manuel del Río. Beide hatten, wie Humboldt, an der Bergakademie in Freiberg in Sachsen studiert, die

Mexiko-Stadt. Kolorierter Kupferstich in: F. J. Bertuchs Bilderbuch für Kinder, Weimar, um 1810. »Es gibt vielleicht keine Stadt in ganz Europa, die insgesamt gesehen schöner wäre als Mexiko«, schrieb Humboldt.

das große Vorbild für die mexikanische Bergschule war. Als Gast nahm Humboldt dort im November 1803 an den Prüfungen teil.

Er besichtigte die Bergwerke von Pachuca und Regla sowie die Minen von Guanajuato und den Vulkan Jorullo. Wie gefährlich das »Einfahren« in die Bergwerke war, zeigt Humboldts Beschreibung der Mine Cabrera bei Pachuca:

> Wir fuhren in den Schacht von 60 Ellen Tiefe [50 Meter] ein. Die Art und Weise, wie man hinabsteigt, hat etwas Erschreckendes. Anstelle der Leitern findet man runde Baumstämme mit Einkerbungen. Man weiß nicht, wo man die Hände und die Knie lassen soll. Wenn die Füße ausgleiten, ist man verloren, während man sich an unseren Leitern mit den Händen festhalten kann.[16]

Die Zeit in Guanajuato, wo er sich vom 7. August bis zum 6. September 1803 fast täglich in den Minen aufhielt, bezeichnete er als »einen der anstrengenden Zeitabschnitte« seines Lebens, und er notierte in sein Tagebuch: »Ich habe in Fraustros einen sehr gefährlichen Sturz getan, indem ich auf den Rücken gefallen bin, wovon ich 14 Tage lang danach wegen einer Verstauchung des Steißbeins stärkste Schmerzen verspürt habe.«[17] Über die Arbeit der Tenateros, der Erzträger, schrieb er:

> Ein Tenatero trägt gewöhnlich 9 arrobas [circa 100 kg]. Diese 9 arrobas, welche die Regel sind, werden mit 1 real bezahlt, nämlich eine Reise [Wegstrecke] von der Förderstelle in der Mine bis zum Abgabeplatz. Ein Tenatero macht in einer Schicht 9 bis 10 Reisen. Aus Geiz tragen die Tenateros bis

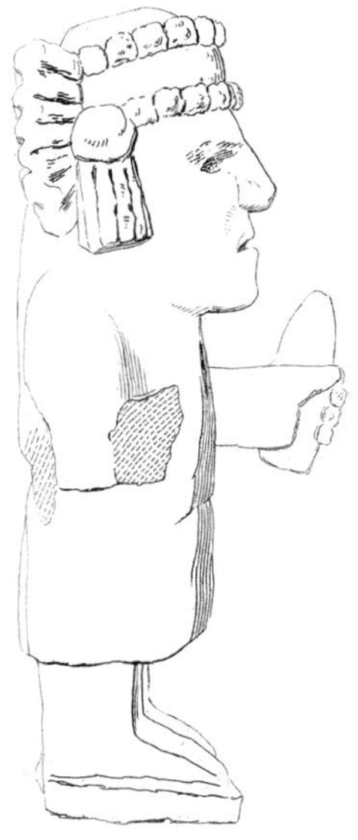

Aztekisches Idol aus Basalt, gefunden im Tal von Mexiko, gezeichnet und gestochen von Arnold in Berlin, Tafel 40 in: Alexander von Humboldt: Vues des Cordillères, Paris: Schoell, 1810–1813. Humboldt schenkte diese Statuette dem preußischen König Friedrich Wilhelm III. Später wurde sie als mexikanische Maisgöttin Cinteotl identifiziert.

14 arrobas [circa 160 kg] und ersteigen damit über 1800 Stufen. Alles Indios oder Mestizos [Menschen mit weißen und indianischen Vorfahren]. Und man beschuldigt die indische Rasse der Schwäche! Ich weiß nicht, ob diese Tenateros oder die Bogas im Río de la Magdalena mehr arbeiten, beide in einer Atmosphäre von 93° Fahrenheit [33,8° Celsius] und hier noch dazu sauerstoffärmer! Wie die menschliche Maschine sich zu allem gewöhnt! Ein wundersamer Anblick, in den Treppenschächten von Valenciana Herden von 40 bis 60 solcher Tenateros zu begegnen, groß und klein, alle beladen, Knaben von 10 Jahren mit 3 bis 4 arrobas [35 bis 45 kg], sich voreilend, um mehr Reisen zu tun, kriechend, seufzend, klagend, lustig schimpfend, alles abwechselnd, außer den Hosen ganz nackt, fürchterlich schwitzend, meist auf einen kleinen Stock, kaum 10 Zoll [27 cm] lang, gelehnt und auf den Treppen so vorgestreckt, dass sie auf allen vieren zu gehen scheinen. Unglückliche Abkömmlinge eines Geschlechts, das man seines Eigentums beraubte. Wo hat man Beispiele, dass eine ganze, ganze Nation alles Eigentum verlor?[18]

Wie bereits zehn Jahre zuvor, setzte sich Humboldt auch hier für technische und soziale Verbesserungen ein, nicht nur, um die Rentabilität der Bergwerke zu erhöhen, sondern auch, weil dadurch die Kräfte der Tenateros »auf eine für die Gesellschaft weit vorteilhaftere und für die Gesundheit der Individuen nicht so schädliche Weise angewendet werden könnten«.[19]

Ein weiteres Exkursionsziel galt einem »der schauerlichsten Phänomene, das die Geschichte zu bieten hat«:[20] Es war der aktive Vulkan Jorullo in Michoacán, der noch keine 50 Jahre zuvor, am 29. September 1759, in einer gewaltigen Eruption in einer einzigen Nacht urplötzlich aus der Ebene einer Zuckerhacienda aufgestiegen war. Humboldt ließ sich das Schauspiel von den dortigen Einwohnern beschreiben und hielt es in seinem Tagebuch fest:

Ungeheure glühende Felsbrocken wurden 2 bis 300 Toisen [400 bis 600 Meter] hoch in die Luft geschleudert, die Asche rief eine tiefschwarze Nacht hervor, die von dem vulkanischen Feuer erleuchtet wurde; das unterirdische Getöse, der Donner glichen dem Lärm von 5000 gleichzeitig abgefeuerten Artilleriegeschossen, Himmel und Erde schienen sich zu vermischen. Man sah die Erde von weitem anschwellen, sich erheben wie Meereswellen, wobei sie Feuer und Lava durch eine Unzahl jener kleinen Kegel ausspie. Beim Cañaveral, ein wenig östlich von dem Haus der Hacienda, entstieg der Erde ein ungeheures, steiles Gebirge, das, wie die Alten sich ausdrücken, die von fern Zeugen dieser Schrecken waren, ihnen wie ein »in Flammen stehendes Schloss« vorkam.[21]

Mehr als 560 Meter stieg der Vulkan über der Ebene auf und erreichte damit eine Höhe von 1320 Meter über dem Meeresspiegel. Am 9. September 1803 begannen die Forscher den beschwerlichen Aufstieg über die steilen Lavafelder. Ihr Ziel war es, in den aktiven Krater hinabzusteigen.

Indianische Bergarbeiter in Guanajuato. Holzstich aus dem Buch von Hermann Klencke: Alexander von Humboldt's Leben und Wirken, Reisen und Wissen, Leipzig: Otto Spamer, 1870.

Basaltfelsen und Wasserfall von Regla, Mexiko. Kupferstich von Louis Bouquet nach einer Zeichnung von Wilhelm Friedrich Gmelin auf Grundlage einer Skizze von Alexander von Humboldt. Tafel 22 in: Alexander von Humboldt: Vues des Cordillères, Paris: Schoell, 1810–1813. Nachdem Humboldt die Schlucht von Regla in seinen »Ansichten der Kordilleren« abgebildet hatte, wurde sie zum Ziel vieler reisender Künstler.

Dieser Aufstieg ist gefährlicher und schwieriger als der auf den Kegel des Pic de Teide. Bei einem Absturz fiele man entweder 70 Toisen [140 Meter] tief auf die blumenkohlförmige Lava, wo man sich die Rippen brechen würde, oder man fiele bis auf die Ebene des Lavatrümmerfeldes in 174 Toisen [340 Meter] Tiefe, senkrecht gerechnet. Der Hang, den wir bestiegen, kann 60° Neigung haben, aber tiefer gibt es Stellen mit 70 bis 80°. Man kommt nicht höher hinauf, ohne mit Schwung den Körper nach vorn fallen zu lassen und Stufen in der Asche zu bilden. Alle Augenblicke fällt man auf die Nase, man rutscht zwei Toisen zurück, während man kaum um ein Zehntel vorwärtskommt. Oft verliert man, wenn man nach unten gleitet, das, was man in einer Viertelstunde gewonnen hatte. Bei solchem Absturz hält man sich für verloren und unwillkürlich hängt man sich, während man auf dem Bauch abgleitet, an irgendwelche dicken Felsbrocken, die man auf der Asche findet und die die Gefahr vermehren, weil sie beweglich sind und andere nach sich ziehen. Man ist außer Atem, hat das Gesicht voller Staub, die Hände zerschunden und das alles bei einer Lufttemperatur von 22° Réaumur [27,5° Celsius].

Wir waren fünf Personen, die im Zickzack aufstiegen. Wenn durch unglücklichen Zufall sich einer unterhalb des anderen befand, lief man Gefahr, unter den Massen von Steinen und Erde begraben zu werden, die der eine auf den Körper des anderen herunterstürzen lässt. Endlich, nach tausend Besorgnissen um die Erhaltung des Barometers, und während die zuerst Vorankommenden über die traurige Figur der auf dem Bauch Hinterherkriechenden lachten, endlich erreichten wir den Gipfel.[22]

Mit dem Barometer maß Humboldt als dessen Höhe 618 Toisen [1204 Meter], dann stieg er in den rauchenden Krater hinab. Begleitet wurde er von Bonpland, Ramón Espelde, dem Besitzer einer benachbarten Indigofarm, und von zwei Indios, die sein Barometer und einen wassergefüllten Flacon zum Einfangen der Luft trugen. Dieses sollte Humboldt zur Luftanalyse im Kraterkessel dienen.

Man musste sich bei jedem Schritt vorsehen, den man tat. Aber die majestätische Größe der Gegenstände, die uns umgaben, die befriedigende Idee, sich im Zentrum dieses Schmiedefeuers der Zyklopen zu befinden, ließ uns jeden Gedanken an Gefahr vergessen. Einer ermutigte den anderen, und nur Herr Espelde, der nichts Schönes an dem, was uns trunken machte, entdecken konnte, mahnte uns an die Gefahr, und fragte unaufhörlich, wann wir mit dem Abstieg aufhören würden. Je weiter wir uns dem Grund des Kraters näherten, umso häufiger wurden die Spalten.[23]

Am tiefstmöglichen Punkt, an den sie innerhalb des Kraters gelangen konnten, maß Humboldt eine Lufttemperatur von 52° Celsius, und er notierte: »Mangel an Sauerstoff, ein Übermaß an Kohlensäure.« In seinem Tagebuch hielt er fest: »Wir hatten alle ein verbranntes Gesicht.«[24] Rasch stiegen sie aus dem brodelnden Kessel auf und begannen den Abstieg vom Vulkan:

> Wir kehrten auf unseren Spuren zurück und stiegen am Krater hinab, wobei wir auf dem Hinterteil hinabrutschten und uns die Hosen zerrissen. Espelde ergriff ein ganz geniales Mittel. Er machte sich eine Art Besen aus einigen Baumzweigen, setzte sich darauf und ließ sich so hinuntergleiten. Wir stiegen noch den mit den Blumenkohl-Laven übersäten Hügel hinunter. Auf dem Lavatrümmerfeld am Fuß des Vulkans frühstückten wir im Schatten einer Mimose, sehr froh, dass die Expedition so glücklich verlaufen war. Herr Espelde schwor, nie wieder in den Krater zu steigen.[25]

Am 20. Januar 1804 nahmen Humboldt und seine Begleiter Abschied von Mexiko-Stadt. Zu einem Freundschaftspreis verkaufte er einen Großteil seiner wissenschaftlichen Instrumente an die Kollegen der Bergschule. Es drängte ihn nun, nach Europa zurückzukehren. So rasch als möglich wollte er die Ergebnisse seiner Reise publizieren. Zwar hatte er bereits während der amerikanischen Reise Publikationen eingereicht, zum Teil in Form von Briefen, die in Europa veröffentlicht werden sollten, zum Teil auch als Aufsätze für hispanoamerikanische Zeit-

Bergsteiger auf dem Gipfel des Jorullo. Ölskizze von Johann Moritz Rugendas, 1834. Mit seinen Reisegefährten stieg Humboldt in den Krater hinab, um Luftanalysen durchzuführen. In sein Tagebuch notierte er: »Wir hatten alle ein verbranntes Gesicht.«

schriften oder Bücher. Das Problem war allerdings, dass bis zur Drucklegung in Amerika oft Jahre vergingen. Einer seiner wichtigsten Beiträge war seine *Introducción a la Pasigrafía geológica* [Einführung in die geologische Pasigraphie], die Andrés Manuel del Río im zweiten Band seiner *Elementos de Orictognosía* [Elemente der Mineralogie] im Jahr 1805 in Mexiko-Stadt veröffentlichte.[26] Seine *Tablas geográfico políticas del Reino de Nueva España* [Geographisch-politische Tabellen vom Königreich Neu-Spanien], die er dem Vizekönig von Neu-Spanien ausgehändigt hatte, wurden zwar nicht publiziert, zirkulierten in Mexiko aber rasch als handkopierte Exemplare. Wenige Jahre später bildeten sie die Grundlage für seinen *Politischen Essay über das Vizekönigreich Neu-Spanien*.

Am 18. Februar 1804 erreichten die Reisenden Veracruz, dessen Hafen Humboldt aufgrund seiner geologischen Form als »eine durchlöcherte Tasche«[27] bezeichnete. Die stürmischen Nordwinde hielten sie bis zum 7. März von der Überfahrt nach Kuba zurück. Dann schifften sie sich auf der Fregatte »O« nach Havanna ein.

Humboldt und seine Begleiter am Jorullo. Holzstich aus dem Buch von Hermann Klencke: Alexander von Humboldt's Leben und Wirken, Reisen und Wissen, Leipzig: Otto Spamer, 1870.

NOCHMALS KUBA UND EINE STÜRMISCHE ÜBERFAHRT RICHTUNG WASHINGTON

Der zweite Besuch, den Humboldt der Insel Kuba abstattete, dauerte nur sechs Wochen. Vom 19. März bis zum 29. April 1804 unternahmen die Forscher von Havanna aus Exkursionen in die Umgebung. Noch einmal besichtigte Humboldt Zuckerplantagen und riet den Verantwortlichen, um die Produktion zu verbessern, die Zuckerrohrpflanze nach europäischem Muster einer chemischen Analyse zu unterziehen. Im Auftrag des Generalkapitäns der Insel erstellte er ein mineralogisches Gutachten der Gegend um Guanabacoa. Vor allem aber beschäftigte er sich nochmals intensiv mit der Sklaverei, dem größten »aller Übel, welche die Menschheit gepeinigt haben«.[1] In sein Tagebuch notierte er die erschütternde Geschichte eines Plantagensklaven:

> Es ist noch keine zwei Monate her, dass ein flüchtiger Neger sich in einem cañaveral [Zuckerrohrfeld] verbarg. Man legte dort Feuer, die Sklaven stellten sich darum herum auf, damit sich das Feuer nicht weiter ausbreite. Der Geflohene wurde im Stroh erstickt aufgefunden. Er zog diesen Tod der Gefahr vor, sich wieder einfangen zu lassen.[2]

Am 29. April 1804 begann die Überfahrt in die Vereinigten Staaten von Amerika. Zuvor hatte sich Humboldt mehr als ausreichend mit Lebensmitteln versorgt. Eine Quittung über seine Einkäufe in Havanna findet sich in seinem Tagebuch. Aufgelistet werden darin unter anderem 60 Hennen, 30 Hähnchen, 10 Enten, 400 Eier, 36 Flaschen französischer Wein, 12 Pfd. (libr.) Schokolade sowie Fleisch, Gemüse, Kapern, Zwieback und ein Pfund Tee.[3] Die große Menge lässt darauf schließen, dass dieser Proviant auch für die spätere Atlantiküberfahrt nach Europa bestimmt war.

Der Hafen von Havanna, Ausschnitt. Farblithographie von Eduardo Laplante nach einem Aquarell von Leonardo Baraño, um 1850.

Bei ruhigem Wetter nahm die Fregatte *Concepción* mit den Passagieren Humboldt, Bonpland, Montúfar und deren indianischem Diener José de la Cruz an Bord Kurs auf Philadelphia. Doch nach acht Tagen geriet das Schiff in einen schweren Sturm:

> Vom 2. bis 13. Mai war das Meer unerträglich. Am 2. um 8 Uhr sahen wir einen kleinen Schoner, der ein Korsar [Pirat] zu sein schien; er hielt direkt auf uns zu. Unsere Leute zitterten, als sie sahen, dass er ganz mit Schwarzen besetzt war. Man glaubte, dass es Afrikaner von San Domingo waren, von denen man schon seit einigen Monaten Grausamkeiten auf offenem Meer erdulden musste. Man lud die Kanone und zeigte viel Mut, bis man sah, dass es friedliche Neger waren, wahrscheinlich in Schmuggelgeschäften tätig.
>
> Am 6. [Mai] ging die Sonne auf eine sehr schreckliche und sehr unheilverkündende Weise unter. Ich werde diesen Anblick nie vergessen, wegen der folgenden Leiden, die sie uns anzeigte. Die Sonnenscheibe unbestimmt, vergrößert, fahl, gelb, aschfarben, hinter zwei kleinen Wolken, die im Reflex flaschengrün zu sein schienen. [...] In der Nacht vom 6. zum 7. Mai begann der Wind zu heulen. Er heulte sechs Tage lang ununterbrochen. Er drehte von Nordost nach Ost ¼ Südost. Je weiter er sich nach Süden wendete, umso mehr regnete es. Aber es war kein eigentlicher Regen, sondern eine Art dicken Nebels, Tropfen, die wie Schnee fielen. Man konnte das Gesicht nicht in den Wind halten, und obgleich das Thermometer nicht unter 62° Fahrenheit [16,7° Celsius] sank, war die Gesichtshaut gereizt, gefroren [...]
>
> Die Wellen – wie soll man sie beschreiben? Sie schienen in jedem Augenblick unser leicht gebautes Schiff zu verschlingen. [...] Es war sechs Tage lang unmöglich zu schlafen, selbst einen Gedanken zu fassen. Jedermann war erschöpft vor Ungeduld, gequält, entkräftet, denn die warmen Speisen werden unter solchen Umständen selten. Man war völlig durchnässt; die Brecher kamen über die Treppe, und man schwamm zeitweise in der Großen Kajüte. Die Fenster am Heck waren hermetisch geschlossen, Tag und Nacht musste Licht gebrannt werden, was die Trostlosigkeit der Szene erhöhte. In der Befürchtung, dass das Unwetter uns auf die Küste würfe, konnte man zu keiner Zeit mit eingezogenen Segeln fahren. Unser Besanstagsegel und das große Marssegel wurden von drei Segelringen gehalten. Niemand hielt sich auf den Beinen. Wir sahen auch die ältesten Matrosen umfallen. Das ergab oft Szenen, die uns in einer anderen Situation von ganzem Herzen lachen gemacht hätten.
>
> Die Küche war eine kleine Kabine vor dem Großmast. Wasserschwälle drangen ein, und man sah an Backbord die Töpfe herausschwimmen, das halbfertige Mittagessen, die Kohle und den Koch, der beide Arme nach vorn streckte und sich in dem Salzwasser wälzte, das beständig unter dem Wind eindrang! [...] Die Matrosen forderten unaufhörlich Branntwein, indem sie behaupteten, man müsse, um zu ertrinken, betrunken sein. Unter den zivilisierten Leuten wurden die einen boshaft, streitsüchtig, die andern sanfter, höflicher. Ich bin niemals stärker mit meinem unmittelbar bevorstehenden

Tod beschäftigt gewesen als am frühen Morgen des 9. Mai. Ich setzte mich vor 6 Uhr auf das Oberdeck, denn der Anprall der Wogen gegen die Seitenwände des Schiffes war in der Großen Kajüte ohrenbetäubend. [...]

Herr Bollar, ein schweigsamer, freundlicher dänischer Steuermann, war an meiner Seite. Außer uns war nur der Zweite Steuermann auf dem Oberdeck. Jede Welle erschien wie ein Felsen. Herr Bollar sagte, unsere Situation werde von Stunde zu Stunde kritischer, er glaube nicht, dass die Wellen uns verschlingen würden, aber dass der unentwegte und unregelmäßige Anprall die Risse vertiefen würde, dass wir bald viel Wasser machen würden, obgleich es zur Zeit nur 1½ Zoll [4 cm] in der Stunde seien. Ich fühlte mich sehr erregt. Mich untergehen zu sehen am Vorabend so vieler Freuden, mit mir alle Früchte meiner Arbeiten zugrunde gehen zu sehen, die Ursache für den Tod zweier Menschen* zu sein, die mich begleiteten, unterzugehen auf einer Reise nach Philadelphia, die überhaupt nicht notwendig erschien (obgleich sie unternommen wurde, um unsere Manuskripte und Sammlungen vor der perfiden spanischen Politik zu retten) ... Auf der anderen Seite tröstete ich mich damit, ein glücklicheres Leben geführt zu haben als die meisten Sterbli-

Zuckerrohrpresse auf einer kubanischen Hacienda.
Lithographie von Federico Mialhe, 1840.

* Humboldt unterschlägt hier seinen indianischen Diener José de la Cruz, genauso wie er später auch Johann Seifert in seinen Briefen und Berichten zur russischen Reise bei der Zählung der Expeditionsmitglieder meist vergisst.

chen. Es schien ein unbilliges Verlangen zu sein, nach dem Überstehen so vieler Gefahren bei einer Expedition von fünf Jahren nicht schließlich den Eumeniden [Rachegöttinnen] seinen Tribut entrichten zu sollen. [...] Das Meer türmte Wellenberge auf, die die ganze Fregatte vom Bug bis zum Heck ins Wasser tauchten. [...] Man stritt darüber, ob die Fregatte sich wiederaufrichten könnte, bevor die Masten brachen. Jedermann behauptete, niemals einen heftigeren und länger anhaltenden Sturm erlebt zu haben. Zu alledem verließen uns auch die Haifische nicht. Man sah ihre Pinnen über der Wasseroberfläche, und die Matrosen, die mitten in der Gefahr über alles spotten, sagten, dass sie auf uns warteten.[4]

Schließlich legte sich der Sturm, und die *Concepción* erreichte am 20. Mai 1804 die Mündung des Delaware River vor Philadelphia. Dort unterzeichnete Humboldt eine Zollerklärung, aus der ersichtlich ist, dass er außer Kisten mit Kleidungsstücken und Bettzeug 27 Behälter mit getrockneten Pflanzen bei sich hatte. Am 1. Juni traf er mit seinen Begleitern in Washington ein. Hier besuchte er Thomas Jefferson, den Verfasser der amerikanischen Unabhängigkeitserklärung und dritten Präsidenten der USA.

Washington gesehen vom Weißen Haus. Kolorierter Stahlstich von Henry Wallis nach einer Zeichnung von William Henry Bartlett, 1839. Zu Humboldts Zeit hatte das Kapitol weitaus geringere Ausmaße und noch keine Kuppel.

Eines der großen Verdienste Jeffersons war der Kauf von Louisiana, durch den das bisherige Staatsgebiet der USA verdoppelt worden war. Auch mit Außenminister James Madison, der später vierter Präsident der USA werden sollte, und mit Finanzminister Albert Gallatin traf Humboldt zusammen. Für die Vertreter der amerikanischen Regierung waren die Gespräche mit Humboldt von großem Interesse, da er ihnen nicht nur Informationen über das gesamte Territorium, das er im Süden des Kontinents bereist hatte, geben konnte, sondern ganz konkret auch Auskunft über den Teil des neu erworbenen Gebiets südwestlich der Rocky Mountains, der ursprünglich zu Neu-Spanien gehört hatte. Zwar hatte Humboldt diesen nicht bereist, aber in Mexiko hatte er darüber Informationen zusammengetragen. Außerdem stellte er ihnen seine verschiedenen Ideen zu einem Kanalbau, der Atlantik und Pazifik verbinden sollte, vor. Doch für den Bau des Panama-Kanals – einer der Vorschläge Humboldts – fehlten zu dieser Zeit noch die technischen Mittel. Mehr als ein Jahrhundert sollte noch vergehen, bis er fertiggestellt werden konnte.

Humboldt war begeistert von der jungen amerikanischen Republik, deren Bürger er als ein Volk bezeichnete, »das das kostbare Geschenk der Freiheit zu schätzen weiß«.[5] Doch dieser anfängliche Enthusiasmus legte sich bald. Es enttäuschte ihn zutiefst, dass die Abschaffung der Sklaverei in den USA zwar immer wieder gefordert, aber nur partiell realisiert und nicht in der Verfassung verankert wurde. Während des Mexikanisch-Amerikanischen Krieges, in dessen Folge Mexiko einen großen Teil seines Staatsgebietes an die USA abtreten musste, äußerte Humboldt im Jahr 1847: »Die Eroberungen der republikanischen Amerikaner missfallen mir höchlichst. Ich wünsche ihnen alles Unglück in dem tropischen Mexiko. Ich überlasse ihnen den Norden, wo sie dann ihr verruchtes Sklavenwesen verbreiten werden.«[6]

Am 30. Juni 1804 ging Humboldt mit seinen Begleitern in New Castle am Delaware River an Bord des französischen Schiffs *Favorite*. Nach einer ruhigen Fahrt liefen sie bereits 27 Tage später in die Garonnemündung ein. Nach mehr als fünfjähriger Abwesenheit betrat er in Bordeaux am 3. August 1804 wieder europäischen Boden.

PARIS – ZENTRUM DER WISSENSCHAFTEN

Als Humboldt am 27. August 1804 nach Paris zurückkam, fand er eine völlig veränderte politische Situation vor. Der Geist der Revolution war verflogen. Napoleon Bonaparte hatte 1799 durch einen Staatsstreich die Macht übernommen und war gerade dabei, als Erster Konsul seine Krönung zum Kaiser Napoleon I. für den 2. Dezember 1804 vorzubereiten. Am 18. Oktober 1804 wurde Humboldt ihm vorgestellt; Napoleon begegnete ihm kühl. Später verdächtigte der französische Kaiser ihn sogar der Spionage für Preußen und hätte ihn am liebsten des Landes verwiesen. »Der Kaiser Napoleon war von eisiger Kälte gegen Bonpland, voll Hass gegen mich«,[1] schrieb Humboldt nach einer Audienz. Über seine Ankunft in Europa berichtete er später selbst in einem Artikel, den er im Jahr 1852, mit 83 Jahren, für das Brockhaus'sche Konversationslexikon über seine eigene Person verfasste.

> Ich verließ ungern den Neuen Kontinent den 9. Juli in der Mündung des Delaware und landete [an Bord der *Favorite*] den 3. August 1804 in Bordeaux, an Sammlungen, besonders aber an Beobachtungen aus dem großen Gebiete der Naturwissenschaften, der Geographie und Statistik vielleicht reicher als irgendein früherer Reisender.
>
> Ich wählte Paris zum Aufenthalte, indem kein Ort des Kontinents damals einen gleich zugänglichen Schatz von wissenschaftlichen Hilfsmitteln darbot, keiner ebenso viel große und tätige Forscher einschloss als jene Hauptstadt. Ich hatte bei meiner Ankunft die Freude, dort die geistreiche Gattin meines Bruders [Caroline von Humboldt] mit ihren Kindern zu finden. Den Bruder

Alexander von Humboldt, Radierung von Auguste Desnoyers nach einer Zeichnung von François Gérard, 1805. Gérard, der auch das berühmte Frontispiz zu Humboldts Reisewerk zeichnete, schuf kurz nach dessen Rückkehr von der amerikanischen Reise auch dieses Porträt des damals 36-jährigen Forschers.

selbst fesselten gelehrte Arbeiten und Geschäfte als preußischer Gesandter in Rom. Die vorläufige Anordnung der Sammlungen und zahlreichen Manuskripte, mehr aber noch chemische Arbeiten über das Verhältnis der Bestandteile der Atmosphäre, gemeinschaftlich mit meinem Freunde [Louis Joseph] Gay-Lussac in dem Laboratorium der École polytechnique unternommen, verlängerten meinen Aufenthalt in Paris bis zum März 1805.[2]

Im Gegensatz zu Napoleon empfingen ihn die französischen Wissenschaftler mit offenen Armen. Am 14. Oktober 1804 berichtete Humboldt seinem Bruder Wilhelm voll Stolz:

Ich arbeite hier sehr viel und glücklich. Der Ruhm ist größer als je. Es ist eine Art von Enthusiasmus, auch geht den Leuten fürchterlich das Mühlrad im Kopfe umher, denn oft in einer Sitzung habe ich astronomische, chemische, botanische und astrologische Dinge im größten Detail vorgebracht. Alle Mitglieder des Instituts [der Académie des Sciences in Paris] haben meine Manuskript-Zeichnungen und -Sammlungen durchgesehen, und es ist eine Stimme darüber gewesen, dass jeder Teil so gründlich behandelt worden ist, als wenn ich mich mit diesem allein abgegeben hätte. Gerade [Claude Louis] Berthollet und [Pierre-Simon] Laplace, die sonst meine Gegner waren, sind jetzt die Enthusiastischsten. Berthollet rief neulich aus: »Cet homme réunit toute une Académie en lui.« [Dieser Mann vereinigt in sich eine ganze Akademie.] Das Bureau des longitudes berechnet meine astronomischen Beobachtungen und findet sie sehr, sehr genau.

Im Cadastre [Katasteramt] von [Gaspar Clair François Marie Riche] Prony werden meine 500 barometrischen Messungen berechnet. [Raphael Urbain] Massard sticht schon meine mexikanischen Altertümer, [Louis] Sellier fängt diese Woche an, die Pflanzen zu stechen. Kurz, es ist alles schon im Gange. Das National-Institut ist vollgepfropft, sooft ich lese. Du siehst also, dass das pommersche Geschlecht [der Humboldts] durch Dich und mich verherrlicht ist. Denn auch Deiner wird hier noch sehr, sehr allgemein gedacht, besonders von Govat, den ich oft bei Laplace sehe. Dem Hofe soll ich künftige Woche vorgestellt werden. Für Bonpland glaube ich, eine gute Pension zu erhalten. Ich lebe sehr, sehr innigst mit der Li [Caroline von Humboldt]. Ob ich gleich sehr in der großen Gesellschaft zerstreut bin, so sehen wir uns doch täglich. Sie steht noch an, ob sie sich wird der Kaiserin [Josephine] müssen vorstellen lassen, um die Krönung mit anzusehen. Ich bin gezwungen gewesen, mir für 70 Louisdor samtene gestickte Kleider machen zu lassen, um in aller Pracht zu erscheinen. Man muss nach solcher Reise nicht scheinen, auf den Hund gekommen zu sein. Mein indianischer Bedienter sagt von der schändlichen Gräfin [Caroline Gräfin Schlabrendorf, geb. Gräfin Kalckreuth, die gern Männerkleidung trug]: »Esta no es mujer, hace de hombre, tiene calzones.« [Dies ist keine Frau, sie benimmt sich wie ein Mann und trägt Hosen.] Du siehst, Guter, dass wir lustig sind und sehr fröhlich. Du allein fehlst uns. Im Dezember seh ich Dich gewiss, guter, guter Bill![3]

Da Bonpland selbst über keine Einkünfte verfügte, besorgte Humboldt ihm eine Stelle als Chef-Hofgärtner bei Napoleons Ehefrau, der Kaiserin Josephine, im Park von Malmaison. Eigentlich hatte Humboldt erwartet, dass sich sein Reisegefährte nun zusammen mit ihm mit allen Kräften der Publikation des großen Werkes über die Reise widmen würde. Doch Bonpland konnte sich mit der Schreibtischarbeit und der langjährigen akribischen Auswertung der Sammlungen nicht anfreunden. Er bearbeitete nur die ersten Bände der *Plantes équinoxiales*. Da Humboldt nicht auf seine weitere Mitarbeit zählen konnte, bat er zunächst seinen Freund Carl Ludwig Willdenow, ihn bei der Herausgabe der botanischen Bände zu unterstützen. Dieser kam auch umgehend nach Paris, erkrankte jedoch schwer und starb bald darauf. So übernahm 1813 Willdenows Schüler, Carl Sigismund Kunth, ein Neffe des einstigen Hauslehrers der Brüder Humboldt, die wissenschaftliche Bearbeitung der botanischen Schätze.

Bonpland hingegen kam von seiner Sehnsucht nach den Tropen nicht mehr los. Im Jahr 1816 kehrte er nach Südamerika zurück, nahm zunächst in Buenos Aires eine Professur für Naturwissenschaften an und legte dann am Paraná, an der Grenze zu Paraguay, eine große Matepflanzung an. Im Jahr 1821 wurde sie von den Soldaten des Diktators von Paraguay, José Gaspar Rodríguez de Francia, vernichtet, da dieser seine Interessen durch Bonplands Aktivitäten bedroht sah. Der Botaniker wurde gefangen genommen und auf paraguayanisches Gebiet verschleppt. Als Humboldt davon hörte, zögerte er keinen Moment, alle seine Möglichkeiten auszuschöpfen. Er forderte verschiedene Regierungen auf, sich bei Francia für seinen Freund zu verwenden. Doch erst nach neun Jahren kam Bonpland frei. Nahezu vergessen starb er ein Jahr vor Humboldt in Argentinien. Dessen letzter Brief erreichte ihn nicht mehr. Humboldt schloss ihn mit den Worten: »Es gibt niemanden auf dieser Erde, der Dir von Herz und Seele mehr zugetan ist als ich.«[4] Nie vergaß es Humboldt, auf die Verdienste seines Reise-

Bonplands Estancia in Santa Ana am Río Uruguay in Argentinien, gezeichnet von Robert Avé-Lallemant, am 18. April 1858, drei Wochen vor Bonplands Tod.

Holzstich aus dem Buch von Hermann Klencke: Alexander von Humboldt's Leben und Wirken, Reisen und Wissen, Leipzig: Otto Spamer, 1882 begleiters hinzuweisen. So trägt auch der Gesamttitel des Reisewerks die Namen der beiden Forscher: Alexander von Humboldt und Aimé Bonpland.

Sosehr es seinen Reisegefährten gedrängt hatte, die französische Metropole zu verlassen, so sehr fühlte sich Alexander in Paris erfüllt und verstanden. Einerseits konnte er hier publizieren und forschen wie in keiner anderen Stadt, andererseits stand es ihm aber auch frei zu reisen, wohin er wollte.

> Ich trat nun, begleitet von Gay-Lussac, der einen lang dauernden Einfluss auf meine chemische Tätigkeit ausgeübt hat, eine Reise nach Italien (Rom und Neapel) an, wo wir vom 1. Mai bis 17. September 1805 verblieben. Leopold von Buch war unser Gefährte in Neapel und auf der Rückreise durch die Schweiz nach Berlin, welches ich am 16. November nach einer neunjährigen Abwesenheit wiedersah. Gay-Lussac verließ meinen Freund und Mitarbeiter im Winter 1806.
>
> Das Unglück des Vaterlandes im Oktober 1806* und die Hoffnung, die durch den schmachvollen Tilsiter Frieden aufgelegten Lasten mittels einer Negociation zu vermindern, brachte die Regierung zu dem Entschluss, den jüngsten Bruder des Königs, den durch persönliche Tapferkeit und Anmut der Sitten gleich ausgezeichneten Prinzen Wilhelm von Preußen, zum Kaiser Napoleon im Frühjahr 1808 nach Paris zu senden. Ich, der ich mich während der französischen Besetzung von Berlin in einem einsamen Garten eifrigst mit stündlichen magnetischen Deklinationsbeobachtungen beschäftigte, erhielt sehr unvermutet den Befehl des Königs [Friedrich Wilhelms III. von Preußen], den Prinzen Wilhelm auf seiner schwierigen politischen Mission zu begleiten und ihm durch meine genaue Bekanntschaft mit damals einflussreichen Personen wie durch größere Welterfahrung nützlich zu werden. Der Aufenthalt des Prinzen Wilhelm, dem als Adjutant ein nachmals lieber Verwandter August von Hedemann beigegeben war, dauerte bis zum Herbst 1809, und da der Zustand von Deutschland es unmöglich machte, die Herausgabe so vielumfassender, von keinem Gouvernement unterstützter Reisewerke (in der Folio- und Quartausgabe 29 Bände mit 1425 gestochenen, zum Teil farbigen Kupfertafeln) auf deutschem Boden zu wagen, so erhielt ich von dem Könige Friedrich Wilhelm III., der mir persönliches Wohlwollen schenkte, die Erlaubnis, als eines der acht auswärtigen Mitglieder der Pariser Akademie der Wissenschaften in Frankreich zu verbleiben.[5]

Die Publikation des Werks über die amerikanische Reise sollte sich allerdings als weitaus schwieriger erweisen, als Humboldt dies voraussehen konnte. Bereits während der Expedition hatte er einen Entwurf für ein vielbändiges Werk erstellt, das die Forschungsergebnisse in einzelnen Partien, gegliedert nach wissenschaftlichen Disziplinen, darstellen sollte: Das waren Pflanzengeographie, Botanik, Zoologie, Geologie, physikalische und ökonomische Geographie und Astrono-

* Nach der vernichtenden Niederlage von Jena und Auerstedt brach der preußische Staat zusammen und wurde von den Truppen Napoleon Bonapartes besetzt.

HUMANITAS. LITERÆ. FRUGES.

Plin. jun. L. VIII. Ep. 24.

Humanitas, Literae, Fruges. Kupferstich von Barthélemy Roger nach einer Zeichnung von François Gérard. Frontispiz in Alexander von Humboldt: Atlas géographique et physique du Nouveau Continent, Paris: Gide, 1814–1834. Über die Allegorie, die er seinem Reisewerk als Frontispiz voranstellte, schrieb Humboldt: »Es stellt das von Minerva und Merkur über die Übel der Conquista getröstete Amerika dar. […] Die Griechen gaben den anderen Völkern die Zivilisation, die Wissenschaften und den Weizen. Diese gleichen Wohltaten verdankt Amerika dem Alten Kontinent.«

mie (d. h. geographische Ortsbestimmungen und Höhenmessungen). Humboldt hatte eine allgemeine Reisebeschreibung und mehrere Atlanten vorgesehen, darunter einen Atlas mit *Ansichten der Kordilleren und Monumenten der eingeborenen Völker Amerikas*. Die Illustrationen für das gesamte Werk sollten von bedeutenden französischen und deutschen Künstlern gefertigt werden.

Dass sich die Arbeit, für die Humboldt zunächst zwei Jahre veranschlagt hatte, dann jedoch über mehr als 30 Jahre hinziehen sollte, ahnte er damals nicht. Seine *Voyage aux régions équinoxiales du nouveau continent fait en 1799, 1800, 1801, 1802, 1803 et 1804, par Al. de Humboldt et A. Bonpland*, so der Gesamttitel des Werkes, sollte die umfangreichste und teuerste Arbeit eines privaten Forschungsreisenden werden, die jemals publiziert wurde. Die Herausgabe des Mammutwerks ruinierte letztendlich nicht nur mehrere Pariser Verleger, sondern sie verschlang auch den Rest von Humboldts Vermögen.

Dieser hatte sich sowohl in Hinsicht auf den Arbeitsaufwand als auch auf den möglichen Absatz des teuren Werks vollkommen verschätzt. Bis zum Erscheinen einer verbindlichen Humboldt-Bibliographie[6] war sich die Humboldt-Forschung nicht einmal über die Anzahl der Bände des Reisewerks einig. Dies lag an der Publikationsweise ihres Urhebers, der seine Ergebnisse in der Regel nicht in kompletten Bänden, sondern in einzelnen Lieferungen veröffentlichte. Deshalb finden sich, je nach Sichtweise der Bibliographen und der Bindeweise der einzelnen Lieferungen, Angaben zwischen 29 und 36 Einzelbänden. Das Werk sollte, so war Humboldts Plan, zunächst auf Französisch, der Wissenschaftssprache seiner Zeit, publiziert werden, parallel aber, so weit als möglich, auch auf Deutsch erscheinen.

Humboldts Anspruch an sich selbst war jedoch so hoch, dass er seinen eigenen Plan nur zum Teil vollenden konnte. Nun erfüllte sich, was er bereits vor seiner Reise geäußert hatte: »Ich weiß wohl, dass ich meinem großen Werke über die Natur nicht gewachsen bin«.[7] Viele Teilbereiche des Werkes blieben fragmentarisch, so auch die eigentliche Reisebeschreibung mit dem französischen Titel *Relation Historique*, auf Deutsch *Reise in die Äquinoktial-Gegenden des Neuen Kontinents*. Sie brach nach drei Bänden im Jahr 1831 unvermittelt ab. Zu diesem Zeitpunkt war der Forscher noch nicht einmal bis zur Erzählung der Hälfte des Reiseverlaufs gelangt. Bis zum Jahr 1839 arbeitete er an seinem Reisewerk, dann nahm den inzwischen 70-Jährigen die Beschäftigung mit seinem neuen Großprojekt, dem *Kosmos,* so sehr in Anspruch, dass an einen Abschluss dieses früheren Vorhabens nicht mehr zu denken war.

Obwohl unvollendet, ist das Werk ein Monument der Wissenschaftsgeschichte. Es ist ein offenes System, ein *work in progress*, in dem der Verfasser stets um Aktualität bemüht war und oft bis unmittelbar vor Drucklegung noch den neuesten Forschungsstand einarbeitete. Dass die Bände nicht komplett publiziert wurden, sondern in Lieferungen, erklärt, warum sich darin nicht selten Kommentare, Anmerkungen und Literaturverweise finden, die jüngeren Datums sind als die Jahresangabe auf dem Titelblatt des jeweiligen Bandes.

Ein wichtiger Grund für die schleppende Publikationsweise lag auch in den vielen neuen wissenschaftlichen Forschungsprojekten, denen sich Humboldt in

Paris, gesehen vom Hügel Saint Cloud. Kolorierter Kupferstich in: F. J. Bertuchs Bilderbuch für Kinder, Weimar, um 1810. Paris war für Humboldt die mit Abstand wichtigste Stadt. Er besuchte sie erstmals 1790 zusammen mit seinem Freund Georg Forster, 1798 bereitete er sich hier auf seine große Reise vor, und zwischen 1804 und 1827 war die damalige Hauptstadt der Wissenschaften sein Hauptwohnsitz.

Paris widmete. So untersuchte er mit seinem Freund Louis Joseph Gay-Lussac, mit dem er acht Jahre lang unter einem Dach wohnte, die chemische Zusammensetzung der Luft und anderer Gase. Diese Analysen führten zu dem nach Gay-Lussac benannten Volumengesetz der Gase. Zusammen mit Humboldt fand dieser auch heraus, dass Wasser durch die Vereinigung von zwei Teilen Wasserstoff und einem Teil Sauerstoff gebildet wird. Mit Jean-Baptiste Biot untersuchte Humboldt die Variation des Geomagnetismus unter verschiedenen Breiten. Zusammen konnten sie nachweisen, dass die erdmagnetische Kraft von den magnetischen Polen zum magnetischen Äquator abnimmt.

Im Jahr 1817 erfand Humboldt zur Darstellung der Orte gleicher mittlerer Jahrestemperatur die Isothermen. Er hielt sie für einen seiner wichtigsten wissenschaftlichen Beiträge überhaupt und schrieb später darüber, dieses System könnte »eine der Hauptgrundlagen der vergleichenden Klimatologie abgeben«.[8] In der Tat gilt Humboldt als deren Begründer, und die Isothermen sind auch heute noch die gängige kartographische Darstellung in der Klimageographie.

Zu seinem Kollegenkreis gehörten der Pionier der vergleichenden Anatomie und Osteologie, Jean Baptiste de Lamarck, der Botaniker Étienne Geoffroy Saint-Hilaire, der Naturforscher und Widersacher Lamarcks Georges Cuvier sowie die Chemiker Claude-Louis Berthollet, Antoine-François de Fourcroy und Louis-

Humboldts Experimente zur nächtlichen Intensität des Schalls. Holzstich von Karl Storch in: Weltall und Menschheit. Geschichte der Erforschung der Natur und der Verwertung der Naturkräfte im Dienste der Völker, hrsg. von Hans Kraemer. Berlin u.a.: Deutsches Verlagshaus Bong, 1904.

Nicolas Vauquelin. Auch mit den Astronomen Pierre-Simon Laplace, Joseph-Jérôme de Lalande und Jean-Baptiste-Joseph Delambre stand Humboldt in enger Beziehung. Eine enge Freundschaft verband ihn mit dem Physiker und Astronomen Dominique François Arago. 15 Jahre lang trafen sich die beiden fast täglich, danach waren sie durch einen herzlichen Briefwechsel miteinander verbunden. Später besuchte Humboldt seinen Freund auf jeder seiner Reisen nach Paris. Er widmete Arago sein *Examen critique* – die historischen Untersuchungen zur Entdeckungsgeschichte Amerikas – und schrieb als 84-Jähriger die Einleitung zu Aragos 16-bändigem Gesamtwerk.

Mit Hilfe zahlreicher Versuche beim Vergleich der Intensität des Schalls bei Tag mit derjenigen in der Nacht entdeckte Humboldt die tagesperiodische Variation der Schallintensität, die später nach ihm *Humboldt-Effekt* genannt wurde. In den Pariser Salons verkehrte er mit dem Dichter Honoré de Balzac und dem Literaten, Politiker und Diplomaten François René Vicomte de Chateaubriand.

Während seines ersten Berliner Aufenthalts nach der amerikanischen Reise in den Jahren 1806 und 1807 schrieb er die *Ansichten der Natur*. Sie erschienen 1808 bei Cotta in Tübingen. In diesem vielgelesenen Buch verwirklichte Humboldt erstmals in einer Publikation seine Idee der Verbindung künstlerischer Ästhetik mit wissenschaftlicher Beschreibung. Sein Ziel war »die Verbindung eines literarischen und eines rein scientifischen Zweckes, der Wunsch, durch Vermehrung des Wissens das Leben mit Ideen zu bereichern«.[9] Seine darin publizierten Texte bezeichnete er selbst als »Naturgemälde«. Am 8. Dezember 1807 kehrte er wieder nach Paris zurück. Dass er allerdings auch dort nicht wirklich glücklich war und sich mehr als nur einmal in die Tropen zurücksehnte, wird aus einem Brief an Johann Wolfgang von Goethe vom 3. Januar 1810 deutlich.

> Ich führe in diesem nüchternen Lande, mitten unter dem leeren Treiben der Menschen, ein beschäftigtes, einförmiges, in mich gekehrtes Leben. Ich bin von dem Gefühle gepeinigt, nicht schneller vollenden zu können, was ich mir selbst schuldig bin. Meine Ansicht der Welt ist trübe. Der Anblick einer großen Natur, Einsamkeit der Wälder und der rege Wunsch, ins Weite und Blaue haben eine Stimmung in mir vermehrt, die nicht heiter ist, mich aber nie im Arbeiten stört und meinen Mut nicht sinken lässt. Meine Gesundheit, mannigfaltige rheumatische Übel (Folgen der Nässe der Wälder), ein etwas lahmer Arm – von dem allen melde ich Ihnen nichts. Mein Befinden wird besser sein, sobald ich erst wieder in der heißen Zone lebe. Mein Projekt ist, mich nach dem Kap einzuschiffen, an der Südspitze von Afrika ein Jahr zu bleiben und mich mit den südlichen Strömen zu beschäftigen; dann nach Ceylon und Kalkutta zu gehen, mich in Benares, wo Karawanen von Lhasa ankommen, auf Tibet vorzubereiten und dann weiter vorwärts nach Norden einzudringen. Möge die äußere Lage der Welt meine Pläne bald begünstigen.[10]

Zu seinen Pariser Plänen gehörte auch eine Reise durch Russland und Sibirien. Anfang 1812 arbeitete er ein komplettes Forschungsprogramm dafür aus. All diese Reisen sollten Gegenstücke zu seiner amerikanischen Reise bilden und ihm die Möglichkeit geben, weitere Vergleiche mit den dort erforschten Phänomenen anzustellen. Doch mittlerweile hatte sein Vermögen durch das gigantische Publikationsprojekt seines Reisewerks so sehr abgenommen, dass sich neue Expeditionen nur noch mit Hilfe von staatlichen Auftraggebern hätten realisieren lassen. Zwischen 1814 und 1817 führte er Gespräche in London, die ihm eine Reise über Persien nach Indien ermöglichen sollten. Doch sie scheiterte an der Weigerung der Ostindischen Handelskompanie, ihm hierfür eine Erlaubnis zu erteilen. Einen Mann, der in seinen Publikationen so freimütig über die kolonialen Missstände berichtet hatte, wollte man nicht gerne durch das eigene Kolonialreich reisen lassen. Trotz dieser immer schwierigeren finanziellen Situation weigerte sich Humboldt, eine staatliche Anstellung anzunehmen. Sogar das Angebot, in Preußen einen Ministerposten zu bekleiden, hatte er im Jahr 1810 abgelehnt:

> Als mein älterer Bruder nach vollbrachter Stiftung der Berliner Universität als Gesandter (1810) nach Wien ging und die oberste Leitung des Unterrichtswesens im preußischen Staate aufgab, wurde mir als dem jüngeren Bruder dieselbe von dem Staatskanzler Freiherrn von Hardenberg sehr dringend (ohne oder auch mit dem Ministertitel) angeboten. Ich zog es vor, mir eine freie, unabhängige Lage als Gelehrter zu erhalten, weil die Herausgabe mei-

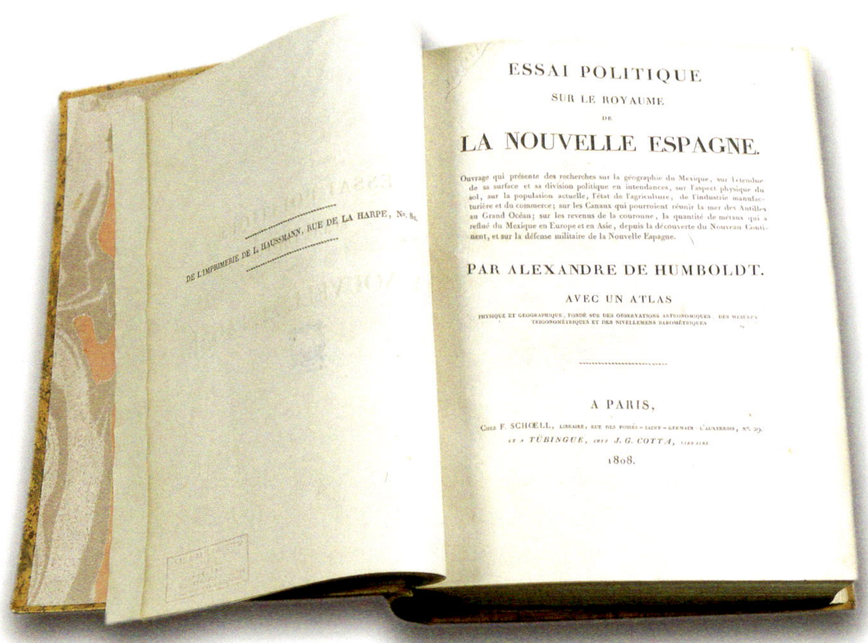

> ner astronomischen, zoologischen und botanischen Werke, trotz der treuen Hilfe von [Jabbo] Oltmanns, [Aimé] Bonpland und [Carl Sigismund] Kunth noch nicht weit genug vorgerückt war. [11]

Die politische Entwicklung in Lateinamerika verfolgte Humboldt von Paris aus mit großer Anteilnahme. Bereits in den ersten Lieferungen seines *Essai politique sur le royaume de la Nouvelle-Espagne*, die im Jahr 1808 erschienen, bezog er Stellung und prangerte Mexiko als das »eigentliche Land der Ungleichheit«[12] an. Den zweiten und letzten Band schloss er mit der programmatischen Forderung nach der rechtlichen Gleichstellung der Indianer. In der im Juli 1811 ausgegebenen Lieferung schrieb er:

> Das Glück der Weißen ist aufs Innigste mit der kupferfarbenen Rasse verbunden. Es wird in beiden Amerikas überhaupt kein dauerndes Glück geben, als bis diese, durch lange Unterdrückung zwar gedemütigte, aber nicht erniedrigte Rasse alle Vorteile teilt, welche aus den Fortschritten der Zivilisation und der Vervollkommnung der gesellschaftlichen Ordnung hervorgehen.[13]

Wenige Monate zuvor, am 16. September 1810, hatte Miguel Hidalgo y Costilla in Neu-Spanien die Fahne der Revolution erhoben und genau dieselben Forderungen gestellt: die Aufhebung der Standesunterschiede und die Abschaffung der

Alexander von Humboldt: Essai politique sur le royaume de la Nouvelle-Espagne, Paris: Schoell, 1808. Die Publikation, Teil des 29-bändigen Reisewerks Humboldts, schließt mit den Worten: »Das Glück der Weißen ist aufs Innigste mit der kupferfarbenen Rasse verbunden. Es wird in beiden Amerikas überhaupt kein dauerndes Glück geben, als bis diese, durch lange Unterdrückung zwar gedemütigte, aber nicht erniedrigte Rasse alle Vorteile teilt, welche aus den Fortschritten der Zivilisation und der Vervollkommnung der gesellschaftlichen Ordnung hervorgehen.«

Leibeigenschaft der Indianer. Die Lieferungen seiner *Reise in die Äquinoktial-Gegenden des Neuen Kontinents* lassen sich wie ein Kommentar Humboldts zu den jeweiligen aktuellen politischen Ereignissen in Lateinamerika lesen. Im Jahr 1819 beispielsweise bedauerte Humboldt: »Unsere Freunde haben in den blutigen Revolutionen, die jenen Ländern die Freiheit bald brachten, bald wieder entrissen, das Leben verloren.«[14] Unter ihnen waren auch sein früherer Reisebegleiter Carlos Montúfar und sein Kollege Francisco José de Caldas. Sie starben im Jahr 1816 im Aufstand gegen die spanische Kolonialmacht.

In Lateinamerika entfaltete Humboldts Werk eine große Wirkung. Bereits seine *Tablas geográfico políticas del Reino de Nueva España*, die er 1803 während seines Aufenthalts in Mexiko dem Vizekönig Neu-Spaniens überreicht hatte, kursierten bald auch in handschriftlich kopierten Exemplaren. Sie nutzen nicht nur der Kolonialregierung, sondern auch denjenigen, die sie stürzen wollten. In Paris dienten sie ihm selbst nun als Grundlage für seinen *Essai politique sur le royaume de la Nouvelle-Espagne*, in dem er, ohne dies freilich direkt auszusprechen, den Beweis antrat, dass Neu-Spanien aufgrund seines wirtschaftlichen, wissenschaftlichen und kulturellen Potentials reif für die Unabhängigkeit war.

Dieses Werk wurde im Jahr 1824 auch von der mexikanischen verfassungsgebenden Versammlung zu Rate gezogen: Der mexikanische Historiker und Politiker Lucas Alamán schrieb am 21. Juli 1824 an Humboldt, diese Arbeit sei »ein vollkommenes Konzept eines Mexiko unter einer guten und liberalen Verfassung, das alle Elemente des Wohlstandes beinhaltet. Die Lektüre dieses Werkes hat nicht wenig dazu beigetragen, den Geist der Unabhängigkeit zu beleben, der bei vielen Einwohnern aufgekeimt war, und die anderen aus einer Lethargie zu wecken, in der sie durch eine fremde Herrschaft gehalten wurden«.[15] Alamán lud Humboldt ein, ein Vorhaben in die Tat umzusetzen, das dieser bereits zwei Jahre zuvor seinem Bruder Wilhelm angekündigt hatte:

> Ich habe den großen Plan eines großen Zentralinstituts der Naturwissenschaften des freien Amerika in Mexiko. Der Kaiser von Mexiko [Agustín de Itúrbide], den ich persönlich kenne, wird fallen, es wird eine republikanische Regierung geben, und ich habe die fixe Idee, mein Leben auf die angenehmste und für die Naturwissenschaften nützlichste Weise in einem Teile der Welt zu beenden, wo ich außerordentlich geschätzt werde und alles mich auf eine glückliche Existenz hoffen lässt. Das ist eine Art, nicht ohne Ruhm zu sterben, viel gelehrte Leute um sich zu sammeln und die Freiheit der Meinung und des Gefühls zu genießen, die für mein Glück nötig ist. Dieser Plan eines Instituts in Mexiko, von dem man neunzehn Zwanzigstel des Landes, die ich nicht kenne, erforscht (die Vulkane von Guatemala, den Isthmus), schließt nicht eine Rundreise nach den Philippinen und Bengalen aus.[16]

Vermutlich scheiterte dieser Plan aus finanziellen Gründen. Auch in den anderen jungen lateinamerikanischen Republiken entfaltete Humboldts Werk seine Wirkung. Simón Bolívar, der Humboldt 1804 in Paris kennengelernt hatte, nannte ihn den »wahren Entdecker der Neuen Welt, […] dessen Wissen für Amerika mehr Gutes bewirkt hat als alle Conquistadoren zusammen«.[17] Der kubanische Historiker und Philosoph José de la Luz y Caballero prägte 1826 die Formulierung vom »zweiten Entdecker Kubas«.[18]

Von Europa aus verfolgte Humboldt, wie sich die Kolonien zwar nach und nach von der spanischen Herrschaft befreiten, er bemerkte jedoch auch, dass sich am eigentlichen Gesellschaftsgefüge wenig änderte. Die kreolischen Oberschichten trugen kaum zur Verbesserung der sozialen Lage der ehemaligen Sklaven und der »erniedrigten kupferfarbenen Rasse« bei. Diese jedoch hatte Humboldt für unabdingbar gehalten und in seinen Publikationen ab 1807 auch öffentlich gefordert. Vielleicht war es kein Zufall, dass ausgerechnet Benito Juárez, der bislang einzige mexikanische Staatspräsident indianischer Abstammung, Humboldt im Jahr 1859, kurz nach dessen Tod, zum »Wohltäter des Vaterlandes « ernannte und die Errichtung eines marmornen Denkmals für ihn anregte.[19]

Die finanzielle Situation Humboldts in Paris verschlechterte sich von Tag zu Tag. Der junge Chemiker Jean-Baptiste Boussingault war, als er ihn 1820 besuchte, völlig erstaunt, als er entdeckte, dass der weltberühmte Gelehrte im vierten Stock eines Gebäudes schräg gegenüber dem Hôtel de la Monnaie in einer Zweizimmerwohnung wohnte:

> Humboldt verfügt über ein winziges Schlafzimmer mit einem Bett ohne Vorhang und über ein Arbeitszimmer. Seine Möbel bestehen aus vier Korbstühlen und einem Tisch aus Tannenholz, an dem er schreibt. Ins Holz dieses Tisches sind mathematische Zeichen aller Art geritzt, er gibt ihn einem Schreiner zum Hobeln, wenn es zu viele geworden sind.[20]

Eine lebhafte Schilderung von Humboldts Leben in Paris zeichnete der deutsche Physiologe und Politiker Carl Vogt. Sie stammt aus den späten Pariser Jahren Humboldts, doch dürfte sich an seinem Tagesablauf wenig geändert haben:

> Morgens von acht bis elf sind seine Dachstuben-Stunden. Da kriecht er in allen Winkeln von Paris herum, klettert in alle Dachstuben des Quartier latin, wo etwa ein junger Forscher oder einer jener verkommenen Gelehrten haust, die sich mit einer Spezialität beschäftigen, und zieht diesen die Würmer aus der Nase. Was er so ergattert, weiß er trefflich zu benutzen – entweder in seinen Schriften oder in seinen Gesprächen. Er ist auch dankbar für das Mitgeteilte, und wenn ihn einer dieser Dachstuben-Gelehrten interessiert, so unterstützt er ihn auch wohl, wenn nicht mit Geld, so doch jedenfalls mit seinem Einfluss. Schon mancher hat ihm seine Stelle verdankt. Im Café Procope, in der Nähe des Odéon, pflegt er zu frühstücken – links in der Ecke am Fenster. Es drängt sich da immer ein solcher Schwarm von Menschen um ihn herum, dass man gar nicht an ihn kommen kann. [...]
>
> Nachmittags ist er im Kabinett Mignet in der Bibliothèque Richelieu. Da Mignet nie arbeitet, Humboldt aber viel, so tritt ihm ersterer sein Kabinett während seines Hierseins ab. Er hat dort Bibliothek und Diener zu seiner Verfügung. [...] Er speist täglich woanders, immer bei Freunden, niemals in ei-

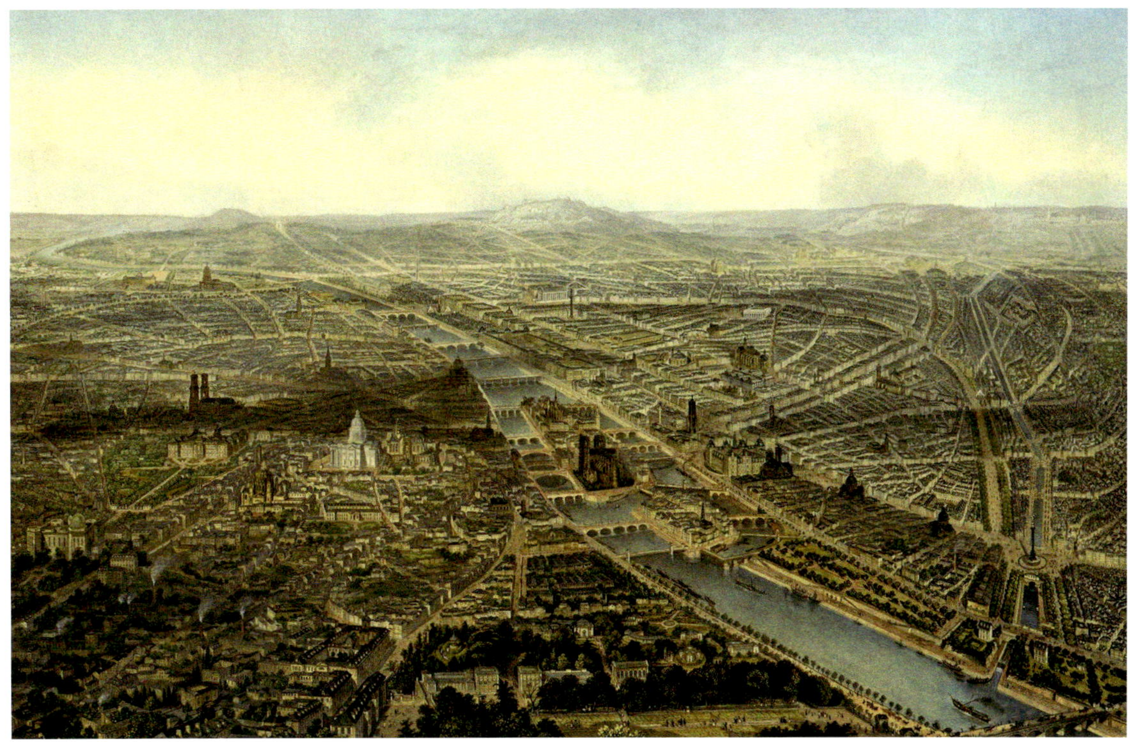

nem Hotel oder Restaurant. Unter uns gesagt, er plaudert außerordentlich gern. Niemand anders kann zu Worte kommen. Da er ordentlich, aber geistreich, witzig und schön erzählt, so hört man ihm gern zu. Niemand ist vor seinen Malicen [Boshaftigkeiten] sicher. Kein Franzose hat mehr Esprit als er. Darüber sind alle einig … Er bleibt nicht lange nach dem Essen. Eine halbe Stunde höchstens – dann geht er fort.

Jeden Abend besucht er wenigstens fünf Salons und erzählt in jedem dieselbe Geschichte mit Varianten. […] Dann zieht er die Schleusen seiner Beredsamkeit auf und lässt die Wasser fließen. Hat er eine halbe Stunde gesprochen, so steht er auf, macht eine Verbeugung, zieht allenfalls noch einen oder anderen in eine Fensterbrüstung, um ihm etwas ins Ohr zu plauschen, und huscht dann geräuschlos aus der Tür. Unten erwartet ihn sein Wagen, der ihn in einen anderen Salon bringt, wo sich dieselbe Szene wiederholt, und so fort mit Grazie *in infinitum!* bis er nach Mitternacht nach Hause fährt.[21]

Es waren finanzielle Gründe, die es schließlich unvermeidlich machten, dass er im Jahr 1827 in die ungeliebte preußische Hauptstadt zurückkehrte. Glücklich war er darüber nicht. Bereits während der amerikanischen Reise hatte er seinen Bruder gebeten: »Macht nur, dass ich niemals nötig habe, die Türme Berlins wiederzusehen.«[22]

Paris aus der Vogelperspektive vom Jardin des Plantes, um 1850. Kolorierte Aquatinta von A. Appert nach Friedrich Salathé. Paris war zwischen Humboldts erstem Besuch 1798 und dem Jahr 1847, als er die Hauptstadt der Wissenschaften als 78-Jähriger zum letzten Mal sah, um das Doppelte gewachsen.

Lith. de Delpech.

WIEDER IN BERLIN

Als »arm wie eine Kirchenmaus«[1] hatte sich Alexander bereits im Jahr 1822 bezeichnet. Dies war der Grund, weshalb er schließlich, im Jahr 1827, sein geliebtes Paris verlassen musste. Es war nie sein Herzenswunsch gewesen, nun wieder in derjenigen Stadt zu wohnen, der er mit 23 Jahren den Rücken gekehrt hatte und die immer wieder Ziel seines Spotts war. »Eine kleine, unliterarische und dazu überhämische Stadt« war die preußische Metropole für ihn, »wo man monatelang gedankenleer an einem selbstgeschaffenen Zerrbild matter Einbildungskraft naget«.[2] Über Paris dagegen schrieb er:

> Männer von Talent finden hier in der Weltstadt bald und dauernd Anerkennung; in Berlins nebulöser Atmosphäre, die den Gesichtskreis ringsum verschleiert und wo alles und jedes nach der Schreiberschablone gemessen wird, kann davon nicht die Rede sein.[3]

In Berlin hatte er sich niemals wohl gefühlt; er wollte nicht vom »Schicksal verdammt [sein] in solchem Klima, ohne allen Genuss des freien Naturlebens, außer kranken Pflanzen in Treibhäusern, ausgestopften Bälgen der zoologischen Kabinette und des getrockneten Heus der Herbarien darben«.[4] Das Einzige, das ihm den Weggang aus der französischen Hauptstadt erleichterte, war die Möglichkeit, künftig seinem geliebten Bruder nahe zu sein. Ein anderer Vorteil bestand darin, die verwandtschaftlichen Bindungen des preußischen Hofes zum russischen Herrscherhaus für seine asiatischen Reisepläne zu nutzen. Entscheidend aber war der existenzielle Grund: In Berlin erwartete ihn eine bezahlte Stellung als Kammerherr des preußischen Königs und als Mitglied der Königlichen Akademie der

Der 63-jährige Alexander von Humboldt. Lithographie von François Séraphin Delpech nach einer Zeichnung von François Gérard, 1832.

Wissenschaften. Humboldt nahm den Ortswechsel als Herausforderung: Er setzte sich zum Ziel, die »moralische Sandwüste, geziert durch Akaziensträucher und blühende Kartoffelfelder«[5] zu wissenschaftlicher Blüte zu bringen:

> Berlin muss mit der Zeit die erste Sternwarte, die erste chemische Anstalt, den ersten botanischen Garten, die erste Schule für transzendente Mathematik besitzen. Da haben sie das Ziel meiner Arbeiten und den Zusammenhang meiner Anstrengungen.[6]

Sofort nach seiner Ankunft begann er, die bereits bestehenden Kontakte mit einer großen Zahl von hier ansässigen Wissenschaftlern zu intensivieren und viele neue zu knüpfen. Mit dem Geographen Carl Ritter war er schon lange in Verbindung, und mit dem Botaniker Carl Sigismund Kunth hatte er bereits in Paris viele Jahre lang zusammengearbeitet. Vor allem lag ihm viel daran, auch mit der jungen Forschergeneration in engen Kontakt zu kommen und an den neuesten technischen Entwicklungen teilzuhaben. So bat er später, im Jahr 1851, den 34-jährigen Werner Siemens darum, ihn in seiner Werkstatt in der Schöneberger Straße besuchen

Berlin. Kolorierte Lithographie von Alexandre Jules Monthelier, um 1840. Humboldts Ziel war es, die preußische Hauptstadt zu wissenschaftlicher Blüte zu bringen. Richtig wohl fühlte er sich hier nie. Berlin war für ihn »eine moralische Sandwüste, geziert durch Akaziensträucher und blühende Kartoffelfelder«.

zu dürfen, um sich über die Entwicklung der »unterirdischen Gedankenleitung«,[7] wie Humboldt die Telegraphie nannte, zu informieren.

Alexander von Humboldt war es zu verdanken, dass eine beachtliche Zahl von ausländischen Wissenschaftlern im Jahr 1828 zur »Versammlung der deutschen Naturforscher und Ärzte« nach Berlin reiste. Die hauptsächlich von ihm organisierte Tagung, an der 600 Gelehrte teilnahmen, setzte Maßstäbe. In dem bereits zitierten Artikel, den er im Jahr 1852, mit 83 Jahren, für das Brockhaus'sche Konversationslexikon über sich selbst verfasste, schreibt er über diese Zeit:

> Die öffentlichen Vorlesungen, welche ich über den Kosmos (die physische Weltbeschreibung) fast gleichzeitig in der großen Halle der Singakademie und in einem der Hörsäle der Universität hielt, fallen in diese frühe Epoche des Berliner Aufenthalts, von Anfang November 1827 bis Ende April 1828. Das Buch vom Kosmos, welches nicht die Frucht dieser Vorlesungen ist, da die Grundlage davon schon in dem während der peruanischen Reise geschriebenen und Goethe zugeeigneten *Naturgemälde der Tropenwelt* liegt, hat erst 1845, also 15 Jahre nach den Berliner, 18 Jahre nach den Pariser Vorlesungen zu erscheinen angefangen.[8]

Das Besondere an den »Kosmos-Vorträgen« in der Singakademie war, dass Humboldt damit auch ein Publikum erreichte, dem die akademische Welt bis dahin verschlossen war. Das große Gebäude, in dem er 16 Vorträge hielt, bot mit seinen 800 Plätzen mehr Raum als jeder andere Hörsaal Berlins. Humboldt wollte dem gesamten Berliner Publikum beweisen, dass er nicht gekommen war, »um am Hofe zu leben, sondern dass geistige Bestrebungen allein den Menschen ehren können«. Auch hielt er es für eine »politische Pflicht«, dem Ausland zu demonstrieren, »wo das intellektuelle Leben fortatmet«.[9] Die jedes Mal überfüllten Veranstaltungen wurden zu Sternstunden der Popularisierung und Demokratisierung wissenschaftlicher Erkenntnisse.

Das Publikum umfasste alle sozialen Schichten: vom König bis zum Droschkenfahrer. Dass Humboldt eine Zuhörerschaft in einer Breite wie kein anderer Gelehrter zuvor erreichen konnte, lag allerdings nicht nur an seiner Person und an den attraktiven Themen, sondern auch an seiner Entscheidung, Frauen als Zuhörerinnen zuzulassen und keine Eintrittsgelder zu erheben. In den Vorträgen präsentierte er, wie auch später in seinem *Kosmos*, ein »allgemeines Naturgemälde«, das »von den fernsten Nebelflecken und kreisenden Doppelsternen zu den tellurischen Erscheinungen der Geographie der Organismen (Pflanzen, Tiere und Menschenrassen) herabsteigt«.[10] In seiner siebten Vorlesung skizzierte Humboldt nochmals einen Überblick über den gesamten Inhalt seiner Vorträge und befasste sich dann mit dem Wasser auf der Erde. Sie begann wie folgt:

> Wenn bei der Betrachtung des Naturbildes, welches ich aufzustellen versuche, wir uns heute mit einer Ansicht des Ozeans beschäftigt haben werden, wenn ich die Verteilung der Kontinente und den Einfluss derselben sowie den der Strömungen im Luftmeere [die Atmosphäre] auf die Klimatologie er-

läutert habe, so bleibt mir noch übrig, auf die Geographie der Pflanzen und die Verteilung der Tiere hinzudeuten, um hieran die Bemerkungen über die Verschiedenheit der Menschenrassen anzuschließen. – Von den äußersten Nebelflecken bis zur ersten Spur der Vegetation, die in dem sogenannten roten Schnee erkannt worden ist, werde ich somit eine Übersicht der Gesamtheit des Geschaffenen gegeben haben; eine Aufgabe, die mit einiger Vollständigkeit zu lösen, in so kurzer Zeit, meine Absicht unmöglich sein konnte.

Den allgemeinen Umriss jener großen Erscheinungen werde ich hierauf in einzelnen Teilen mehr auszumalen und zu erläutern versuchen, gleichsam wie der bildende Künstler auf einzelne Studien zu einem größeren Werke mehr Ausführlichkeit und Genauigkeit wendet. – Mein Zweck wird erreicht sein, wenn es mir gelungen ist, einer achtbaren Versammlung, deren Interesse für meine Bestrebungen ein ehrendes Zeugnis ablegt für den Standpunkt der Kultur in dieser Hauptstadt, das Wesentliche einer wissenschaftlichen Naturbetrachtung anzudeuten, indem ich die Einheit der Natur in ihren Erscheinungen vorzugsweise hervorzuheben mich bemühe.

Mehr als ⅔ der Oberfläche unseres Planeten wird von einer Wasserhülle bedeckt, die durch Berührung mit der Atmosphäre den wichtigsten Einfluss ausübt – sowohl auf das Klima der Kontinentalmassen als auch auf die tierische Schöpfung. – Man hatte früher angenommen, dass die Lebensfunk-

Die Singakademie zu Berlin 1848: Konstituierende Sitzung der Preußischen Nationalversammlung. **Holzstich, veröffentlicht in der Illustrierten Zeitung, Berlin, 1848. Zwanzig Jahre vor dieser historischen Sitzung hielt Alexander von Humboldt hier seine epochemachenden »Kosmos-Vorträge«.**

tion der Fische erhalten werde durch eine Zersetzung des Wassers. Dies ist jedoch nicht richtig, und es hat sich ergeben, dass sowohl die Fische als die mit Kiemen begabten Mollusken die dem Wasser beigemischte atmosphärische Luft atmen. – Die Untersuchungen über die Respiration der Fische sind lange ein Gegenstand meiner Arbeiten gewesen, und ich habe gefunden, dass die Fische der atmosphärischen Luft zum Leben unumgänglich bedürfen. Es klingt auf fallend, und doch ist es richtig, dass, nachdem es mir gelungen war, ein vollkommen luftleeres Wasser darzustellen, die Fische darin ersaufen mussten. Das luftfreie Wasser ist für sie ebenso tötend als Chlor und andere ihrer Natur entgegenwirkende Substanzen. Lange hat man dem wunderbaren Organ der Fische, der Schwimmblase, eine Bedeutung beigelegt, mit der neuere Untersuchungen nicht übereinstimmen. Man hatte angenommen, dass durch vermehrtes und vermindertes Anfüllen der Blase mit Luft die Fische im Stande wären ihr Volumen zu verändern und somit im Wasser sich willkürlich auf und nieder zu bewegen. Man ist jetzt vielmehr geneigt die Schwimmblase im Zusammenhang mit dem Gehörorgan dieser Tiere zu glauben. Eine neue sehr merkwürdige Beobachtung lehrt, dass die Schwimmblase derjenigen Fische, welche an der Oberfläche des Wassers gefangen werden, Stickstoffgas enthält, dagegen bei Fischen, welche man aus einer Tiefe von

Alexander von Humboldt als Hörer der Vorlesungen seines Kollegen, des Geographen Carl Ritter im Jahr 1834. Holzstich, ca. 1850. Humboldt und Ritter gelten als die Begründer der wissenschaftlichen Geographie.

2000 bis 3000 Fuß [650 bis 975 Meter] heraufholte, der Inhalt aus reinem Sauerstoff besteht. – Eine noch keineswegs erklärte, merkwürdige Tatsache! – Wenn zur Zeit des *Aristoteles* und *Aelian*, als man sich schon angelegentlich mit Untersuchungen über die Respiration der Fische beschäftigte, die zufällige Annäherung eines Lichtes oder ein anderer Umstand auf die ausgezeichneten Eigenschaften dieser in der Schwimmblase enthaltenen Gasart aufmerksam gemacht hätte, so würden nicht 1800 Jahre haben vergehen müssen, ehe durch die Entdeckung des *oxigène* [Sauerstoffs], dieses verbreiteten, für den Haushalt der Natur so wichtigen Grundstoffs, der Wissenschaft so bedeutender Vorteil erwachsen konnte.

Seit dem Jahre 1782 haben die Menschen angefangen, das die Oberfläche der Erde und den Ozean umgebende Luftmeer selbst zu beschiffen. Man hatte sich von dieser Entdeckung sehr große Vorteile, hauptsächlich für die Meteorologie versprochen, die aber dieser Wissenschaft nicht in dem erwarteten Grade zugeflossen sind. Der Versuch ist mit zu vielen Schwierigkeiten verbunden, ist zu kostbar, und die Zeit, welche man in den höheren Regionen zubringen kann, ist zu kurz, um mit Muße und Umsicht Beobachtungen zu machen, die flüchtig unternommen eher zu unsicheren Resultaten führen, indem man auf Zufälligkeiten ein zu großes Gewicht legt. Dazu kommt noch, dass man diese Luftreisen sämtlich von Ebenen aus unternommen und sich auf diese Weise kaum so hoch in den Luftkreis aufgeschwungen hat, als man auf hohe Berge zu gelangen im Stande ist. – Die bedeutendste und auch für die Wissenschaft wichtigste Ascension [Aufstieg] ist die von *Gay-Lussac* im Jahre 1804 zu *Paris* unternommene. Er gelangte bis zu der Höhe von 21 600 Fuß [7020 Meter], 4000 Fuß [1300 Meter] niedriger als der weiße Berg, der *Dhawallagiri* des *Himalaya-Gebirges*. Die Luft, welche er mit herabbrachte und die ich gemeinschaftlich mit ihm untersucht habe, gab durch ihre ungemeine *Dilatation* [Ausdehnung] einen Beweis der Höhe, aus der sie entnommen war. [Sie] enthielt übrigens alle Bestandteile der uns umgebenden, dieselben 21 Teile Sauerstoff, und selbst einen Anteil Kohlensäure, obgleich diese Gasart, die hauptsächlich durch das Atmen und Verbrennen entwickelt wird, schwerer ist als die atmosphärische Luft. – In der weiten Einöde jener Höhen sind die letzten lebenden Wesen, denen wir begegnen – Schmetterlinge; wahrscheinlich unwillkürlich durch Luftströme in diese Regionen geführt. [Louis François] *Ramond* hat auf dem Gipfel der Pyrenäen, [Horace Bénedict de] *Saussure* auf den Alpen, und auch ich habe auf den Höhen der Anden, 20 000 Fuß [6500 Meter] über dem Meere, wo längst jede Spur von Vegetation aufhörte, diese und andere kleine Insekten ebenfalls angetroffen.[11]

Die Kosmos-Vorträge spiegelten das naturwissenschaftliche Wissen seiner Zeit wider und die ewige, sich selbst permanent revidierende Suche nach der Wahrheit, dem wichtigsten Ziel Alexander von Humboldts und der gesamten internationalen Wissenschaftlergemeinde. »Prüfen Sie von Neuem, was ich veröffentlicht habe«, hatte Humboldt einmal seinem jungen Kollegen Jean-Baptiste Bous-

Alexander von Humboldt bei einer Kosmos-Vorlesung in Berlin. Radierung eines unbekannten Künstlers, um 1830.

singault in Paris geraten, »betrachten Sie alles als falsch, das ist das Mittel, die Wahrheit zu entdecken.«[12] Auch seine Schwägerin Caroline von Humboldt war unter den Zuhörern der Kosmos-Vorträge. Ihrer Tochter Adelheid berichtete sie:

> Alexander war so befangen die erste Viertelstunde lang, dass es mich tief rührte. Auch sein Vortrag hatte für mich Anklänge der tiefsten Wehmut. Ein so wahrhaft guter, so grenzenlos gelehrter Mensch, dass, wie er einem die unermesslichen Räume des Weltalls mit der Gewalt seines Geistes erschließt, man zugleich in die wunderbare Tiefe des menschlichen Fassungsvermögens blickt und einen die Ahndung lichthell überfliegt, nach außen und nach innen gleiche Unendlichkeit – ach, und doch nicht glücklich.[13]

DIE RUSSISCH-SIBIRISCHE REISE

Kurz vor seinem 60. Geburtstag konnte Humboldt endlich einen seiner lange gehegten Pläne realisieren: das Gegenstück zu seiner amerikanischen Reise. In seiner Autobiographie für das Brockhaus'sche Konversationslexikon schrieb er:

> Das Jahr 1829 bezeichnet in meiner so vielbewegten Existenz eine ganz neue sehr wichtige Lebensepoche. Sie umfasst die auf Befehl des Kaisers [von Russland] Nikolaus unternommene und großartig durch die edle Fürsorge des Staatsministers Grafen [Georg] von Cancrin ausgestattete Expedition nach dem nördlichen Asien (Ural und Altai), nach der chinesischen Dsungarei und dem Kaspischen Meere. Die bergmännische Untersuchung der Gold- und Platinlagerstätten, die Entdeckung von Diamanten außerhalb der Wendekreise (sie glückte am 5. Juli 1829), astronomische Ortsbestimmungen und magnetische Beobachtungen, geognostische und botanische Sammlungen waren die Hauptzwecke einer Unternehmung, in der ich von zweien meiner berühmten Freunde, [Christian Gottfried] Ehrenberg und Gustav Rose, begleitet war. Die Reise ging über Moskau, Kasan, die Ruinen des alten Bolgar nach Jekaterinburg, den Goldseifenwerken des Ural und den Platinwäschen von Nishne-Tagilsk, über Bogoslowsk, Werchoturje und Tobolsk nach dem Altai (Barnaul, dem malerischen Kolywanschen See, Schlangenberg und Ust Kamenogorsk); von da nach den chinesischen Militärposten von Khonimailakhu, nahe am Dsaysansee in der Dsungarei. Von den mit ewigem Schnee bedeckten Bergen des Altai wendeten wir uns wieder gegen Westen, um den südlichen Ural zu erreichen. Von einem Pulk starkbewaffneter Kosaken immer begleitet, zogen wir durch die große Steppe von Ischim über Petropawlowsk, die Festung Omsk, Miass, wo 1842, in neun Fuß [3 m]

St. Petersburg, Newa-Ufer, Ausschnitt. Gouache von Wilhelm Barth, 1812.

Tiefe, eine Goldmasse von 36 Kilogramm Gewicht gefunden worden ist, über den Salzsee Ilmen nach Slatoust, dem hohen Taganay, Orenburg und dem weit berufenen, mächtigen Steinsalzstock von Ilezk in der Kirgisensteppe der Kleinen Horde. Um Astrachan und das Kaspische Meer zu erreichen, musste man wegen der vielen Regengüsse und Überschwemmungen den Weg über Uralsk, den Hauptsitz der uralischen Kosaken, Saratow, den Eltonsee, Dubowka (berühmt wegen der eine Kanalverbindung versprechenden Nähe der Flüsse Don und Wolga), Zarizyn und die schöne Herrnhuterkolonie Sarepta in der Steppe der Kalmücken einschlagen. Nach einem interessanten Besuche bei dem Kalmückenfürsten Sered-Dschab, der sich und seinem Volke einen großen buddhistischen Tempel hat bauen lassen, wurde die Rückkehr über Woronesh, Tula und Moskau genommen.

Die ganze Expedition, welche in zwei Werken, in Gustav Roses *Mineralogisch-geognostische Reise nach dem Ural, Altai und dem Kaspischen Meere* (2 Bde., 1837–1842), und in meiner *Asie centrale, Recherches sur les chaînes de montagnes et la climatologie comparée* (3 Bde., 1843) beschrieben ist, hat etwas über neun Monate gedauert, in denen 2320 geographische Meilen (15 auf den Grad) zurückgelegt wurden.[1]

Die russisch-sibirische Reise, die am 12. April 1829 begann und am 28. Dezember desselben Jahres endete, war eine logistische Meisterleistung: 12 244 Postpferde

Die russisch-sibirische Reise. Ausschnitt der »Karte zur Übersicht von A. von Humboldt's Reisen in der Neuen und Alten Welt« von August Petermann, Gotha: Justus Perthes, 1869.

kamen dabei in schnellem Wechsel zum Einsatz. Während er in der Neuen Welt innerhalb von fünf Jahren rund 8000 Kilometer – nicht gerechnet die Seewege – zurückgelegt hatte, bereiste Humboldt im Russischen Reich in neun Monaten, einschließlich kleinerer Exkursionen, über 18 000 Kilometer.[2] Das war fast die halbe Länge des Äquators. Verkehrsmittel waren vor allem Kutschen. Einige Strecken in abgelegene, unwegsamere Gebiete legte man aber auch in Bauernkarren oder zu Fuß zurück. Auf der Wolga und dem Irtysch wurden zudem Boote und Flöße als Verkehrsmittel genutzt und auf dem Kaspischen Meer ein Dampfschiff. Nicht selten erreichten die Reisenden mit den Kutschen in nur von kurzen Pausen unterbrochenen ein- oder zweitägigen Dauerfahrten ein Tagespensum von 300 Kilometern. Keine westeuropäische Eilpost konnte damit konkurrieren. Exzellent ausgebaute Straßen, die die wichtigsten Städte und Regionen Russlands miteinander verbanden, und rasche Pferdewechsel alle 20 bis 30 Kilometer boten ideale Voraussetzungen für diese hohen Reisegeschwindigkeiten.

Humboldts ständige Begleiter waren der 31-jährige Mineraloge Gustav Rose, der Mediziner, Zoologe und Botaniker Christian Gottfried Ehrenberg, der kurz nach der Abreise seinen 34. Geburtstag feierte, und sein Diener Johann Seifert, der damals vermutlich 28 oder 29 Jahre alt war. Die Aufteilung der Forschungsaufgaben hatte den Vorteil, dass Humboldt sich vorwiegend geomagnetischen und astronomischen Beobachtungen widmen und die physische Geographie im Überblick studieren konnte. Diesmal forschte er allerdings nicht, wie in Amerika, als unabhängiger Wissenschaftler, sondern im Auftrag und auf Kosten von Kaiser Nikolaus I. Dies schränkte seine Freiheiten in der Wahl der Untersuchungsbereiche und in den späteren Publikationen stark ein. In den Veröffentlichungen zur

Reise finden sich keine kritischen politischen Anmerkungen, geschweige denn Forderungen nach einer neuen liberalen Staatsform. Welche Kompromisse der Forscher eingehen musste, zeigt sich an einem auf den 17. Juli 1829 datierten Brief, den er seinem Förderer, dem russischen Finanzminister Cancrin, aus Jekaterinburg während der Reise schrieb:

> Es versteht sich von selbst, dass wir uns beide [Humboldt und Gustav Rose] nur auf die tote Natur beschränken und alles vermeiden, was sich auf Menscheneinrichtungen, Verhältnisse der unteren Volksklassen bezieht; was Fremde, der Sprache Unkundige, darüber in die Welt bringen, ist immer gewagt, unrichtig, und bei einer so komplizierten Maschine, als die Verhältnisse und einmal erworbenen Rechte der höheren Stände und die Pflichten der unteren darbieten, aufreizend ohne auf irgendeine Weise zu nützen.[3]

Später, im Jahr 1843, bemerkte Humboldt: »Es hat mich viel gekostet, die drei Bände, meine *Asie Centrale* dem russischen Kaiser zu dezidieren [widmen]; es musste geschehen, da die Expedition auf seine Kosten geschehen war.«[4] Als unabhängiger Forschungsreisender konnte er keine Expedition mehr durchführen. Seine letzten persönlichen finanziellen Mittel waren seit langem erschöpft. Er hatte sie in Paris durch die Herausgabe seines amerikanischen Reisewerks aufgebraucht. Aber im Jahr 1827 hatte er wieder intensive, vielversprechende Kontakte zu einem Herrscherhaus geknüpft. Und noch einmal, wie bereits 1799 in Spanien, hatte eine Regierung großes Interesse an Humboldts geologischen und bergmännischen Kenntnissen. Damals war Don Mariano Luis de Urquijo, der Minister für Auswärtige Angelegenheiten, der entscheidende Türöffner zum Palast des spanischen Königs gewesen. Nun entriegelte der deutschstämmige Finanzminister Graf Georg von Cancrin die Pforten des Kaiserpalastes von St. Petersburg für Humboldt. Als Cancrin den Forscher wegen der Einführung einer Platinwährung um Rat gebeten hatte, erlaubte sich Humboldt am Ende seiner Expertise vom 19. November 1827 anzufügen: »Mein heißester Wunsch ist, Ihnen in Russland selbst meine Aufwartung zu machen. Der Ural und der nun bald russische Ararat, ja selbst der Baikalsee schweben mir als liebliche Bilder vor.«[5] Fortan setzte Cancrin alles daran, ihm diesen Wunsch zu erfüllen. Trotz seiner bald 60 Jahre brannte Humboldt noch immer vor Wissensdurst und Unruhe: »Ich gehe noch sehr leicht, trotz meines Alters und meiner weißen Haare 9–10 Stunden ohne zu ruhen zu Fuß«,[6] versicherte er Cancrin am 10. Januar 1829, wenige Monate vor der Reise.

Die Strecke bis St. Petersburg legte Humboldt, zusammen mit seinen Begleitern, noch mit seiner eigenen Kutsche zurück. Von dort an stellte die russische Regierung die Reisemittel. Von Berlin bis zur russischen Hauptstadt fuhr er in seinem eigenen »französischen Reisewagen, einer Halbchaise, die vorn mit Glas zu verschließen ist«.[7] In einer zweiten Kutsche fanden einer oder zwei seiner Begleiter und ein Teil der Kisten mit wissenschaftlichen Instrumenten Platz.

Wie in Lateinamerika schrieb Humboldt auch während dieser Expedition zahlreiche Briefe. Allerdings verfasste er kein Reisetagebuch mit persönlichen

Reflexionen. Sein russisches Reisejournal enthält in erster Linie Messdaten. Alltägliche Begebenheiten und private Äußerungen finden sich allein in den Briefen an seinen Bruder. So berichtete er ihm am 17. April 1829 aus dem winterlichen Königsberg, fünf Tagesreisen von Berlin entfernt:

> Meine Reise, mein teurer Bruder, ist überaus leicht und glücklich gewesen. Wir sind gestern Morgen um 8 Uhr hier angekommen, nachdem wir alle vier Nächte durchreist [...] haben. In Marienburg haben wir alle Herrlichkeiten unter der Anleitung eines pedantischen Predigers gesehen. Der Weg von Berlin hierher ist im Ganzen vortrefflich gewesen, einige Meilen Schnee und Eisdecke abgerechnet. Auch sind wir in der Tat recht schnell gereist, [obwohl] wir oft gegessen und wegen der Haspen [Verschlüsse] eines aufgeschrobenen Koffers (an Ehrenbergs Wagen) uns drei Stunden haben aufhalten müssen. [...] Ich kann erst diese Nacht weiterreisen, da, nach Nachrichten von Memel, der Meerespass [die Meerenge zwischen dem nördlichen Ausläufer der Kurischen Nehrung und dem Festland bei Memel] heute und morgen, da er nicht mehr hält, aufgeeist wird. Vielleicht werden wir noch auf der letzten Station

St. Petersburg, Aussicht von der Schiffsbrücke beim Sommergarten nach dem Marmorpalais und der umliegenden Gegend. Gouache von Wilhelm Barth, 1812.

> der Nehrung (in Schwarzort) Aufenthalt finden, wenn etwa das aufgeeiste Haff noch zu große Schollen triebe. Auf der Weichsel fanden wir eine sehr gefahrlose Überfahrt. Meine Gesundheit ist vortrefflich, die Reisegesellschaft freundlich.[8]

Rasch kam man voran, doch das eisige Wetter sorgte vor allem beim Überqueren der Flüsse für Verzögerungen. So beklagte sich Alexander in einem Brief aus Narwa vom 29. April 1829 gegenüber Wilhelm:

> Heute den 16. Tag unserer Abreise von Berlin, teurer, innigst geliebter Wilhelm, sind wir noch nicht in Petersburg, ob wir gleich vorsätzlich uns nur zwei Tage in Königsberg und einen Tag in Dorpat aufgehalten haben und immer des Nachts reisen. Aber die unglückliche Eigenschaft des Wassers, bald fest, bald flüssig zu sein, stört alle unsere Pläne. Die Wege selbst sind in der Tat erträglich, obgleich wir seit Dorpat alle Gräuel der Winterlandschaft um uns sehen, Schnee und Eis, soweit das Auge reicht, aber überall ist Aufenthalt bei den Flüssen, die entweder in vollem Eisgange sind, wie die Düna und Narowa (hier), oder die Ufer so weggerissen haben (wie an der Windau), dass man die Vorderräder im Schlamm fast verschwinden sieht und sich Balken nachfahren lassen muss, um über die tiefsten Löcher die Wagen, bei abgespannten Pferden, durch Bauernbegleitung hinüberstoßen zu lassen. Alles dies sind gewöhnliche Frühlingsereignisse, im Ganzen sehr gefahrlos und die unsere heitere Laune gar keinen Augenblick niedergeschlagen haben. Ich er-

Moskau. Blick über die Moskwa auf den Kreml. Kolorierter Holzstich aus: The Illustrated London News, 1856. »Der Architekturstil in Moskau«, schrieb Humboldt, »ist nicht zu begreifen. Die großen Worte byzantinisch, gotisch charakterisieren ihn gar nicht.«

> wähne diese Stromhindernisse (und bis heute sind wir 17 Mal mit Prahmen [offene Kähne mit flachem Boden] übergesetzt worden), bloß, um zu beweisen, dass die so verspätete Ankunft nicht unsere Schuld ist.[9]

Die Natur an der Kurischen Nehrung allerdings enttäuschte Humboldt. Ihre Eintönigkeit erinnerte ihn an die »moralische Sandwüste«[10] Berlins. Er spottete:

> Das Charakteristischste dieser Unnatur, was ich gesehen, ist die Nehrung, auf der wir vier bis fünf Tage lang gelebt, fünf Muscheln und drei Lichenen [Flechten] gefunden. Wenn [der klassizistische Architekt Karl Friedrich] Schinkel dort einige Backsteine zusammenkleben ließe, wenn ein Montagsclub, ein Zirkel von kunstliebenden Judendemoiselles und eine Akademie auf jenen mit Gestrüppe bewachsenen Sandsteppen eingerichtet würde, so fehlte nichts, um ein neues Berlin zu bilden, ja, ich würde die neue Schöpfung vorziehen, denn die Sonne habe ich herrlich auf der Nehrung sich in das Meer tauchen sehen.[11]

Die russische Hauptstadt St. Petersburg erreichten sie am 1. Mai 1829. Welch große Bedeutung das Kaiserhaus dem Forscher zumaß, wurde deutlich, als Nikolaus I. Humboldt direkt nach seiner Ankunft zum Mittagessen einlud. Stolz berichtete er seinem Bruder:

> [Der Kaiser] behielt mich allein zum Essen, nur mit vier Gedecken, mit der Kaiserin [Alexandra Fjodorowna, der Tochter des Königs Friedrich Wilhelm III. von Preußen, die im Jahr 1817 Nikolaus geheiratet hatte,] und Frau von Wildermeth [der Gouvernante der Kaiserin]. [...] Die Familie ist von der liebenswürdigsten Vertraulichkeit. Beim Essen hatte der Kaiser die Enkelin auf den Knien. Nach Tisch fasste er mich unter, um mir allein alle herrlichen Gemächer des Winterpalastes zu zeigen, er ließ mich bei all seinen Kindern eintreten, zeigte mir die entzückenden Ausblicke auf die Newa, deren man sich von den verschiedenen Fenstern erfreut. [...] Der Raum ist prächtiger als Versailles. Die Kaiserin hat mich noch einmal für heute Abend zu sich eingeladen, und in diesem Augenblick lädt man mich noch einmal zum Abendessen in der Familie mit dem Kaiser. Kein anderer Fremder ist dort anwesend, nicht einmal Massow [der Hofmarschall am preußischen Hof] ist eingeladen. Der Kaiser hat die höflichsten Umgangsformen. [...] Ich sagte, sein Reich sei so groß wie der Mond. [Er meinte darauf:] »Wenn es ¾ kleiner wäre, würde es verständiger regiert werden«.[12]

Drei Wochen lang blieb Humboldt mit seinen Reisegefährten in St. Petersburg. Dort tauschte er sich mit den Spitzen der Petersburger Wissenschaft aus und besprach mit seinem Mentor Georg von Cancrin den künftigen Verlauf der Reise. Als weiteres Expeditionsmitglied stellte ihm der Finanzminister den russischen Bergbeamten Dmitrij Stepanovič Meńšenin zur Seite. Dieser sollte ihn nun während der gesamten Reise begleiten. Damit die Expedition so bequem wie möglich wurde, hatte Cancrin zwei komfortable Kaleschen, deren Dach sich öffnen ließ, in Petersburg anfertigen lassen. Aus der Expeditionskasse, die ihm von Cancrin ausgehändigt wurde, kaufte Humboldt zusätzlich eine Brička, einen halboffenen, leichten Kutschwagen mit kleinen Vorder- und großen Hinterrädern. Er war dem Dienstpersonal – einem kaiserlichen Kurier, einem Koch und zwei Dienern – vorbehalten.[13]

Rechnet man die Kutscher ein, die während der Reise, wie auch die Pferde, die an den Poststationen gewechselt wurden, setzte sich am 20. Mai 1829 ein gutes Dutzend Menschen in drei Wagen mit insgesamt 16 Pferden Richtung Moskau in Bewegung. Im Verlauf der späteren Reise sollten sich weitere staatliche Repräsentanten und Experten zur Reisegruppe gesellen, die dann über große Strecken zudem von einer Kosakeneskorte begleitet wurde, sodass später »30 bis 40 Pferde pro Station«[14] gewechselt werden mussten. Kurz vor der Abreise aus St. Petersburg schrieb Alexander an Wilhelm:

> Alles ist über meine Erwartung glücklich und freundlich ausgefallen; von großem Naturgenuss kann in so einförmigen Ländern, wo wahrscheinlich die Kiefern-Natur sich bis Asien hineinzieht, und die Neugier nur durch heidnische Formen (Baschkiren und schmutzige Kirgisen) befriedigt wird, nicht die Rede sein. Dazu geht mancher andere Genuss durch die Hospitalität selbst, durch den Andrang der Neugierigen, die ewige Notwendigkeit der Repräsentation, verloren. Man hat mich hier von 8 Uhr morgens bis in tiefe Nacht von Haus zu Haus getrieben, und ich sehne mich nach der freien Luft fern von den Städten. Solche Übel meiner Lage müssen mich natürlich überall verfolgen. Ich wäre, um etwas Ruhe zu genießen, so gern über Jaroslaw nach Kasan gegangen, ohne jetzt schon Moskau zu berühren, aber der Zustand der Wege erlaubt es nicht.[15]

Bereits nach vier Tagen kam die Expedition dort an. Nochmals beklagte sich Alexander gegenüber Wilhelm:

> Ich sehne mich nach den Bergen. Diese ewige Repräsentation (harte Notwendigkeit meiner Stellung und der edlen Gastfreundschaft des Landes) wird sehr anstrengend. Diese schöne Stadt hat zum großen Teil die Individualität ihres Charakters verloren, jedoch ist der Kreml noch immer unendlich interessant. Der Architekturstil in Moskau ist nicht zu begreifen. Die großen Worte byzantinisch, gotisch charakterisieren ihn gar nicht. Es gibt in Moskau Türme in Pyramidenform mit Etagen wie in Indien und auf Java.[16]

Als sie am 31. Mai Nischni Nowgorod erreichten, hatten die Forscher seit ihrer Abfahrt in St. Petersburg bereits über 1000 Kilometer Wegstrecke zurückgelegt. Das nächste größere Ziel war Kasan. Von dort meldete Humboldt Cancrin am 8. Juni 1829: »Unsere Instrumente leben alle, trotz der Wege bei Wladimir und der etwas allzumunteren, raschfahrenden Postillone.«[17] Am selben Tag berichtete er seinem Bruder:

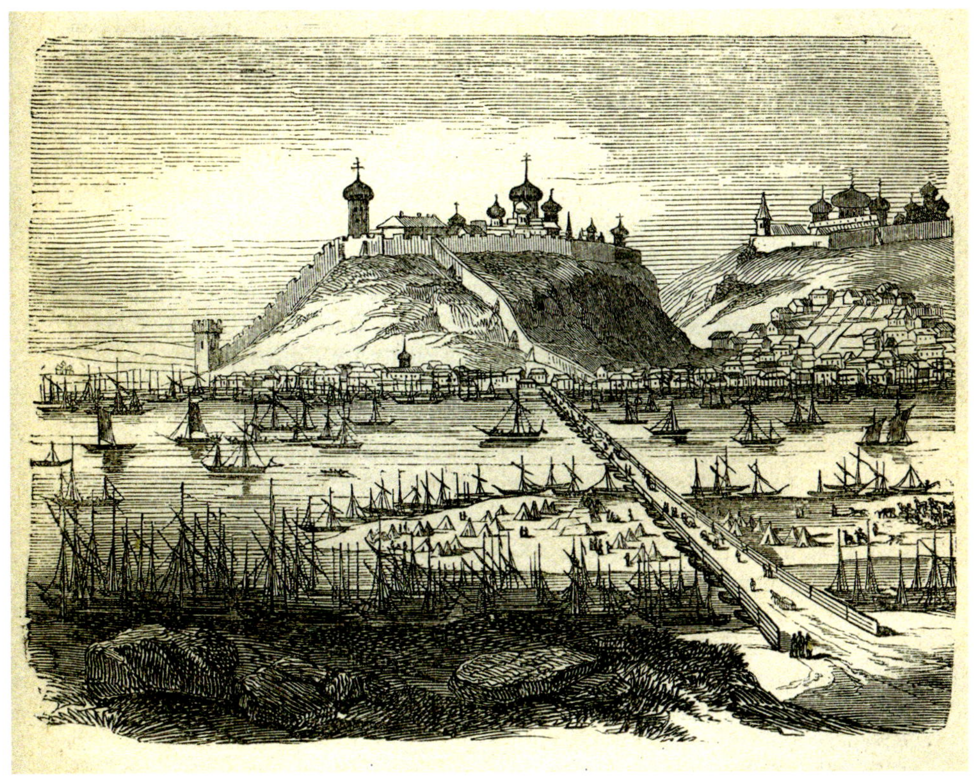

> Auf der Wolga sind wir in vier Tagen von Nischni Nowgorod bis Kasan gefahren. Die Ufer sind herrlich, mit Pappeln, Eichen und Linden bewachsen. Das Wetter war prächtig, nur ein Tag mit Gewitter und Sturm fast wie am Orinoco. Der Wind entwurzelte große Bäume und die Erdmassen, die in den Fluss fortgerissen wurden, machten das Schauspiel des Sturmes sehr beeindruckend. Der Graf Polier, der die Gräfin Šuvalova geheiratet hat, und der heute Einkünfte von 800 000 Francs besitzt, begleitet uns seit Nischni Nowgorod. Er ist ein liebenswürdiger und geistreicher Mann.[18]

Humboldt hatte Graf Adolphe de Polier bereits in Paris kennengelernt. Polier war auf dem Weg zu den Gütern seiner Frau im westlichen Ural. In Nischni Nowgorod hatte er Humboldt vorgeschlagen, die 400 km von dort bis Kasan auf der Wolga zurückzulegen. Auf diese Weise bekamen die Forscher Gelegenheit, so berichtet Gustav Rose, »den wichtigsten Strom Russlands in seiner ganzen Größe und Mächtigkeit kennenzulernen.«[19] Polier hatte bereits eine Barke gemietet. Die drei Wagen der Humboldt'schen Expedition wurden auf ein anderes großes Boot verladen. Die Besatzung bestand aus einem Steuermann und acht Ruderern.[20] Ganz ohne Missgeschicke verlief die Reise allerdings nicht. Humboldt berichtet:

Nischni Nowgorod. Holzstich aus dem Buch von Hermann Klencke: Alexander von Humboldt's Leben und Wirken, Reisen und Wissen, Leipzig: Otto Spamer, 1870. Die blühende Handelsstadt an der Wolga war, als Humboldt sie am 31. Mai 1829 besuchte, auf dem Weg, ein wichtiges Handels- und Industriezentrum des Russischen Reiches zu werden.

> Ein kleines Boot des Grafen Polier mit dreien seiner Leute ist an unserer Seite gekentert. Die drei Männer wurden aus dem Wasser gerettet. Uns ist nichts Unangenehmes begegnet; ich mache diese Bemerkung nur für den Fall, dass sich falsche Gerüchte über dieses kleine Ereignis verbreiten.[21]

Mit Polier besuchte er in den folgenden Wochen zahlreiche Bergwerke. Humboldt war begeistert von den vielen Talenten des 34-jährigen französichen Offiziers, der seit 1827 in russischen Diensten stand:

> Er hat in diesen wilden Regionen sein schönes Talent als Landschaftsmaler geübt. Durch seine Heirat an Russland gebunden, beschäftigt er sich mit Wärme damit, die Ausbeutung der Bergwerke und der Fabriken zu verbessern. [...] Wir haben einen Monat darauf verwandt, die Goldbergwerke von Berezovskij, die Malachitminen von Gumeševskij und von Tagil, die Eisen- und Kupferhütten, die Ausbeuten von Beryllium und von Topasen, die Gold- und Platinwäschen zu besuchen. Man ist erstaunt über diese Goldklumpen von zwei bis drei, selbst von 18 und 20 Pfund, die man einige Zoll unter dem Rasen findet und die seit Jahrhunderten unerkannt geblieben sind.[22]

Auch während vieler Landreisen, vor allem von Perm nach Jekaterinburg und von dort nach Kuschwa, begleitete Polier die Reisegruppe. Am 2. Juli 1829 verabschiedete er sich schließlich von den Reisenden, um nach Humboldts Anweisungen auf den Gütern seiner Frau am westlichen Abhang des Ural nach Diamanten zu suchen. Von der Fahrt von Kasan nach Perm, die die Forscher am 9. Juni begonnen hatten, berichtet Gustav Rose:

> Auf diesem Wege sahen wir zum ersten Mal einen Transport von Verbannten, die nach Sibirien geschickt wurden. Er bestand aus Frauen und Mädchen, etwa 60–80 an der Zahl. Sie gingen frei, waren also nur leichtere Verbrecher; schwerere, wie wir dergleichen auf der Fortsetzung unserer Reise begegneten, gehen zu beiden Seiten eines langen Taues, an welches sie mit einer Hand befestigt sind. Ein jeder solcher Transporte wird von Baschkiren eskortiert, die beritten, mit Lanze, Pfeil und Bogen bewaffnet, und mit ihren spitzen Mützen, zottigen Mänteln und ihrer eigentümlichen Gesichtsbildung, worin sie sich schon den Kalmücken nähern, durch Abbildungen und Beschreibungen bekannt genug sind. Bei allen Stationen, etwa alle 30 Werst [32 km] sind auf diesem Wege, der Hauptstraße nach Sibirien, hölzerne, mit Palisaden umgebene Häuser erbaut, in welchen die Verschickten, wie man in Russland die nach Sibirien Verbannten nennt, die Nächte zubringen, und den vierten Tag Ruhetag halten. Das öftere Zusammentreffen mit ihnen ist keine Annehmlichkeit der Straße nach Sibirien.[23]

Mit ihrer Ankunf in Jekaterinburg war die Expedition auf der östlichen Seite des Uralgebirges angelangt. Dessen Wasserscheide bildet die Grenze zwischen Europa und Asien. Mehr als 4000 Kilometer von Berlin entfernt, erinnerte die Natur

Humboldt allerdings noch immer an die Tegeler Heimat. In Jekaterinburg verfasste er, wie in den meisten Städten, in denen er länger Station machte, einen weiteren Brief an Wilhelm. Das Schreiben ist datiert auf den 21. Juni 1829. Unter dem Datum findet sich die Bemerkung: »Ein Ball, von dem ich komme und wo ich habe eine Quadrille tanzen müssen!!«

> So sind wir denn ohne Unfälle, teurer Bruder, in Asien angekommen. Seit sechs Tagen sind wir im Ural, die asiatische Grenze hat freilich einiges Ansehen der Tegelschen Heide, aber mit denselben Bestandteilen sind doch die Wälder anders gruppiert. Schöne Linden- und Pappelwälder angenehm mit Lärchenbäumen gemischt; dazu der Boden mit *Linnaea borealis* [Moosglöckchen] wie mit Moos bedeckt; die herrliche *Cypripedia* [Frauenschuh] und andere sibirische Pflanzen, eine Anzahl wilder Rosen, alles in Pracht der Frühlingsvegetation. Seit Kasan besonders an der Grenze von Europa in den Gouvernements Wiatka und Perm schöne Kies-Chausseen wie in England. Die Vorsorge der Regierung für unsere Reise ist nicht auszusprechen, ein ewiges Begrüßen, Vorreiten und Vorfahren von Polizeileuten, Administratoren, Ko-

Die Wolga bei Kasan. Holzstich aus dem Buch von Hermann Klencke: Alexander von Humboldt's Leben und Wirken, Reisen und Wissen, Leipzig: Otto Spamer, 1870. Den Weg von Nischni Nowgorod bis Kasan legten Humboldt und seine Begleiter vom 1. bis zum 4. Juni 1829 auf der Wolga zurück.

Nadelholzwald im Ural. Holzstich aus dem Buch von Hermann Klencke: Alexander von Humboldt's Leben und Wirken, Reisen und Wissen, Leipzig: Otto Spamer, 1870. Die Wälder im Ural erinnerten Humboldt an die Berliner Vegetation.

sakenwachen aufgestellt! Leider aber auch fast kein Augenblick des Alleinseins, kein Schritt, ohne dass man ganz wie ein Kranker unter der Achsel geführt wird! [...] Die geognostische Ausbeute ist schon sehr wichtig gewesen, ebenso die Zahl magnetischer, barometrischer und astronomischer Beobachtungen. Das Tier- und Pflanzenreich bisher ziemlich gemein, doch viel neue Süßwassermuscheln. Meine Gesundheit ist ununterbrochen besser als in Berlin gewesen. Die zwei Reisebegleiter [Ehrenberg und Rose] tätig und angenehm. Ehrenberg gewinnt sehr in der Nähe, er ist gutmütig, lebendig und spirituell zugleich.[24]

Wie oft mag Humboldt während dieser Reise an seine kleine und doch so effiziente Zwei-Mann-Expedition in Lateinamerika gedacht haben? Wie sehr vermisste er die überwältigende Tropenvielfalt, die Möglichkeit, allein in der Natur zu sein, die vollkommene Unabhängigkeit in der Wahl der Reisebegleiter, der Forschungsobjekte und der Reiseroute? Trotzdem beklagte er sich nicht. Im selben Brief schreibt er:

Eine sibirische Reise ist nicht entzückend wie eine südamerikanische, aber man hat das Gefühl, etwas Nützliches unternommen und eine große Länderstrecke durchreist zu haben. [...] Seit Kasan gibt es kein Wirtshaus mehr, man schläft auf Bänken oder im Wagen, doch ist das Leben erträglich und ich klage nicht. Bis jetzt haben wir in unserer vorgeschriebenen Rechnung einige Tage (sechs) gewonnen, und wir können (auch wenn wir von Omsk etwas östlicher bis Semipalatinsk und Buchtarma, wo die ersten chinesischen Vorposten vordringen) Ende September in Moskau und Anfang November in Berlin sein!

Eine solche Reise, eine solche Ansicht so vieler Völker, Tataren, Baschkiren, Waiteken, Wogulen, Kalmücken, Kirgisen, Buklaren wird angenehme Erinnerungen hinterlassen.[25]

Dass die Forschungsreise trotz der komfortablen Kaleschen auch Entbehrungen verlangte, wird aus einem weiteren Brief an seinen Bruder vom 14. Juli 1829 aus Jekaterinburg deutlich: »Meine Gesundheit hält sich, obgleich nicht alle Momente einer Sibirienreise gleich angenehm sind: die schrecklichen Mücken, die Stöße in den Kibitkas [mit Matten überdachte Pferdefuhrwerke, die sie für Exkursionen in unwegbareres Gelände verwendeten] und die ewigen Besuche von Degenträgern. Das ist der Orinoco plus Epauletten*!«[26]

Bei jedem Halt nahm Humboldt astronomische und klimatische Messungen vor. Gustav Rose untersuchte die Geologie, Christian Gottfried Ehrenberg die Flora und Fauna. Eine lebhafte, ungehinderte, kritische Beschreibung der verschiedenen Kulturen und der wirtschaftlichen und sozialen Verhältnisse allerdings, die Humboldts Veröffentlichungen zur lateinamerikanischen Reise eine so große Wirkkraft gegeben hatte, durfte, der von der russischen Regierung auferlegten

* Schulterstücke von Uniformen

Restriktionen wegen, nicht in die Publikationen einfließen. Humboldts eigentliches grundlegendes wissenschaftliches Ziel war es, »das Zusammen- und Ineinanderweben aller Naturkräfte zu untersuchen«.[27] Dazu gehörte auch der Mensch. Doch hier in Russland konnten die Menschen in ihren kulturellen, politischen und ökologischen Zusammenhängen nur unzureichend beschrieben werden. Dies war sicher einer der Gründe, warum es Humboldt dem Mineralogen Gustav Rose überließ, ein ausführliches Reisetagebuch zu führen und später einen Bericht über die Reise zu veröffentlichen. Dieser ist denn auch in keiner Weise vergleichbar mit Humboldts lateinamerikanischen Reisebeschreibungen. Auch in seinem eigenen Reisewerk *Asie Centrale* spielen die Wechselwirkungen zwischen Mensch und Natur und die der Menschen untereinander eine untergeordnete Rolle. Doch wie in Lateinamerika machte Humboldt auch in Russland vor Ort Vorschläge zur Verbesserung des Bergbaus und sandte seine Expertisen dann an Cancrin in St. Petersburg. Die katastrophal schlechte Ausbeute der Minen im Ural führte er vor allem auf die nicht vorhandene Arbeitsteilung zurück:

> Überhaupt scheint mir die Goldausbeute des Urals noch auf lange gesichert. An Händen fehlt es freilich, aber dieser Mangel liegt an der schlechten Verteilung und Anwendung der menschlichen Kräfte [...] in den Verhältnissen der Kreposnys [Leibeigenen] und Masterovouys [Fabrikarbeitern] ... Um in einem Jahr 150 000 pud [2,45 Tonnen] Eisen hervorzubringen, braucht man in England und Deutschland nicht so viele Tausende von Menschen. Aber ein halbes Jahrhundert würde wohl nicht hinreichen, solche Übel, die in der Lage der unteren Volksklassen gegründet sind, in der Nicht-Absonderung der Beschäftigungen (da ein Mann Gussware macht, Bäume fällt, Gold wäscht) zu zerstören. Eben so kompliziert ist alles, was sich auf die Forstkultur bezieht! [...] Wie selten sind große Stämme, und welche Verwüstungen richtet das Feuer an![28]

Cancrin nahm die Kritik an den Arbeitsbedingungen zwar zur Kennnis, antwortete allerdings ausweichend. Nur im Falle der Forstwirtschaft machte er Humboldt ein wenig Hoffnung. Am 31. Juli antwortete er ihm aus St. Petersburg: »Die bösen Aussichten des Waldwesens haben mich zu einer Erweiterung der Forstschule bewogen, um gelernte Forstmänner auf die Bergwerke zu schicken. Leider geht das Gute mit Schneckenschritt, das Übel fliegt.«[29]

Nach Jekaterinburg war das nächste größere Ziel die Stadt Tobolsk. Als sie die Hauptstadt Westsibiriens am 20. Juli 1829 erreichten, waren sie seit ihrer Abfahrt aus St. Petersburg genau zwei Monate unterwegs gewesen und hatten mehr als 3000 Kilometer zurückgelegt. Mit Cancrin hatte Humboldt in St. Petersburg vereinbart, dass hier, in Tobolsk, die Rückreise beginnen sollte. Doch insgeheim hegte er einen Plan, den er seinem Bruder bereits am 14. Juli aus Jekaterinburg mitgeteilt hatte: »Wir gehen direkt nach Tobolsk, nach Omsk (vielleicht über Barnaul) in den Altai«,[30] schrieb er ihm. Erst am 23. Juli, einen Tag vor der Abreise, berichtete er dann Cancrin von einer, wie er es nannte, »kleinen Erweiterung unserer Reisepläne«.[31] Natürlich war ihm die gewaltige Dimension dieser Erwei-

terung genauso bewusst wie die Tatsache, dass der Finanzminister nun keine Möglichkeit mehr hatte, dagegen einzuschreiten:

> Wir haben die Hoffnung in der Nähe der chinesischen Mongolei endlich einmal einige seltene Produkte des Tier- und Pflanzenreichs aufzufinden. Es würde mich unendlich schmerzen, wenn ich ahnden könnte, daß Ew Excellenz diese Exkursion missfiele. Aber Sie haben selbst in dem 6ten Artikel der so überaus liberalen, mir schon am 18. Januar nach Berlin gesandten Instruktion es mir ganz überlassen, dahin meine Reise zu richten, wo ich nützliche wissenschaftliche Zwecke zu erreichen hoffen könnte. Ich kann dem Drange nicht widerstehen, eine mir von Ihnen geschenkte Gelegenheit, die sich vor meinem Tode nie wieder darbietet, zu benutzen […] Einen Augenblick ist es mir eingefallen, ob es nicht vielleicht undelikat sei, die Reise durch einige Tausende von Wersten [einige Tausend Kilometer] zu verteuern; aber ich habe mich mit der Hoffnung getröstet, dass von dem mir persönlich anvertrauten Gelde ich ohnedies einen nicht unbeträchtlichen Teil werde zurückgeben können. Unsere Equipagen sind im besten Stande. Sie bleiben in Ust Kamenogorsk stehen, während wir die Exkursion nach Buchtarma auf langen

Tobolsk. Kolorierter Holzstich von Elisée Reclus aus: La Nouvelle Géographie Universelle, la Terre et les Hommes, ca. 1878. Tobolsk war zu Humboldts Zeit die Verwaltungsmetropole des Generalgouvernements Westsibirien, das auf Grund seiner Größe und der Vollmachten des Generalgouverneurs eine Art Staat im Staate bildete.

Wagen hin und zu Wasser zurückmachen. [...] Der Generalgouverneur von Tobolsk, der uns mit Höflichkeiten überhäuft, gibt uns einen seiner Adjudanten zur Begleitung mit. Überall finden wir (Dank sei es der Fürsorge Ew Excellenz) die freundlichste Aufnahme. Gegen die Mücken sind wir durch erstickende Masken gepanzert; ohne Beschwerden kann man keinen Genuss des Lebens haben![32]

Erst am 18. August, als Humboldt mehr als 2000 Kilometer auf der nicht abgesprochenen Route gereist und gerade in Ust Kamenogorsk angelangt war, konnte Cancrin antworten und erklärte sich mit Humboldts eigenmächtiger Erweiterung der Reise einverstanden. Während der Weiterfahrt durch die Steppe genoss der Forscher seinen Schachzug: »Man reist oder vielmehr man flieht durch diese einförmigen sibirischen Grasfluren wie durch eine Meeresfläche – eine wahre Schifffahrt zu Lande, in der man in 24 Stunden genau 240–280 Werst [255–300 km] zurücklegt«,[33] schrieb er. Einen Eindruck von dieser Reise durch die Barabinskische Steppe vermittelt Gustav Roses Bericht.

Fahrt durch die Barabinskische Steppe. Holzstich aus dem Buch von Hermann Klencke: Alexander von Humboldt's Leben und Wirken, Reisen und Wissen, Leipzig: Otto Spamer 1870. »Man reist oder vielmehr man flieht durch diese einförmigen sibirischen Grasfluren wie durch eine Meeresfläche – eine wahre Schifffahrt zu Lande«, schrieb Humboldt.

Keinesweges trocken und dürr, welche Vorstellung man so häufig mit dem Worte Steppe verbindet, ist sie vielmehr im höchsten Grade wasserreich, voller großer oder kleinerer Seen, Moräste und Flüsse, welche letztere sich teils in den Om, der ein Hauptfluss dieser Steppe ist, teils unmittelbar in den Irtysch oder Ob ergießen. Stellenweise ist der Boden nur ein Lug, wie bei Linum in der Mark, und vollkommen eben, wie auf dem Meere; hin und wieder ist er gras- und kräuterreich und mit Pappeln und Birken bedeckt. [...] Wegen des häufig morastigen Bodens ist der Weg auf große Strecken gebrückt. Die Bohlendämme sind bei ihrer Länge natürlich schlecht unterhalten, und daher das Fahren auf denselben sehr beschwerlich. Diese Beschwerde war jedoch noch viel erträglicher als eine andere, die durch die große Menge von Mücken und Fliegen aller Art hervorgebracht wurde, die uns stets umschwärmten und uns überfielen sobald der Wagen stillhielt. Unsere Mückenkappen [es waren lederne Bedeckungen des Kopfes und des Nackens, die vor dem Gesicht ein Geflecht von Pferdehaaren hatten[34]] konnten uns nur zum Teil dagegen schützen, da die Stachel der Mücken durch die Nähte und durch die geringsten Ritzen drangen. Auch trugen wir sie nicht beständig, da sie bei der Hitze sehr beschwerlich fielen und das freie Umsehen hinderten. Ich führe diese Umstände nur an, weil sie uns einen Verlust verursachten, der uns für den Augenblick sehr empfindlich war. Bei den Stichen der Mücken und den starken Stößen des Wagens auf dem schlechten Wege konnte ich das Barometer, welches ich hielt, nicht so schützen, dass es nicht bei einem Stoße zerbrochen wäre.[35]

Nach einer langen Steppenfahrt erreichten sie das 1400 Kilometer südöstlich von Tobolsk gelegene Städtchen Kainsk. Mit Schrecken erfuhren die Reisenden dort, dass in dieser Gegend die »Sibirische Pest«, der Milzbrand, ausgebrochen war und sie nun zwei Tage lang durch ein verseuchtes Gebiet fahren mussten. Viele Menschen und Tiere hatten bereits den Tod gefunden. Humboldt berichtet:

[Trotzdem entschlossen wir uns,] nicht umzukehren, [sondern] die Bedienten ins Innere der Wagen zu nehmen, dass sie von den Kutschern (sibirischen Bauern) nicht berührt würden, an keine Hütten zu treten und unser Wasser selbst an den Brunnen zu schöpfen. [...] Den 31. Juli sahen wir zuerst den majestätischen Ob-Strom und passierten ihn bei Berski. Wir fanden viele Kranke in den Dörfern, wo in einem Tage bisweilen 4–5 Menschen starben. Da wir aber Tag und Nacht reisten, kamen wir schon am 1. August morgens in der Gegend der Altai'schen Bergstadt Barnaul (so weit im Osten als Caracas im Westen von Berlin!) am Ufer des Ob, der hier viel Krümmungen macht, glücklich und alle gesund an. Es wütete über 17 Stunden lang ein Sturm von S.S.W. aus der Kirgisensteppe: der Ob schlug Wellen wie das Meer und es war an kein Übersetzen zu denken. Wir mussten alle die Nacht am Ob-Ufer biwakieren. Hochloderndes Feuer im Walde, das mich an den Orinoco erinnerte. Es stürmte und regnete abwechselnd, im Ganzen eine Wohltat, da wir nun von den Moskitos befreit wurden und nicht mehr der erstickenden Masken bedurften.[36]

In Barnaul erlebten die Forscher dann erneut die erdrückende Fürsorge der russischen Regierung:

> Leider vermehrt die große und allzugütige Sorgfalt der Regierung für unsere Sicherheit täglich unsere Begleitung. Der General-Gouverneur von Tobolsk, General Veljaminov, hat uns nicht bloß seinen Adjutanten H. v. Ermolov mit vier Kosaken mitgegeben, heute Abend erscheint auf einmal mit seiner Suite der kommandierende General H. von Litvinov von Tomsk, der uns 1500 Werst [1600 km] lang längs der Grenzfestungslinie selbst bis Omsk begleiten soll.[37]

Für die immer größere Reisegruppe mussten nun auch zunehmend mehr Pferde gewechselt werden: »Manchmal benötigen wir 30 bis 40 Pferde pro Station, und die Pferdewechsel werden bei Nacht wie bei Tag mit der größten Ordnung besorgt«,[38] schrieb Humboldt. Flora und Fauna allerdings erinnerten ihn, obwohl sie nun mehr als 5500 km von Berlin entfernt waren, noch immer an die ungeliebte Heimat:

> Die Vegetation ist jetzt, da wir schon ein dritthalbtausend Werste [rund 2700 km] gegen Südost in Asien vom Ural aus vorgedrungen sind, endlich nach und nach sibirisch geworden, doch gleichen, da leider die Bäume allein ein Land charakterisieren, die Ob-Ufer im Ganzen der Havel und dem Tegel'schen See. Über die großen Tiere bemerke ich nur, dass große Tiger, gestreifte, ganz den bengalischen gleich, nicht bloß sich in diesen nördlichen Breiten bei Irkutzk zeigen, ja dass man seit einigen Jahren, wenn in der chinesischen Mongolei Treibjagden auf diese Tiger waren, 3–4 hier im Altai, bei Buchtarma, einen Reiter angreifend, geschossen hat. Wir haben die Felle [von] zwei der ausgestopften Tiere gesehen [...]. Die Existenz solcher Bestien in so nördlicher Breite ist sehr sehr merkwürdig.[39]

Am 17. August 1829 erreichten die Reisenden, mehr als 6000 Kilometer von St. Petersburg entfernt, den östlichsten Punkt ihrer Expedition: den Grenzposten Baty, einen Ort am Irtysch, dem Grenzfluss zwischen dem russischen und dem chinesischen Reich. Ihre Kutschen hatten sie am 13. August in Ust Kamenogorsk zurückgelassen, um von dort einige weitere hundert Kilometer mit geländegängigeren Kosakenwagen durch das Gebirge zur chinesischen Grenze zu fahren. Humboldt berichtet:

> In Baty gibt es zwei chinesische Lager auf beiden Seiten des Irtysch, von elenden Jurten, bewohnt von mongolischen Soldaten in Lumpen. Ein kleiner chinesischer Tempel befindet sich auf einem trockenen Hügel. Baktrische Kamele mit zwei Höckern weiden im Tal. Die zwei Kommandanten, von denen der eine erst vor einer Woche aus Peking eintraf, sind von rein chinesischer Rasse, sie haben alle drei Jahre gewechselt. Gekleidet in Seide, eine schöne Pfauenfeder an der Mütze, empfingen sie uns mit einer sehr gefälligen Würde.[40]

Minutiös schildert Gustav Rose in seinem Reisebericht die weiteren Erlebnisse:

> In dem Posten des linken Ufers stehen Mongolen, in dem des rechten Ufers Chinesen, doch werden beide von chinesischen Offizieren befehligt. [Der mongolische Befehlshaber] kam uns schon vor seinem Zelte mit zwei Begleitern, die hinter ihm gingen, entgegen. Es war ein langer, hagerer, und wie es schien noch junger Mann, mit einem blauen seidenen Überrocke bekleidet, der bis zu den Knöcheln hinabreichte, und mit der bekannten spitzen, unten umgekrempten Mütze bedeckt, in welche hinten mehrere, seinen Rang verkündende Pfauenfedern horizontal gesteckt waren. Seine Begleiter waren ebenso gekleidet, hatten aber die Pfauenfedern in der Mütze nicht. Er lud uns durch Zeichen ein, in sein Zelt zu treten, eine kirgisische Jurte, in welcher der Tür gegenüber und zur Seite mehrere Koffer und Kisten mit Teppichen und Polstern bedeckt standen, und ein Teppich auf dem Boden ausgebreitet war. Der chinesische Befehlshaber nahm der Tür gegenüber Platz, ihm zur Seite Herr von Humboldt, die übrige Gesellschaft setzte sich teils auf die übrigen Kisten oder Polster, oder auf den Boden.
>
> Wir hatten einen Dolmetscher aus Buchtarminsk mitgebracht, der indessen nur Mongolisch sprach, welches aber der chinesische Offizier verstand. Die Fragen des Herrn von Humboldt wurden daher nun von unseren russischen Begleitern dem Dolmetscher ins Russische, und von diesem dem chinesischen Offiziere ins Mongolische übersetzt, und denselben Weg machten die Antworten zurück. Der chinesische Befehlshaber bot uns Tee an, welcher von den Chinesen ohne Milch und Zucker getrunken wird, wofür ihm aber gedankt wurde; er erkundigte sich darauf nach der Absicht der Reise des Herrn von Humboldt, welcher ihm erwidern ließ, dass er gekommen sei, um die Bergwerke, von denen der chinesische Offizier wohl Kenntnis hatte, zu besuchen. Herr von Humboldt dagegen fragte ihn nach seiner Heimat, worauf er erwiderte, dass er direkt von Peking hierher gesandt sei, und erzählte, dass er den Weg zu Pferde und in vier Monaten zurückgelegt habe, dass er noch nicht lange hier sei, und dass die Befehlshaber dieses Postens alle drei Jahre wechselten.
>
> Nach einem kurzen Aufenthalte entfernten wir uns, und ließen uns nach dem jenseitigen Ufer übersetzen, um dem Offizier des anderen Postens gleichfalls unseren Besuch zu machen. Er erwartete uns in seiner Jurte, vor deren Tür eine Menge Stangen mit Stücken frischen Fleisches behängt, aufgestellt waren, zwischen denen wir uns einen Durchweg suchen mussten. Er war wie der Befehlshaber des rechten Postens gekleidet, war aber älter und schmutziger, und einen ähnlichen Anstrich hatte auch seine Jurte und seine ganze Umgebung. Die Unterhaltung mit ihm war noch etwas mühsamer, da ihm erst die Reden des Dolmetschers von einem seiner Untergebenen ins Chinesische übersetzt werden mussten, sei es, dass er selbst nicht mongolisch verstand, oder dass er es seiner Würde für angemessener hielt, nicht unmittelbar mit dem Dolmetscher zu sprechen. Herr von Humboldt schenkte ihm ein Stück roten Sammet, das schon zu diesem Zwecke in Buchtarminsk

gekauft war, und welches er mit Dank annahm. Er bot uns darauf Tee an, wofür ihm jedoch auch gedankt wurde.

Nach einigem Verweilen führte er uns in den Tempel, der auf dieser Seite des Irtysch nicht weit vom Flusse stand. Es war ein kleines viereckiges hölzernes Gebäude, dessen Tür dem Flusse zugekehrt war. Im Innern fanden wir es fast leer, da es außer einem Altar der Tür gegenüber und der Abbildung eines Idols des buddhistischen Kultus an der Wand über dem Altar, keine anderen Gegenstände enthielt. Außerhalb war der Tür gegenüber zwischen dem Tempel und dem Flusse eine Mauer von etwas größerer Breite als der Tempel aufgeführt, und zwischen der Mauer und dem Tempel ein anderer Altar errichtet, der aus Schieferstücken bestand, und oben mit einer großen Schieferplatte belegt war, auf welcher wir noch unausgebrannte Kohlen liegen sahen.

Wir kehrten nun wieder nach dem andern Ufer zurück, und erhielten bald darauf von dem ersten Befehlshaber und zweien seiner Begleiter einen Gegenbesuch. Herr von Humboldt bewillkommnete sie und lud sie ein, in unsere Jurte zu treten, in welcher wir uns, da sie ganz leer war, auf die am Boden ausgebreitete Matte niederließen, Herr von Humboldt in der Mitte, zu seiner linken General Litvinov und wir übrigen, zu seiner Rechten der chinesische Befehlshaber mit seinen Begleitern. Die gemeinen Mongolen drängten sich dabei an die Jurte heran, und betrachteten uns von der Tür aus. Der chinesische Befehlshaber und seine Begleiter holten ihre Tabakspfeifen hervor und fingen an zu rauchen, nachdem sie uns aufgefordert hatten, ein Gleiches zu tun. Die chinesischen Pfeifenköpfe sind bekanntlich nur sehr klein, und nach einigen Zügen schon ausgeraucht, sie müssen daher unaufhörlich neu gestopft und angezündet werden, was die Begleiter des Offiziers für diesen taten. Dieser kostete auch von unserm Tabak, den Herr von Ermolov ihm anbot, und der ihm auch zu schmecken schien, legte jedoch bald seine Pfeife weg, da Herr von Humboldt und der größere Teil unserer Gesellschaft nicht rauchte.

Letzterer überreichte nun dem chinesischen Befehlshaber ein Stück feines blaues Tuch, was dieser jedoch lange anzunehmen zögerte. Während er nämlich durch den Dolmetscher sein Bedenken, ein so großes Geschenk anzunehmen, ausdrücken ließ, gab er dies auch selbst durch Zeichen Herrn von Humboldt zu verstehen, und schob das Stück wieder zurück, worauf dieser ihm durch den Dolmetscher und durch Zeichen bedeutete, dass er es annehmen müsse und ihm das Tuch wieder zuschob. Nachdem dieses Hin- und Herschieben mehrmals wiederholt war, gab der Befehlshaber endlich nach, und wie es schien mit Vergnügen. Er erkundigte sich darauf bei dem Dolmetscher, welches Gegengeschenk er wohl machen könnte, und da für diesen Fall der Dolmetscher schon unterrichtet war, dass Herrn von Humboldt nichts lieber als einige Bücher sein würden, die wir in der Jurte des chinesischen Befehlshabers hatten liegen sehen, so ließ dieser sogleich die Bücher holen und überreichte sie Herrn von Humboldt, der sie sehr erfreut über das für ihn so wertvolle Geschenk, doch ebenfalls erst nach mehreren Höflichkeiten und längerm Zögern annahm.

Der chinesische Befehlshaber äußerte eine um so größere Freude, als ihm Herr von Humboldt erzählte, dass er einen Bruder habe, der sich viel mit der chinesischen Sprache beschäftige, und dem er sie nun mitbringen wolle. Herr von Humboldt bat darauf den Befehlshaber, seinen Namen in das Buch zu schreiben, was er mit einem Bleistifte, welcher ihm überreicht wurde, tat und wobei wir erfuhren, dass er Tsingfu heiße. Die Bücher befinden sich jetzt in der Königlichen Bibliothek zu Berlin und enthalten einen historischen Roman in vier Bänden, Sankuetschi betitelt, der die Geschichte der drei Reiche, in welche China nach dem Ende der Dynastie Han geteilt war, enthält.

Der Bleistift war [Tsingfu] neu, er betrachtete ihn mit Wohlgefallen, und nahm ihn daher gern an, als er ihm geschenkt wurde. Wir boten ihm darauf aus unsern mitgenommenen Lebensmitteln einige Erfrischungen an, wie Madeira-Wein, Zwieback und Zucker, von welchem letztern wir mit einem großen Vorrat versehen waren, da wir gehört hatten, dass ihn die Mongolen, welche ihn selbst nicht haben, sondern erst von den Russen eintauschen müssen, sehr gern essen. Von dem Madeira-Wein trank Tsingfu jedoch nur wenig, und von dem Zucker nahm er ebenfalls nur ein kleines Stück, das er

***Am Abhang des Altai*. Holzstich eines anonymen Künstlers, um 1870. In dieser Gegend traf Humboldt am 17. August 1829 den chinesischen Grenzoffizier Tsingfu, der ihm mehrere Bücher für seinen Bruder Wilhelm schenkte.**

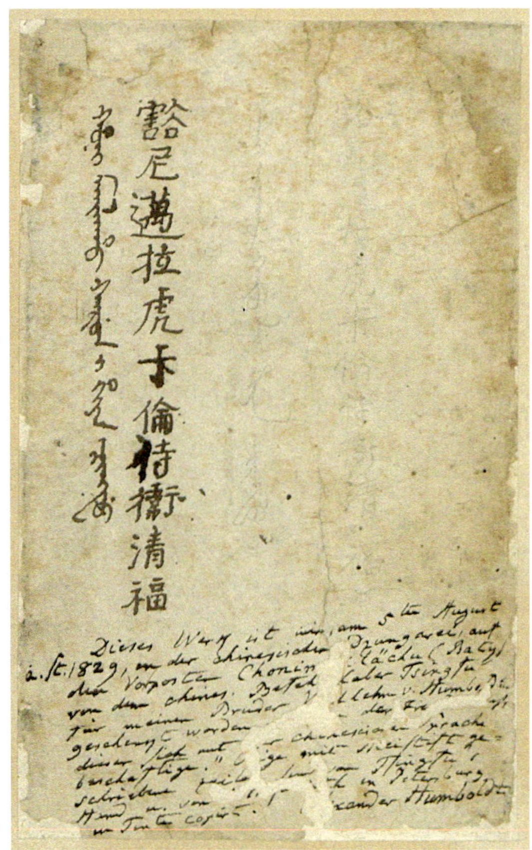

豁尼邁拉虎卡倫侍衛清福

nicht einmal genoss. Er legte es, wie auch einen Zwieback, den er angenommen hatte, vor sich zu dem Bleistifte auf das Stück Tuch, und ließ dieses, wie auch ein kleines Paket Tabak, welches ihm Herr von Ermolov verehrt hatte, später forttragen.

Seine Begleiter leerten jedoch mehrere Gläser Wein, stets in einem Zuge, legten bei dem Anblicke des Zuckers auch ihre Pfeifen weg, und nahmen und aßen denselben in großer Menge. Anderen Zucker verteilten wir unter die gemeinen Mongolen, die indes sich in die Jurte hineingedrängt hatten, und wie die Kinder begierig ihre Hände danach ausstreckten. Nach einiger Zeit stand Tsingfu auf und empfahl sich; es war offenbar ein feiner gebildeter Mann, was aus seinem ganzen Benehmen hervorleuchtete. Wir verweilten noch etwas länger, und betrachteten uns die gemeinen Mongolen, die sich von allen Seiten voller Neugierde herzudrängten, uns betasteten und untersuchten, doch auch nicht verdrießlich wurden, wenn man sie mit den Händen fortschob. Es waren ihrer in beiden Posten etwa 80 Mann, wie die Befehlshaber in lange Überröcke von verschiedener Farbe gekleidet, die

Handschriftliche Notiz Humboldts: »Dieses Werk ist mir am 5. August 1829 [17. nach westlicher Zeitrechnung] in der chinesischen Dsungarei, auf dem Vorposten Chormailächu (Baty), von dem chinesischen Befehlshaber Tsingfu für meinen Bruder Wilhelm von Humboldt geschenkt worden, [in der Freude darüber,] ›dass dieser sich mit der chinesischen Sprache beschäftige‹. Obige mit Bleistift geschriebenen Zeilen sind von Tsingfus Hand«.

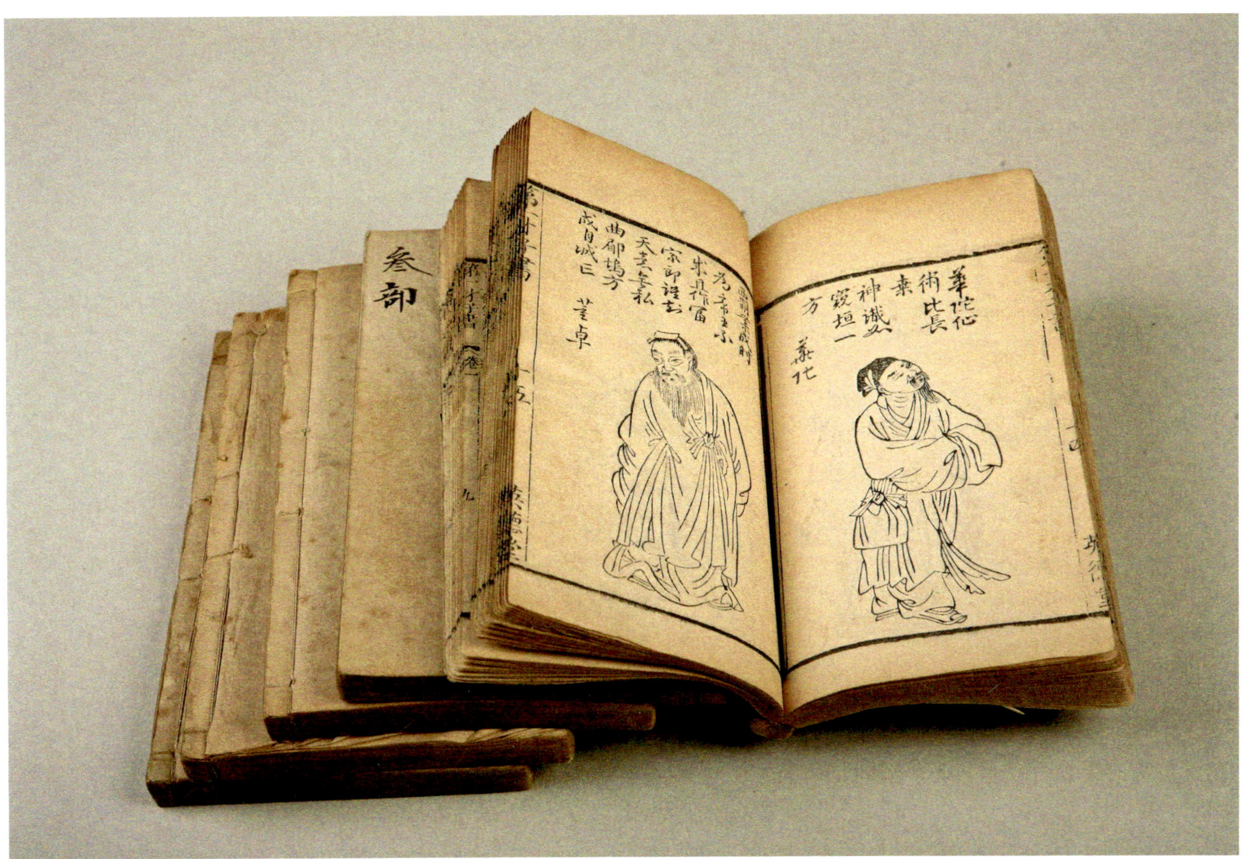

über den Hüften mit einem Gürtel zusammengehalten wurden, aber alle zerlumpt, schmutzig und unbewaffnet. Sie waren sämtlich sehr hager, daher sie nicht aufhören konnten, die Korpulenz eines unserer Begleiter zu bewundern, seinen Bauch zu umklaftern und mit den Fingern zu berühren. Von ihren Waffen sahen wir nur Bogen und Pfeile, die sie nebst andern Gegenständen, wie Tabakspfeifen, Porzellan, die Stäbchen, deren sie sich statt der Löffel zum Essen bedienen usw. uns zum Tausch und Kauf anboten.

Zwischen ihren Zelten sahen wir einige Kamele und eine Herde von Ziegen und Schafen mit Fettschwänzen umherlaufen, die ihren Viehstand ausmachte. Die ganze Gegend umher hatte ein ödes Ansehn, der Boden war hüglig, die kleinen, meistens von aller Dammerde entblößten Hügel bestanden aus einem feinkörnigen Grauwackenschiefer mit seiger stehenden, zum Teil sehr gekrümmten und gewundenen Schichten. Die Ufer waren aber schilfreich, besonders an der kleinen Insel im Irtysch, auf welcher das Kosaken-Piket stand. [...]

Wir verließen [...] Baty kurz nach vier Uhr [und] kehrten dann [...] nach Krasnojarsk zurück, wo wir um 12 Uhr in der Nacht ankamen. Auch hier ruhte

Populäre Darstellung der Geschichte der Drei Reiche.
Geschenk des chinesischen Grenzoffiziers Tsingfu in Baty an Alexander von Humboldt.

> Herr von Humboldt nicht aus, sondern stellte noch in der Nacht bei dem sternhellen Himmel einige astronomische Beobachtungen an.[41]

Die Rückreise nach Ust Kamenogorsk, wo sie ihre Kutschen zurückgelassen hatten, legten sie auf dem Irtysch auf Flößen zurück. Aus Miass, wo die Expedition den nächsten längeren Halt auf der Rückreise nach Westen machte, dankte Humboldt seinem Förderer Cancrin am 13. September:

> Gestern habe ich hier meinen 60-jährigen Geburtstag, auf der asiatischen Seite des Urals, erlebt: Ein wichtiger Abschnitt des Lebens, ein Wendepunkt, auf dem es einen gereut so vieles nicht ausgeführt zu haben, ehe das Alter die Kräfte dahin nimmt. [...] Ihnen verdanke ich es, dass dieses Jahr, durch die große Masse von Ideen die ich auf einem weiten Raume habe sammeln können (wir haben seit Petersburg schon über 9000 Werst [9600 km] vollendet) mir das wichtigste meines unruhigen Lebens geworden ist.[42]

Dann kam Humboldt auf den Bergbau im Ural zurück:

Die Ufer des Irtysch. Holzstich aus dem Buch von Hermann Klencke: Alexander von Humboldt's Leben und Wirken, Reisen und Wissen, Leipzig: Otto Spamer, 1870.

Die Rückreise von Baty nach Ust Kamenogorsk legten die Forscher zum Teil auf dem Irtysch auf Flößen zurück.

> Der Ural ist ein wahres Dorado und ich bestehe fast darauf (alle analogen Verhältnisse mit Brasilien lassen es mich seit zwei Jahren behaupten), dass noch unter Ihrem Ministerium Diamanten in den Gold- und Platin-Wäschen des Urals werden entdeckt werden. Ich gab der Kaiserin diese Gewissheit beim Weggehen, und wenn meine Freunde und ich die Entdeckung auch nicht selbst machen, so wird unsere Reise doch dahin wirken, andere lebendig anzuregen.[43]

In Wahrheit wusste Humboldt bereits seit mehr als einer Woche, dass seine Voraussage bestätigt worden war. Friedrich Schmidt, der Gutsverwalter des Grafen Polier, war am 3. September aus Nischni Nowgorod nach Miass gekommen und hatte ihm einen Diamanten als Geschenk mitgebracht. Drei Tage nach der Weiterreise Humboldts, am 5. Juli 1829, hatte Polier damals am westlichen Abhang des Ural – Humboldts Ratschläge befolgend – den ersten Diamanten in Russland gefunden. Sieben weitere folgten in kurzer Zeit.[44] Den zweiten übersandte Polier Humboldt nun als Geschenk. Allerdings bat er den Forscher, den Fund noch nicht publik zu machen, weil er zunächst erst selbst das Kaiserpaar informieren wollte. Publiziert wurde Poliers Bericht über diese Entdeckung dann im *Journal de St. Petersbourg* am 21. November 1829. »Seit mehr als zwei Jahren erstaunt

Goldwaschwerk im Ural. Holzstich aus dem Buch von Hermann Klencke: Alexander von Humboldt's Leben und Wirken, Reisen und Wissen, Leipzig: Otto Spamer, 1870.

von der äußersten Ähnlichkeit der Gebirge von Brasilien und der des Ural«, heißt es darin, »war Herr von Humboldt überzeugt, dass man in Sibirien Diamanten finden werde, wie man sie schon in Amerika gefunden hatte«.[45] »Es ist eine schöne Entdeckung, die die Epoche unserer Reise wenigstens bekannt macht«,[46] schrieb Alexander später an Wilhelm. Dass Humboldt in seinem Schreiben an Cancrin das Jahr 1829 als »das wichtigste [s]eines unruhigen Lebens« bezeichnete, war mit Sicherheit auch dem Umstand zu verdanken, dass ihm hier in Miass seine Vermutung von Diamantenvorkommen in Russland bestätigt wurde.

Am 21. September erreichte die Expedition 850 km südlich von Miass die Stadt Orenburg. Auch hier traf Humboldt wieder eine Entscheidung, die mit Cancrin nicht abgesprochen war. Seinem Bruder schrieb er aus der Stadt am Fluss Ural, der durch seine Wasserscheide die geographische Grenze zwischen Asien und Europa bildet: »Da das Wetter sehr gut ist, haben wir entschieden, 1600 Werst [1700 km] mehr zurückzulegen, um das Kaspische Meer zu sehen«.[47]

Und wieder informierte er Cancrin erst unmittelbar vor der Abreise. Am 26. September 1829 berichtete er ihm zunächst, er habe »an einem Kirgisenfeste mit Wettrennen und Ringen [...] die Zeit auf das unterhaltendste zugebracht«[48] und merkte dabei auch leicht indigniert an: »Leider auch Vocal Musik tatarischer Sultaninnen«.[49] Dann konfrontierte er seinen Gönner, wie bereits in seinem Brief aus Tobolsk acht Wochen zuvor, mit vollendeten Tatsachen:

> Wir reisen diesen Morgen ab, über Uralsk, Buzuluk, Saratow, die deutschen Kolonien. Ich kann mich nicht an Ihrem Reiche sättigen, nicht sterben, ohne das Kaspische Meer gesehen zu haben! Das Wetter ist herrlich und von Astrachan auf Petersburg haben wir nicht mehr Weg, als von hier. Ich bleibe nur 6–8 Tage in Astrachan und kehre dann geraden Weges über Murom, Moskau ... zurück.[50]

Bis Cancrin den Brief beantworten konnte, war Humboldt längst an seinem Ziel Astrachan, der Stadt, an der die Wolga ins Kaspische Meer mündet, angekommen. Von dort schwärmte er am 14. Oktober gegenüber seinem Bruder:

> Das ist ein Glanzpunkt des Lebens, mit seinen Augen dieses Binnenmeer gesehen zu haben und davon die Produkte mitzubringen. Darauf habe ich eben soviel Wichtigkeit gelegt wie darauf, 80 Werst [85 km] jenseits der sibirischen Grenze in der chinesischen Dsungarei gewesen zu sein. [...] Wir zogen es [...] vor, über Uralsk, Hauptstadt der Uralkosaken, zu gehen, wo wir den nächtlichen Fischfang bewundert haben (Kosaken tauchen und ziehen unter Wasser 5 ½ Fuß [1,8 m] lange Fische, Störe, heraus). Von Uralsk [...] durchquerten wir die Kirgisensteppe bis Volsk, von dort nach Saratow (ungeheuer fruchtbares Land) die deutschen Wolga-Kolonien, wo auf eine Länge von 180 Werst [192 km] die Postillione nur deutsch sprechen (»Du lieber Herr Gott! weiß ich doch nicht, wo mir der Kopf steht mit den bösen Kalmückenrossen!«), die schöne Herrnhuter-Kolonie von Sarepta, wo es tibetische Handschriften, die von kalmückischen buddhistischen Lamas erworben wurden, gibt; von dort

> durch die Kalmückensteppe nach Astrachan, wo die Früchte vorzüglich sind, wo ein Memeler Winter einem Neapolitanischen Sommer folgt. Wir nahmen bereits an einem geräuschvollen Gottesdienst der Buddhisten teil, wo heilige tibetische Bücher, mit indischen Idolen geschmückt, auf dem Altar liegen. Heute morgen fahren wir mit dem Dampfschiff zur Wolgamündung, werden eine Rundfahrt auf dem Kaspischen Meer machen.[51]

Die Expedition mit zwei Schaufelraddampfern dauerte, mit Unterbrechungen mangels Brennholz für die Heizkessel, vom 14. bis 18. Oktober. Gustav Roses Bericht dokumentiert detailliert die Arbeit der Forscher und deren Aufgabenteilung:

> Herr von Humboldt mietete für unsere Fahrt das große Jevreinoff'sche Dampfboot, welches zwei Dampfmaschinen, eine jede von 30 Pferdekräften und einem 30-zölligen Dampfzylinder hatte. [...] Die Maschinen waren in der Maschinenbauerei des Engländers Baird in Petersburg gebaut. Sie verzehrten in 24 Stunden für 100 bis 120 Rubel Holz. [...] Das Wetter war äußerst angenehm, der Himmel heiter, die Temperatur der Luft 12° R [15° Celsius].
>
> Wir schifften bei der Schiffswerft und den vielen Wolga-Schiffen vorbei, die bei Astrachan vor Anker lagen, und sahen noch lange die hohe Kathedrale, und die übrigen vielen Türme der Stadt, bis die Sonne um 5 Uhr unterging

Russisches Dampfschiff auf dem Kaspischen Meer. Holzstich aus dem Buch von Hermann Klencke: Alexander von Humboldt's Leben und Wirken, Reisen und Wissen, Leipzig: Otto Spamer 1870. Unmengen von Holz wurden für die Dampfmaschinen dieser Schiffe benötigt. Das Brennmaterial musste von weit her aus anderen Regionen des Landes herangeschafft werden.

und die eintretende Dämmerung die Aussicht verdunkelte. Wir fuhren auf der breiten Wolga, an deren seichtem schilfbewachsenen Ufer nichts unsere Aufmerksamkeit auf sich zog, die Nacht hindurch, und gelangten so am Morgen um 7 Uhr nach der kleinen Insel Birutschicassa, die auf der rechten Seite in der Mündung der Wolga liegt, und von Astrachan 85 Werst [90 km] entfernt ist. Wir wären schon früher hier angekommen, waren aber in der Nacht auf eine seichte Stelle geraten, und hatten hier bis zum Anbruch des Tages gehalten, um in der Nacht nicht bald wieder einen ähnlichen Aufenthalt zu haben. […]

Da Herr von Humboldt nicht unterlassen wollte, an diesem südlichsten Punkte unserer Reise die Inklination der Magnetnadel zu bestimmen, so wurde hier gelandet. Das Dampfboot blieb wegen des seichten Grundes in einiger Entfernung vom Ufer, und wir landeten in einem kleinen Boote. Während Herr von Humboldt an einer schicklichen Stelle seine Beobachtungen anstellte, untersuchten Prof. Ehrenberg und ich die großen Haufen von Kalksteinblöcken, die am Ufer lagen und von den aus Baku kommenden Schiffern als Ballast mitgebracht werden, daher uns für die Kenntnis der dort vorkommenden Gebirgsformationen von Wichtigkeit waren.

Der Kalkstein besteht fast nur aus größeren und kleineren Muschelfragmenten, die ohne alles sichtbare Bindemittel miteinander verbunden sind. Die größeren Muschelfragmente gehören fast alle einem Cardium [einer Herzmuschel] an, das stark gestreift und bis einen Zoll [2,7 cm] groß ist. […] Nachdem wir Proben von diesem Kalkstein gesammelt hatten, setzten wir

Kalmückenjurten an der unteren Wolga. Holzstich aus dem Buch von Hermann Klencke: Alexander von Humboldt's Leben und Wirken, Reisen und Wissen, Leipzig: Otto Spamer 1870.

> […] auf einem Boote über einen Busen nach einem höheren Teil der Insel, auf welchem etwas weiter links eine dem Griechen Warwazi gehörige Watage (Fischerdorf), rechts einzelne Kalmückenkibitken standen. Letztere waren größtenteils verschlossen, und ihre Bewohner abwesend, nur eine fanden wir geöffnet, und in dieser saß eine junge Kalmückin, mit dem Kratzen von Wolle beschäftigt. Sie sah recht hübsch aus, hatte rote Wangen, und ihr schwarzes Haar hing ihr in dicken Flechten über den Rücken, zum Zeichen, dass sie noch Jungfrau sei, aber wir hielten es doch bei der großen Unsauberkeit, die in einer Kalmückenkibitke herrscht, nicht für ratsam, uns näher darin umzusehen.
>
> Übrigens wimmelte dieser hohe Teil der Insel von Schlangen (Coluber scutatus [Schildnatter] und Diane [Dionenatter]), die in der warmen Sonne ruhig da lagen, und deren viele Prof. Ehrenberg mit besonderer Geschicklichkeit zu fangen verstand. Unter dem Gestrüpp fanden sich eine Menge Eidechsen, die bei unserer Annähe entschlüpften, und in dem Sande sahen wir häufig kleine trichterförmige Vertiefungen, aus denen die Füße der schwarzen Tarantel (Lycosa tarantula?) hervorragten. Außer dem Gestrüpp, das sich hier und da fand, und das größtenteils nur aus Arctium Lappa [Große Klette], einem Atriplex [Melde], einer Artemisia [Pflanzengattung in der Familie der Korbblütler], Urtica dioica [Große Brennessel] und Rubus fruticosus [Brombeere] bestand, war die Insel kahl und sandig.[52]

Auf der Rückreise nach St. Petersburg fühlte sich Humboldt, als käme er »aus einer anderen Welt«.[53] Die extreme Reisegeschwindigkeit, mit der sie in ihren Kutschen fuhren, forderte allerdings auch Opfer. Aus Moskau berichtete er am 5. November 1829:

> Mehrere Male haben wir die Pferde zu Schanden geritten, indem wir bei großer Hitze 16–18 Werst [17–19 km] in der Stunde zurücklegten. Die Postillione, deren Unverstand in den Ländern der Kosaken jeder Beschreibung spottet, sind oft unter den Wagen gefallen und kamen, darüber lachend, zwischen den Hinterachsen hervor, aber niemals sind wir umgeschlagen, niemals haben wir die Wagen zerbrochen … Aus der chinesischen Mongolei zurückgekehrt, glaube ich, wenn ich mich in Moskau befinde, in Spandau zu sein.[54]

Mit einer großen Zeremonie empfing die Moskauer Universität den Forschungsreisenden am 7. November. Der Student Alexander Herzen erlebte die Feierlichkeiten:

> Humboldt kam, nichts ahnend, im blauen Frack mit goldenen Knöpfen und war, versteht sich, verlegen. Vom Flur bis zum Saal, überall waren Hinterhalte gelegt: hier ein Rektor, dort ein Dekan, hier ein angehender Professor, dort ein Veteran, der seine Laufbahn beschloss und eben darum sehr langsam sprach, jeder begrüßte ihn, auf Lateinisch, auf Deutsch, auf Französisch. Und dies alles in diesen fürchterlichen Steinhöhlen, Korridor genannt, in denen

> man keine Minute stehen bleiben kann, um sich nicht auf einen Monat zu erkälten. Humboldt hörte alles barhäuptig an und antwortete auf alles. Ich bin überzeugt, alle Wilden, bei denen er gewesen war, die Roten und die Kupferfarbenen, haben ihm weniger Unannehmlichkeiten gemacht als der Empfang in Moskau.[55]

Nach der Ehrung reiste Humboldt mit seinen Begleitern weiter nach St. Petersburg. Wieder brachte man ihn »mit Freundlichkeiten um«.[56] Der Kaiser »hat mich mit herzlichen Zeichen der Wertschätzung überhäuft: ›Ihre Ankunft in Russland hat meinem Land enorme Fortschritte gebracht; überall wo Sie vorbeikommen, verbreiten Sie das Leben.‹«[57] Nikolaus I. verlieh ihm den Sankt-Annen-Orden erster Klasse und beschenkte ihn mit einer gigantischen Vase, »wie die schönsten des Palastes, mit dem Sockel sieben Fuß [2,27 m] hoch!«,[58] und mit einem wertvollen Zobelmantel. Den Mantel behielt Humboldt. Die Vase aus Aventurin jedoch, gefertigt in der Steinschleiferei von Kolyvan, die er drei Monate zuvor besucht hatte, stiftete er nach seiner Rückreise dem Berliner Alten Museum. Dort ist sie seither ausgestellt.[59] Am 21. November 1829 erschien dann Graf Poliers Bericht über die Entdeckung der Diamanten im *Journal de St. Petersbourg*. Es war exakt der Tag, als Humboldt eine Audienz von der Kaiserin erhielt. Hier konnte er ihr nun einen der Edelsteine, deren Auffindung in Russland er vorausgesagt hatte, persönlich zeigen.[60] Nach seiner Rückkehr stiftete er den Diamanten der Königlichen Mineralogischen Sammlung zu Berlin.

Von seiner Expeditionskasse waren, von den insgesamt 20 000 Rubel, 7050 übrig geblieben. Diese gab Humboldt, wie auch die extra für die Expedition angefertigten Kaleschen, an Cancrin zurück. Die polnische Brička überließ er seinem Reisebegleiter Meňšenin.[61]

Dass es um die Finanzen Humboldts sehr schlecht stand, wusste Cancrin. Und auch dem russischen Kaiser Nikolaus I. war dessen missliche Lage mit Si-

Humboldt-Diamant. Geschenk Graf Adolphe de Poliers an Alexander von Humboldt. Der Forschungsreisende hatte vorausgesagt, dass diese Edelsteine in Russland noch während seiner Reise gefunden werden. Der Diamant hat einen Durchmesser von 2 mm.

cherheit bekannt. Deshalb hatte man ihm in St. Petersburg zu Beginn der Reise auch das Doppelte der gewünschten Summe in die Expeditionskasse gegeben: 20 000 statt 10 000 Rubel. Ohne es auszusprechen, hatte die russische Regierung damit den Forschungsreisenden für die Dienste, die er für das Land leisten würde, entlohnen wollen. Niemals dachte man daran, das Geld zurückzufordern. Doch Humboldt hätte ein solches Geschenk nie angenommen. Bereits in Astrachan hatte er Wilhelm die Rückgabe des restlichen Geldes angekündigt und ihm versichert: »So muss man zur Ehre des Namens, den wir tragen, handeln.«[62] Mit dem Restbetrag aus seiner Reisekasse wurde dann auf seinen Wunsch eine Forschungsreise der beiden russischen Geologen Gregor von Helmersen und Ernst Hofmann finanziert. Die beiden jungen Forscher hatte er während seiner Expedition kennengelernt.[63]

Auch wenn es Humboldt nicht gestattet war, sich politisch in seinen Veröffentlichungen zu äußern, hinderte ihn dies nicht daran, in St. Petersburg einen persönlichen Wunsch direkt an den Kaiser zu richten. Am 19. September 1829 hatte er im sibirischen Orsk den hochgebildeten 21-jährigen Polen Jan Witkiewicz getroffen, der in der dortigen Festung in der Verbannung lebte. Der Forscher war begeistert von dem talentierten jungen Mann, der zu seinem größten Erstaunen sogar ein Exemplar des dritten Bandes von Humboldts *Essai politique sur le royaume de la Nouvelle-Espagne* bei sich hatte. Witkiewicz hatte Humboldt seine und seiner beiden Kameraden verzweifelte Lage geschildert. Als Gymnasiasten waren sie einem polnischen patriotischen Jugendbund beigetreten und deshalb im Jahr 1824 nach Sibirien verbannt worden.[64] Humboldt setzte sich nun für sie ein. An den russischen Kaiser schrieb er am 7. Dezember 1829:

> Ich lege zu Füßen Eurer Kaiserlichen Majestät eine demütige Bitte, deren Erfüllung das Glück meines Lebens ausmachen wird. Ich fühle all das, was dieser Schritt an Kühnem und Aufdringlichem hat; ich fühle, dass ich zu Ihnen, mein Herr, nur von der Schuld meiner lebhaften Dankbarkeit sprechen müsste: aber ich kann nicht einer inneren Stimme widerstehen, ich frage niemanden um Rat, denn ich fürchtete, dass mir durch kalte Ratschläge, die die Vorsicht gebietet, abgeraten wird.
>
> Unter den großzügigen Geschenken, mit denen Eure Kaiserliche Majestät geruht hat, mich zu überhäufen, gibt es kein edleres und würdigeres eines mächtigen Monarchen, als die Pflicht zur Offenheit, die Sie mir mehr als einmal auferlegt hat.
>
> Strafbare Äußerungen mit einer politischen Tendenz haben drei junge Leute aus edler Familie vor 5 bis 6 Jahren in die Verbannung schicken lassen, Schüler der zweiten Klasse des Gymnasiums von Kroze (des Regierungsbezirks von Wilna) als einfache Soldaten,
> in der Festung von Orsk: Jan Witkiewicz, damals 14 Jahre alt;
> in Verchne-Uralsk: Alojzy Pieślak damals 17 Jahr alt
> in der Festung von Troick, Wiktor Iwaszkiewicz, damals 13 Jahre alt.
>
> Während des Weges einer langen und beschwerlichen Reise in Eisen gelegt, nach dem Dienst in kleinen Grenzfestungen als einfache Soldaten wäh-

rend mehr als fünf Jahren zur größten Zufriedenheit ihrer Vorgesetzten, die Fehler und Unüberlegtheiten des Gymnasiums bereuend, sind diese armen jungen Leute der erhabenen Milde Eurer Kaiserlichen Majestät würdig. Ich werfe mich zu Füßen des Monarchen, um für sie Verzeihung und ihre vollständige Freiheit zu erbitten, aber wenn Sie mir aus schwer wiegenden Gründen dieses Glück nicht gewähren können (als Reisender von den Wäldern des Orinoco und des Altai überlasse ich mich, ach!, einer instinktiven Hoffnung!), so erflehe ich die Gnade, dass die bürgerlichen Adelsrechte diesen jungen Leuten zurückgegeben werden; dass Jan Witkiewicz (aus Orsk), der voller Begabung ist und der Kirgisisch-Tatarisch und Persisch versteht, zur Grenzkommission in Orenburg geschickt werden kann, und dass Alojzy Pieślak und Wiktor Iwaszkiewicz Eurer Kaiserlichen Majestät vorgeschlagen und zu Dienstgraden von Unteroffizieren und Offizieren befördert werden können.

Dies wird das Glück meines Lebens sein, erreicht zu haben, dass drei Unglückliche, die von ihren Familien seit dem Alter von 13 und von 14 Jahren getrennt sind, die Gnade des Monarchen genießen!

Keiner von ihnen hat mich veranlasst, diesen Schritt zu tun, keiner von ihnen (ich versichere es durch Eid) keiner von ihnen ahnt, dass ich es wage, mich dem Thron zu nähern, wo die Gerechtigkeit, die Kraft und die Güte wohnen!

Ich bin mit Hochachtung
mein Herr
der sehr untertänige und sehr gehorsame
und sehr demütige Diener Eurer Kaiserlichen Majestät,
Alexander von Humboldt[65]

Tatsächlich erfüllte der russische Kaiser die Wünsche Humboldts und hob die Verbannung der polnischen jungen Männer auf.[66]

Die grundlegenden wissenschaftlichen Ergebnisse seiner Reise, und auch seine Erwartungen an die internationale Forschergemeinde, fasste Humboldt am 28. November 1829 in einer Rede vor einer außerordentlichen Versammlung der Kaiserlichen Akademie der Wissenschaften von St. Petersburg zusammen:

Als ich den eisigen Kamm der Kordilleren und die Wälder der äquinoktialen Tiefländer durchquert hatte, in meine Heimat zurückkehrte und dem unruhigen Europa wiedergegeben wurde, nachdem ich lange Zeit die Ruhe der Natur und den beeindruckenden Anblick ihrer wilden Üppigkeit genossen hatte, hat mir diese erlauchte Akademie als ein öffentliches Zeichen ihres Wohlwollens die Ehre gewährt, in sie aufgenommen zu werden. [...] Wie weit war ich damals davon entfernt zu ahnen, dass ich erst wieder nach Rückkehr von den Ufern des Irtysch, von den Grenzen der chinesischen Dsungarei, von den Ufern des Kaspischen Meeres an einer Versammlung unter Ihrem Vorsitz, mein Herr [Sergej Semënovič Uvarov, Präsident der Kaiserlichen Akademie der Wissenschaften], teilnehmen würde. Durch die glückliche Verkettung von Dingen im Laufe eines unruhigen und manchmal mühevollen Lebens

konnte ich die Gold führenden Gebiete des Ural und Neu-Granadas vergleichen, die Hebungsformationen von Porphyr und Trachyt Mexikos mit denen des Altai, die Savannen (Llanos) des Orinoco mit den Steppen des südlichen Sibirien, die den friedlichen Eroberungen der Landwirtschaft und den industriellen Künsten, die, indem sie die Völker bereichern, ihre Sitten mildern und in zunehmendem Maße den Zustand der Gesellschaft verbessern, ein weites Feld bieten.

Ich konnte zum Teil die gleichen Instrumente oder solche einer ähnlichen, aber verbesserten Konstruktion an die Ufer des Ob und des Amazonas tragen. Während der langen Zeitspanne, die meine beiden Reisen getrennt hat, hat sich das Antlitz der physischen Wissenschaften, vor allem der Geognosie, der Chemie und der elektromagnetischen Theorie beträchtlich geändert. Neue Geräte, ich würde fast zu sagen wagen, neue Organe, sind geschaffen worden, um den Menschen in einem engeren Kontakt mit den geheimnisvollen Kräften zu bringen, die das Werk der Schöpfung beleben und deren ungleicher Kampf, deren scheinbare Störungen ewigen Gesetzen unterliegen. Wenn die modernen Reisenden in kurzer Zeit einen größeren Raum der Erdoberfläche ihren Beobachtungen unterwerfen können, dann verdanken sie die Vorteile, die sie genießen, den Fortschritten der mathematischen und physischen Wissenschaften, der Präzision der Instrumente, der

Der Winterpalast in St. Petersburg. Stahlstich von Albert Henry Payne nach einer Zeichnung von D. Bydgoszcz, 1849.

Vervollkommnung der Methoden, der Kunst, Tatsachen zusammenzufassen und sich zu allgemeinen Betrachtungen zu erheben. Der Reisende setzt das in die Tat um, was durch den wohltuenden Einfluss der Akademien, durch die Studien des häuslichen Lebens in der Stille des Arbeitszimmers vorbereitet wurde. Um das Verdienst der Reisenden verschiedener Epochen gerecht und billig zu beurteilen, muss man vor allem den Entwicklungsgrad kennen, den die praktische Astronomie, die geognostischen Kenntnisse, das Studium der Atmosphäre und die beschreibende Naturgeschichte zu gleicher Zeit erreicht hatten. [...] So müssen die Reisen, unternommen, um das physikalische Wissen der Erdkugel zu erweitern, zu verschiedenen Zeitaltern einen individuellen Charakter, die Physiognomie einer gegebenen Epoche darbieten; so müssen sie der Ausdruck des Kulturzustandes sein, den die Wissenschaften schrittweise durchmessen haben. [...]

Während zwischen dem Ural, dem Altai und dem Kaspischen Meer Rose, Ehrenberg und ich in gemeinsamen Anstrengungen die geognostische Beschaffenheit des Bodens geprüft, die Verhältnisse seiner Höhe und seiner Senken, durch barometrische Messungen angezeigt, die Schwankungen des Erdmagnetismus an verschiedenen Breitengraden (vor allem die Zunahmen

Granitfelsen am Kolywansee. Holzstich aus dem Buch von Hermann Klencke: Alexander von Humboldt's Leben und Wirken, Reisen und Wissen, Leipzig: Otto Spamer, 1882. In seinem Werk Central-Asien (1843) erinnert sich Humboldt an diese »höchst romantische Ansicht der Granitfelsen von der sonderbarsten Form, die sich ganz plötzlich und unmittelbar aus der Steppe erheben wie kleine einzeln stehende Altäre, andere fernere wie Mauern und Ruinen alter Burgen«.

der Inklination und der Intensität der magnetischen Kräfte), die Temperatur des Inneren der Erdkugel, den Feuchtigkeitszustand der Atmosphäre mittels eines psychrometischen Instrumentes, das noch nie auf einer Fernreise benutzt wurde, schließlich die astronomische Position einiger Orte, die geographische Verteilung der Pflanzen und mehrerer bis jetzt noch wenig untersuchter Gruppen des Tierreichs geprüft haben, haben gelehrte und unerschrockene Forschungsreisende den Gefahren der schneebedeckten Gipfel von Elbrus und Ararat getrotzt.

In seiner Rede lobte Humboldt die vielen reisenden Forscher, die dazu beitrugen, auf die aktuellen Forschungsfragen Antworten zu finden. Er forderte das weltweite Sammeln von Messdaten, um Vergleiche anzustellen, und entwarf dann ein globales wissenschaftliches Forschungsprogramm:

Wenn, wie wir es eben erst anhand von neuen Beispielen bewiesen haben, die große Ausdehnung des Russischen Reiches, die größer ist als der sichtbare Teil des Mondes, das Zusammenwirken einer großen Anzahl von Beobachtern verlangt, so bietet diese gleiche Ausdehnung auch Vorteile anderer Art, die Ihnen, meine Herren, seit langem bekannt sind, die aber, in ihrem Bezug auf die gegenwärtigen Bedürfnisse der Physik der Erdkugel mir nicht genug allgemein anerkannt zu sein scheinen. [...]

Den wissenschaftlichen Körperschaften, die sich unaufhörlich erneuern und verjüngen, den Akademien, Universitäten, verschiedenen gelehrten Gesellschaften, in Europa, in den beiden Amerika, im äußersten Süden Afrikas, in den Großen Indien und in jenem unlängst noch so wilden Südasien, wo sich bereits ein Tempel von Urania [der Muse der Sternkunde] erhebt, obliegt es, regelmäßig das beobachten, messen, sozusagen überwachen zu lassen, was in der Ökonomie der Natur veränderlich ist. [...] Die westlichen Völker haben in die verschiedenen Erdteile diese Formen von Zivilisation gebracht, diese Entwicklung des menschlichen Verstandes, deren Ursprung auf das Zeitalter der geistigen Größe der Griechen und auf den sanften Einfluss des Christentums zurückgeht. Durch Sprachen und Sitten, durch politische und religiöse Institutionen getrennt, bilden heutzutage die aufgeklärten Völker (und das ist eines der schönsten Ergebnisse der modernen Zivilisation) eine einzige Familie, sobald es sich um das große Interesse an den Wissenschaften, an Literatur und Künsten handelt, um all das, was aus einer inneren Quelle, aus dem Grund des Denkens und der Empfindung entsteht und den Menschen über die niedrigen Bedürfnisse der Gesellschaft erhebt.[67]

Drei wissenschaftliche Bereiche, die »die materiellen Bedürfnisse des Lebens nahe berühren«, waren dabei für Humboldt elementar: einerseits die Kenntnis des Erdmagnetismus, die »in erster Linie für die Seeleute erforderlich ist«, aber auch generelle Erkenntnisse über »Nordlichter, Erdbeben und geheimnisvolle Bewegungen im Innern der Erdkugel« zu Tage fördert. Der zweite für Humboldt grundlegende Forschungsbereich war »das Studium der Atmosphäre«, das unter anderem Einfluss »auf die Wahl der Bodenkulturen« hat. In diesem Kontext nannte er »das Studium der Bodengestalt« und die »genaue Kenntnis der Luftfeuchtigkeit, die offensichtlich mit der Zerstörung der Wälder und der Verringerung des Wassers der Seen und der Flüsse abnimmt.« Dabei hatte er mit Sicherheit seine Beobachtungen am Valencia-See in Venezuela im Sinn, wo er erstmals zu dieser Erkenntnis kam. Die dritte Forschungsaufgabe, die er besonders seinen russischen Kollegen nahelegte, war »auf gründliche Weise die großen Probleme hinsichtlich der vielleicht variablen Absenkung des Wasserspiegels und des kontinentalen Beckens des Kaspischen Meeres zu lösen.« Schließlich forderte er seine Akademikerkollegen zur Kreativität und zur Nutzung ihrer Talente auf: »Das erste und vornehmste Ziel von Wissenschaften liegt ohne Zweifel in ihnen selbst, in der Vergrößerung der Ideensphäre, der Geisteskraft des Menschen.«[68]

Humboldts St. Petersburger Rede sollte, wie alle seine wissenschaftlichen Aktivitäten, dazu beitragen, die internationale Gemeinschaft der Wissenschaftler zu vergrößen und zu festigen. Seine konkreten, an die russischen Kollegen gerichteten Vorschläge zeigten eine direkte Wirkung: Tatsächlich gelang es, ein Netz von Messstationen in Russland aufzubauen. Es leistete einen entscheidenden Beitrag zur Erweiterung des interkontinentalen Netzes meteorologischer und erdmagnetischer Beobachtungsstationen. Im Jahr 1842 wurde dann auf Humboldts Anregung auch das Physikalische Zentralobservatorium in St. Petersburg gegründet.

Am 28. Dezember 1829 kehrten die Forscher nach Berlin zurück. Zuvor jedoch, auf der Rückreise – kurz vor Riga – hatten sie das einzige Mal während der Expedition einen nennenswerten Unfall. Humboldt berichtet:

> Es stand [...] in der Wahrscheinlichkeitsrechnung leider geschrieben, dass man nicht 18 000 Werst [19 200 km – von Berlin und zurück] vollenden könne, ohne wenigstens einmal umzuwerfen. Die Wahrscheinlichkeitsrechnung hat aber als Nemesis [Göttin der ausgleichenden Gerechtigkeit] ihr Recht behauptet.
>
> Wir warfen am Fuß einer kleinen Anhöhe, auf einer Mühlenbrücke, nahe bei Engelhardtshof, zwei Stationen vor Riga, durch Schleudern des Wagens, auf schneelosem, glatten Eise, im Wenden, auf eine so gewaltsame Weise um, dass die ganze eine Seite des Wagens zerbrach. Ein Pferd stürzte 8 Fuß [2,6 m] hinab ins Wasser. Das Brückengeländer gab (wie natürlich) nach, und wir lagen auf eine recht pittoreske Art 4 Zoll [10 cm] vom Rande der Brücke. Niemand von uns (ich saß mit Ehrenberg in einem mit Glas verschlossenen Wagen!) war beschädigt, ja wir fühlten selbst nicht den geringsten Schmerz. Dank sei es der Vorsehung. Da zwei Gelehrte und ein gelernter Jäger [sein Diener Johann Seifert] umfielen, so hat es über die Ursache mehrere widersprechende Theorien gegeben. So viel ist es gewiß, dass der Wagen schleuderte und dass der Postillon ganz schuldlos war. Die Reparatur des Wagens hat uns ein [ungefähr] 24 Stunden aufgehalten.[69]

In Berlin wartete nun eine große Sammlung von Mineralien, Herbarien und präparierten Tieren auf die Auswertung. Ein Teil davon ist erhalten und befindet

sich heute im Museum für Naturkunde in Berlin. Um »der schon in Petersburg verbreiteten Sage« entgegenzuwirken, »wir hätten nur Sammlungen haben wollen, es werde nichts Ganzes über die Früchte«[70] der Russlandreise zustande kommen, beeilte sich Humboldt mit der Publikation der Ergebnisse. Bereits 1830 erschien ein erster, umfangreicher Beitrag in den *Annalen der Physik und Chemie*.[71] Seine *Fragmens de géologie et de climatologie asiatiques* publizierte er dann 1831 in zwei Bänden in Paris. Sie waren die Vorstufe seines großen, dreibändigen Werkes *Asie Central. Recherches sur les chaînes de montagnes et la climatologie comparée,* das dann allerdings erst 1842 erscheinen sollte. Ehrenberg veröffentlichte nur einzelne Abhandlungen zur Reise, z. B. über den sibirischen Tiger. Er entwarf zwar kein botanisches und zoologisches Gesamtbild der bereisten Gebiete, aber seine Studien flossen später in sein Lebenswerk ein, das ihn zum Begründer der Mikrobiologie und Mikropaläontologie machte. Gustav Rose kämpfte jahrelang mit seinem Reisebericht und musste von Humboldt immer wieder ermahnt werden. Der erste Band seiner *Reise nach dem Ural, dem Altai und dem Kaspischen Meere auf Befehl Sr. Majestät des Kaisers von Russland im Jahre 1829 ausgeführt* ging schließlich 1839 in Druck, der zweite im Jahr 1842. Sein Reisebericht war, wie Rose selbst bekannte, »eigentlich nur für Mineralogen und Geognosten geschrieben« und konnte deshalb, wie er meinte, auch nur »für diese allein von einigem Interesse sein«.[72] Der Einzige, der eine Gesamtschau hätte liefern können, war Alexander von Humboldt selbst. Aber die politische Fessel, die ihm von der rus-

Die Wolga. Holzstich eines anonymen Künstlers, um 1870.

Bufo viridis
Lacerta

sischen Regierung angelegt war, wirkte sich auf seine Publikationen aus. Sie verhinderte eine tiefgründige Darstellung der sozialen und wirtschaftlichen Zusammenhänge und Hintergründe und die Beschreibung der verschiedenen Kulturen der bereisten Regionen. Humboldts eigentliches Ziel, »das Zusammen- und Ineinanderweben aller Naturkräfte«[73] einschließlich des Menschen zu untersuchen, war ihm in Russland verwehrt worden.

Ein weiterer Faktor verhinderte zudem eine größere Rezeption des russischen Reisewerks. Humboldt, ein Meister des Vergleichs, reiste auf Breitengraden, die mit den Regionen des tropischen Amerika nicht vergleichbar waren. Sein Traum war es gewesen, nach den Äquinoktial-Gegenden des Neuen Kontinents auch andere Tropenregionen der Welt zu sehen. Im Ural jedoch war er bitter enttäuscht von der »ermüdendsten Monotonie der Berliner Vegetation und des Berliner Tierlebens«.[74] »Sibirien ist die Fortsetzung der Hasenheide«,[75] rief er später aus. Wunder wie im tropischen Amerika, die Bonpland fast die Sinne geraubt hatten, waren in Zentralasien nicht zu erwarten. Humboldt reiste auf den falschen Breitengraden. Eine Reise in die Äquinoktial-Gegenden Afrikas und Asiens wäre die fruchtbringende Quelle anderer Erlebnisse und Ergebnisse gewesen. Diese Tropenregionen jedoch lagen meist in Kolonialgebieten, und Humboldts Haltung zum Kolonialismus war den Mächtigen inzwischen nur zu gut bekannt. Aus politischen, aber auch aus persönlichen finanziellen Gründen blieben ihm diese Gebiete verschlossen. Weitere Expeditionen konnte er nach der russischen Reise nicht mehr erwarten. Seine letzte große Forschungsreise war eine Expedition im Geiste. Es war das Zusammenführen der Ergebnisse von mehr als 9000 Arbeiten[76] anderer Forscher und vor allem auch seiner eigenen Erkenntnisse. Dazu zählten auch diejenigen aus der russisch-sibirischen Expedition. »Der eigentliche Zweck ist das Schweben über den Dingen«,[77] meinte er gegenüber seinem Freund Karl August Varnhagen von Ense während der Arbeit am *Kosmos*.

Fische, Schlangen und Kröten, die Humboldt, Ehrenberg und Rose von ihrer Russland-Expedition mitbrachten. Ganz rechts eine Dionennatter, wie sie Gustav Rose in seinem Bericht über das Kaspische Meer erwähnt. Die Sammlung befindet sich heute im Naturkundemuseum in Berlin.

KOSMOS – ENTWURF EINER PHYSISCHEN WELTBESCHREIBUNG

Im Jahr 1834 begann Humboldt mit einer Arbeit, die dem amerikanischen Reisewerk in seinem Anspruch in nichts nachstehen und ihn bis zum Ende seines Lebens beschäftigen sollte. Am 24. Oktober 1834 schrieb er an seinen Freund, den Publizisten Karl August Varnhagen von Ense:

> Ich fange den Druck meines Werks (des Werks meines Lebens) an. Ich habe den tollen Einfall, die ganze materielle Welt, alles was wir heute von den Erscheinungen der Himmelsräume und des Erdenlebens, von den Nebelsternen bis zur Geographie der Moose auf den Granitfelsen wissen, alles in *einem* Werke darzustellen, und in einem Werke, das zugleich in lebendiger Sprache anregt und das Gemüt ergötzt. Jede große und wichtige Idee, die irgendwo aufgeglimmt, muss neben den Tatsachen hier verzeichnet sein. Es muss eine Epoche der geistigen Entwickelung der Menschheit (in ihrem Wissen von der Natur) darstellen. Die Prolegomena [Vorarbeiten] sind meist fertig, der ganz neu umgearbeitete, von mir frei gehaltene, aber an demselben Tage diktierte *Discours d'ouverture*, das Naturgemälde, die Anregungsmittel zum Naturstudium im Geiste unserer Zeit – dreierlei: 1) *Poésie descriptive* und lebendige Schilderung der Naturszenen in modernen Reiseberichten; 2) Landschaftsmalerei, Darstellung, sinnliche, einer erotischen Natur, wann sie entstanden, wann sie Bedürfnis und hohe Freude geworden, warum das leidenschaftliche Altertum sie nicht haben konnte; 3) Pflanzungen, Gruppierung nach Pflanzenphysiognomik (nicht botanische Gärten); Geschichte der physischen Weltbeschreibung, wie die Idee der Welt, des Zusammenhangs aller Erscheinungen, den Völkern durch den Lauf der Jahrhunderte klar geworden ist.

Panorama von Berlin aufgenommen im Jahre 1835. Ölgemälde von Eduard Gärtner, Ausschnitt. Im russischen Zobelmantel, einem Geschenk des Kaisers Nikolaus I., doziert der Gelehrte auf dem Dach der Friedrichswerderschen Kirche.

Diese Prolegomena sind die Hauptsache und erhalten den generellen Teil, ihm folgt der spezielle – die Einzelheiten, geordnet (ich lege Ihnen einen Teil eines tabellarischen Registers bei). Weltraum – die ganze physische Astronomie – Unser fester Erdkörper, Inneres, Äußeres, Elektro-Magnetismus des Inneren. Vulkanismus, d. h. Reaktion des Inneren eines Planeten auf seine Oberfläche. Gliederung der Massen. Eine kleine Geognosie – Meer – Luftkreis – Klimate – Organisches – Geographie der Pflanzen. Geographie der Tiere – Menschen-Rassen und Sprache – deren dann physische Organisation (Artikulation der Töne) von der Intelligenz (deren Produkt, Manifestation die Sprache ist) beherrscht wird. In dem speziellen Teile alle numerischen Resultate, die genauesten wie in Laplace *Exposition du système du monde*.

Da diese Einzelheiten nicht derselben literarischen Darstellung fähig sind als die allgemeinen Kombinationen des Naturwissens, so wird das nur Faktische nur in kurzen Sätzen fast tabellarisch geordnet, so dass z. B. über Klimate, über Erdmagnetismus der fleißige Leser in wenigen Blättern alle Resultate zusammengedrängt finden muss, die ein Studium vieler Jahre nur liefern würde. Die Formähnlichkeit (literarische Übereinstimmung) mit dem allgemeinen Teile wird vermittelt durch kleine Einleitungen zu jedem speziellen Kapitel. […]

Ich habe gewünscht, dass Sie, hochverehrter Freund, einen deutlichen Begriff von meinen Unternehmungen durch mich selbst erhalten möchten. Es ist mir nicht geglückt, das Ganze in einem Band zusammenzudrängen, und doch würde es in dieser Kürze den großartigsten Eindruck hinterlassen haben. Ich hoffe, dass zwei Bände das Ganze fassen. Keine Note unter dem Texte, aber hinter den Kapiteln Noten, welche ganz ungelesen bleiben können, die aber solide Erudition [Gelehrsamkeit] und mehr Einzelheiten enthalten. Das Ganze ist nicht, was man gemeinhin *physikalische Erdbeschreibung* nennt, es begreift Himmel und Erde, alles Geschaffene. Ich hatte vor 15 Jahren angefangen, es französisch zu schreiben, und nannte es *Essai sur la Physique du Monde*. In Deutschland wollte ich es anfangs *Das Buch von der Natur* nennen, wie man dergleichen im Mittelalter von Albertus Magnus hat. Das ist alles aber unbestimmt. Jetzt ist mein Titel: *Kosmos. Entwurf einer physischen Weltbeschreibung von A. v. H. Nach erweiterten Umrissen seiner Vorlesungen in den Jahren 1827 und 1828. Bei Cotta*. Ich wünsche das Wort Kosmos hinzuzufügen, ja die Menschen zu zwingen das Buch so zu nennen, um zu vermeiden, dass man nicht H.'s physische Erdbeschreibung sage, was denn das Ding in die Klasse der Mittersacherschen Schriften werfen würde.

Weltbeschreibung (nach Weltgeschichte geformt) würde man als ungebräuchliches Wort immer mit Erdbeschreibung verwechseln. Ich weiß, dass Kosmos sehr vornehm ist und nicht ohne gewisse Afféterie [Maniriertheit], aber der Titel sagt mit einem Schlagworte *Himmel und Erde*, und steht der Gäa (dem etwas schlechten Erdbuche von Prof. Zeune*, einer wahren Erdbe-

* Johann August Zeune (1778–1853) war ein deutscher Pädagoge, Geograph und Germanist. 1808 veröffentlichte er das Werk *Gea. Versuch einer wissenschaftlichen Erdkunde.*

schreibung) entgegen. Mein Bruder ist auch für den Titel Kosmos, ich habe lange geschwankt.

Nun meine Bitte, teurer Freund! Ich kann es nicht über mich gewinnen, den Anfang meines Manuskripts wegzusenden, ohne Sie anzuflehen, einen kritischen Blick darauf zu werfen. Sie haben ein so großes Talent der anmutreichsten Schreibart, Sie sind auch so geistreich und unabhängig, dass Sie Formen des Schreibens nicht geradehin zurückstoßen, die individuell sind, und von den Ihrigen abweichen. Lesen Sie gewogentlichst die Rede, und legen Sie ein Blättchen an, auf welches Sie schreiben, ganz ohne Gründe anzugeben: so … hätte ich lieber statt so … dieses. Tadeln Sie aber nicht, ohne mir zu helfen. Auch beruhigen Sie mich über den Titel. […]

Die Hauptgebrechen meines Stils sind eine unglückliche Neigung zu allzu dichterischen Formen, eine lange Partizipial-Konstruktion und ein zu

Die Isothermkurven der Nördlichen Halbkugel. Kolorierter Stahlstich, 1838, in: Dr. Heinrich Berghaus' Physikalischer Atlas […] zu Alexander von Humboldts Kosmos. Gotha: Justus Perthes, 1848. Im Jahr 1817 erfand Humboldt die Isothermen. Das sind Linien, die Orte gleicher mittlerer Jahrestemperatur miteinander verbinden. Humboldt hielt sie für einen seiner wichtigsten wissenschaftlichen Beiträge überhaupt. Sie sind bis heute die gängige kartographische Darstellung in der Klimageographie.

großes Konzentrieren vielfacher Ansichten, Gefühle in einen Periodenbau. Ich glaube, dass diese meiner Individualität anhängenden Radikal-Übel durch eine danebenstehende ernste Einfachheit und Verallgemeinerung (ein Schweben über der Beobachtung, wenn ich eitel so sagen dürfte) gemindert werden. Ein Buch von der Natur muss den Eindruck wie die Natur selbst hervorbringen. Worauf ich aber besonders wie in meinen *Ansichten der Natur* geachtet und worin meine Manier von [Georg] Forster und [François-René de] Chateaubriand* ganz verschieden ist, ich habe gesucht, immer wahr beschreibend, bezeichnend, selbst scientistisch wahr zu sein, ohne in die dürre Region des Wissens zu gelangen.[1]

Alexander von Humboldt war 64 Jahre alt, als er mit dem gigantischen Publikationsprojekt begann. Doch wie in fast allen seinen Unternehmungen benötigte er weitaus mehr Zeit als ursprünglich angenommen. Dreieinhalb Jahre später, im Februar 1838, beruhigte er seinen Verleger Georg von Cotta und bekannte, dass auch seine fragile finanzielle Situation eine Motivation für das Verfassen des Werkes war:

Ich bitte Sie inständigst, nie einen Augenblick daran zu zweifeln, dass ich das Werk mit Liebe *für Sie* bearbeite. Die Gefahr mit einem Menschen sich einzulassen, der halb fossil und 1769 geboren ist, kenne ich sehr wohl – aber auch auf diesen Umstand, mit sehr ruhigem Gemüte hindeutend, werde ich für Sie sorgen. [...] Das Werk ist die gewissenhafteste meiner Arbeiten, es enthält sehr wichtige und neue Ansichten. Es ist ein Schwert in der Brust, das nun heraus muss. Ich gehe keine Nacht vor halb drei zu Bette und lebe der Hoffnung, bis zum Mai das Ganze zu vollenden. Der Kaiserbesuch [von Nikolaus I.] ist freilich eine schlimme Zeit, aber meine Gesundheit ist jetzt vortrefflich und mein Wille sehr stark. Dazu (lassen Sie diesen Brief niemand lesen) brauch ich Geld, als Folge ehemaliger Reise-Verwirrungen, und bin also auch von der Seite ganz gemein prosaisch interessiert, eine andere Arbeit zu beginnen.[2]

Der erste Band des *Kosmos – Entwurf einer physischen Weltbeschreibung* erschien schließlich 1845, der fünfte, unvollendete, im Jahr 1862, drei Jahre nach Humboldts Tod. Das Werk war Humboldts Versuch einer zusammenhängenden Darstellung »alles Geschaffenen im Erd- und Himmelsraum«, in der die Natur »als ein durch innere Kräfte bewegtes und belebtes Ganzes«[3] gezeigt wird. Alexander von Humboldt zeigte ihre Phänomene darin als ein Netzwerk, als »eine allgemeine Verkettung nicht in einfach linearer Richtung, sondern in netzartig verschlungenem Gewebe«.[4]

Hatte seine amerikanische Reise das Fundament zu seiner »physischen Erdbeschreibung« gelegt, so bezeichnete er seinen *Kosmos* nun als »physische Welt-

* François-René de Chateaubriand (1768–1848), französischer Schriftsteller, Politiker und Diplomat. Er gilt als Begründer der Romantik in Frankreich.

beschreibung«, da er darin auch die Betrachtung des Weltalls mit einbezog. Das Buch wurde ein Bestseller. Als 1847 der zweite Band erschien, lieferten sich die Käufer »wirkliche Schlachten«[5] um die ersten Exemplare, wie sein Verleger Cotta bemerkte. Wie ein Besessener arbeitete Humboldt an dem Werk, immer wieder bemüht, die neuesten wissenschaftlichen Ergebnisse mit einzubeziehen. Es war ein Wettlauf mit der verbleibenden Lebenszeit und ein letztendlich vergeblicher Versuch, Schritt zu halten mit der immer rasanteren weltweiten Wissensproduktion und den sich immer weiter ausdifferenzierenden wissenschaftlichen Disziplinen. Auch wenn dieser Wettlauf nicht zu gewinnen war, stellte sich ihm Humboldt Tag für Tag und Nacht für Nacht aufs Neue:

> Meine Gesundheit erlaubt die nächtliche Arbeitsamkeit. Den Tag klingelt man bei mir wie in einem Branntweinladen. Man hält mich für das Adresscomptoir der Stadt. Die Nacht ist Ruhe und da ich erst um 11½ h von Charlottenburg meist [in die Wohnung in der Oranienburger Straße 67] heimkehre, so ist meine schöne Arbeitszeit bis 2½ und 3 Uhr morgens. Die Notwendigkeit des periodischen Schlafs ist ein Vorurteil, sage ich oft scherzweise.[6]

Auch im Alter war Humboldts Willensstärke ungebrochen. Nichts hatte sich an seiner Lebenseinstellung geändert. Die 50 Jahre alte Aussage des jungen, aufbruchsbereiten Forschungsreisenden galt noch immer:

> Ich weiß wohl, dass ich meinem großen Werke über die Natur nicht gewachsen bin, aber dieses ewige Treiben in mir (als wären es 10 000 Säue) wird nur durch die stete Richtung nach etwas Großem und Bleibendem erhalten.[7]

Seine Arbeit am *Kosmos* war aber auch Flucht aus dem oft tristen Berliner Alltag des »durch Bankette gequälten Jubelgreise[s]«,[8] der Tag für Tag mit zahllosen Bitten und Anfragen bestürmt wurde und dem der Hofdienst gelegentlich auch eine Plage war:

> Ich flüchte mich vor den ewigen Klagen [des Königs] über Undankbarkeit des entarteten Geschlechts, die auch ich mit anhören muss, und vor dem unaufhörlichen Schaukeln in der Wahl dessen, was zu tun sei, so oft es meine Stellung gestattet, in den unendlichen Kosmos, in der Ergründung seiner Erscheinungen und Gesetze die Ruhe suchend und findend, die mir am Abend meines vielbewegten Lebens so Not tut.[9]

Wie sehr den 76-jährigen Humboldt die Fertigstellung des ersten Bandes seines *Kosmos* bewegte und welches Ziel er mit dem Werk verfolgte, legte er in der Vorrede dar:

> Ich übergebe am späten Abend eines vielbewegten Lebens dem deutschen Publikum ein Werk, dessen Bild in unbestimmten Umrissen mir fast ein halbes Jahrhundert lang vor der Seele schwebte. In manchen Stimmungen habe

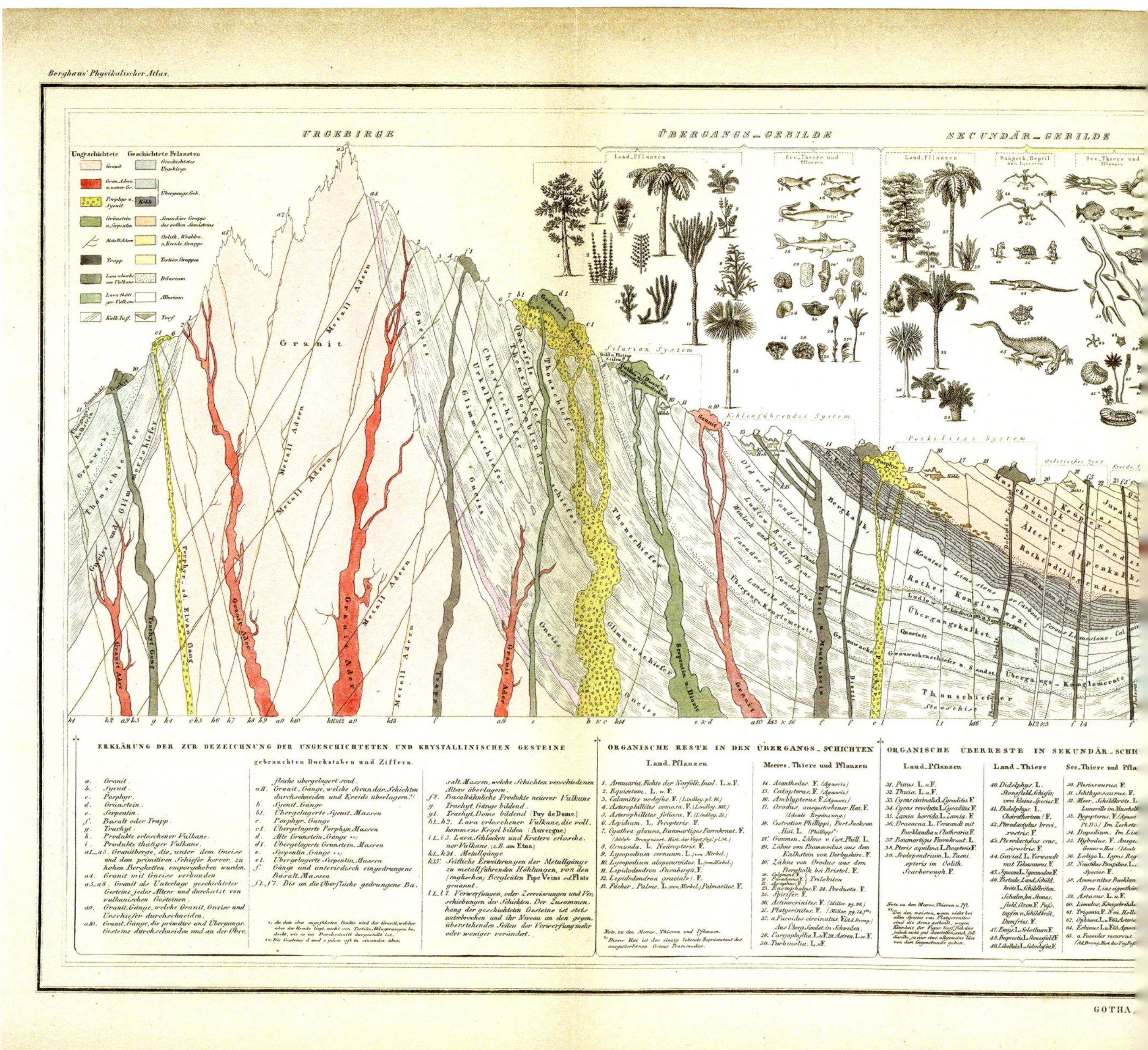

ich dieses Werk für unausführbar gehalten: und bin, wenn ich es aufgegeben, wieder, vielleicht unvorsichtig, zu demselben zurückgekehrt. Ich widme es meinen Zeitgenossen mit der Schüchternheit, die ein gerechtes Misstrauen in das Maß meiner Kräfte mir einflößen muss. Ich suche zu vergessen, dass lange erwartete Schriften gewöhnlich sich minderer Nachsicht zu erfreuen haben.

Idealer Durchschnitt eines Teils der Erdrinde. Kolorierter Stahlstich, 1841, in: Dr. Heinrich Berghaus' Physikalischer Atlas [...] zu Alexander von Humboldts Kosmos. Gotha: Justus Perthes, 1848. Dieses Profil geht auf Humboldts Idee »ganze Länder darzustellen wie ein Bergwerk« zurück.

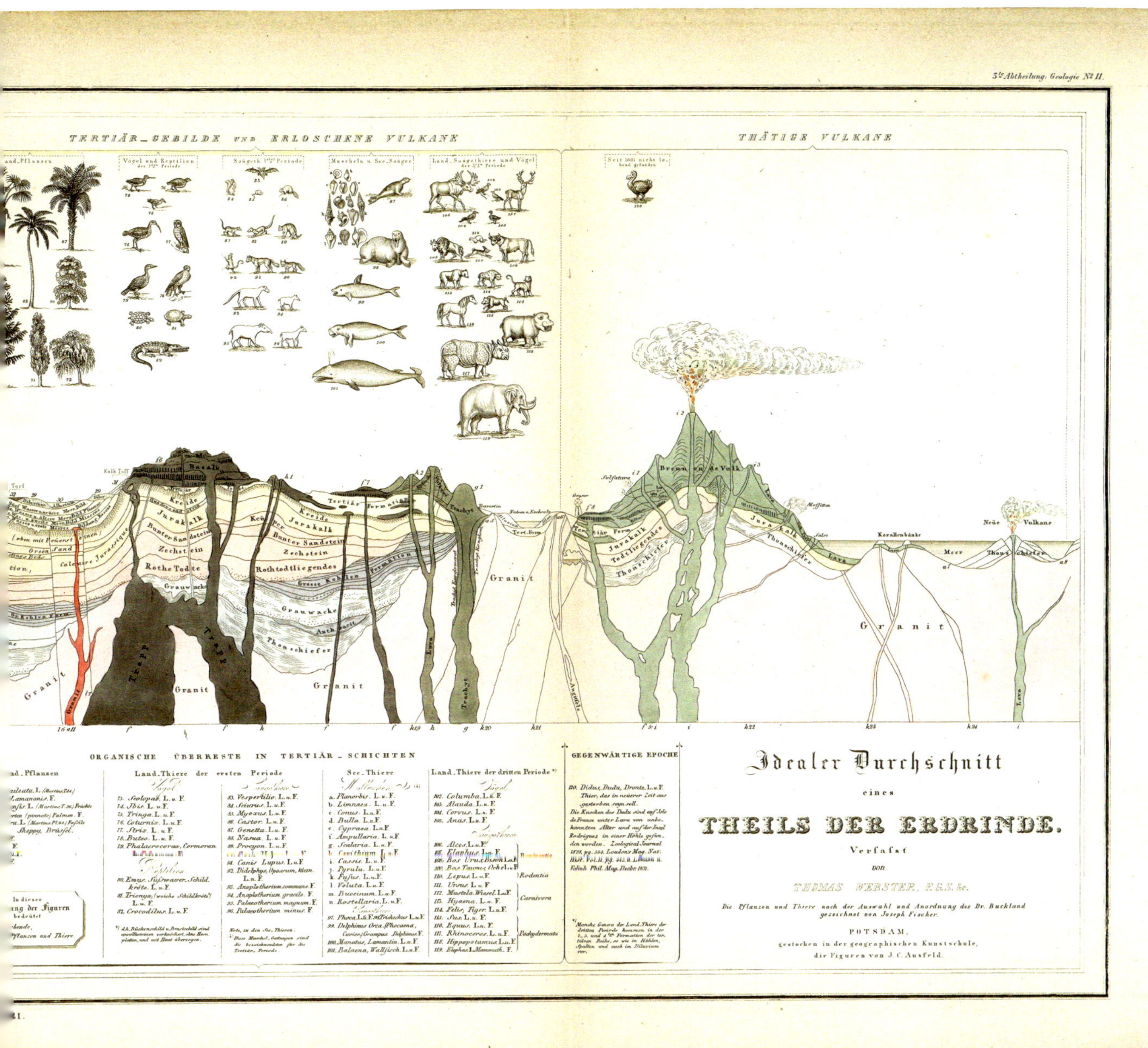

Wenn durch äußere Lebensverhältnisse und durch einen unwiderstehlichen Drang nach verschiedenartigem Wissen ich veranlasst worden bin mich mehrere Jahre und scheinbar ausschließlich mit einzelnen Disziplinen: mit beschreibender Botanik, mit Geognosie, Chemie, astronomischen Ortsbestimmungen und Erdmagnetismus als Vorbereitung zu einer großen Reise-Expedition zu beschäftigen; so war doch immer der eigentliche Zweck des Erlernens ein höherer. Was mir den Hauptantrieb gewährte, war das Bestreben, die Erscheinungen der körperlichen Dinge in ihrem allgemeinen Zusammenhange, die Natur als ein durch innere Kräfte bewegtes und belebtes Ganzes aufzufassen. Ich war durch den Umgang mit hochbegabten Männern

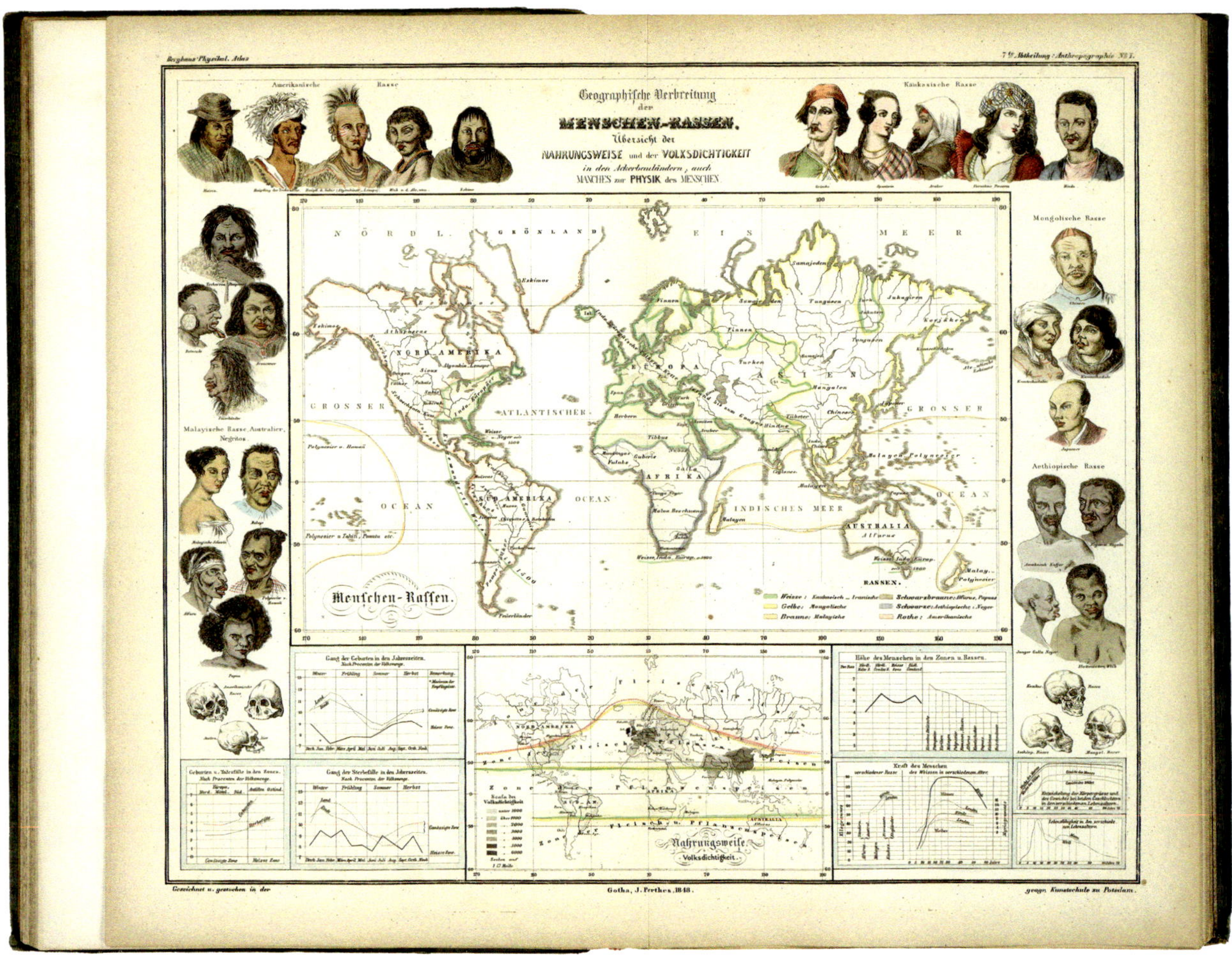

früh zu der Einsicht gelangt, dass ohne den ernsten Hang nach der Kenntnis des Einzelnen alle große und allgemeine Weltanschauung nur ein Luftgebilde sein könne. Es sind aber die Einzelheiten im Naturwissen ihrem inneren Wesen nach fähig wie durch eine aneignende Kraft sich gegenseitig zu befruchten. Die beschreibende Botanik, nicht mehr in den engen Kreis der Bestimmung von Geschlechtern und Arten festgebannt, führt den Beobachter, welcher ferne Länder und hohe Gebirge durchwandert, zu der Lehre von der geographischen Verteilung der Pflanzen über den Erdboden nach Maßgabe der Entfernung vom Äquator und der senkrechten Erhöhung des Standortes. Um nun wiederum die verwickelten Ursachen dieser Verteilung aufzuklären, müssen die Gesetze der Temperatur-Verschiedenheit der Klimate wie der meteorologischen Prozesse im Luftkreise erspähet werden. So führt den wissbegierigen Beobachter jede Klasse von Erscheinungen zu einer anderen, durch welche sie begründet wird oder die von ihr abhängt.

Geographische Verbreitung der Menschen-Rassen. Kolorierter Stahlstich, 1848, in: Dr. Heinrich Berghaus' Physikalischer Atlas […] zu Alexander von Humboldts Kosmos. Gotha: Justus Perthes, 1848. »Indem wir die Einheit des Menschengeschlechtes behaupten, widerstreben wir auch jeder unerfreulichen Annahme von höheren und niederen Menschenrassen«, schrieb Humboldt im *Kosmos*.

Es ist mir ein Glück geworden, das wenige wissenschaftliche Reisende in gleichem Maß mit mir geteilt haben: das Glück, nicht bloß Küstenländer, wie auf den Erdumseglungen, sondern das Innere zweier Kontinente in weiten Räumen und zwar da zu sehen, wo diese Räume die auf fallendsten Kontraste der alpinischen Tropenlandschaft von Südamerika mit der öden Steppennatur des nördlichen Asiens darbieten. Solche Unternehmungen mussten, bei der eben geschilderten Richtung meiner Bestrebungen, zu allgemeinen Ansichten aufmuntern; sie mussten den Mut beleben, unsre damalige Kenntnis der siderischen [die Sterne betreffenden] und tellurischen [die Erde betreffenden] Erscheinungen des Kosmos in ihrem empirischen Zusammenhange in einem einigen Werke abzuhandeln. Der bisher unbestimmt aufgefasste Begriff einer *physischen Erdbeschreibung* ging so durch erweiterte Betrachtung, ja nach einem vielleicht allzu kühnen Plane, durch das Umfassen alles Geschaffenen im Erd- und Himmelsraume in den Begriff einer *physischen Weltbeschreibung* über. [...]

Der erste Band meines Werkes enthält: *Einleitende Betrachtungen über die Verschiedenartigkeit des Naturgenusses und die Ergründung der Weltgesetze; Begrenzung und wissenschaftliche Behandlung der physischen Weltbeschreibung; ein allgemeines Naturgemälde als Übersicht der Erscheinungen im Kosmos*. Indem das allgemeine Naturgemälde von den fernsten Nebelflecken und kreisenden Doppelsternen des Weltraums zu den tellurischen Erscheinungen der Geographie der Organismen (Pflanzen, Tiere und Menschen-Rassen) herabsteigt, enthält es schon das, was ich als das Wichtigste und Wesentlichste meines ganzen Unternehmens betrachte: die innere Verkettung des Allgemeinen mit dem Besonderen, den Geist der Behandlung in Auswahl der Erfahrungssätze, in Form und Stil der Komposition. Die beiden nachfolgenden Bände sollen die *Anregungsmittel zum Naturstudium (durch Belebung von Naturschilderungen, durch Landschaftmalerei und durch Gruppierung exotischer Pflanzengestalten in Treibhäusern); die Geschichte der Weltanschauung*, d. h. der allmählichen Auffassung des Begriffs von dem Zusammenwirken der Kräfte in einem Naturganzen; und das *Spezielle der einzelnen Disziplinen* enthalten, deren gegenseitige Verbindung in dem *Naturgemälde* des ersten Bandes angedeutet worden ist. [...]

Man hat es oft eine nicht erfreuliche Betrachtung genannt, dass, indem rein literarische Geistesprodukte gewurzelt sind in den Tiefen der Gefühle und der schöpferischen Einbildungskraft, alles, was mit der Empirie, mit Ergründung von Naturerscheinungen und physischer Gesetze zusammenhängt, in wenigen Jahrzehnten, bei zunehmender Schärfe der Instrumente und allmählicher Erweiterung des Horizonts der Beobachtung, eine andere Gestaltung annimmt; ja dass, wie man sich auszudrücken pflegt, veraltete naturwissenschaftliche Schriften als unlesbar der Vergessenheit übergeben sind. Wer von einer echten Liebe zum Naturstudium und von der erhabenen Würde desselben beseelt ist, kann durch nichts entmutigt werden, was an eine künftige Vervollkommnung des menschlichen Wissens erinnert. Viele und wichtige Teile dieses Wissens, in den Erscheinungen der Himmelsräume wie in den

> tellurischen Verhältnissen, haben bereits eine feste, schwer zu erschütternde Grundlage erlangt. In anderen Teilen werden allgemeine Gesetze an die Stelle der partikulären treten, neue Kräfte ergründet, für einfach gehaltene Stoffe vermehrt oder zergliedert werden. Ein Versuch, die Natur lebendig und in ihrer erhabenen Größe zu schildern, in dem wellenartig wiederkehrenden Wechsel physischer Veränderlichkeit das Beharrliche aufzuspüren, wird daher auch in späteren Zeiten nicht ganz unbeachtet bleiben.[10]

Welchen Stellenwert der Mensch in Humboldts Weltbeschreibung einnimmt, wird aus der Gliederung des Bandes deutlich: Nach ausführlichen Betrachtungen des Weltalls, der Atmosphäre, der Meere, der geologischen Strukturen, der Geographie der Pflanzen und der Tiere, thematisiert ihn Humboldt erst ganz am Ende des ersten Bandes. Er weist ihm damit eine Bedeutung in der Natur zu, wie er sie zuvor bereits einmal in seiner *Reise in die Äquinoktial-Gegenden des Neuen Kontinents* formuliert hatte: »Hier, im Innern des Neuen Kontinents, gewöhnt man sich beinahe daran, den Menschen als etwas zu betrachten, das für die Ordnung der Natur nicht von Notwendigkeit ist.«[11]

Aber er zeigt ihn auch als politisches Wesen, das auf eine humane Weise nur koexistieren kann, wenn es bestimmten ethischen Regeln folgt:

> Indem wir die Einheit des Menschengeschlechtes behaupten, widerstreben wir auch jeder unerfreulichen Annahme von höheren und niederen Menschenrassen. Es gibt bildsamere, höher gebildete, durch geistige Kultur veredelte, aber keine edleren Volksstämme. Alle sind gleichmäßig zur Freiheit bestimmt; zur Freiheit, welche in roheren Zuständen dem Einzelnen, in dem Staatenleben bei dem Genuss politischer Institutionen der Gesamtheit als Berechtigung zukommt.[12]

In diesen Schlussworten des ersten Bandes des *Kosmos* formuliert Humboldt jedoch nicht nur seine eigene politische Haltung, sondern er setzt, indem er seinen Bruder ausführlich zitiert, auch diesem ein Denkmal:

> Wenn wir eine Idee bezeichnen wollen, die durch die ganze Geschichte hindurch in immer mehr erweiterter Geltung sichtbar ist, wenn irgendeine die vielfach bestrittene, aber noch vielfacher missverstandene Vervollkommnung des ganzen Geschlechtes beweist, so ist es die Idee der Menschlichkeit: das Bestreben, die Grenzen, welche Vorurteile und einseitige Ansichten aller Art feindselig zwischen die Menschen gestellt, aufzuheben, und die gesamte Menschheit, ohne Rücksicht auf Religion, Nation und Farbe, als Einen großen, nahe verbrüderten Stamm, als ein zur Erreichung Eines Zweckes, der *freien Entwicklung innerlicher Kraft*, bestehendes Ganzes zu behandeln. Es ist dies das letzte, äußerste Ziel der Geselligkeit und zugleich die durch seine Natur selbst in ihn gelegte Richtung des Menschen auf unbestimmte Erweiterung seines Daseins. Er sieht den Boden, so weit er sich ausdehnt, den Himmel, so weit, ihm entdeckbar, er von Gestirnen umflammt wird, als inner-

Wilhelm von Humboldt. Lithographie von Carl Wildt, nach einer Zeichnung von Franz Krüger, um 1830. Sein ganzes Leben lang war sein Bruder die mit Abstand wichtigste Bezugsperson für Alexander. Als »Bill«, wie er ihn nannte, im Jahr 1835 starb, klagte er gegenüber August Wilhelm von Schlegel: »Wie ist es hier so öde um mich her, seitdem der Einzige fehlt, der mich hierher zog. Sandig, öde, gemütslos, stets von einer nüchternen Gegenwart bedrängt. Aber der Mensch ist biegsam und kann viel erleiden.«

> lich sein, als ihm zur Betrachtung und Wirksamkeit gegeben an. Schon das Kind sehnt sich über die Hügel, über die Seen hinaus, welche seine enge Heimat umschließen; es sehnt sich dann wieder pflanzenartig zurück: denn es ist das Rührende und Schöne im Menschen, dass Sehnsucht nach Erwünschtem und nach Verlorenem ihn immer bewahrt ausschließlich an dem Augenblicke zu haften.
>
> So festgewurzelt in der innersten Natur des Menschen und zugleich geboten durch seine höchsten Bestrebungen, wird jene wohlwollend menschliche Verbindung des ganzen Geschlechts zu einer der großen leitenden Ideen in der Geschichte der Menschheit.[13]

Dem ersten Teil des zweiten Bandes des *Kosmos* gab Humboldt den Titel »Anregungsmittel zum Naturstudium«. Im zweiten Teil befasste er sich mit der »Geschichte der physischen Weltanschauung« und gab darin einen historischen Überblick der wissenschaftlichen Auseinandersetzung des Menschen mit der Natur. Die Erweiterung auf die speziellen Ergebnisse der Forschung in den Bänden drei, vier und fünf ergab sich erst nach und nach, als ihm der Stoff unter den Händen zu immer größeren Massen anwuchs. Auf ähnliche Weise wiederholte sich hier, was Humboldt bereits mit seinem amerikanischen Reisewerk geschehen war und was sein Freund Arago wie folgt charakterisiert hatte: »Humboldt, Du weißt nicht, wie ein Buch verfasst wird; Du schreibst ohne Ende, aber das ergibt kein Buch, sondern ein Bild ohne Rahmen.«[14]

Besonders der zweite Band des *Kosmos* begeistert noch heute viele Leser. Dessen erster Teil »Anregungsmittel zum Naturstudium« ist gegliedert in die Abschnitte *I. Dichterische Naturbeschreibung, II. Landschaftsmalerei* und *III. Kultur exotischer Gewächse.* Es war vor allem die Landschaftsmalerei, die durch die Reisen und die Schilderungen Alexander von Humboldts im 19. Jahrhundert eine neue Blüte erlebte. Maler wie Johann Moritz Rugendas und Ferdinand Bellermann standen mit ihm in persönlichem Kontakt und wurden durch seine Vermittlung vom preußischen König finanziell unterstützt. Den nordamerikanischen Maler Frederic Edwin Church inspirierte die Lektüre des *Kosmos* zu seinen Reisen in die Anden und zu seinen monumentalen Gemälden der dortigen Vulkane. Selbst Fotografen wie der Ungar Pál Rosti folgten – noch zu Humboldts Lebzeiten – der Route des Forschers in Lateinamerika.

Im zweiten Band des *Kosmos* formulierte Humboldt seine Theorie der Landschaftsmalerei. Deren Wurzeln finden sich bereits in seinen *Ideen zu einer Geographie der Pflanzen nebst einem Naturgemälde der Tropen-Länder* aus dem Jahr 1805 und in seinen *Ideen zu einer Physiognomik der Gewächse*, die er erstmals 1806 und dann 1808 in seinen *Ansichten der Natur* publiziert hatte. Im Folgenden einige Auszüge aus dem Kapitel »Landschaftsmalerei in ihrem Einfluss auf die Belebung des Naturstudiums«:

> Wie eine lebensfrische Naturbeschreibung, so ist auch die *Landschaftmalerei* geeignet, die Liebe zum Naturstudium zu erhöhen. Beide zeigen uns die Außenwelt in ihrer ganzen gestaltenreichen Mannigfaltigkeit; beide sind

fähig, nach dem Grade eines mehr oder minder glücklichen Gelingens in Auffassung der Natur, das Sinnliche an das Unsinnliche anzuknüpfen. Das Streben nach einer solchen Verknüpfung bezeichnet das letzte und erhabenste Ziel der darstellenden Künste. Diese Blätter sind durch den wissenschaftlichen Gegenstand, dem sie gewidmet sind, auf eine andere Ansicht beschränkt: Es kann hier der Landschaftmalerei nur in der Beziehung gedacht werden, als sie den physiognomischen Charakter der verschiedenen Erdräume anschaulich macht, die Sehnsucht nach fernen Reisen vermehrt und auf eine ebenso lehrreiche als anmutige Weise zum Verkehr mit der freien Natur anreizt. [...]

Solchen Beispielen physiognomischer Naturdarstellung [wie der des holländischen Malers Albert Eckhout] sind bis zu Cooks zweiter Weltumseglung wenige begabte Künstler gefolgt. Was [William] Hodges für die westlichen Inseln der Südsee, was unser verewigter Landsmann Ferdinand Bauer für Neu-Holland und Van Diemens Land geleistet, haben in den neuesten Zeiten in viel größerem Stile und mit höherer Meisterschaft für die amerikanische Tropenwelt Moritz Rugendas, der Graf Clarac, Ferdinand Bellermann und Eduard Hildebrandt, für viele andere Teile der Erde Heinrich von Kittlitz, der Begleiter des russischen Admirals Lütke auf seiner Weltumseglung, getan.

Der Wasserfall in der Basaltschlucht in der Hacienda von Santa María de Regla, Mexiko. Ölskizze von Johann Moritz Rugendas, 1832. Im *Kosmos* nennt Humboldt Rugendas als einen der beispielhaften Maler »mit höherer Meisterschaft für die amerikanische Tropenwelt«.

Wer, empfänglich für die Naturschönheit von Berg-, Fluss- und Waldgegenden, die heiße Zone selbst durchwandert ist, wer Üppigkeit und Mannigfaltigkeit der Vegetation nicht etwa bloß an den bebauten Küsten, sondern am Abhange der schneebedeckten Anden, des Himalaya und des mysorischen* Nilgherry-Gebirges oder in den Urwäldern des Flussnetzes zwischen dem Orinoco und Amazonenstrom gesehen hat; der allein kann fühlen, welch ein unabsehbares Feld der Landschaftmalerei zwischen den Wendekreisen beider Kontinente oder in der Inselwelt von Sumatra, Borneo und der Philippinen zu eröffnen ist, wie das, was man bisher Geistreiches und Treffliches geleistet, nicht mit der Größe der Naturschätze verglichen werden kann, deren einst noch die Kunst sich zu bemächtigen vermag. Warum sollte unsere Hoffnung nicht gegründet sein, dass die Landschaftmalerei zu einer neuen, nie gesehenen Herrlichkeit erblühen werde, wenn hochbegabte Künstler öfter die engen Grenzen des Mittelmeers überschreiten können, wenn es ihnen gegeben sein wird, fern von der Küste, mit der ursprünglichen Frische eines reinen jugendlichen Gemütes, die vielgestaltete Natur in den feuchten Gebirgstälern der Tropenwelt lebendig aufzufassen?

Jene herrlichen Regionen sind bisher meist nur von Reisenden besucht worden, denen Mangel an früher Kunstbildung und anderweitige wissenschaftliche Beschäftigung wenig Gelegenheit gaben, sich als Landschaftmaler zu vervollkommnen. Die wenigsten von ihnen wussten bei dem botanischen Interesse, welches die individuelle Form der Blüten und Blätter erregte, den Totaleindruck der tropischen Zone aufzufassen. Oft wurden die Künstler, welche große auf Kosten des Staats ausgerüstete Expeditionen begleiten sollten, wie durch Zufall gewählt und dann unvorbereiteter befunden, als es eine solche Bestimmung erheischt. Das Ende der Reise nahte dann heran, wenn die Talentvolleren unter ihnen, durch den langen Anblick großer Naturszenen und durch häufige Versuche der Nachbildung, eben angefangen hatten eine gewisse technische Meisterschaft zu erlangen. Auch sind die sogenannten Weltumseglungen wenig geeignet den Künstler in ein eigentliches Waldland oder zu dem oberen Laufe großer Flüsse und auf den Gipfel innerer Gebirgsketten zu führen.

Skizzen, in Angesicht der Naturszenen gemalt, können allein dazu leiten, den Charakter ferner Weltgegenden, nach der Rückkehr, in ausgeführten Landschaften wiederzugeben; sie werden es umso vollkommner tun, als neben denselben der begeisterte Künstler zugleich eine große Zahl einzelner Studien von Baumgipfeln, wohlbelaubten, blütenreichen, fruchtbehangenen Zweigen, von umgestürzten Stämmen, die mit Pothos und Orchideen bedeckt sind, von Felsen, Uferstücken und Teilen des Waldbodens nach der Natur in freier Luft gezeichnet oder gemalt hat. Der Besitz solcher, in recht bestimmten Umrissen entworfenen Studien kann dem Heimkehrenden alle missleitende Hilfe von Treibhaus-Gewächsen und sogenannten botanischen Abbildungen entbehrlich machen. [...]

* Mysore: Stadt in Indien

Tequendama-Wasserfall in Kolumbien. Ölgemälde von Frederic Edwin Church, 1854.

So wie man an einzelnen organischen Wesen eine bestimmte Physiognomie erkennt, wie beschreibende Botanik und Zoologie im engeren Sinne des Worts Zergliederung der Tier- und Pflanzenformen sind, so gibt es auch eine gewisse Naturphysiognomie, welche jedem Himmelsstriche ausschließlich zukommt. Was der Künstler mit den Ausdrücken: Schweizer Natur, italienischer Himmel bezeichnet, gründet sich auf das dunkle Gefühl eines lokalen Naturcharakters. Himmelsbläue, Wolkengestaltung, Duft, der auf der Ferne ruht, Saftfülle der Kräuter, Glanz des Laubes, Umriss der Berge sind die Elemente, welche den Totaleindruck einer Gegend bestimmen. Diesen aufzufassen und anschaulich wiederzugeben ist die Aufgabe der Landschaftsmalerei. Dem Künstler ist es verliehen, die Gruppen zu zergliedern, und unter seiner Hand löst sich (wenn ich den figürlichen Ausdruck wagen darf) das große Zauberbild der Natur, gleich den geschriebenen Werken der Menschen, in wenige einfache Züge auf. [...]

Alle diese Mittel, deren Aufzählung recht wesentlich in ein Buch vom Kosmos gehört, sind vorzüglich geeignet die Liebe zum Naturstudium zu erhöhen; ja die Kenntnis und das Gefühl von der erhabenen Größe der Schöpfung würden kräftig vermehrt werden, wenn man in großen Städten neben den Museen, und wie diese dem Volke frei geöffnet, eine Zahl von Rundgebäuden aufführte, welche wechselnd Landschaften aus verschiedenen geographischen Breiten und aus verschiedenen Höhezonen darstellten. Der Begriff eines Naturganzen, das Gefühl der Einheit und des harmonischen Einklanges im Kosmos werden umso lebendiger unter den Menschen, als sich die Mittel vervielfältigen, die Gesamtheit der Naturerscheinungen zu anschaulichen Bildern zu gestalten.[15]

OBEN *Ausbruch des Cotopaxi*. Ölgemälde von Frederic Edwin Church, 1862.

UNTEN *Heart of the Andes*. Ölgemälde von Frederic Edwin Church, 1859. Den nordamerikanischen Maler inspirierte die Lektüre des *Kosmos* zu seinen Reisen in die Anden und zu seinen monumentalen Gemälden der dortigen Landschaften.

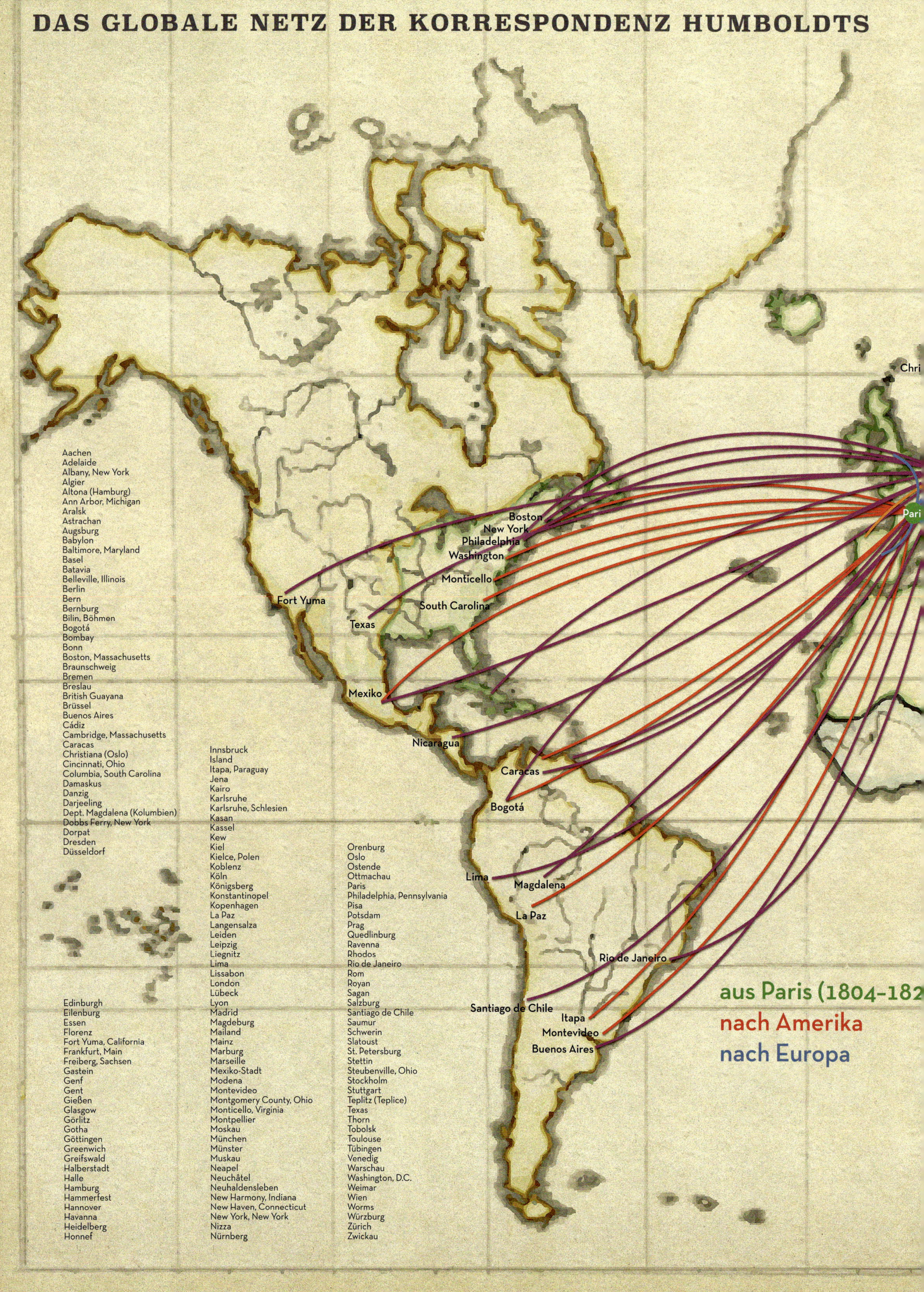
DAS GLOBALE NETZ DER KORRESPONDENZ HUMBOLDTS
Chri
Pari
Boston
New York
Philadelphia
Washington
Monticello
Fort Yuma
South Carolina
Texas
Mexiko
Nicaragua
Caracas
Bogotá
Lima
Magdalena
La Paz
Rio de Janeiro
Santiago de Chile
Itapa
Montevideo
Buenos Aires
aus Paris (1804–182
nach Amerika
nach Europa
Aachen
Adelaide
Albany, New York
Algier
Altona (Hamburg)
Ann Arbor, Michigan
Aralsk
Astrachan
Augsburg
Babylon
Baltimore, Maryland
Basel
Batavia
Belleville, Illinois
Berlin
Bern
Bernburg
Bilin, Böhmen
Bogotá
Bombay
Bonn
Boston, Massachusetts
Braunschweig
Bremen
Breslau
British Guayana
Brüssel
Buenos Aires
Cádiz
Cambridge, Massachusetts
Caracas
Christiana (Oslo)
Cincinnati, Ohio
Columbia, South Carolina
Damaskus
Danzig
Darjeeling
Dept. Magdalena (Kolumbien)
Dobbs Ferry, New York
Dorpat
Dresden
Düsseldorf
Edinburgh
Eilenburg
Essen
Florenz
Fort Yuma, California
Frankfurt, Main
Freiberg, Sachsen
Gastein
Genf
Gent
Gießen
Glasgow
Görlitz
Gotha
Göttingen
Greenwich
Greifswald
Halberstadt
Halle
Hamburg
Hammerfest
Hannover
Havanna
Heidelberg
Honnef
Innsbruck
Island
Itapa, Paraguay
Jena
Kairo
Karlsruhe
Karlsruhe, Schlesien
Kasan
Kassel
Kew
Kiel
Kielce, Polen
Koblenz
Köln
Königsberg
Konstantinopel
Kopenhagen
La Paz
Langensalza
Leiden
Leipzig
Liegnitz
Lima
Lissabon
London
Lübeck
Lyon
Madrid
Magdeburg
Mailand
Mainz
Marburg
Marseille
Mexiko-Stadt
Modena
Montevideo
Montgomery County, Ohio
Monticello, Virginia
Montpellier
Moskau
München
Münster
Muskau
Neapel
Neuchâtel
Neuhaldensleben
New Harmony, Indiana
New Haven, Connecticut
New York, New York
Nizza
Nürnberg
Orenburg
Oslo
Ostende
Ottmachau
Paris
Philadelphia, Pennsylvania
Pisa
Potsdam
Prag
Quedlinburg
Ravenna
Rhodos
Rio de Janeiro
Rom
Royan
Sagan
Salzburg
Santiago de Chile
Saumur
Schwerin
Slatoust
St. Petersburg
Stettin
Steubenville, Ohio
Stockholm
Stuttgart
Teplitz (Teplice)
Texas
Thorn
Tobolsk
Toulouse
Tübingen
Venedig
Warschau
Washington, D.C.
Weimar
Wien
Worms
Würzburg
Zürich
Zwickau

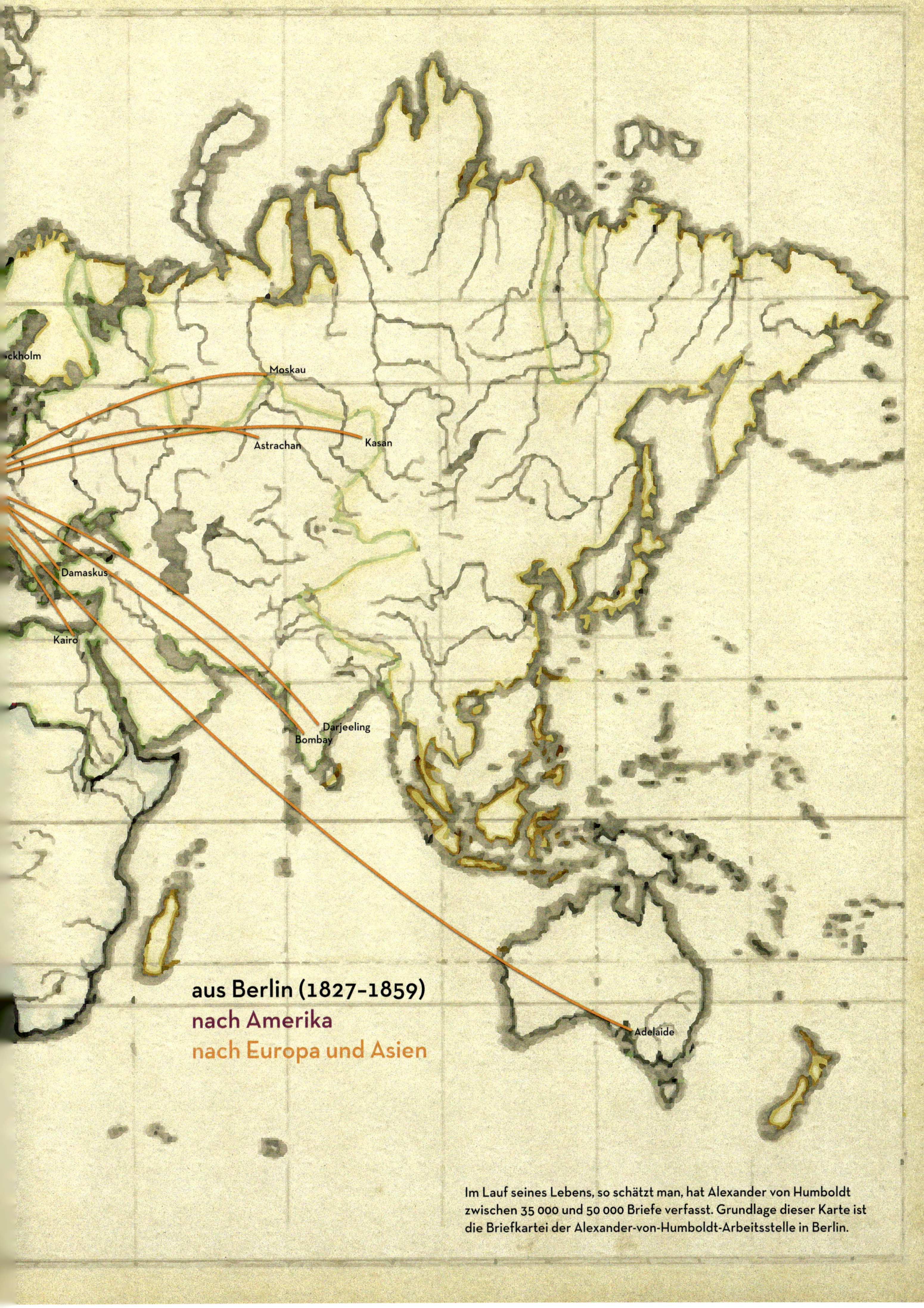

Im Lauf seines Lebens, so schätzt man, hat Alexander von Humboldt zwischen 35 000 und 50 000 Briefe verfasst. Grundlage dieser Karte ist die Briefkartei der Alexander-von-Humboldt-Arbeitsstelle in Berlin.

DIE ERFINDUNG DER FOTOGRAFIE

Auch wenn seit 1827 Humboldts vorwiegender Aufenthaltsort Berlin war, ließ er doch die Verbindungen in die französische Hauptstadt nicht abreißen. Die Erlaubnis, mehrere Reisen im Jahr nach Paris zu unternehmen, war eine der Bedingungen, an die Humboldt beim Preußischen König seine Rückkehr nach Berlin geknüpft hatte. Friedrich Wilhelm III. unterstützte den Wunsch des Forschers zusätzlich, indem er ihn mit diplomatischen Missionen betraute.

> Das Jahr 1830 mit seinen großen Umwälzungen jenseits des Rheins* gab meinen Beschäftigungen auf mehrere Jahre eine politische Richtung, die deshalb doch nicht meiner wissenschaftlichen Laufbahn hinderlich geworden ist. Nachdem ich den Kronprinzen im Mai 1830 nach Warschau zu dem letzten vom Kaiser Nikolaus persönlich eröffneten konstitutionellen Reichstage und bald darauf den König in das Bad von Teplitz begleitet hatte, verbreitete sich die Kunde von dem Sturze der älteren Linie der bourbonischen Familie und der Thronbesteigung des Königs Ludwig Philipp. Ich, der lange schon in sehr naher Verbindung mit dem Orleans'schen Hause gestanden, ward vom König Friedrich Wilhelm III. beauftragt, die Anerkennung des neuen Monarchen nach Paris zu überbringen und von dort aus, mit Kenntnis des französischen Hofes, politische Berichte, zuerst vom September 1830 bis Mai 1832, dann in den Jahren 1834–35 nach Berlin einzusenden. Dieselben Aufträge wurden mit gleichem Vertrauen in den folgenden zwölf Jahren fünfmal wiederholt, so dass ich bei jeder Sendung wieder vier bis fünf Monate meinen Aufenthalt in Paris nahm.

Alexander von Humboldt. **Fotografie von Schwartz und Schille, Berlin 1857.**

* Während der Julirevolution wurde die Bourbonenherrschaft in Frankreich endgültig beseitigt. Das Bürgertum ergriff in einem liberalen Königreich unter König Louis Philippe erneut die Macht.

> In diese Epoche fällt die Herausgabe [meiner] fünf Bände *Kritische Untersuchungen über die historische Entwicklung der geographischen Kenntnisse von der Neuen Welt im 15. und 16. Jahrhundert*, nach dem französischen Original von [Julius Ludwig] Ideler ins Deutsche übersetzt. Mein letzter Aufenthalt in Paris war vom Oktober 1847 bis Januar 1848. Zwei kleinere Reisen außerhalb Deutschlands mit dem Könige Friedrich Wilhelm IV., die eine nach England zur Taufe des Prinzen von Wales (1842), die andere nach Dänemark (1845), sind ihrer Kürze wegen hier kaum zu erwähnen.[1]

Während einer dieser Aufenthalte in Paris wurde Humboldt, als Mitglied der Französischen Akademie der Wissenschaften, zusammen mit François Arago und Jean-Baptiste Biot gebeten, eine neue Erfindung zu begutachten. Sie stammte von einem ihm bereits seit 1829 bekannten Panoramenmaler namens Louis Jacques Mandé Daguerre. Dieser hatte bis zu diesem Zeitpunkt große, transparente Ge-

Alexander von Humboldt. Daguerreotypie von Hermann Biow, 1847.

mälde gefertigt, die von hinten erhellt werden konnten. Indem er die Beleuchtung veränderte und den Gesamteindruck mit pyrotechnischen Effekten, Geräuschen und zusätzlichen transparenten Teilen dramatisch verstärkte, vermittelte er dem Betrachter den Eindruck eines belebten Bildes. Seine Panoramen waren Vorläufer des Kinos.[2] Doch Daguerre war mit der Herstellung von immer neuen Gemälden überfordert und suchte deshalb andere Wege: Bilder, die sich selber zeichnen. Seine Erfindung – Abbildungen der Realität auf silberbeschichteten, mit Quecksilber bedampften Kupferplatten, fixiert mit Kochsalzlösung – stellte er Arago vor, der sie am 7. Januar 1839 der Akademie mitteilte. Aus dem Bericht, den Humboldt am 25. Februar 1839 aus Paris an den Dresdener Arzt, Naturforscher und Maler Carl Gustav Carus schrieb, spricht seine große Begeisterung für diese neue Errungenschaft:

> Von Daguerre weiß ich nicht mehr, als was jetzt überall gedruckt steht von Arago und mir. – Es ist dies jedenfalls eine der freuendsten und bewunderungswürdigsten Entdeckungen unserer Zeit. Mit dem Effekt auf Chlor-Silber hat es nichts gemein; hier bringt Licht Licht hervor, ein Bleichprozess, wie ein Gitter nach Monaten sich auf einer rosenrot unecht gefärbten Gardine abbildet.
>
> Man sieht bei Daguerre nur die Bilder im Rahmen unter Glas meist auf Metall, einige weniger gute auf Papier und auf Glasplatten gebildet, alle dem feinsten Stahlstich ähnlich, von bräunlich-grauem Biesterton, die Luft immer etwas traurig und verwischt. Die schönsten Abstufungen der Halb-Schatten, die Verschiedenheit des Seine-Wassers unter den Brücken oder in der Mitte des Flusses, Pferde, Menschen, angelnd, mit ihren projizierten Schlagschatten auf das bestimmteste, da bei großer Entfernung kleine Bewegungen – wegen des geringen Winkels – nicht schaden. Diffuses Licht wirkt wie Sonnenlicht.

Kamera von Louis Jacques Mandé Daguerre, gebaut 1839.

Schöne Abbildungen der Quais oder Ansichten des fernen Paris bei starkem Regen. Abstufung der Erleuchtung des Palais und Jardin des Tuileries um fünf Uhr morgens, sommers um zwei Uhr in der Sonnenhitze und um sieben Uhr bei Sonnenuntergang, versteht sich als einfarbig, monochrom. Von Vervielfältigung oder Porträtierung ist bisher keine Rede. Am herrlichsten wirkt Lampenlicht, marmorne Statuen, marmorne Basreliefs erleuchtend. Solche Platten, acht bis zehn Zoll [21–27 cm] lang, sechs [16 cm] Zoll hoch, auch größer, sind durch blendende Lichteffekte ausgezeichnet.

Erleuchtete Schlachtenbilder werden in acht bis zehn Minuten kopiert und in jede Größe reduziert. Die Oberfläche des feuchten Gesteines, Gemäuers, hat eine Wahrheit, die kein Kupferstich erreicht. Der generelle Ton,

Sonnenstein, Mexiko. Fotografie von Pál Rosti, 1858.

zart, fein, aber als braun, grau etwas traurig. Ich sah eine innere Ansicht des Louvre mit den zahllosen Basreliefs … Er gab mir eine Lupe, und es zeigen sich leuchtende Strohhalme an allen Fenstern. In einer Zeichnung, sagte Arago, nahm ein Haus von fünf Etagen etwa ¾ Zoll Raum ein; man erkannte im Bild, dass in einer Dachluke – und welche Kleinigkeit!! – eine Fensterscheibe zerbrochen und mit Papier verklebt war. Arago hat jetzt das Geheimnis von Daguerre erhalten und hat in 10 Minuten ein vollendetes Bild unter seinen Augen entstehen sehen. Das Bild zeigte einen feinen [Blitz-]Ableiter, den Arago mit bloßen Augen nicht gesehen hatte. Da man gewiss ist, dass die Methode von jedem und auf Reisen angewandt werden kann, so zweifelt man in Paris kaum daran, Arago werde durch die Kammern dem Herrn Daguerre und der Witwe eines Miterfinders, auch Franzosen – in der Deputiertenkammer die geforderten 200 000 Franken verschaffen. Dann macht nach dort herrschender Sitte das Gouvernement die Erfindung bekannt.

Samán-Baum, Venezuela. Fotografie von Pál Rosti, 1857/58.

> Welch ein Vorteil für Architekten, den ganzen Säulengang von Baalbeck oder den Krims-Krams einer gotischen Kirche in 10 Minuten in Perspektive auf dem Bilde mitzunehmen. Daguerre glaubt, dass die Intensität des ägyptischen Lichts in zwei bis drei Minuten wirken werde. Welche Melioration [Verbesserung] künftig der Gebrauch entwickeln wird, ist jetzt nicht vorherzusagen. Wie viel ist nicht die Lithographie verfeinert worden, nachdem ein langer Gebrauch an ihr manche Mängel erkannte. Daguerre fürchtet mit Recht sehr, dass man der Erfindung auf die Spur komme … Ich sollte glauben, eine solche Erfindung, wenn man sie gemacht, werde man nicht im Leibe behalten haben.[3]

Humboldt setzte sich dafür ein, dass Daguerre und die Erben seines Kollegen Joseph Nicéphore Nièpce vom französischen Staat eine Pension erhielten und auf Patente verzichteten. 1842 veranlasste er die Wahl Daguerres in die Friedensklasse des Ordens »Pour le mérite«.

Fast zur selben Zeit, als Humboldt sein Gutachten über die Daguerreotypie abgab, erhielt er einen Brief des Engländers William Henry Fox Talbot, in dem dieser die Erfindung für sich reklamierte. Zur großen Enttäuschung Talbots stellte sich Humboldt auf die Seite Daguerres. Doch gerade Talbot fand den für die Zukunft der Fotografie entscheidenden Weg, indem er in der Lage war, von einem Negativ beliebig viele Positivabzüge herzustellen. Das Dreiergremium in Paris erkannte jedoch diesen Vorteil zunächst nicht. Schließlich söhnte sich Talbot mit Humboldt aus, indem er ihm ein besonders ausgewähltes Album mit handschriftlicher Widmung übersandte. Humboldt propagierte begeistert die neue Technik der Fotografie und empfahl sie fortan jedem Forschungsreisenden. Die Gebrüder Schlagintweit führten auf Humboldts Rat während ihrer Expedition nach Asien in den Jahren 1854 bis 1857 Fotokameras mit sich.[4]

Auch der ungarische Reisende Pál Rosti nutzte die neue Erfindung, als er in den Jahren 1857 und 1858 auf den Spuren Humboldts Ansichten der Länder Kuba, Venezuela und Mexiko mit seiner Kamera festhielt. Kurz vor dem Tod Humboldts hatte er Gelegenheit, dem Gelehrten in dessen Wohnung seine Arbeiten zu zeigen. »Die greisen Augen füllten sich sofort mit Tränen«, berichtete Rosti. Als Humboldt das Bild des von ihm damals in Venezuela beschriebenen gigantischen Samán-Baumes entdeckte, meinte er: »Schau, was aus mir geworden ist; dieser schöne Baum ist noch genauso, wie ich ihn vor 60 Jahren gesehen habe. Keiner seiner gewaltigen Zweige ist abgeknickt, er ist so wie ich ihn mit Bonpland gesehen habe. Damals waren wir jung und stark, voller Glück, und unsere junge Begeisterung heiterte sogar die ernsthaftesten Studien auf.«[5]

Basaltschlucht von Santa María Regla, Mexiko.
Fotografie von Pál Rosti, 1858.

GEGEN DIE UNTERDRÜCKUNG

Humboldts politische Haltung war geprägt vom Geist der Aufklärung und den Idealen der Französischen Revolution: »Seit 1789 bin ich gewiss über meine Richtung, und ich denke, das ist deutlich in allen meinen Schriften zu lesen«,[1] sagte er und bezeichnete sich selbst als »alten trikoloren Lappen«.[2] Mit seiner Position am Hof allerdings war diese Einstellung nicht leicht zu vereinbaren. Einerseits war er den beiden Königen Friedrich Wilhelm III. und ab 1840 Friedrich Wilhelm IV. als deren Kammerherr zur Loyalität verpflichtet, andererseits gingen seine Ideale in eine deutlich liberalere Richtung als die seiner beiden Dienstherren. Den Berliner und Potsdamer Höflingen galt Humboldt als »rot«.[3] Aus seiner demokratischen Haltung und seinem Glauben an den Rechtsstaat machte er keinen Hehl. Der Einfluss des »Hofdemokraten«[4] war jedoch beschränkt. Immer wieder beklagte er sich darüber, dass er auf die Könige »leider oft nur als eine Atmosphäre«[5] einwirken konnte. Doch er lehnte das monarchische Prinzip nicht grundsätzlich ab. Am ehesten entsprach seine Haltung der eines Liberalen, der mit geschickter Diplomatie zwischen dem konservativen und dem fortschrittlichen Lager vermittelte. Sein Ziel war der »Mittelweg zwischen oszillierenden Ansichten«.[6] So setzte er sich im Jahr 1837 für die »Göttinger Sieben« ein, die wegen ihres Protestes gegen die Aufhebung der Verfassung des Königreiches Hannover verfolgt wurden. Er trat für die Gleichbehandlung der Juden ein und erreichte, dass der Komponist Giacomo Meyerbeer in das Amt des Preußischen Generalmusikdirektors an der Berliner Oper berufen wurde.[7]

Auf die revolutionären Unruhen vom März 1848 reagierte Humboldt betroffen. Er stand zwar hinter den demokratischen und konstitutionellen Forderungen, verurteilte aber die Gewalt des »Pöbels«, die er wiederum auf falsches und

Alexander von Humboldt. Stahlstich von Johnson Fry & Co Publishers, New York, 1861, nach einem Gemälde von Julius Schrader, 1859.

zögerliches Handeln des Monarchen und der unfähigen Ministerien zurückführte.[8] Es ist bezeichnend für ihn, dass es ihm während der Revolution von 1848 gelang, an den Versammlungen der Aufständischen teilzunehmen[9] und mit dem König, den er als Menschen sehr schätzte, wie gewöhnlich zu Abend zu essen. Als nach der gescheiterten Revolution am 22. März 1848 die Barrikadenkämpfer beerdigt wurden, lief Humboldt im Trauerzug mit.

Ernst August II., der König von Hannover, brachte dessen Haltung auf den Punkt, als er ihn während eines Besuchs in Potsdam kurz nach der Revolution wie folgt charakterisierte: »Immer derselbe, immer Republikaner und immer im Vorzimmer des Palastes.«[10] Humboldt selbst formulierte es im Jahr 1852 so:

> Ich bin ja, während der letzten Jahre, selbst eine missliebige Person geworden; und würde längst als Revolutionär und Autor des gottlosen *Kosmos* ausgewiesen sein, verhinderte dies nicht meine Stellung beim Könige. Den Pietisten und Kreuzzeitungsmännern bin ich ein Gräuel. Nichts würde ihnen lieber sein, als dass ich schon unter der Erde vermodere.[11]

Nie ließ Humboldt nach, in seinen wissenschaftlichen Publikationen Diskriminierung und Rassismus anzuprangern. Im *Kosmos* wandte er sich gegen die »unerfreuliche Annahme von höheren und niederen Menschenrassen«[12] und wies auf die menschen- und kulturenverbindende Rolle des Wissens und der Wissenschaften hin:

> Wissen und Erkennen sind die Freude und die Berechtigung der Menschheit; sie sind Teile des National-Reichtums, oft ein Ersatz für die Güter, welche die Natur in allzu kärglichem Maße ausgeteilt hat. Diejenigen Völker, welche an der allgemeinen industriellen Tätigkeit, in Anwendung der Mechanik und technischen Chemie, in sorgfältiger Auswahl und Bearbeitung natürlicher Stoffe zurückstehen; bei denen die Achtung einer solchen Tätigkeit nicht alle Klassen durchdringt, werden unausbleiblich in ihrem Wohlstande herabsinken. Sie werden es um so mehr, wenn benachbarte Staaten, in denen Wissenschaft und industrielle Künste in engem Wechselverkehr mit einander stehen, wie in erneuerter Jugendkraft vorwärts schreiten.[13]

Auch das Ideal der Freiheit beschwor er im *Kosmos* immer wieder:

> Vervollkommnung des Landbaus durch freie Hände und in Grundstücken vom minderem Umfang, Aufblühen von Manufakturen, von einengendem Zunftzwange befreit, Vervielfältigung der Handelsverhältnisse und ungehindertes Fortschreiten der geistigen Kultur der Menschheit wie in bürgerlichen Einrichtungen, stehen [...] in gegenseitigem, dauernd wirksamen Verkehr miteinander.[14]

In seinem *Politischen Essay über die Insel Kuba* hatte er 1826 diese liberale Wirtschaftsform, die auf gleichen Rechten für alle Bürger beruhte, als eine natürliche

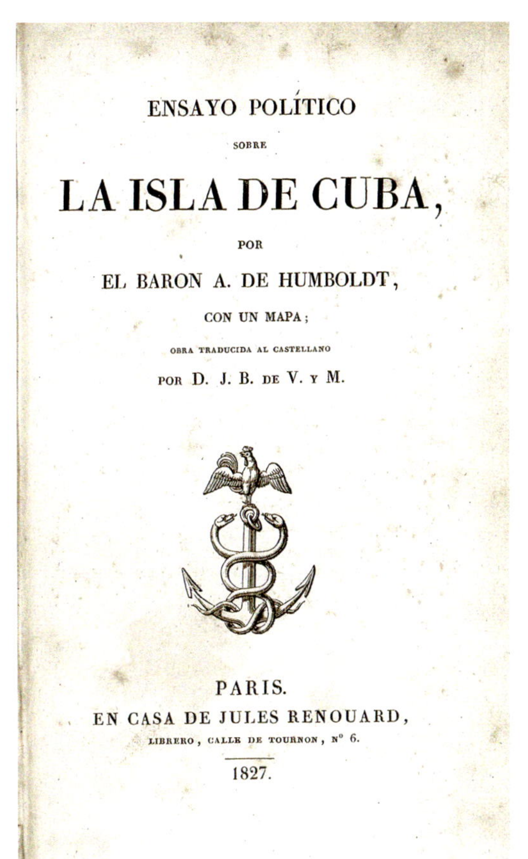
ENSAYO POLÍTICO
SOBRE
LA ISLA DE CUBA,
POR
EL BARON A. DE HUMBOLDT,
CON UN MAPA;
OBRA TRADUCIDA AL CASTELLANO
POR D. J. B. DE V. Y M.

PARIS.
EN CASA DE JULES RENOUARD,
LIBRERO, CALLE DE TOURNON, Nº 6.
1827.

Bereits 1827, ein Jahr nach der französischen, erschien in Paris die spanische Ausgabe von Humboldts *Politischem Essay über die Insel Kuba*. Wegen der »über alle Maßen gefährlichen Meinung des Autors zur Sklaverei« wurde das Buch von der Regierung der Insel umgehend verboten.

beschrieben und gefordert: »Wenn der Sklavenhandel ganz aufhört, so werden die Sklaven nach und nach in die Klasse der freien Menschen übertreten, und eine aus neuen Elementen gebildete Gesellschaft wird […] in jene Bahnen übergehen, welche die Natur allen zahlreichen und aufgeklärten Gesellschaften vorgezeichnet hat.«[15]

Als im Jahr 1856 in den USA eine englischsprachige Ausgabe von Humboldts Kuba-Essay erschien, in der der Herausgeber, der US-Amerikaner John Sidney Thrasher, alle Äußerungen gegen die Sklaverei getilgt hatte,[16] protestierte der Autor im Juli 1856 in einer Presseerklärung, die in den USA und Deutschland erschien, aufs Schärfste:

> Ich habe in Paris im Jahr 1826 unter dem Titel *Essai politique sur l'Isle de Cuba* in zwei Bänden alles vereinigt, was die große Ausgabe meines *Voyage aux Régions équinoxiales du Nouveau Continent* im T. III p. 445–459 über den Agrikultur- und Sklavenzustand der Antillen enthält. Eine englische und eine spanische Übersetzung sind von diesem Werke zu derselben Zeit erschienen, Letztere als *Ensayo político sobre la isla de Cuba*, und ohne etwas von den sehr freien Äußerungen wegzulassen, welche die Gefühle der Menschlichkeit einflößen. Jetzt eben erscheint, sonderbar genug, aus der spanischen Ausgabe und nicht aus dem französischen Original übersetzt, in New York in der Buchhandlung von Derby und Jackson ein Oktavband von 400 Seiten unter dem Titel: *The Island of Cuba, by Alexander Humboldt. With notes and a preliminary Essay by J. S. Thrasher*. Der Übersetzer, welcher lange auf der

schönen Insel gelebt, hat mein Werk durch neuere Tatsachen über den numerischen Zustand der Bevölkerung, der Landeskultur und der Gewerbe bereichert, und überall in der Diskussion über entgegengesetzte Meinungen eine wohlwollende Mäßigung bewiesen. Ich bin es aber einem inneren moralischen Gefühle schuldig, das heute noch ebenso lebhaft ist als im Jahr 1826, eine Klage darüber öffentlich auszusprechen, dass in einem Werke, welches meinen Namen führt, das ganze 7te Kapitel der spanischen Übersetzung (p. 261–287) mit dem mein *Essai politique* endigte, eigenmächtig weggelassen worden ist.

Auf diesen Teil meiner Schrift lege ich eine weit größere Wichtigkeit als auf die mühevollen Arbeiten astronomischer Ortsbestimmungen, magnetischer Intensitäts-Versuche oder statistischer Angaben. *Ich habe mit Freimut geprüft* (ich wiederhole die Worte, deren ich mich vor 30 Jahren bediente), *was die Gestaltung der menschlichen Gesellschaft in den Kolonien betrifft, die ungleiche Verteilung der Rechte und Lebensgenüsse, die drohenden Gefahren, welche die Weisheit der Gesetzgeber und die Mäßigung der freien Menschen beseitigen können, gleichviel wie die Regierungsform beschaffen sein mag. Sache des Reisenden, welcher in der Nähe gesehen hat, was die menschliche Natur quält und herabsetzt, ist es, die Klagen des Unglücks zur Kenntnis jener zu bringen, welche zu helfen vermögen. Ich habe in dieser Schrift wiederholt, dass die alte spanische Sklavengesetzgebung weniger unmenschlich und weniger grausam ist als die der Sklavenstaaten im festländischen Amerika nördlich und südlich des Äquators.* Ein beharrlicher Verteidiger der freiesten Meinungsäußerung in Rede und Schrift, würde ich mir selbst nie eine Klage erlaubt haben, wenn ich auch mit großer Bitterkeit wegen meiner Behauptungen angegriffen würde; aber ich glaube dagegen auch fordern zu dürfen, dass man in den freien Staaten des Kontinents von Amerika lesen könne, was in der spanischen Übersetzung seit dem ersten Jahre des Erscheinens hat zirkulieren dürfen.[17]

Humboldts öffentliche Anklage der Sklaverei fand beachtliche Resonanz in den USA. John C. Frémont, Präsidentschaftskandidat und glühender Anhänger des Forschungsreisenden, fühlte »die Macht von Humboldts Namen auf seiner Seite«,[18] als er mit einem Programm gegen die Ausbreitung der Sklaverei 1856 in den Wahlkampf zog. Als Frémont schließlich knapp unterlag, kommentierte dies Humboldt mit den Worten: »Die schändliche Partei, die fünfzigpfündige Negerkinder verkauft, [...] und die erweist, dass alle weißen Arbeiter auch besser Sklaven als Freie wären, hat gesiegt. Welche Untat!«[19]

In Preußen erreichte Humboldt es immerhin, dass durch seine Initiative ein Jahr später König Friedrich Wilhelm IV. ein Gesetz unterzeichnete, in dem es hieß: »Sklaven werden von dem Augenblicke an, wo sie Preußisches Gebiet betreten, frei. Das Eigentumsrecht des Herrn ist von diesem Zeitpunkte ab erloschen.«[20]

In einem Brief an Julius Fröbel, ein Mitglied der Frankfurter Nationalversammlung, der wegen seiner politischen Haltung in die USA emigriert war, schrieb Humboldt am 11. Januar 1858:

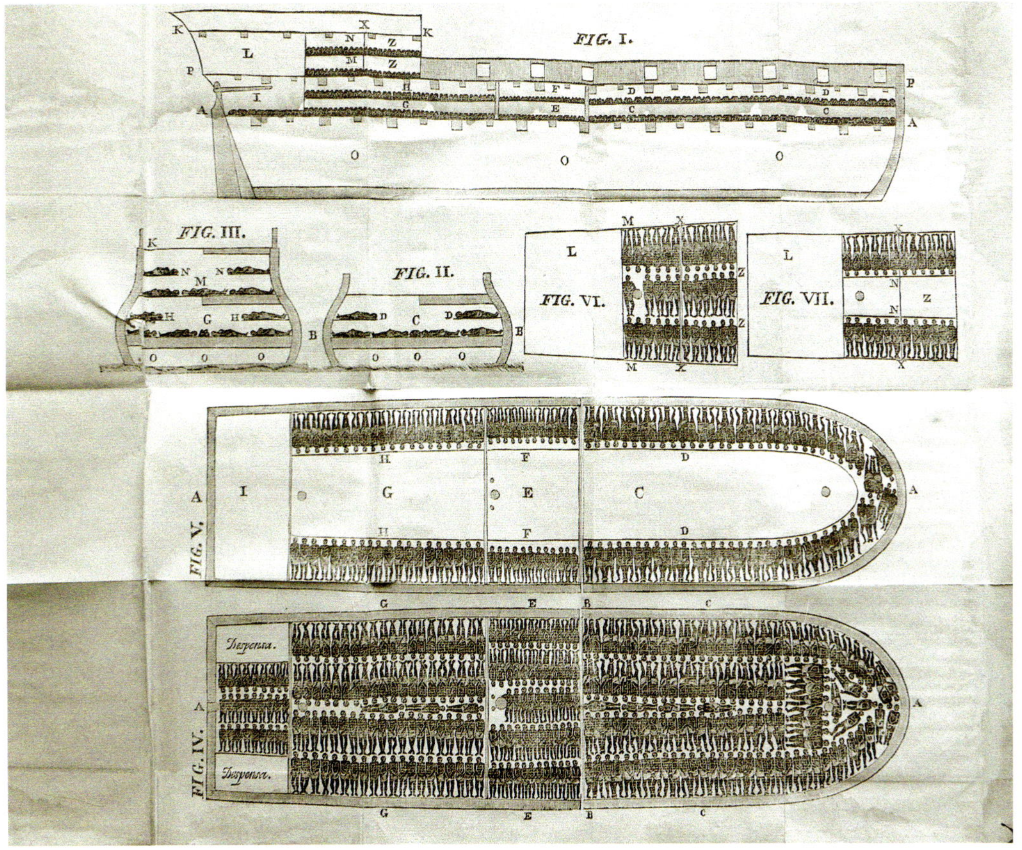

Ihre nächste Schrift »Die politische Zukunft von Amerika« möchte ich, der *Urmensch*, noch erleben. Fahren Sie fort, die schändliche Vorliebe für Sklaverei, die Betrügereien mit der Einfuhr *sogenannter* frei werdender Neger (ein Mittel, zu den Negerjagden im Innern von Afrika zu ermutigen) zu brandmarken. Welche Gräuel man erlebt, wenn man das Unglück hat, von 1789 bis 1858 zu leben! Mein Buch gegen die Sklaverei ist in Madrid nicht verboten und hat in den Vereinigten Staaten, die Sie die ›Republik vornehmer Leute‹ nennen, nur mit Weglassung alles dessen, was die *Leiden* farbiger, *nach meinen politischen Ansichten zum Genuss jeder Freiheit berechtigten Mitmenschen* betrifft, kaufbar werden können. Noch dazu der Bannfluch über die anderen Menschenrassen, vergessend, dass die älteste Kultur der Menschheit vor der weißen, hellenischen in Assyrien, in Babylon, im Niltale, in China das Werk farbiger Menschen war.

Ich lebe arbeitsam, meist in der Nacht, weil ich durch eine immer zunehmende, meist sehr uninteressante Korrespondenz unbarmherzig gequält werde; ich lebe unfroh im 89sten Jahre, weil von dem vielen, nach dem ich seit früher Jugend gestrebt, so wenig erfüllt worden ist.[21]

Sklavenschiff. Kupfertafel in: Thomas Clarkson: Le Cri des Africains contre les Européens leurs Oppresseurs, Paris: 1822. Der Engländer Thomas Clarkson (1760–1846) widmete sein Leben dem Kampf gegen die Sklaverei. Die Tafel zeigt, wie die »Ware Mensch« in den Sklavenschiffen über den Atlantik transportiert wurde.

Humboldt in seinem Arbeitszimmer, Ausschnitt. Farblithographie von Paul Grabow nach einem Aquarell von Eduard Hildebrandt, 1848.

»Ein treues Bild meines Arbeitszimmers, als ich den zweiten Teil des Kosmos schrieb.«

EIN BESUCH BEI ALEXANDER VON HUMBOLDT

Am 25. November 1856 besuchte der nordamerikanische Schriftsteller und Reisende Bayard Taylor Alexander von Humboldt in dessen Berliner Wohnung. Taylor hatte viele seiner Werke gelesen und war begeistert, dass ihn der Gelehrte nach seiner schriftlichen Anmeldung sofort empfing. Einen Bericht über die Begegnung veröffentlichte Taylor später in New York.

Ich ging nach Berlin, nicht um seine Museen und Galerien, die schöne Straße Unter den Linden, Opern und Theater zu sehen noch um mich an dem munteren Leben seiner Straßen und Salons zu erfreuen, sondern um den größten jetzt lebenden Mann der Welt zu sprechen – Alexander von Humboldt. [...]

Ich war auf die Minute pünktlich und kam in seiner Wohnung in der Oranienburger Straße an. Die Glocke schlug. In Berlin wohnt er mit seinem Bedienten Seifert, dessen Name allein an der Tür steht. Das Haus ist einfach und zwei Stock hoch, von einer fleischfarbenen Außenseite und, wie die meisten Häuser in deutschen Städten, von zwei bis drei Familien bewohnt. Der Glockenzug oberhalb von Seiferts Namen ging nach dem zweiten Stock. Ich läutete. Die schwere Haustür öffnete sich von selbst, und ich stieg die Treppen hinauf, bis ich vor einem zweiten Glockenzug stand, über welchem auf einer Tafel die Worte zu lesen waren: Alexander von Humboldt.

Ein untersetzter vierschrötiger Mann von etwa 50, den ich sogleich als Seifert erkannte, öffnete. »Sind Sie Herr Taylor?«, redete er mich an und fügte auf meine Bejahung hinzu: »Seine Exzellenz ist bereit, Sie zu empfangen.« Er führte mich in ein Zimmer voll ausgestopfter Vögel und anderer Gegenstände der Naturgeschichte; von da in eine große Bibliothek, die offenbar die Geschenke von Schriftstellern, Künstlern und Männern der Wissenschaft enthielt. Ich schritt zwischen zwei langen, mit mächtigen Folianten bedeckten Tischen zu der nächsten Tür, welche sich in das Studierzimmer öffnete. Diejenigen, welche die herrliche Lithographie von Hildebrandts Bild gesehen

haben, wissen genau, wie dieses Zimmer aussieht. Da befanden sich der einfache Tisch, das Schreibpult, mit Papieren und Manuskripten bedeckt, das kleine grüne Sofa und dieselben Karten und Bilder auf den sandfarbenen Wänden. Die Lithographie hat so lange in meinem eigenen Zimmer zu Hause gehangen, dass ich sofort jeden einzelnen Gegenstand wiedererkannte.

Seifert ging an eine innere Tür, nannte meinen Namen, und alsbald trat Humboldt ein. Er kam mir mit Freundlichkeit und Herzlichkeit entgegen, welche mich sofort die Nähe eines Freundes fühlen ließen, reichte mir seine Hand und fragte, ob wir Englisch oder Deutsch sprechen sollten. »Ihr Brief war der eines Deutschen«, sagte er, »und Sie müssen sicherlich die Sprache geläufig sprechen; doch bin ich auch fortwährend an das Englische gewöhnt.« Ich musste auf dem einen Ende des grünen Sofas Platz nehmen, indem er bemerkte, dass er selten selbst auf demselben sitze; hierauf stellte er einen einfachen Strohstuhl daneben und setzte sich darauf, bemerkend, dass ich ein wenig lauter als gewöhnlich sprechen möge, da sein Gehör nicht mehr so gut wie früher sei. [...]

Der erste Eindruck, den Humboldts Gesichtszüge machten, ist der einer großen und warmen Menschlichkeit. Seine massive Stirn, beladen mit dem aufgespeicherten Wissen eines Jahrhunderts fast, strebt vorwärts und beschattet, wie eine reife Kornähre, seine Brust; doch wenn man darunter blickt, trifft man auf ein paar blaue Augen, von der Ruhe und Heiterkeit eines Kindes. Aus diesen Augen spricht jene Wahrheitsliebe des Mannes, jene unsterbliche Jugend des Herzens, welche den Schnee von 87 Wintern seinem Haupte so leicht erträglich machen. Man fasst bei dem ersten Blick Vertrauen, und man fühlt, dass er uns vertrauen wird, wenn wir desselben würdig sind. Ich hatte mich ihm mit einem natürlichen Gefühl der Ehrfurcht genähert, aber in fünf Minuten fühlte ich, dass ich ihn liebte und mit ihm ebenso unumwunden sprechen konnte wie mit einem Freunde meines eigenen Alters. [...]

Seine Nase, Mund und Kinn besitzen den schweren teutonischen Charakter, dessen reiner Typus stets eine biedere Einfachheit und Rechtschaffenheit darstellt. Ich war sehr von dem leidenden Ausdruck seines Gesichts überrascht. Ich wusste, dass er während des letzten Jahres häufig unwohl war, und man hatte mir gesagt, dass die Anzeichen seines hohen Alters einzutreten anfingen; dennoch würde ich ihm nicht über fünfundsiebzig gegeben haben. Er hat wenig und kleine Runzeln, und seine Haut ist weich und zart, wie man sie selten bei bejahrten Leuten antrifft.

Sein Haar, obgleich schneeweiß, ist noch reich, sein Gang langsam, aber fest, und sein Auftreten tätig bis zur Rastlosigkeit. Er schläft nur vier Stunden von vierundzwanzig, liest und schreibt seine tägliche Korrespondenz und lässt sich nicht den geringsten Umstand von einigem Interesse aus einem Teil der Welt entschlüpfen. Ich konnte nicht wahrnehmen, dass sein Gedächtnis, die erste geistige Kraft, die zu verfallen pflegt, irgendwie gelitten hatte. Er

Vorhergehende Doppelseite: *Alexander von Humboldt in seiner Bibliothek.* Farblithographie von Storch und Kramer nach einem Aquarell von Eduard Hildebrandt, 1856.

Humboldts Papagei: Präparat eines Psittacus Vasa Shaw, 1811 aus Madagaskar. Humboldt erbte diesen Papagei 1828 vom Großherzog Karl August von Sachsen-Weimar. Er lebte über 30 Jahre in der Wohnung des Gelehrten in Berlin. Sein Lieblingssatz war die Anweisung Humboldts an den Diener Seifert: »Viel Zucker, viel Kaffee, Herr Seifert!«

spricht rasch, mit der größten Leichtigkeit, ohne je um ein Wort im Deutschen oder Englischen verlegen zu sein, und schien in der Tat nicht zu bemerken, dass er im Laufe der Unterhaltung fünf- bis sechsmal die Sprache wechselte. Er blieb auf seinem Stuhl nicht länger als zehn Minuten sitzen, sondern stand öfters auf und spazierte durch das Zimmer, indem er dann und wann ein Bild zeigte oder ein Buch öffnete, um seine Bemerkungen zu erklären.

Ich sprach von meiner beabsichtigten Reise nach Russland und meinem Wunsch, die russisch-tatarischen Provinzen Zentral-Asiens zu durchwandern. Die Kirgisen-Steppe sei sehr eintönig, meinte er: 50 Meilen machten einem den Eindruck von tausend; doch das Volk sei sehr interessant. Sollte ich mich dahin begeben, so würde ich keine Schwierigkeiten finden, von dort aus nach der chinesischen Grenze zu gelangen. Aber die südlichen Provinzen Sibiriens, meinte er, würden mich doch am meisten entschädigen. Die Natur zwischen den Altai-Bergen sei außerordentlich großartig. In einer der sibirischen Ortschaften hatte er aus seinem Fenster elf Gipfel, mit ewigem Schnee bedeckt, gezählt. Die Kirgisen, fügte er hinzu, gehörten zu den wenigen Menschenrassen, deren Gewohnheiten seit Jahrtausenden unverändert geblieben seien, und sie besäßen die merkwürdige Eigenschaft, ein Mönchsleben mit einem nomadischen zu verbinden. Sie wären zum Teil Buddhisten, zum Teil Muselmanen, und ihre Mönchssekten folgten den verschiedenen Stämmen auf ihren Wanderungen, indem sie ihre religiösen Übungen in ihren Lagern innerhalb eines geheiligten Kreises, der durch Speere abgemessen werde, verrichteten. Er hat ihre Zeremonien beobachtet und war durch ihre Ähnlichkeit mit denen der katholischen Kirche überrascht.

Humboldts Erinnerungen an das Altai-Gebirge brachten ihn natürlich auf die Anden zu sprechen. »Sie sind in Mexiko gereist«, sagte er, »sind Sie nicht mit mir einer Meinung, dass die schönsten Berge der Welt jene einzeln stehenden Kegelberge sind, die, mit ewigem Schnee bedeckt, sich aus der glänzenden Vegetation der Tropen erheben? Der Himalaya, obgleich erhabener, kann kaum einen gleichen Eindruck machen; er liegt höher in dem Norden, ohne die Umgebung tropischen Wachstums, und seine Abhänge sind im Vergleich unfruchtbar und trocken. Sie erinnern sich an den Pic von Orizaba«, fuhr er fort, »hier ist ein Stich von einer unvollendeten Skizze von mir. Ich hoffe, Sie werden sie korrekt finden.«

Er stand auf und nahm den illustrierten Folioband, welcher der letzten Ausgabe seiner *Kleineren Schriften* beigegeben ist, blätterte ihn durch und rief bei jedem Blatt ein oder die andere Reminiszenz seiner amerikanischen Reise wach. »Ich glaube noch«, äußerte er, indem er das Buch schloss, »dass der Chimborazo der großartigste Berg der Welt ist.«

Unter den Gegenständen in seinem Arbeitszimmer war ein lebendes Chamäleon in einem Behältnis mit einem Glasdeckel. Das Tierchen, welches etwa sechs Zoll [16 Zentimeter] lang war, lag müßig auf einem Bette von Sand, mit einer großen Schmeißfliege auf dem Rücken, welche ihm als Mittagsbrot dienen sollte. »Man hat es mir gerade von Smyrna geschickt«, sagte Humboldt, »es ist sehr unbekümmert und gleichgültig in seiner Art.« In diesem Augenblick öffnete das Chamäleon eines seiner runden Augen und sah uns an. »Eine Eigentümlichkeit dieses Tieres ist«, fuhr er fort, »sein Vermögen, zu gleicher Zeit nach verschiedenen Richtungen sehen zu können. Es kann mit einem Auge gegen den Himmel sehen, während das andere zur Erde niedersieht. Es gibt viele Kirchendiener, die dasselbe können.«

Nachdem er mir einige von Hildebrandts Aquarellen gezeigt hatte, ging er zu seinem Stuhl zurück und begann über amerikanische Angelegenheiten zu sprechen, mit denen er vollständig vertraut zu sein schien. Er sprach mit großer Auszeichnung von Colonel Frémont, dessen Wahlniederlage er tief bedauerte. »Doch es ist ein sehr erfreuliches Zeichen« – sagte er – »und ein sehr großes Omen für Ihr Land, dass mehr als eine halbe Million Stimmen einen Mann von Frémonts Charakter und Fähigkeiten getragen haben!« [...]

Er sprach auch von unseren Schriftstellern und erkundigte sich besonders nach Washington Irving, den er einmal sah. Ich bemerkte, dass ich Herrn Irving kannte und nicht lange vor seiner Abreise nach New York gesehen hatte. »Er muss wenigstens 50 Jahre alt sein«, bemerkte Humboldt. »Er ist 70«, erwiderte ich, »aber so jung wie immer.« »Ah«, bemerkte er, »ich habe so lange gelebt, dass ich fast den Maßstab der Zeit verloren habe. Ich gehöre dem Zeitalter der Jefferson und Gallatin an, und ich hörte von dem Tode Washingtons, als ich auf der Reise in Südamerika war.«

Ich habe nur den kleinsten Teil seiner Unterhaltung wiedergegeben, welche in einem ununterbrochenen Strom des Wissens dahinfloss. [...] Seifert erschien endlich und sagte zu ihm in einem Tone, der ebenso ehrerbietig als vertraulich war: »Es ist Zeit!«, und ich empfahl mich. »Sie sind viel gereist und haben viele Ruinen gesehen«, sagte Humboldt, indem er mir seine Hand reichte, »jetzt haben Sie eine mehr gesehen.« »Keine Ruine«, war meine unwillkürliche Antwort, »sondern eine Pyramide.«

Ich drückte die Hand, welche die Friedrichs des Großen, Forsters – des Gefährten Cooks –, Klopstocks und Schillers, Pitts, Napoleons, Josephinens, der Marschälle des Kaiserreichs, Jeffersons, Hamiltons, Wielands, Herders, Goethes, Cuviers, Laplaces, Gay-Lussacs, Beethovens, Walter Scotts – kurz aller großer Männer, die Europa in drei Vierteln eines Jahrhunderts erzeugt hat, berührt hatte. Ich blickte in das Auge, welches nicht allein die gegenwärtige Geschichte der Welt, Szene nach Szene, vorüberziehen gesehen hatte, bis die Handelnden einer nach dem anderen verschwanden, sondern das auch die Katarakte von Atures und die Wälder des Casiquiare, den Chimborazo, den Amazonas und Popocatepetl, den Altai in Sibirien, die Tataren-Steppen und das Kaspische Meer betrachtet hatte.[1]

Humboldt in seinem Arbeitszimmer. Holzstich aus der Zeitschrift »The Leisure Hour – A Family Journal of Instruction and Recreation«, London, August 1859.

Abschied vom Kosmos. Holzstich von Johann Carl Wilhelm Aarland
nach einer Zeichnung von Wilhelm von Kaulbach, in: Die Gartenlaube, September 1869.

EINE AUSSERGEWÖHNLICHE ZEITUNGSANZEIGE

Am 15. März 1859, sechs Wochen vor seinem Tod, ließ Humboldt folgende Erklärung in den *Berlinischen Nachrichten von Staats- und gelehrten Sachen* veröffentlichen, die bald darauf in zahlreichen Zeitungen im In- und Ausland abgedruckt wurde:

> Leidend unter dem Drucke einer immer noch zunehmenden Korrespondenz, fast im Jahresmittel zwischen 1600 und 2000 Nummern (Briefe, Druckschriften über mir ganz fremde Gegenstände, Manuskripte, deren Beurteilung gefordert wird, Auswanderungs- und Colonialprojekte, Einsendung von Modellen, Maschinen und Naturalien, Anfragen über Luft-Schifffahrt, Vermehrung autographischer Sammlungen, Anerbietungen mich häuslich zu pflegen, zu zerstreuen und zu erheitern usw.), versuche ich einmal wieder, die Personen, welche mir ihr Wohlwollen schenken, öffentlich aufzufordern, dahin zu wirken, dass man sich weniger mit meiner Person in beiden Kontinenten beschäftige und mein Haus nicht als ein Adress-Comptoir benutze, damit bei ohnedies abnehmenden physischen und geistigen Kräften mir einige Ruhe und Muße zu eigener Arbeit verbleibe. Möge dieser Ruf um Hilfe, zu dem ich mich ungern und spät entschlossen habe, nicht lieblos gemissdeutet werden![1]

Alexander von Humboldt, der sich nie viel aus materiellem Besitz gemacht hatte, starb verschuldet am 6. Mai 1859 in seiner Berliner Mietwohnung in der Oranienburger Straße 67. Den größten Teil seiner Habe, darunter die wertvolle Bibliothek mit 11 164 Bänden – viele mit seinen handschriftlichen Anmerkungen –, vermachte er seinem Diener Seifert, bei dem er Schulden hatte. Seifert verkaufte sie an einen Berliner Buchhändler. Sie sollte in London versteigert werden. Doch ein Brand im Lagerhaus von Sotheby, Wilkinson & Co. vernichtete sie wenige Jahre nach Humboldts Tod fast völlig. Was bleibt, ist Alexander von Humboldts Werk, das jede Generation aufs Neue für sich entdecken muss; denn »im wundervollen Gewebe des Organismus, im ewigen Treiben und Wirken der lebendigen Kräfte führt jedes tiefere Forschen an den Eingang neuer Labyrinthe«.[2]

Anmerkungen

Einleitung

1 Adelbert von Chamisso an Eduard Hitzig, Paris, 16. Februar 1810. In: Hanno Beck (Hg.): *Gespräche Alexander von Humboldts*. Berlin: Akademie-Verlag, 1959 [im Folgenden bezeichnet als: *Gespräche*], S. 37.

2 Schiller an Christian Gottfried Körner, 6. August 1797. In: *Schillers Werke. Nationalausgabe*, Bd. 29. Briefwechsel, hg. von Norbert Oellers und Frithjof Stock. Weimar: Hermann Böhlaus Nachfolger, 1977 [im Folgenden bezeichnet als: *Schillers Werke*], S. 112.

3 Humboldt an Moses Friedländer, Madrid, 11. April 1799. In: Ilse Jahn und Fritz G. Lange (Hg.): *Die Jugendbriefe Alexander von Humboldts 1787–1799*. Berlin: Akademie-Verlag, 1973 [im Folgenden bezeichnet als: *Jugendbriefe*], S. 657 f. Dort als Brief an David Friedländer bezeichnet.

4 Bericht des nordamerikanischen Schriftstellers und Reisenden Bayard Taylor über einen Besuch bei Alexander von Humboldt am 25. November 1856, siehe in diesem Buch S. 357 ff.

5 Bericht von Caroline Bauer, Berlin 1827. In: Claire May: *Rahel Varnhagen, geb. Levin. Ein Frauenleben im 19. Jahrhundert*. Berlin: Das Neue Berlin, 1949, S. 13 f.

6 Alexander von Humboldt: Mes confessions. In: *Lettres d'Alexandre de Humboldt à Marc-Auguste Pictet 1795–1824, publiées dans le Journal Le Globe*, 7, 1868, S. 180–190. Zit. nach der deutschen Übersetzung in: Alexander von Humboldt: *Aus meinem Leben. Autobiographische Bekenntnisse*. Zusammengestellt und erläutert von Kurt-R. Biermann. Leipzig, Jena und Berlin: Urania, 1987 [im Folgenden bezeichnet als: *Leben*], S. 60.

7 Ebd., S. 60.

8 Humboldt an Moses Friedländer, Madrid, 11. April 1799, In: *Jugendbriefe*, S. 657. Dort als Brief an David Friedländer bezeichnet.

9 Humboldt an Friedrich Anton von Heinitz, Steben, 13. März 1794. In: Karl Bruhns (Hg.): *Alexander von Humboldt. Eine wissenschaftliche Biographie*, Bd. 1, Leipzig: Brockhaus, 1872 [im Folgenden bezeichnet als: Bruhns], S. 293.

10 Humboldt an Joseph-Louis Gay-Lussac, Paris, 8. Dezember 1842. In: León Delhoume: *Hommage de Humboldt à Gay-Lussac*. In: CR 87 Congrès des Sociétés savantes, Poitiers 1962, S. 153 f.

11 Humboldt an Charles Darwin, Sanssouci, 18. September 1839. In: Ilse Jahn: *Dem Leben auf der Spur. Die biologischen Forschungen Alexander von Humboldts*. Leipzig, Jena, Berlin: Urania 1969 [im Folgenden bezeichnet als: *Dem Leben auf der Spur*], S. 185.

12 Humboldt an Moses Friedländer, Madrid, 11. April 1799. In: *Jugendbriefe*, S. 657. Dort als Brief an David Friedländer bezeichnet.

13 Reisetagebuch, 1.–5. August 1803. In: Margot Faak (Hg.): *Alexander von Humboldt: Reise auf dem Río Magdalena, durch die Anden und Mexiko. Aus seinen Reisetagebüchern*. 2., durchgesehene Aufl., 2 Bde., Berlin: Akademie-Verlag, 2003 [im Folgenden bezeichnet als: *Reisetagebücher*], hier Bd. 2, S. 258.

14 Alexander von Humboldt: *Kosmos. Entwurf einer physischen Weltbeschreibung*. 1845, Bd. 1, S. VI. Zit. nach der Ausgabe der Anderen Bibliothek, hg. von Ottmar Ette und Oliver Lubrich. Frankfurt am Main: Eichborn, 2004 [im Folgenden bezeichnet als: *Kosmos*], S. 3.

15 *Kosmos*, Bd. 1, S. 33 bzw. 23.

16 Alexander von Humboldt: *Relation historique*, 1814–1831. Zit. nach der deutschen Ausgabe: Alexander von Humboldt: *Reise in die Äquinoktial-Gegenden des Neuen Kontinents*. 2 Bde., hg. von Ottmar Ette. Frankfurt: Insel, 1999 [im Folgenden bezeichnet als: *Äquinoktial-Gegenden*], hier Bd. 1, S. 680.

17 Ebd., Bd. 2, S. 933.

18 *Kosmos*, Bd. 1, S. 385 bzw. 187.

19 Humboldt an Marc-Auguste Pictet, Paris, 3. Februar 1805. In: Ulrike Moheit (Hg.): *Das Große und Gute wollen. Alexander von Humboldts Amerikanische Briefe*. Berlin: Rohrwall, 1999 [im Folgenden bezeichnet als: *Reisebriefe*], S. 238.

20 *Äquinoktial-Gegenden*, Bd. 1, S. 32.

21 *Kosmos*, Bd. 1, S. V bzw. 3.

22 Wilhelm an Caroline von Humboldt, London, 3. Dezember 1817. In: *Gespräche*, S. 52.

23 Ralph Waldo Emerson und Edward Waldo Emerson: *The Complete Works of Ralph Waldo Emerson*. Boston: Houghton, Mifflin and Co., 1904, Bd. 11, S. 457.

Die ersten Jahre

1 Humboldt an Georg von Cotta, Potsdam, 3. Juli 1847. In: Ulrike Leitner (Hg.): *Alexander von Humboldts Briefwechsel mit Cotta*. Berlin: Akademie-Verlag, 2009 [im Folgenden bezeichnet als: *Cotta-Briefwechsel*], S. 312.

2 Dem Astronomen Daniel Flores vom Astronomischen Institut der Autonomen Nationalen Universität von Mexiko (UNAM) danke ich für die exakte Berechnung dieser Daten.

3 Humboldt gegenüber Henriette Herz, um 1788. In: Bruhns, Bd. 1, S. 49.

4 Humboldt an Wilhelm Gabriel Wegener, Berlin, 29. September 1788. In: *Jugendbriefe*, S. 28.

5 Humboldt an Karl Freiesleben, Tegel, 5. Juni 1792. In: *Jugendbriefe*, S. 191 f.

6 Humboldt gegenüber Henriette Herz, um 1788. In: Bruhns, Bd. 1, S. 49.

7 Autobiographische Skizze Humboldts, Bogotá, 4. August 1801. In: *Leben*, S. 32–34.

8 Humboldt an Wilhelm Gabriel Wegener, Berlin, 25. Februar 1789. In: *Jugendbriefe*, S. 40–42.

Erste Reisen und Studien

1 Humboldt an Wilhelm Gabriel Wegener, Berlin, 27. März 1789. In: *Jugendbriefe*, S. 47.

2 Vgl. Steven Jan van Geuns: *Tagebuch einer Reise mit Alexander von Humboldt durch Hessen, die Pfalz, längs des Rheins und durch Westfalen im Herbst 1789*. Hg. von Bernd Kölbel und Lucie Terken unter Mitwirkung von Martin Sauerwein, Katrin Sauerwein, Steffen Kölbel und Gert Jan Röhner. Berlin: Akademie Verlag, 2007.

3 Humboldt an Joachim Heinrich Campe, Göttingen, 21. Februar 1790. In: *Jugendbriefe*, S. 87.

4 Humboldt an Paul Usteri, London, 27. Juni 1790. In: *Jugendbriefe*, S. 98.

5 Autobiographische Skizze Humboldts, Bogotá, 4. August 1804. In: *Leben*, S. 35–40.

6 Humboldt an Friedrich Heinrich Jacobi, Hamburg, 3. Januar 1791. In: *Jugendbriefe*, S. 118.

7 Humboldt an Wilhelm Gabriel Wegener, Castleton, 15. Juni 1790. In: *Jugendbriefe*, S. 91.

8 Humboldt an Paul Usteri, London, 27. Juni 1790. In: *Jugendbriefe*, S. 96 f.

9 Humboldt an Wilhelm Gabriel Wegener, Hamburg, 23. September 1790. In: *Jugendbriefe*, S. 106 f.

10 Humboldt an Karl Freiesleben, Berlin, 7. März 1792. In: *Jugendbriefe*, S. 175.

11 Humboldt an Archibald MacLean, Freiberg, 14. Oktober 1791. In: *Jugendbriefe*, S.153 f.

12 Vgl. Klaus Dobat: »Alexander von Humboldt als Botaniker«. In: Wolfgang-Hagen Hein (Hg.): *Alexander von Humboldt. Leben und Werk*. Frankfurt am Main: Weisbecker, 1985, S. 171.

13 Humboldt an Paul Christian Wattenbach, Escheburg, vor dem 26. April 1791. In: *Jugendbriefe*, S. 136.

14 Humboldt an Archibald MacLean, Freiberg, 6. November 1791. In: *Jugendbriefe*, S. 157 f.

Vom Bergmann zum Forschungsreisenden

1 Humboldt an Joachim Heinrich Campe, Berlin, 17. Mai 1792. In: *Jugendbriefe*, S. 188.

2 Humboldt an Archibald MacLean, Berlin, 9. Februar 1793. In: *Jugendbriefe*, S. 233.

3 Humboldt an Johann Wolfgang von Goethe, Bayreuth, 21. Mai 1795. In: *Jugendbriefe*, S. 420.

4 Humboldt an Karl Freiesleben, Berneck, 29. Januar 1795. In: *Jugendbriefe*, S. 392.

5 Humboldt an Karl Freiesleben, Bayreuth, 2. Oktober 1796. In: *Jugendbriefe*, S. 528.

6 Alexander von Humboldt: *Ueber die unterirdischen Gasarten und die Mittel ihren Nachtheil zu vermindern. Ein Beytrag zur Physik der praktischen Bergbaukunde*. Braunschweig: Vieweg, 1799, S. 249.

7 Humboldt an Karl Freiesleben, Bayreuth, 18. Oktober 1796. In: *Jugendbriefe*, S. 532 f.

8 Vgl. zum Folgenden ausführlich Frank Holl und Eberhard Schulz-Lüpertz: *Ich habe so große Pläne dort geschmiedet … Alexander von Humboldt in Franken*. Gunzenhausen: Schrenk, 2012 [im Folgenden bezeichnet als: *Humboldt in Franken*], S. 60–64.

9 Humboldt an Friedrich Anton von Heinitz, Steben, 13. März 1794. In: Bruhns, Bd. 1, S. 293.

10 Humboldt an Karl Freiesleben, Bayreuth, 20. Januar 1794. In: *Jugendbriefe*, S. 311 f.

11 Humboldt an Karl Freiesleben, Bayreuth, 20. Januar 1794. In: *Jugendbriefe*, S. 310.

12 Humboldt an Karl Freiesleben, Steben, 19. Juli 1793. In: *Jugendbriefe*, S. 257.

13 Humboldt an Karl Freiesleben, auf der Goldmühle bei Cronach, 10. Juni 1793. In: *Jugendbriefe*, S. 251.

14 Humboldt an den Berliner Hofrat Georg August Ebell, Goldkronach, 10. Juni 1794. Brief aus der Alexander-von-Humboldt-Sammlung Hein, Stiftung Stadtmuseum Berlin. Erstmals veröffentlicht in *Humboldt in Franken*, S. 83.

15 Das Vorangehende referiert nach *Humboldt in Franken*, S. 39–73.

16 Humboldt an Karl Freiesleben, Goldmühl bei Goldkronach, 2. Dezember 1793. In: *Jugendbriefe*, S. 291.

17 Alexander von Humboldt: *Mes confessions*. In: *Lettres d'Alexandre de Humboldt à Marc-Auguste Pictet 1795–1824, publiées dans le Journal Le Globe*, 7, 1868, S. 180–190. Zit. nach der deutschen Übersetzung in: *Leben*, S. 60.

18 Humboldt an Christoph Girtanner, Berlin, 12. Februar 1793. In: *Jugendbriefe*, S. 236.

19 Humboldt an Dietrich Ludwig Gustav Karsten, Freiberg, 26. November 1791. In: *Jugendbriefe*, S. 160.

20 Alexander von Humboldt: *Aphorismen aus der chemischen Physiologie der Pflanzen. Aus dem Lateinischen übersetzt von Gotthelf Fischer*. Leipzig: Voss, 1794, S. 123.

21 Ebd., S. XV.

22 Humboldt an Karl Freiesleben, Wien, 2. November 1792. In: *Jugendbriefe*, S. 222.

23 Humboldt an Friedrich Albrecht Carl Gren, Bayreuth, 23. Juni 1795. In: *Jugendbriefe*, S. 436.

24 Humboldt an Karl Freiesleben, Bayreuth, 9. Februar 1796. In: *Jugendbriefe*, S. 495.

25 Vgl. dazu Ilse Jahn: »Die ›Lebenskraft‹ – Humboldts physiologische Experimente«. In: Frank Holl (Hg.): *Alexander von Humboldt – Netzwerke des Wissens*. Ausstellung in Berlin und Bonn. Ostfildern: Cantz, 1999 [im Folgenden bezeichnet als: *Netzwerke*], S. 54, und *Dem Leben auf der Spur*.

26 Humboldt an Johann Friedrich Blumenbach, Juni 1795. In: Bruhns, Bd. 1, S. 172 f.

27 Nach Bruhns, Bd. 1, S. 174.

28 Vgl. Ilse Jahn: »Die ›Lebenskraft‹ – Humboldts physiologische Experimente«. In: *Netzwerke*, S. 54.

29 Alexander von Humboldt: *Versuche über die gereizte Muskel- und Nervenfaser*. Posen: Decker; Berlin: Rottmann, 1797/98, Bd. 2, S. 434.

30 Alexander von Humboldt: »Sur la couleur verte des végétaux qui ne sont pas exposé à la lumière«. In: *Journal de Physique* XL, Januar 1792, S. 154 f.

31 Humboldt an Johann Friedrich Blumenbach, Mailand, 16. August 1795. In: *Jugendbriefe*, S. 454.

32 Humboldt an Johann Friedrich Pfaff, Goldkronach, 12. November 1794. In: *Jugendbriefe*, S. 370.

33 Humboldt an Marc-Auguste Pictet, Bayreuth, 24. Januar 1796. In: *Jugendbriefe*, S. 487.

34 *Äquinoktial-Gegenden*, Bd. 1, S. 12.

35 Alexander von Humboldt: »Introducción a la Pasigrafía geológica«. In: Andrés Manuel del Río: *Elementos de Orictognosía ó del conocimiento de las fósiles dispuestos según los principios de A. G. Werner para el uso del Real Seminario de Minería de México*. Mexiko-Stadt: Don Mariano de Zúñiga y Ontiveros, 1805, S. 162. Übersetzung aus dem Spanischen.

36 Humboldt an Reinhard von Haeften, Jena, 19. Dezember 1794. In: *Jugendbriefe*, S. 388.

37 Humboldt an Samuel Thomas von Soemmerring, ayreuth, 7. Juni 1795. In: *Jugendbriefe*, S. 428.

38 Humboldt veröffentlichte sie später, im Jahr 1826, in der zweiten und 1849 auch nochmals in der dritten Auflage seiner *Ansichten der Natur*.

39 Schiller an Christian Gottfried Körner, 6. August 1797. In: *Schillers Werke*, S. 112 f.

40 Johann Peter Eckermann: *Gespräche mit Goethe in den letzten Jahren seines Lebens 1823–1832*. Leipzig: Brockhaus, 1836, Bd. 1, S. 260.

41 Humboldt an Carl Ludwig Willdenow, Bayreuth, 20. Dezember 1796. In: *Jugendbriefe*, S. 560.

42 Humboldt an Friedrich von Schuckmann, Jena, 14. Mai 1797. In: *Jugendbriefe*, S. 579.

43 Humboldt an Reinhard von Haeften, ohne Ort, 1. bis 4. Januar 1796. In: *Jugendbriefe*, S. 477–480.

44 Caroline an Wilhelm von Humboldt, Dresden, 8. Juni 1797. In: *Wilhelm und Caroline von Humboldt in ihren Briefen*. Hg. von Anna von Sydow. 2. Bd.: *Von der Vermählung bis zu Humboldts Scheiden aus Rom 1791–1808*. Berlin: Mittler, 1907, S. 72.

45 Vgl. Bruhns, Bd. 1, S. 242 f.

46 Zit. nach Bruhns, Bd. 1, S. 243.

47 Humboldt in einem für das Brockhaus'sche Konversationslexikon über seine eigene Person verfassten Artikel, 1852. In: *Leben*, S. 95.

48 Humboldt an Justus Christian von Loder, Salzburg, 1. April 1798. In: *Jugendbriefe*, S. 616.

49 Humboldt an Ludwig Bollmann, Cumaná (Venezuela), 15. Oktober 1799. In: *Reisebriefe*, S. 37.

Erfolg in Paris und zerschlagene Reiseträume

1 Alexander von Humboldt: *Versuche über die chemische Zerlegung des Luftkreises und über einige andere Gegenstände der Naturlehre*. Braunschweig: Vieweg, 1799.

2 Alexander von Humboldt: *Reise durch Venezuela. Auswahl aus den amerikanischen Reisetagebüchern*. Hg. von Margot Faak. Berlin: Akademie-Verlag, 2000 [im Folgenden bezeichnet als: *Venezuela-Tagebuch*], S. 43.

3 *Venezuela-Tagebuch*, S. 43–55.

4 Wie verblüffend genau diese Messungen waren, hat im September 2005 Georg von Humboldt, ein Nachfahre Wilhelm von Humboldts und Spezialist für Geo-Softwaresysteme, mit modernsten Geräten auf dem Weg von Barcelona nach Madrid nachgewiesen. Vgl. seinen Bericht »Auf den Spuren Alexander von Humboldts in Spanien: Spurensuche eines fast vergessenen Messzuges«. In: Irene Prüfer Leske (Hg.): *Alexander von Humboldt: La actualidad de su pensamiento en torno a la naturaleza / Die Gültigkeit seiner Ansichten der Natur*. Hamburg u. a.: Peter Lang, 2009, S. 107–157.

5 »Aus einem Schreiben des Ober-Bergraths A. von Humboldt, überschrieben: Madrid, 23 Floréal Jahr VII«. In: *Allgemeine geographische Ephemeriden*, 4, August 1799, S. 152–156.

Neue Ziele und ein Reisepass von unschätzbarem Wert

1 Das Original befindet sich heute im Archivo del Banco Central del Ecuador in Quito. Übersetzung nach Bruhns, Bd. 1, S. 457 f.

2 Humboldt an Moses Friedländer, Madrid, 11. April 1799. In: *Jugendbriefe*, S. 657 f. Dort als Brief an David Friedländer bezeichnet.

3 *Äquinoktial-Gegenden*, Bd. 1, S. 53 f.

4 Humboldt an Karl Freiesleben, La Coruña, 4. Juni 1799. In: *Jugendbriefe*, S. 680 f.

5 *Äquinoktial-Gegenden*, Bd. 1, S. 52.

6 Zit. nach Urs Bitterli: *Die Entdeckung Amerikas. Von Kolumbus bis Alexander von Humboldt*. 4. durchges. Aufl., München: Beck, 1992, S. 440.

7 Alexander von Humboldt: *Reisebericht* (Newcastle, Ende Juni 1804), Philadelphia, American Philosophical Society Library, Misc. Ms. Coll. (V). Die Darstellung, in französischer Sprache von Humboldt selbst in der dritten Person verfasst, erschien auf Englisch im *Literary Magazine and American Register for 1804* in Philadelphia, Bd. 2, S. 321–327. Zit. nach der deutschen Übersetzung in: *Netzwerke*, S. 63–76. Humboldt schrieb diesen Bericht für einen Journalisten in der dritten Person, der ihn danach auf dessen Wunsch unter seinem eigenen Namen veröffentlichte [im Folgenden bezeichnet als: *Reisebericht aus Philadelphia*], hier S. 63.

8 Humboldt an Karl Ludwig Willdenow, Havanna, 21. Februar 1801. In: Alexander von Humboldt: *Briefe aus Amerika 1799–1804*. Hg. von Ulrike Moheit, Berlin, 1993 [im Folgenden bezeichnet als: *Briefe aus Amerika*], S. 126.

Die Fahrt auf der Pizarro

1 *Äquinoktial-Gegenden*, Bd. 1, S. 62.

2 *Venezuela-Tagebuch*, S. 57.

3 Ebd., S. 58–59.

4 Alexander an Wilhelm von Humboldt, Puerto Orotava, 20.–25. Juni 1799. In: *Briefe aus Amerika*, S. 35–37.

5 *Äquinoktial-Gegenden*, S. 134 f. und 150–152.

6 »Tableau physique des Îles Canaries. Géographie des Plantes du Pic de Ténériffe« (1817). In: Alexander von Humboldt: *Atlas géographique et physique des régions équinoxiales du Nouveau Continent, fondé sur des observations astronomiques, des mesures trigonométriques et des nivellemens barométriques*. Paris 1814–1838, Tafel 2.

7 *Äquinoktial-Gegenden*, Bd. 1, S. 174 f.

8 Ebd., S. 183 und 185 f.

9 Ebd., S. 195–197.

10 *Venezuela-Tagebuch*, S. 110–112.

Ankunft in der Tropenwelt

1 *Äquinoktial-Gegenden*, Bd. 1, S. 212–217.

2 Alexander an Wilhelm von Humboldt, Cumaná, 16. Juli 1799. In: *Briefe aus Amerika*, S. 41–43.

3 *Äquinoktial-Gegenden*, Bd. 1, S. 256 f.

4 Ebd., S. 260–262.

5 *Venezuela-Tagebuch*, S. 139.

Die Missionen

1 Humboldt an Karl Ludwig Willdenow, Havanna, 21. Februar 1801. In: *Briefe aus Amerika*, S. 127.

2 Während der Reise hat Humboldt bereits publiziert. So z. B. auf Kuba: Alexander von Humboldt: »Noticia mineralógica del Cerro de Guanabacoa comunicada al Exmo. Sr. Marqués de Somerouelos por el barón de Humboldt en año de 1804«. In: *El Patriota Americano*, Havanna, 1812, S. 29–31, oder einen ersten vollständigen Reisebericht in englischer Übersetzung von John Vaughan in: *The Literary Magazine and American Register for 1804*, Philadelphia, 1804, Bd. 2, S. 321–327 [in diesem Buch bezeichnet als: *Reisebericht aus Philadelphia*].

3 *Missionen*. Reisetagebuch, Lima (Peru), 23. Oktober bis 24. Dezember 1802. Original in Französisch. In: Alexander von Humboldt: *Lateinamerika am Vorabend der Unabhängigkeitsrevolution. Eine Anthologie von Impressionen und Urteilen aus seinen Reisetagebüchern*. Hg. von Margot Faak. Berlin: Akademie-Verlag, 2003 [im Folgenden bezeichnet als: *Unabhängigkeit*], hier S. 142–146.

Die Höhle der Guácharos

1 In seiner *Reise in die Äquinoktial-Gegenden* spricht Humboldt anstatt von 44 Quadratzoll von 60 Kubikzoll. Demnach belief sich der Jahresertrag auf ca. 150 bis 160 Liter.

2 *Venezuela-Tagebuch*, S. 155–157.

3 *Äquinoktial Gegenden*, Bd. 2, S. 358.

4 Ebd., S. 358.

Von Cumaná nach Caracas

1 Humboldt an Reinhard und Christiane von Haeften, Cumaná, 18. und 20. November 1799. In: *Briefe aus Amerika*, S. 65 f.

2 *Äquinoktial-Gegenden*, Bd. 1, S. 443–446.

3 Ebd., S. 447.

4 Ebd., S. 448–452.

5 Vgl. dazu ausführlich Arcadio Poveda und Christine Allen: »La astronomía de Humboldt y sus observaciones en el nuevo continente«. In: Frank Holl (Hg.): *Alejandro de Humboldt – una nueva visión del mundo*. Katalog zur Ausstellung im Museo Nacional de Ciencias Naturales, Madrid. Barcelona und Madrid: Lunwerg, 2005, S. 163 f.

6 *Äquinoktial-Gegenden*, Bd. 1, S. 453–457.

7 Ebd., S. 461.

8 *Venezuela-Tagebuch*, S. 168 f.

9 *Äquinoktial-Gegenden*, S. 472–474.

10 Ebd., S. 489.

11 Ebd., S. 492 f.

12 Ebd., S. 524.

13 Ebd., S. 530.

Klimastudien am Valencia-See

1 *Reisebericht aus Philadelphia*, S. 65.

2 Vgl. zum Folgenden ausführlich: Frank Holl: »Wie der Klimawandel entdeckt wurde – Alexander von Humboldt als Klimaforscher«. In: *Die Gazette. Das politische Kulturmagazin*, Nummer 16, Winter 2007/08, S. 20–25, und

ders.: »Alexander von Humboldt y el cambio climático«. In: Irene Prüfer Leske (Hg.): Alexander von Humboldt: *La actualidad de su pensamiento en torno a la naturaleza / Die Gültigkeit seiner Ansichten der Natur*. Bern u. a.: Peter Lang, 2009, S. 223–239. Ein aktualisierter, ausführlicher Beitrag mit dem Titel »Alexander von Humboldt und der Klimawandel – Mythen und Fakten« erscheint demnächst in der Online-Zeitschrift HiN (Humboldt im Netz).

3 *Venezuela-Tagebuch,* S. 140.

4 *Äquinoktial-Gegenden*, Bd. 1, S. 383.

5 Ebd., S. 633–639.

6 *Venezuela-Tagebuch,* S. 215 f.

7 Peter Fabian: *Leben im Treibhaus: Unser Klimasystem – und was wir daraus machen.* Berlin u. a.: Springer, 2002.

8 Vgl. dazu ausführlich Engelhard Weigl: »Wald und Klima: Ein Mythos aus dem 19. Jahrhundert«. In: HiN (Humboldt im Netz) V, 9 (2004), S. 1–20. Weigl weist auch darauf hin, dass, entgegen Humboldts Annahme, doch ein unterirdischer Abfluss existierte, der 1962 von Geologen entdeckt wurde. Humboldts Erkenntnisse werden dadurch allerdings nicht entwertet.

9 »Report of the Commissioner of Patents, Part II, Agriculture«, 31st Cong., 1st sess., Sen. Ex. Doc. No. 15, 1849, S. 41. Nach Engelhard Weigl: »Wald und Klima ...« [s. vorangehende Anm.].

10 Alexander von Humboldt: *Fragmente einer Geologie und Klimatologie Asiens*. Übersetzung aus dem Französischen von Julius Löwenberg, Berlin: J. A. List, 1832, S. 228 f. Die französische Originalausgabe erschien 1831 in Paris.

11 Alexander von Humboldt: *Central-Asien. Untersuchungen über die Gebirgsketten und die vergleichende Klimatologie*. Aus dem Französischen übersetzt und durch Zusätze vermehrt, hg. von Wilhelm Mahlmann, 2 Bde., Berlin: Kleemann, 1844 [im Folgenden bezeichnet als: *Central-Asien*], hier Bd. 2, S. 214. Die französische Originalausgabe erschien 1843 in Paris.

12 Humboldt an Emil Adolf Roßmäßler, Berlin, 6. (ohne Monat) 1858. Handschrift in der Harvard College Library, Cambridge, USA. Zit. nach dem Archiv der Alexander-von-Humboldt-Forschungsstelle der Berlin-Brandenburgischen Akademie der Wissenschaften, Berlin.

13 *Central-Asien*, S. 214.

14 Daten des IPCC 2014 mit Aktualisierung bis zum September 2017 nach den Messungen des Mauna Loa Observatoriums.

Die Llanos: Hitze, Staub und Zitteraale

1 *Reisebericht aus Philadelphia*, S. 65.

2 *Äquinoktial-Gegenden*, Bd. 2, S. 712–732.

3 Ebd., S. 744.

4 Ebd., S. 747–753.

5 Ebd., S. 755.

6 Ebd., S. 757.

Der Orinoco: Einsamkeit und Großartigkeit

1 *Äquinoktial-Gegenden*, Bd. 2, S. 761.

2 Ebd., Bd. 1, S. 460.

3 *Venezuela-Tagebuch*, S. 239–244.

4 Ebd., S. 249.

5 *Äquinoktial-Gegenden*, Bd. 2, S. 805 f.

6 *Venezuela-Tagebuch*, S. 250.

7 *Äquinoktial-Gegenden*, Bd. 2, S. 795 f.

8 *Venezuela-Tagebuch*, S. 255.

9 *Äquinoktial-Gegenden*, Bd. 2, S. 817.

10 Ebd., S. 825.

11 Ebd., S. 823 f.

12 Vgl. Alexander von Humboldt: *Missionen*. Reisetagebuch, Lima (Peru), 23. Oktober bis 24. Dezember 1802. In: *Unabhängigkeit*, S. 144.

13 Reisetagebuch, Playa de Uruana (Venezuela), 6. April 1800 und später. In: *Unabhängigkeit*, S. 160 f.

14 *Äquinoktial-Gegenden*, Bd. 2, S. 818.

15 *Reisebericht aus Philadelphia*, S. 63.

16 *Venezuela-Tagebuch*, S. 257 f.

17 *Äquinoktial-Gegenden*, Bd. 2, S. 856.

18 Ebd., S. 860–862.

19 Ebd., S. 856–859.

20 Ebd., S. 859.

21 Ebd., S. 859 f.

22 *Venezuela-Tagebuch*, S. 277.

23 *Äquinoktial-Gegenden*, Bd. 2, S. 891.

24 Ebd., S. 904 und 963.

25 *Unabhängigkeit,* S. 162.

26 *Äquinoktial-Gegenden*, Bd. 2, S. 1014–1017.

27 *Venezuela-Tagebuch*, S. 290 f., und *Äquinoktial-Gegenden*, Bd. 2, S. 1022–1026.

28 *Venezuela-Tagebuch*, S. 290.

29 *Äquinoktial-Gegenden*, Bd. 2, S. 1023.

30 Zit. nach Bruhns, Bd. 1, S. 463. Die von Humboldt immer wieder geplante Expedition in den Himalaja scheiterte später an demselben Misstrauen der Kolonialherren, in diesem Fall an der Gegnerschaft der britischen Ostindischen Kompanie.

31 *Äquinoktial-Gegenden*, Bd. 2, S. 1101.

32 Ebd., S. 1121.

33 Ebd., S. 1122.

34 Ebd., S. 1127.

35 Ebd., S. 1056 f.

36 Ebd., S. 1134.

37 Ebd., S. 1135.

38 Ebd., S. 1148.

39 Ebd., S. 1153 f.

40 Ebd., S. 1168.

41 *Reisebericht aus Philadelphia*, S. 66.

42 *Äquinoktial-Gegenden*, Bd. 2, S. 1181 f.

43 Ebd., S. 1184 f.

44 Ebd., S. 1189.

45 Ebd., S. 1250.

46 *Venezuela-Tagebuch*, S. 324 f.

47 *Äquinoktial-Gegenden*, Bd. 2, S. 1255 f.

48 Ebd., S. 1294.

49 Ebd., S. 848, Anm. 1.

50 Ebd, S. 1296 f.

51 Alexander an Wilhelm von Humboldt, Cumaná, 17. Oktober 1800. In: *Briefe aus Amerika*, S. 106 f.

52 *Äquinoktial-Gegenden*, Bd. 2, S. 1255.

Gegen die Sklaverei – der Aufenthalt auf Kuba

1 Humboldt an Karl Ludwig Willdenow, Havanna, 21. Februar 1801. In: *Briefe aus Amerika*, S. 126.

2 Ebd., S. 122.

3 Alexander von Humboldt: *Essai politique sur l'île de Cuba*. Paris: Libraire de Gide Fils, 1826. Zit. nach der deutschen Übersetzung: *Alexander von Humboldt – Cuba-Werk*. Hg. von Hanno Beck, Darmstadt: Wissenschaftliche Buchgesellschaft 1992 [im Folgenden bezeichnet als: *Politischer Essay über die Insel Kuba*], S. 8.

4 Ebd., S. 8.

5 Alexander von Humboldt: »Insel Cuba«. In: *Berlinische Nachrichten von Staats- und gelehrten Sachen*, Nr. 172, 25. Juli 1856, S. 4. Zit. nach Alexander von Humboldt – Samuel Heinrich Spiker: *Briefwechsel*. Hg. von Ingo Schwarz unter Mitarbeit von Eberhard Knobloch, Berlin: Akademie Verlag, 2007 [im Folgenden bezeichnet als: *Spiker-Briefwechsel*], S. 383

6 Reisetagebuch, 23. Juni – 8. Juli 1801, *Reisetagebücher*, Bd. 1, S. 87.

7 Reisetagebuch, Cumaná (Venezuela), Herbst 1800. In: *Unabhängigkeit*, S. 244.

8 Reisetagebuch, Cumaná (Venezuela), 27. August – 16. November 1800. In: *Venezuela-Tagebuch*, S. 371.

9 Reisetagebuch, 23. Juni – 8. Juli 1801, Reise von Honda nach Bogotá. In: *Reisetagebücher,* Bd. 1, S. 87.

10 *Politischer Essay über die Insel Kuba*, S. 141.

11 Ebd., S. 64.

12 Ebd., S. 156 f.

13 Reisetagebuch, 13. März 1800, In: *Reisetagebücher,* Bd.,1, S. 44 f.

14 Reisetagebuch, 10. März 1800, In: *Reisetagebücher,* Bd. 1, S. 44 f.

15 Reisetagebuch, 14. März 1800, In: *Reisetagebücher,* Bd. 1, S. 45–47.

16 Alexander von Humboldt und Aimé Bonpland: *Reise in die Aequinoktial-Gegenden des Neuen Kontinents* [...]. Sechster Theil. Stuttgart und Tübingen: Cotta, 1829, S. 276.

Neu-Granada – Aufbruch in die Andenwelt

1 *Reisetagebücher*, Bd. 1, S. 54.

2 Ebd., S. 89.

3 Ebd., S. 89.

4 Ebd., S. 89.

5 Ebd., S. 67.

6 Ebd., S. 69 und Fußnote.

7 Ebd., S. 69 f.

8 Ebd., S. 68, Fußnote.

9 Ebd., S. 67.

10 Ebd., S. 77.

11 Ebd., S. 85.

12 Ebd., S. 89.

13 Ebd., S. 92 f.

14 Vgl. ebd., S. 119.

15 Ebd., S. 94.

16 *Äquinoktial-Gegenden*, Bd. 2, S. 1116, Anm. 2.

17 Ebd., S. 1358.

18 Ebd., S. 1358, und vgl. *Vues des Cordillères et monumens des peuples indigènes de l'Amérique*, Paris: Schoell, 1810–1813, Original in Französisch. Übersetzung nach Alexander von Humboldt: *Ansichten der Kordilleren und Monumente der eingeborenen Völker Amerikas*. Aus dem Französischen von Claudia Kalscheuer. Ediert und mit einem Nachwort versehen von Oliver Lubrich und Ottmar Ette. Frankfurt a. M.: Eichborn – Die Andere Bibliothek, 2004 [im Folgenden bezeichnet als: *Vues*], S. 380.

19 Vgl. *Äquinoktial-Gegenden*, Bd. 2, S. 1069.

20 Ebd., S. 1363 f.

21 *Reisetagebücher*, Bd. 1, S. 83.

22 Ebd., S. 90.

23 Ebd., S. 119.

24 Ebd., S. 128.

25 Ebd., S. 133 f.

26 Ebd., S. 133 f.

27 Humboldt in seinem Reisetagebuch, Popayán, 9. bis 17. November 1801. In: *Unabhängigkeit*, S. 313.

28 Ebd., S. 313.

Ecuador und Peru: Vulkane, Urwald und Küstenwüste

1 *Reisebericht aus Philadelphia*, S. 69 f.

2 Alexander an Wilhelm von Humboldt, Lima, 25. November 1802. In: *Reisebriefe*, S. 150.

3 Ebd., S. 150 f.

4 *Reisetagebücher*, Bd. 2, S. 55 f.

5 Ebd., S. 85.

6 Ebd., S. 85.

7 Ebd., S. 85–90. Diese Übersetzung aus dem Französischen wurde stilistisch leicht verbessert.

8 Ebd., S. 90.

9 *Reisetagebücher*, Bd. 2, S. 56.

10 Reisetagebuch, 23. Juni 1802, zit. nach Alexander von Humboldt: *Über einen Versuch den Gipfel des Chimborazo zu besteigen*. Hg. von Oliver Lubrich und Ottmar Ette, Berlin: Eichborn, 2006, S. 84–86 und 96–98.

11 *Reisetagebücher*, Bd. 2, S. 118.

12 Ebd., S. 119.

13 Ebd., S. 120.

14 Ebd., S. 120.

15 *Reisebericht aus Philadelphia*, S. 72 f.

16 *Reisetagebücher*, Bd. 2, S. 145–147.

17 Ebd., S. 137.

18 Ebd., S. 152.

19 Ebd., S. 159.

20 Ebd., S. 159.

21 Alexander von Humboldt: *Ansichten der Natur*. Dritte vermehrte und verbesserte Aufl., Stuttgart und Tübingen: Cotta, 1849. Zit. nach der Ausgabe Berlin: Eichborn – Die Andere Bibliothek, 2004 [im Folgenden bezeichnet als: *Ansichten*], S. 460–462.

22 Reisetagebuch: Mexiko-Stadt, 11. April 1803 bis 20. Januar 1804. In: *Unabhängigkeit*, S. 329–331.

23 *Vues*, S. 16, 19 und 20.

24 *Ansichten*, S. 466.

25 *Reisetagebücher*, Bd. 1, S. 274. Eigene Übersetzung.

26 *Reisetagebücher*, Bd. 1, S. 274. Eigene Übersetzung.

25 *Reisetagebücher*, Bd. 2, S. 170.

27 Zit. nach *Dem Leben auf der Spur*, S. 191.

28 Humboldt an Heinrich Berghaus, Berlin, 21. Februar 1840. In: *Briefwechsel Alexander von Humboldt's mit Heinrich Berghaus aus den Jahren 1825–1858*. Leipzig: Costenoble, 1863 [im Folgenden bezeichnet als: *Berghaus-Briefwechsel*], Bd. 2, S. 284.

Aufenthalt in Guayaquil: Pflanzengeographie und eine Schrift gegen den Kolonialismus

1 *Reisetagebücher*, Bd. 2, S. 182.

2 Ebd., S. 182.

3 Ebd., S. 185.

4 Siehe das Kapitel »Die Missionen« in diesem Band, S. 113–117.

5 *Unabhängigkeit*, S. 65 f. Übersetzung aus dem Französischen mit Verbesserungen.

6 Humboldt an Johann Friedrich Cotta, Berlin, 3. Mai 1806. In: *Cotta-Briefwechsel*, S. 73.

7 Vgl. Horst Fiedler und Ulrike Leitner: *Alexander von Humboldts Schriften. Bibliographie der selbständig erschienenen Werke*. Berlin: Akademie-Verlag, 2000 [im Folgenden bezeichnet als: Fiedler/Leitner], S. 238 f.

8 Alexander von Humboldt und Aimé Bonpland: *Ideen zu einer Geographie der Pflanzen nebst einem Naturgemälde der Tropenländer*. Tübingen: Cotta; Paris: Schoell, 1807, S. 171.

9 Alexander von Humboldt: *Essai politique sur le royaume de la Nouvelle-Espagne*. Zit. nach der deutschen Übersetzung: Alexander von Humboldt: *Mexiko-Werk. Politische Ideen zu Mexiko. Politische Landeskunde*. Hg. von Hanno Beck. Darmstadt: Wissenschaftliche Buchgemeinschaft 1991 [im Folgenden bezeichnet als: *Mexiko-Essay*], S. 97. Die Erscheinungsdaten der einzelnen Lieferungen nach Fiedler/Leitner, S. 186–188.

10 *Mexiko-Essay*, S. 189 f.

11 Ebd., S. 198.

12 Ebd., S. 192, Anm. 126.

13 Ebd., S. 229.

Neu-Spanien: Azteken, Bergwerke und Vulkane

1 *Reisebericht aus Philadelphia*, S. 74.

2 *Reisetagebücher*, Bd. 2, S. 210.

3 Ebd., Bd. 2, S. 210.

4 Ebd., Bd. 2, S. 213.

5 *Reisebericht aus Philadelphia*, S. 74 f.

6 *Reisetagebücher*, Bd. 2, S. 216.

7 Ebd., Bd. 2, S. 217.

8 Ebd., Bd. 2, S. 226.

9 Ebd., Bd. 2, S. 227.

10 Ebd., Bd. 2, S. 229.

11 Ebd., Bd. 2, S. 219 f.

12 Ebd., Bd. 2, S. 237.

13 Ebd., Bd. 2, S. 219.

14 Ebd., Bd. 2, S. 254.

15 Ebd., Bd. 1, S. 358.

16 Ebd., Bd. 2, S. 246.

17 Ebd., Bd. 2, S. 265.

18 Ebd., Bd. 1 , S. 366.

19 *Mexiko-Essay*, S. 432.

20 *Reisetagebücher*, Bd. 2, S. 276.

21 Ebd., Bd. 2, S. 281.

22 Ebd., S. 282.

23 Ebd., S. 284.

24 Ebd., S. 284.

25 Ebd., S. 284.

26 Andere während der Reise eingereichte Publikationen waren z. B. auf Kuba: Alexander von Humboldt: »Noticia mineralógica del Cerro de Guanabacoa comunicada al Exmo. Sr. Marqués de Someruelos por el barón de Humboldt en año de 1804«. In: *El Patriota Americano*, Havanna, 1812, S. 29–31, oder sein erster vollständiger Reisebericht, der in englischer Übersetzung von John Vaughan in *The Literary Magazine and American Register for 1804* in Philadelphia erschien, Bd. 2, S. 321–327.

27 *Reisetagebücher*, Bd. 2, S. 294

Nochmals Kuba und eine stürmische Überfahrt Richtung Washington

1 *Politischer Essay über die Insel Kuba*, S. 156.

2 Reisetagebuch Alexander von Humboldts von seinem zweiten Aufenthalt auf Kuba. Original in der Biblioteka Jagiellonska in Krakau: *Isle de Cube. Antilles en général*. Hg. von Ulrike Leitner, Piotr Tylus und Michael Zeuske unter Mitarbeit von Tobias Kraft. In: *Alexander von Humboldt auf Reisen – Wissenschaft aus der Bewegung*. Edition Humboldt digital, hg. von Ottmar Ette. Berlin-Brandenburgische Akademie der Wissenschaften. Berlin. URL: http://avhr.bbaw.de/reisetagebuecher/detail.xql?id=avhr_vwc_lsf_1w, 128r. Übersetzung von Aniela Maria Mikolajczyk. Ihre Dissertation *Textuelle Repräsentationsformen der Sklaverei in den Amerikanischen Reisetagebüchern und anderen Schriften Alexander von Humboldts* wird in Kürze erscheinen.

3 Quittung im Reisetagebuch Alexander von Humboldts von seinem zweiten Aufenthalt auf Kuba. Biblioteka Jagiellonska, Krakau, Nachlass Alexander von Humboldt Bd. 3/1 Bl. 166, mit herzlichem Dank an Ulrike Leitner für die Übersendung der Kopie.

4 *Reisetagebücher*, Bd. 2, S. 301–303.

5 Humboldt an Thomas Jefferson, Philadelphia, 24. Mai 1804. In: Ingo Schwarz (Hg.): *Alexander von Humboldt und die Vereinigten Staaten von Amerika. Briefwechsel*. Berlin: Akademie-Verlag, 2004, S. 89.

6 Humboldt an Christian Carl Josias Bunsen, Sanssouci, 28. Juni 1847. In: Ingo Schwarz (Hg.): *Briefe von Alexander von Humboldt an Christian Carl Josias Bunsen*. Berlin: Rohrwall, 2006 [im Folgenden bezeichnet als: *Bunsen-Briefwechsel*], S. 102.

Paris – Zentrum der Wissenschaften

1 Humboldt in einem Gespräch mit Julius Löwenberg. In: Bruhns, Bd. 1, S. 402.

2 Humboldt in einem für das Brockhaus'sche Konversationslexikon über seine eigene Person verfassten Artikel, 1852. In: *Leben*, S. 103 f.

3 Alexander an Wilhelm von Humboldt, Paris, 14. Oktober 1804. In: *Leben*, S. 178 f.

4 Humboldt an Aimé Bonpland, Berlin, 10. Juni 1858. In: Heinz Schneppen: *Aimé Bonpland – Humboldts vergessener Gefährte?* Berlin: Alexander-von-Humboldt-Forschungsstelle, 2002, S. 40.

5 Humboldt in einem für das Brockhaus'sche Konversationslexikon über seine eigene Person verfassten Artikel, 1852. In: *Leben*, S. 104–113.

6 Die im Jahr 2000 erschienene Bibliographie von Fiedler und Leitner gibt die Zählung mit 29 Bänden an und übernimmt damit Humboldts Zählung. Siehe oben S. 264.

7 Humboldt an Moses Friedländer, Madrid, 11. April 1799. In: *Jugendbriefe*, S. 657 f. Dort als Brief an David Friedländer bezeichnet.

8 *Kosmos*, Bd. 1, 1845, S. 340. bzw. 166.

9 Vorrede zur zweiten und dritten Ausgabe der *Ansichten der Natur*, S. 9.

10 Humboldt an Johann Wolfgang von Goethe, Paris, 3. Januar 1810. Zit. nach: Mario Krammer: *Alexander von Humboldt. Mensch, Werk, Zeit*. Berlin: Weiss, 1951, S. 135 f.

11 Humboldt in einem für das Brockhaus'sche Konversationslexikon über seine eigene Person verfassten Artikel, 1852. In: *Leben*, S. 113.

12 *Mexiko-Essay*, S. 189.

13 Alexander von Humboldt: *Versuch über den politischen Zustand des Königreichs Neu-Spanien*. 5 Bde., Tübingen, 1809–1814, hier Bd. 5, S. 55.

14 *Äquinoktial-Gegenden*, Bd. 1, S. 568.

15 Zit. nach Juan Ortega y Medina: *Humboldt desde México*. Mexiko-Stadt: UNAM, 1960, S. 25.

16 Alexander an Wilhelm von Humboldt, Verona, 17. Oktober 1822. Zit. nach: *Leben*, S. 197 f.

17 Simón Bolívar: *Obras completas*. Madrid: Maveco, 1984, Bd. 2, S. 328 und 326.

18 Zit. nach: Fernando Ortiz: »Introducción«. In: Alejandro de Humboldt: *Ensayo político sobre la Isla de Cuba*. Hg. von Fernando Ortiz, Havanna, correcciones, notas y apéndices por Francisco de Arango y Parreño, J. S. Thrasher y otros. La Habana: Cultural, S.A., 1930, S. VII.

19 Benito Juárez: Dekret vom 29. Juni 1859. Abgedruckt in: Halina Nelken: *Alexander von Humboldt. Bildnisse und Künstler. Eine dokumentierte Ikonographie*. Berlin: Reimer, 1980, S. 57.

20 Jean-Baptiste Boussingault: »Notes sur Alexandre de Humboldt«. In: Alexander von Humboldt: *Lettres américaines 1798–1807*. Hg. von Jean-Claude Delaméthe-rie, Paris: E. Guilmoto, 1905, S. 303–306.

21 In: Hermann Klencke: *Alexander von Humboldt's Leben und Wirken, Reisen und Wissen. Ein biographisches Denkmal*. 7. Aufl., zweiter verbesserter Abdruck, Leipzig und Berlin: Spamer, 1882, S. 345 f. Voigt schildert Humboldts Leben in Paris aus der Zeit nach 1827, als dieser vorwiegend in Berlin lebte und für längere Aufenthalte in die französische Hauptstadt zurückkehrte.

22 Alexander zitiert von Wilhelm von Humboldt, in einem Brief Wilhelms an Caroline, Rom 6. Juni 1804. In: *Wilhelm und Caroline von Humboldt in ihren Briefen*. Hg. von Anna von Sydow. 2. Bd.: *Von der Vermählung bis zu Humboldts Scheiden aus Rom 1791–1808*. Berlin: Mittler, 1907, S. 182.

Wieder in Berlin

1 Alexander an Wilhelm von Humboldt, Florenz, 17. Dezember 1822. In: Briefe *Alexander's von Humboldt an seinen Bruder Wilhelm*. Hg. von der Familie von Humboldt in Ottmachau, Stuttgart: Cotta, 1880, S. 112.

2 Humboldt an Karl August Varnhagen von Ense, ohne Ort, 24. April und 17. Mai 1837. In: *Briefe von Alexander von Humboldt an Varnhagen von Ense*. Hg. von Ludmilla Assing, 3. Aufl., Leipzig: F. A. Brockhaus, 1860 [im Folgenden bezeichnet als: *Varnhagen-Briefwechsel*], S. 35 und 42.

3 *Berghaus-Briefwechsel*, Bd. 1, S. 6 f.

4 Humboldt an Georg Benjamin Mendelssohn, ohne Ort, 29. Oktober 1828. In: Ingeborg Stolzenberg: *Georg Benjamin Mendelssohn im Spiegel seiner Korrespondenzen*. Mendelssohn-Studien 3, 1979, S. 84.

5 Humboldt an Carl Gustav Jacob Jacobi, Berlin, 21. November 1840. In: Herbert Pieper (Hg.): *Briefwechsel zwischen Alexander von Humboldt und C. G. Jacob Jacobi*. Berlin: Akademie-Verlag, 1987, S. 65.

6 Humboldt an Samuel Heinrich Spiker, Berlin, vor dem 12. April 1829. In: *Spiker-Briefwechsel*, S. 63.

7 Humboldt an Werner Siemens, Berlin, 11. August 1851. Zit. nach *Siemens-Zeitschrift*, Juni 1959, Heft 6, S. 425.

8 *Leben*, S. 116.

9 Humboldt zit. nach: Kurt-R. Biermann: *Miscellanea Humboldtiana*. Berlin: Akademie-Verlag, 1990, S. 36.

10 *Kosmos*, Bd. 1, 1845, S. XII bzw. 6. Auch wenn sein Werk *Kosmos*, wie Humboldt immer wieder betonte, nicht direkt auf den »Kosmos-Vorlesungen« basiert, so ist doch dessen Gliederung identisch.

11 Alexander von Humboldt: *Über das Universum. Die Kosmos-Vorträge 1827/28 in der Berliner Singakademie*. Hg. von Jürgen Hamel und Klaus-Harro Tiemann in Zusammenarbeit mit Martin Pape, Frankfurt a. M. und Leipzig: Insel, 1993, S. 94–97.

12 Humboldt an Jean-Baptiste Boussingault, Paris, 21. Februar 1825. Handschrift in der SB Berlin. Zit. nach Frank Holl (Hg.): *Alexander von Humboldt – Es ist ein Treiben in mir. Entdeckungen und Einsichten*. München: dtv, S. 110.

13 Caroline von Humboldt an Adelheid von Humboldt, 7. Dezember 1827. Zit. nach: Hazel Rosenstrauch: *Wahlverwandt und ebenbürtig. Caroline und Wilhelm von Humboldt*. Berlin: Die Andere Bibliothek, 2017, S. 292.

Die russisch-sibirische Reise

1 Humboldt in einem für das Brockhaus'sche Konversationslexikon über seine eigene Person verfassten Artikel, 1852. In: *Leben*, S. 116 f.

2 Detaillierte Informationen zu den Reisewegen in *Briefe aus Russland*, S. 52.

3 Humboldt an Graf Georg von Cancrin, Jekaterinburg, 17. Juli 1829. In: *Alexander von Humboldt: Briefe aus Russland*. Hg. von Eberhard Knobloch, Ingo Schwarz und Christian Suckow, Berlin: Akademie Verlag, 2009, S. 148.

4 Humboldt an Heinrich Christian Schumacher, 22. Mai 1843. In: Herbert Scurla: *Alexander von Humboldt. Sein Leben und Wirken*. 8. Aufl., Berlin: Verlag der Nation, 1972, S. 278.

5 Humboldt an Graf Georg von Cancrin, Berlin, 19. November 1827. In: *Briefe aus Russland*, S. 76.

6 Humboldt an Graf Georg von Cancrin, Berlin, 10. Januar 1829. In: *Briefe aus Russland*, S. 88.

7 Ebd., S. 88.

8 Alexander an Wilhelm von Humboldt, Königsberg, 17. April 1829. In: *Briefe aus Russland*, S. 107.

9 Alexander an Wilhelm von Humboldt, Narwa, 29. April 1829. In: *Briefe aus Russland*, S. 108 f.

10 Humboldt an Carl Gustav Jacob Jacobi, Berlin, 21. November 1840. In: Herbert Pieper (Hg.): *Briefwechsel zwischen Alexander von Humboldt und C. G. Jacob Jacobi*. Berlin: Akademie-Verlag, 1987, S. 65.

11 Alexander an Wilhelm von Humboldt, Narwa, 29. April 1829. In: *Briefe aus Russland*, S. 109.

12 Alexander an Wilhelm von Humboldt, St. Petersburg, 3. Mai 1829. In: *Briefe aus Russland*, S. 112.

13 Vgl. *Briefe aus Russland*, S. 115, Anm. 10.

14 Alexander von Humboldt an François Arago, Ust Kamenogorsk, 13. August 1829. In: *Briefe aus Russland*, S. 168.

15 Alexander an Wilhelm von Humboldt, St. Petersburg, 19. Mai 1829, *Briefe aus Russland*, S. 126.

16 Alexander an Wilhelm von Humboldt, Moskau, 26. Mai 1829, *Briefe aus Russland*, S. 126.

17 Humboldt an Graf Georg von Cancrin, Kasan, 8. Juni 1829. In: *Briefe aus Russland*, S. 129.

18 Alexander an Wilhelm von Humboldt, Kasan, 8. Juni 1829. In: *Briefe aus Russland*, S. 132.

19 Alexander von Humboldt, Christian Gottfried Ehrenberg und Gustav Rose: *Reise nach dem Ural, dem Altai und dem Kaspischen Meere auf Befehl Sr. Majestät des Kaisers von Russland im Jahre 1829 ausgeführt*. Bd. 1: *Mineralogisch-geognostischer Teil und historischer Bericht der Reise von Gustav Rose*. Berlin: Sander, 1837 [im Folgenden bezeichnet als: Rose], S. 88.

20 Vgl. ebd.

21 Alexander an Wilhelm von Humboldt, Kasan, 8. Juni 1829. In: *Briefe aus Russland*, S. 132.

22 Alexander von Humboldt an François Arago, Ust Kamenogorsk, 13. August 1829. In: *Briefe aus Russland*, S. 168.

23 Rose, S. 110 f.

24 Alexander an Wilhelm von Humboldt, Jekaterinburg, 21. Juni 1829. In: *Briefe aus Russland*, S. 138.

25 Ebd., S. 138.

26 Alexander an Wilhelm von Humboldt, Jekaterinburg, 14. Juli 1829. In: *Briefe aus Russland*, S. 146.

27 Humboldt an Moses Friedländer, Madrid, 11. April 1799. In: *Jugendbriefe*, S. 657. Dort als Brief an David Friedländer bezeichnet.

28 Humboldt an Graf Georg von Cancrin, Jekaterinburg, 17. Juli 1829. In: *Briefe aus Russland*, S. 149.

29 Georg von Cancrin an Alexander von Humboldt, St. Petersburg, 31. Juli 1829. *Briefe aus Russland*, S. 159.

30 Alexander an Wilhelm von Humboldt, Jekaterinburg, 14. Juli 1829. In: *Briefe aus Russland*, S. 146.

31 Humboldt an Graf Georg von Cancrin, Tobolsk, 23. Juli 1829. In: *Briefe aus Russland*, S. 153.

32 Ebd., S. 153 f.

33 Alexander an Wilhelm von Humboldt, Barnaul, 4. August 1829. In: *Briefe aus Russland*, S. 161.

34 Rose, S. 494.

35 Rose, S. 497 f.

36 Alexander an Wilhelm von Humboldt, Barnaul, 4. August 1829. In: *Briefe aus Russland*, S. 161 f.

37 Ebd., S. 162.

38 Alexander von Humboldt an François Arago, Ust Kamenogorsk, 13. August 1829. In: *Briefe aus Russland*, S. 168.

39 Alexander an Wilhelm von Humboldt, Barnaul, 4. August 1829. In: *Briefe aus Russland*, S. 161 f.

40 Alexander von Humboldt an François Arago, Ust Kamenogorsk, 20. August 1829. In: *Briefe aus Russland*, S. 170.

41 Rose, S. 600–608.

42 Humboldt an Graf Georg von Cancrin, Miass, 15. September 1829. In: *Briefe aus Russland*, S. 184.

43 Ebd., S. 185.

44 Vgl. Alexander an Wilhelm von Humboldt, St. Petersburg, 21. November 1829. In: *Briefe aus Russland*, S. 220.

45 Ebd., S. 220.

46 Ebd., S. 220.

47 Alexander an Wilhelm von Humboldt, Orenburg, 25. September 1829. In: *Briefe aus Russland*, S. 188.

48 Humboldt an Graf Georg von Cancrin, Orenburg, 26. September 1829. In: *Briefe aus Russland*, S. 190.

49 Ebd., S. 190.

50 Ebd., S. 191.

51 Alexander an Wilhelm von Humboldt, Astrachan, 14. Oktober 1829. In: *Briefe aus Russland*, S. 196 f.

52 Alexander von Humboldt, Christian Gottfried Ehrenberg und Gustav Rose: *Reise nach dem Ural, dem Altai und dem Kaspischen Meere auf Befehl Sr. Majestät des Kaisers von Russland im Jahre 1829 ausgeführt*. Bd. 2: *Mineralogisch-geognostischer Teil und historischer Bericht der Reise von Gustav Rose*. Berlin: Sander, 1842 [im Folgenden bezeichnet als: Rose Bd. 2], S. 309–313.

53 Humboldt an Graf Georg von Cancrin, Sarepta, 24. Oktober 1829. In: *Briefe aus Russland*, S. 202.

54 Alexander an Wilhelm von Humboldt, Moskau, 5. November 1829. In: *Briefe aus Russland*, S. 206.

55 Alexander Herzen: *Werke*. Bd. 2, St. Petersburg, 1905, S. 99. Zit. nach Hanno Beck: *Alexander von Humboldts Reise durchs Baltikum nach Russland und Sibirien 1829*. Stuttgart, Wien, Bern: Edition Erdmann, 1983, S. 155 f.

56 Alexander an Wilhelm von Humboldt, St. Petersburg, 28. November 1829. In: *Briefe aus Russland*, S. 226.

57 Alexander an Wilhelm von Humboldt, St. Petersburg, 9. Dezember 1829. In: *Briefe aus Russland*, S. 237.

58 Ebd., S. 237.

59 Vgl. *Briefe aus Russland*, S. 236, Anm. 5.

60 Vgl. Rose Bd. 2, S. 355. Leider erfüllten sich die an die Diamantenfunde geknüpften Hoffnungen nicht. Die Lagerstätten des Ural waren unergiebig und blieben, verglichen etwa mit den 1949 entdeckten reichen Vorkommen in Jakutien, ohne wirtschaftlichen Wert. Vgl. *Briefe aus Russland*, S. 221, Anm. 7.

61 Vgl. Alexander von Humboldt an Graf Georg von Cancrin, St. Petersburg, 17. November 1829. In: *Briefe aus Russland*, S. 215.

62 Alexander an Wilhelm von Humboldt, Astrachan, 14. Oktober 1829. In: *Briefe aus Russland*, S. 197.

63 Vgl. Georg von Cancrin an Alexander von Humboldt, St. Petersburg, 17. November 1829. In: *Briefe aus Russland*, S. 218.

64 Vgl. hierzu *Briefe aus Russland*, S. 234, Anm. 1, und ausführlich Krzysztof Zielnica: *Polonica bei Alexander von Humboldt. Ein Beitrag zu den polnisch-deutschen Wissenschaftsbeziehungen in der ersten Hälfte des 19. Jahrhunderts*. Berlin: Akademie-Verlag, 2004 [im Folgenden bezeichnet als: Zielnica], S. 89–138.

65 Alexander von Humboldt an Nikolai I. von Russland, St. Petersburg, 7. Dezember 1829. In: *Briefe aus Russland*, S. 234.

66 Vgl. Zielnica, S. 112–114.

67 Rede, gehalten von Alexander von Humboldt in der außerordentlichen Sitzung der Kaiserlichen Akademie der Wissenschaften von St. Petersburg am 28. November 1829. In: *Briefe aus Russland*, S. 266–285.

68 Die vorangegangenen Zitate ebd., S. 266–285.

69 Alexander von Humboldt an Graf Georg von Cancrin, Königsberg, 24. Dezember 1829. In: *Briefe aus Russland*, S. 257.

70 Alexander von Humboldt an Christian Gottfried Ehrenberg, Berlin, 19. Dezember 1831. In: Fiedler/Leitner, S. 348.

71 Alexander von Humboldt: »Ueber die Bergketten und Vulkane von Inner-Asien und über einen neuen vulcanischen Ausbruch in der Andes-Kette«. In: Ann. Physik Chemie 18 (1830), St. 1, S. 1–18, St. 3, S. 319–354.

72 Rose, S. XI.

73 Humboldt an Moses Friedländer, Madrid, 11. April 1799. In: *Jugendbriefe*, S. 657. Dort als Brief an David Friedländer bezeichnet.

74 Humboldt an Gotthelf Fischer von Waldheim, Gumeševskij bei Jekaterinburg, 24. Juni 1829. In: *Briefe aus Russland*, S. 139.

75 Humboldt an Ernst Ludwig von Gerlach, Potsdam, Schloss, 22. April 1846. In: Leopold von Gerlach: *Denkwürdigkeiten aus dem Leben Leopold von Gerlachs, Generals der Infanterie und General-Adjutanten König Friedrich Wilhelms IV.* Nach seinen Aufzeichnungen hg. von seiner Tochter. 2 Bde., Berlin: Hertz, 1891–1892, Bd. 1, S. 445.

76 Vgl. Kurt-R. Biermann und Ingo Schwarz: »›Werk meines Lebens‹. Alexander von Humboldts Kosmos«. In: *Netzwerke*, S. 205.

77 Humboldt an Karl August Varnhagen von Ense, ohne Ort, 28. April 1841. In: *Varnhagen-Briefwechsel*, S. 92.

Kosmos – Entwurf einer physischen Weltbeschreibung

1 Humboldt an Karl August Varnhagen von Ense, Berlin, 24. Oktober 1834. In: *Varnhagen-Briefwechsel*, S. 20–22.

2 Georg von Cotta an Humboldt, Berlin, 28. Februar 1838. In: *Cotta-Briefwechsel*, S. 204.

3 *Kosmos,* Bd. 1, S. VI bzw. 3.

4 *Kosmos*, Bd. 1, S. 33 bzw. 23.

5 Georg von Cotta an Humboldt, Stuttgart, 3. Dezember 1847. In: *Cotta-Briefwechsel,* S. 329.

6 Humboldt an Johann Georg von Cotta, Berlin, 5. Februar 1849. In: *Cotta-Briefwechsel,* S. 349.

7 Humboldt an Moses Friedländer, Madrid, 11. April 1799. In: *Jugendbriefe*, S. 657 f. Dort als Brief an David Friedländer bezeichnet.

8 Humboldt an Georg Adolph Ermann, ohne Ort, 9. August 1844. Handschrift in der Staats- und Universitätsbibliothek Bremen. Zit. nach der Briefkartei in der Alexander-von-Humboldt-Forschungsstelle, Berlin.

9 Humboldt an Heinrich Berghaus, ohne Ort, August 1848. In: *Berghaus-Briefwechsel,* Bd. 3, S. 1.

10 *Kosmos,* Bd. 1, S. VI–XVI bzw. 3–7.

11 *Äquinoktial-Gegenden,* Bd. 2, S. 1056.

12 *Kosmos,* Bd. 1, S. 385 bzw. 187.

13 *Kosmos*, Bd. 1, S. 385 f. bzw. 187. Das Zitat Wilhelms in: *Wilhelm von Humboldt über die Kawi-Sprache,* Bd. 3, Berlin: Dümmler, 1839, S. 426.

14 Zit. nach Kurt-R. Biermann: *Alexander von Humboldt*. 4. Aufl., Leipzig: Teubner, 1990 [im Folgenden bezeichnet als: Biermann: *Humboldt*], S. 82.

15 *Kosmos,* Bd. 2, S. 76–94 bzw. 225–234.

Die Erfindung der Fotografie

1 *Leben*, S. 118 f.

2 Vgl. Otto Krätz: *Alexander von Humboldt. Wissenschaftler, Weltbürger, Revolutionär*. 2. korrigierte Aufl., München: Callwey, 2000, S. 179.

3 Humboldt zit. nach: Carl Gustav Carus: *Lebenserinnerungen und Denkwürdigkeiten*. Bd. 5. Hg. von Rudolph Zaunick, Dresden: Jeß, 1931, S. 76–79.

4 Das Vorangegangene referiert nach Otto Krätz: *Alexander von Humboldt. Wissenschaftler, Weltbürger, Revolutionär*. 2. korrigierte Aufl., München: Callwey, 2000, S. 180–182.

5 *Pál Rosti 1830–1874. Kincses Károly tanulmánya az Úti emlékezetek Amerikából hasonmás kiadásához.* Maygar Fotográfiai Múzeum &Balassi Kiadó, Budapest, 1992, S. 18 f.

Gegen die Unterdrückung

1 Humboldt zu Friedrich Althaus, Berlin, 23. Dezember 1849. In. *Briefwechsel und Gespräche mit einem jungen Freunde*. Aus den Jahren 1848–1856. Berlin: Franz Duncker, 1861 [im Folgenden bezeichnet als: *Althaus*], S. 28.

2 Humboldt an Christian Carl Josias Bunsen, 7. Januar 1842. In: *Bunsen-Briefwechsel*, S. 60.

3 Zit. nach Biermann: *Humboldt*, S. 104.

4 Ebd., S. 105.

5 Ebd., S. 103.

6 Humboldt an Georg von Cotta, 28. März 1833. In: *Cotta-Briefwechsel,* S. 178.

7 Vgl. Kurt-R. Biermann und Ingo Schwarz: »›Moralische Sandwüste und blühende Kartoffelfelder‹. Humboldt – ein Weltbürger in Berlin«. In: *Netzwerke*, S. 183–200.

8 Vgl. Ulrike Leitner: »›Da ich mitten in dem Gewölk sitze, das elektrisch geladen ist …‹. Alexander von Humboldts Äußerungen zum politischen Geschehen in seinen Briefen an Cotta«. In: Hartmut Hecht u. a. (Hg.): *Kosmos und Zahl. Beiträge zur Mathematik- und Astronomiegeschichte, zu Alexander von Humboldt und Leibniz*. Stuttgart: Franz Steiner, 2008, S. 225–237.

9 Vgl. Hanno Beck: *Alexander von Humboldt*. 2 Bde., Wiesbaden: Steiner, 1959 und 1961, hier Bd. 2, S. 196.

10 Zit. nach Alexander Herzen: *Die gescheiterte Revolution. Denkwürdigkeiten aus dem 19. Jahrhundert*. Ausgewählt und eingeleitet von Hans Magnus Enzensberger. Frankfurt a. M.: Suhrkamp, 1977, S. 371.

11 Humboldt zu Friedrich Althaus, Berlin, 5. August 1852. In: *Althaus,* S. 95 f.

12 *Kosmos*, Bd. 1, 1845, S. 385 bzw. 187.

13 Ebd., Bd. 1, 1845, S. 36 bzw. 24.

14 Ebd., S. 37 bzw. 24 f.

15 Zit. nach der deutschen Übersetzung: Alexander von Humboldt: *Cuba-Werk*. Hg. von Hanno Beck. Darmstadt: Wissenschaftliche Buchgemeinschaft, 1992, S. 140.

16 Alexander Humboldt: *The Island of Cuba*. Translated from the Spanish, with Notes and a Preliminary Essay, by J. S. Thrasher, New York: Cincinnati, 1856.

17 Alexander von Humboldt: »Insel Cuba«. In: *Berlinische Nachrichten von Staats- und gelehrten Sachen*, Nr. 172, 25. Juli 1856, S. 4. Zit. nach: *Spiker-Briefwechsel,* FN 5, S. 383. Der kursive Text im Original in Französisch. Übersetzung nach Alexander von Humboldt: *Cuba-Werk*. Hg. und kommentiert von Hanno Beck. Darmstadt: Wissenschaftliche Buchgesellschaft, 1992, S. 257.

18 John C. Frémont an Humboldt, 16. August 1856. Zit. nach Ingo Schwarz (Hg.): *Alexander von Humboldt und die Vereinigten Staaten von Amerika. Briefwechsel*. Berlin: Akademie-Verlag 2004 [im Folgenden bezeichnet als: *USA-Briefwechsel*], S. 387.

19 Humboldt an Varnhagen von Ense, Berlin, 21. November 1856. In: *Varnhagen-Briefwechsel,* S. 332.

20 Gesetz vom 9. März 1857. Zit. nach *Spiker-Briefwechsel*, S. 387.

21 Humboldt an Julius Fröbel, Berlin, 11. Januar 1858. In: *USA-Briefwechsel,* S. 434, Hervorhebungen durch Humboldt.

Ein Besuch bei Alexander von Humboldt

1 In englischer Sprache abgedruckt in: Richard Henry Stoddard: *The Life, Travels and Books of Alexander von Humboldt*. New York, 1860, S. 454–462. Übersetzung in: W. F. A. Zimmermann: *Das Humboldt-Buch* [1. Abt.]. Berlin: Gustav Hempel, 1859, S. 95–103.

Eine außergewöhnliche Zeitungsanzeige

1 *Berlinische Nachrichten von Staats- und gelehrten Sachen,* Nr. 67 vom 15. März 1859, S. 4.

2 *Kosmos*, Bd. 1, 1845, S. 21 bzw. 18.

Bildnachweise

Archiv der Alexander-von-Humboldt-Arbeitsstelle der Berlin-Brandenburgischen Akademie der Wissenschaften: 356.

Archivo del Banco Central del Ecuador, Quito (Christoph Hirtz): 74.

Archivo Municipal Coruña: 79.

Bayerische Staatsbibliothek München: 45.

Biblioteca del Instituto de Geología, UNAM, Mexiko-Stadt (Agustín Estrada): 270.

Biblioteca Nacional José Martí, Havanna (Miguel Ángel Baez): 180, 183, 188, 254.

Botanisches Museum Berlin (Pflanzen aus dem Herbar von Humboldt): 106.

bpk / Ethnologisches Museum, SMB: 243.

bpk / Ibero-Amerikanisches Institut, SPK (Jürgen Liepe): 105.

bpk / Kupferstichkabinett, SMB: 102, 115, 117, 136, 143, 159, 282, 287 (Jörg P. Anders); 109, 111, 112, 117, 118, 122, 129, 133 (Volker-H. Schneider).

bpk / Nationalgalerie, SMB (Karin März): 100.

bpk / Staatsbibliothek zu Berlin: 152 (rechts), 163, 186, 209, 211, 213, 225, 304.

bpk / Stiftung Preußische Schlösser und Gärten Berlin-Brandenburg: S. 6/7, 207; 322 (© Haus Hohenzollern).

Cincinnati Art Museum, Ohio, USA / The Edwin and Virginia Irwin Memorial / Bridgeman Images: 337.

David Rumsey Collection, Stanford: 325, 328/329, 330.

Detroit Institute of Arts: 339 (oben).

Deutsches Museum, München: 64, 149, 170 (Bildstelle); 68, 106 (Foto des Mikroskops) (Andreas Heddergott).

Diakonie Neuendettelsau, Schloss Bruckberg: 44.

Facultad de Ingeniería, UNAM, Mexiko-Stadt (Agustín Estrada): 240.

Freies Deutsches Hochstift – Frankfurter Goethe-Museum (Ursula Edelmann): 15.

Klassik-Stiftung Weimar, Museen (Gisela Maul): 54.

Metropolitan Museum, New York: 339 (unten).

Museo de Arte Moderno, CONACULTA-INBA, Mexiko-Stadt, Stiftung Manuel Álvarez Bravo (Agustín Estrada): 345.

Museo Nacional de Colombia, Bogotá: 232.

Nationalbibliothek Széchényi, Budapest: 346, 347, 349.

Naturkundemuseum Berlin: 42 (Ferdinand Damaschun), 312 (Anje Dittmann), 320 (Hans Grunert), 361 (Tobias Buddensieg).

Observatorio Astronómico Nacional de Colombia (Frank Holl): 196.

Privatsammlung Düsseldorf: 126/127.

Privatsammlung München: 8, 18, 21, 22, 26, 31, 36, 38, 40, 47, 49, 51, 58, 61, 65, 66, 71, 72, 75, 76, 80, 86, 91, 92, 96, 98/99, 121, 130, 134, 139, 144, 147, 151, 152, 155, 156, 160, 165, 173, 175, 176, 185, 201, 215, 223, 229, 239, 246, 249, 253, 257, 258, 260, 263, 265, 267, 268, 274, 278, 279, 280, 284/285, 288, 291, 293, 294, 297, 298, 303, 306, 307, 309, 310, 312, 315, 316, 319, 333, 344, 350, 353, 355, 363, 364.

Privatsammlung Quito (Christoph Hirtz): 206.

Sammlung Karl Langer, Gräfelfing (Andreas Heddergott): 62.

Sammlung Pedro R. Boker, Mexiko-Stadt (Ricardo Castro): 169.

Sammlung Werner Steinbeiß, München: 208, 273.

Staatliche Graphische Sammlung München (Engelbert Seehuber und Martina Bienenstein): 252, 335.

Staatsbibliothek zu Berlin (Hans Grunert): 305.

Stadtmuseum Bad Berneck: 38.

Stiftung Deutsches Technikmuseum Berlin: 95.

Stiftung Stadtmuseum Berlin: 13, 14, 235, 358/359 (Hans-Joachim Bartsch); 276 (Oliver Ziebe); 17, 33, 56.

Technische Universität Bergakademie Freiberg, Institut für Wissenschafts- und Technikgeschichte: 32, 34, 41, 205.

Universidad Iberoamericana, Mexiko-Stadt (Agustín Estrada): 83, 89, 190, 193, 194, 198, 202, 216, 219, 221, 226, 230, 244, 247, 250.

Universität Louis Pasteur Straßburg (Inventaire général, ADAGP): 60.

Weltkulturen Museum, Frankfurt: 25.

www.goethezeitportal.de: 52.

Orte und Personen

Aarland, Johann Carl Wilhelm 364
Acapulco (Mexiko) 185, 231, 241 f.
Afrika 65, 68, 86, 88, 92, 108, 110, 116, 141, 145, 178, 269, 317, 321, 355
Ägypten 62, 68, 73, 141
Aguirre, Vicente 208, 214
Alamán, Lucas 271
Albertus Magnus 324
Aldas, Philipp 208 f.
Aleppo (Syrien) 185
Algier (Marokko) 61, 66, 68, 73, 78, 110
Altai (Russland) 283 f., 297, 299 ff., 313, 315, 361, 363
Alto de Sargento (Kolumbien) 198
Alzate, José Antonio de 246
Amazonas 157, 172 f., 177, 220, 315, 336, 363
Amsterdam 28
Anden 90, 131, 140, 145, 191 f., 198 ff., 203 f., 220, 231, 281, 334, 336, 339, 361
Angostura (Venezuela) 158, 178 f.
Ansbach-Bayreuth 37, 41
Antisana (Ecuador) 90, 206 f., 217 f., 228
Appert, A. 273
Arnim, Bettina von 9
Arnold, Friedrich 247
Arago, François Dominique 268, 334, 344 ff.
Aragua (Venezuela) 137, 145
Aralo-Kaspisches Becken 141
Ararat 286, 317
Araya (Venezuela) 110
Armiaga, General 87
Ascásubi, Javier 208
Astorpilco, Inka-Familie 224
Astrachan (Russland) 284, 308 ff., 313
Atahualpa, Inka-Fürst 224 f.
Ataruipe (Venezuela) 177 f., 186
Atures (Venezuela) 170, 177, 363
Avé-Lallemant, Robert 263
Azuay (Ecuador) 220

Baikalsee 286
Baird, Matthew 309
Baku (Russland) 310
Balboa, Vasco Nuñez de 227
Balzac, Honoré de 268
Bamberg 63
Banks, Joseph 19, 26 ff., 81, 87, 162
Barabinskische Steppe 298
Baraño, Leonardo 255
Barcelona (Spanien) 60, 70, 71, 78, 96
Barcelona, Provinz (Venezuela) 110
Barinas (Venezuela) 157 f.
Barnaul (Russland) 283, 296, 299 f.
Barraband, Jacques 215
Barrancas Nuevas (Kolumbien) 192
Barth, Wilhelm 283, 287
Bartlett, William Henry 258
Batabanó (Kuba) 186 f.
Baty (russ.-chin. Grenzposten) 300, 304 ff., 306
Baudin, Thomas Nicolas 61, 64, 80, 186 f.
Bauer, Caroline 9
Bauer, Ferdinand 336
Bayreuth 37 ff., 54–57
Beckmann, Johann 19
Beethoven, Ludwig van 363
Belgien 24
Bellermann, Ferdinand 102, 105, 108, 111, 113, 115, 117, 119, 123, 126, 129, 133, 137, 143, 159, 334, 336
Benares (Indien) 269
Bengalen 28, 271
Benzoni, Girolamo 110
Berezovskij (Russland) 292
Berghaus, Heinrich 325, 328, 330
Berlin 9, 13–21, 28, 30, 56, 207, 218, 243, 247, 264, 268 f., 273, 275–278, 280, 286–289, 292, 295, 297, 299 f., 304, 311, 318–320, 323, 327, 343, 351, 357, 361, 365
Bermúdez, Franciso 84
Bernaducci, Lorenzo Boturini 243
Berneck 38 f., 42, 55
Berski (Russland) 299
Berthollet, Claude-Louis 262, 267
Berthoud, Ferdinand 62
Berthoud, Louis 62, 128
Bertuch, Friedrich Justin 23, 26, 86, 175, 223, 246, 267
Bianchi, Kapitän 69 f.
Bielfeld, Baron 108
Biot, Jean-Baptiste 267, 344
Birmingham 24
Birutschicassa (Insel im Kaspischen Meer) 310
Blanchard, Jean-Pierre 16 f.
Blanchard, Sophie 16
Bligh, William 24 f.
Blumenbach, Johann Friedrich 23, 177 f.
Boca de Tortuga (Venezuela) 166
Boca del Drago (Venezuela) 107
Böhme, Johann Michael 79
Böhmen 35
Bogoslowsk 283
Bogotá (Kolumbien) 18, 107 f., 116, 192, 195–198, 200, 232
Bolgar (Russland) 283
Bollar (dänischer Steuermann) 257
Bolívar, Simón 271
Bomare, Valmont de 108
Bombay 185
Bonpland, Aimé 9, 61 ff., 65–71, 73, 77 ff., 85 ff., 93, 106 f., 110 f., 119–123, 125 f., 128, 130 ff., 135, 137, 145, 153, 159 f., 166, 169, 173, 177, 179, 181, 186, 195 f., 198 f., 204, 207, 214 f., 227 f., 231, 235, 250, 256, 261–264, 266, 270, 321, 348
Borda, Jean-Charles de 59 f., 86 f.
Borda, José de la 242
Bordeaux 259, 261
Bordones (Venezuela) 110
Borneo 336
Bougainville, Louis Antoine de 60, 64, 77, 80
Bouguer, Pierre 206
Bouquet, Louis 89, 145, 152, 193, 198, 203, 208, 215, 219, 221, 226, 235, 244, 250
Brasilien 68, 172 f., 307 f.
Braunschweig 23, 59
Brigantin (Venezuela) 128
Bristol 24
Bruckberg 44
Buache, Philippe 157
Buch, Leopold von 92, 264
Buchtarma (Russland) 295, 297, 300
Buchtarminsk (Russland) 301
Buenos Aires 183, 186, 263
Büsch, Johann Georg 30
Buffon, Charles 77
Buga (Kolumbien) 203
Burgsdorf, Friedrich August von 19
Buzuluk (Russland) 308
Bydgoszcz, D. 315

Cádiz (Spanien) 68
Caiguire (Venezuela) 138
Cajamarca (Peru) 224, 227
Calabozo (Venezuela) 149 f., 153 f.
Caldas, Francisco José de 204, 271
Callao (Peru) 229
Campe, Joachim Heinrich 14, 23 f., 29, 37
Cancrin, Georg von 283, 286, 289 f., 296 ff., 306 ff., 312
Candelaria, Teneriffa 93
Capaya (Venezuela) 132, 135
Caracas (Venezuela) 79, 104, 107 f., 124 f., 131 f., 134 f., 138, 181, 188, 196, 233, 299
Cariaco (Venezuela) 110
Carichana (Venezuela) 157, 166
Caripe (Venezuela) 113, 119, 137
Cartagena (Kolumbien) 186 f., 191 f., 196
Cartagena (Spanien) 73
Carus, Carl Gustav 345
Casiquiare (Venezuela) 157, 172–177, 363
Casma (Peru) 227
Cavanilles, Antoine José 77
Cavendish, Henry 26, 108
Caxamarca (Peru) 224
Caxigas, Emanuel 83 f.
Cayambe (Ecuador) 131, 203, 207, 217
Cayo Buenito (Kuba) 187
Ceará (Brasilien) 173
Cervantes, Miguel de 110
Cervantes, Vincente 77
Ceylon 269
Cieza de León, Pedro 224
Chamisso, Adelbert von 9
Chan-Chan (Peru) 227
Chaptal, Jean-Antoine 59
Chateaubriand, Francois-René de 268, 326
Checa, José Ignacio 220 f.
Chile 108, 186
Chillo (Ecuador) 207
Chimborazo (Ecuador) 9, 90 f., 207, 214–219, 228, 232, 239, 241, 362 f.
Chimbote (Peru) 227
China 303, 355
Chormailächu → Baty
Church, Frederic Edwin 334, 337, 339
Clarac, Graf 336
Clarkson, Thomas 355
Clavijo, Rafael 83 f.
Clavijo, José 77
Cleve 55
Cochabamba (Peru) 229
Coche (Venezuela) 102
Colberg 43
Collogan, John 87
Comer See 49
Condamine, Charles-Marie de la 80, 206, 212, 218
Constantine (Algerien) 69
Cook, James 24, 27, 77, 80 f., 87, 335, 363
Cortés, José 205
Cortés, Nicolas 197
Cotopaxi (Ecuador) 91, 204, 206, 217, 231, 339
Cotta, Georg von 235, 268, 324, 326 f.
Cousin, Miguel 154
Coutant, Jean Louis 92, 121, 173
Crell, Lorenz 49
Cruz, José, de la 110, 181, 231, 256 f.
Cruz, Marco 214
Cubagua (Venezuela) 110
Cuernavaca (Mexiko) 242
Culebra (Venezuela) 138
Cumaná (Venezuela) 97, 101–104, 107 f., 110 f., 113, 119, 123 ff., 128 f., 131, 137, 149 f., 181, 188
Curiepe (Venezuela) 135
Cuvier, Georges 60, 267, 363
Cuzco (Ecuador) 220, 224

Dänemark 108, 344
Daguerre, Louis Jacques Mandé 344–349
Dalrymple, Alexander 29
Darwin, Charles 10, 228
Delambre, Jean-Baptiste Joseph 59, 268
Delamétherie, Jean-Claude 49, 59
Delaware River 258 f., 261
Delpech, François Séraphin 275
Derbyshire (England) 24, 29
Desfontaines, René Louiche 59 f.
Desnoyers, Auguste 261
Dhawallagiri 280
Diemens, Antonio van 336
Dien (Kupferstecher) 228
Dohm, Christian Wilhelm 14

Dollond, Peter 68
Dolomieu, Déodat Gratet de 59
Don (Russland) 284
Dorpat (Russland) 288
Dover 27
Dresden 54, 56
Dsaysansee (China) 283
Dsungarei (China) 283, 305, 308, 314
Dubowka (Russland) 284
Dünkirchen (Frankreich) 60
Düsseldorf 27, 55
Duida (Venezuela) 176
Duttenhofer, Friedrich Traugott 191

Ebeling, Christoph Daniel 30
Eckermann, Johann Peter 52
Eckhout, Albert 335
Ecuador 78, 203, 216, 220 f., 226, 231
Ehrenberg, Christian Gottfried 283, 285, 287, 295, 310 f., 316, 318 f., 321
Elbrus (Russland) 317
Elhuyar, Fausto de 30, 246
Elisabeth Christine 13
Eltonsee (Russland) 284
Emparán, Vincente 131
Ender, Eduard 169
England 24 f., 27 ff., 53, 62, 234 f., 293, 296, 344
Ermolov, Dmitrij Nikolaevič 300
Ernst August II. 352
Esmeralda (Venezuela) 177
Espelde, Ramon 251 f.

Fabian, Peter 140
Fechhelm, Johann Friedrich 13
Fichtelgebirge 44 f., 45
Fjodorowna, Alexandra (Charlotte von Preußen), russische Kaiserin 289, 307, 312
Fond, Sigaud la 108
Forbes, James David 141
Forell, Philipp von 73, 78 f.
Forster, Georg 23–31, 81, 267, 326, 363
Forster, Johann Reinhold 81
Fourcroy, Antoine-François de 59, 267
Francia, José Gaspar Rodríguez de 263
Frankenwald 44
Frankfurt am Main 23, 354
Frankfurt an der Oder 18 f., 63
Frankreich 24, 62, 64 f., 68 f., 186, 220, 234, 241, 264, 326
Freiberg (Sachsen) 30–35, 38 f., 41, 45 f., 79
Freiesleben, Karl Friedrich 79
Freiesleben, Johann Karl 30 ff., 35, 38 f., 47, 54, 77, 79
Frémont, John C. 354, 362
Friedländer, Moses 75
Friedrich II. 13, 363
Friedrich Wilhelm II. 13
Friedrich Wilhelm III. 247, 264, 289, 343, 351, 354
Friedrich Wilhelm IV. 344, 351, 260
Fröbel, Julius 354

Gärtner, Eduard 323
Galapagos-Inseln 229
Gallatin, Albert 259, 362
Galvani, Luigi 46 f., 49, 149
Garnerey, Hippolite 185
Garonne 259
Gay-Lussac, Joseph Louis 239, 262, 264, 267, 280, 363
Genf 53, 60
Gérard, François 261, 265, 275
Geuns, Steven van 23 f.
Girtanner, Christoph 26, 46
Gleditsch, Johann Gottlieb 19
Gmelin, Wilhelm Friedrich 83, 221, 226, 250
Göteborg 64
Goethe, Johann Wolfgang von 24, 38, 50–56, 239, 269, 277, 363
Göttingen 23, 27, 30
Goldkronach 41, 56
Golf von Mexiko 97
Góngora, Erzbischof 116
Goujaud-Bonpland, Alexandre Aimé → Bonpland, Aimé
Govat 262
Grabow, Paul 356
Gran Canaria 87
Gran Pará (Brasilien) 173
Graziosa (Kanarische Insel) 86
Gren, Friedrich Albrecht Carl 47, 49
Griechenland 66, 226
Guanabacoa (Kuba) 255
Guanajuato (Mexiko) 247, 249
Guatavita-See (Kolumbien) 197 f.
Guatemala 108, 271
Guayavo (Venezuela) 132
Guayana (Venezuela) 116, 222
Guayaquil 187, 192, 228, 231 f., 238
Güigüe (Venezuela) 138
Güines (Kuba) 182
Guevara y Vasconcelos, Manuel de 135
Guille, John 96
Guimar (Teneriffa) 93
Guinea 92
Gumeševskij (Russland) 292

Haeften, Christiane und Reinhard von 50, 54–57, 124, 166
Haenke, Thaddäus 77, 81, 229
Haiti 110, 184
Haller, Albrecht von 108
Havel 300
Hamburg 30
Hamilton, General 363
Hardenberg, Karl August Freiherr von 37, 269
Havanna 75, 78, 83, 97, 104, 113, 123, 178 f., 181 f., 184 ff., 253, 255
Hedemann, August von 264
Heidelberg 23
Heim, Ernst Ludwig 19
Heinitz, Friedrich Anton von 37
Hellevoetsluis (Niederlande) 26
Helman, Isidore Stanislas 31
Helmersen, Gregor von 313
Herder, Johann Gottfried 363
Herrgen, Christian 77
Herz, Henriette 9, 15 f.
Herz, Markus 15 f.
Herzen, Alexander 311
Hesse, Friedrich 29
Hidalgo y Costilla, Miguel 270
Hildebrandt, Eduard 335, 356 f., 360, 362
Himalaya 214, 280, 362
Hodges, William 29, 336
Hofmann, Ernst 313
Höhle der Guácharos (Venezuela) 119 f., 123
Hofmann, Ernst 313
Hofmann, Samuel Gottlieb 106
Hohlenberg, Franz Christopher Henrik 28
Honda (Kolumbien) 192, 195, 199
Hualgayoc (Peru) 223
Huet, Nicolas 145, 173
Humboldt, Alexander Georg von 13 f.
Humboldt, Caroline von 54 ff., 59, 62, 261 f., 281
Humboldt, Marie Elisabeth von, geb. Colomb 13 f.
Humboldt, Theodor von 62
Humboldt, Wilhelm 11, 13–16, 18 ff., 23, 27, 29, 50–57, 59, 62 f., 69, 86, 104, 166, 179, 203 f., 261 ff., 269, 271, 273, 275, 287–290, 293, 295, 301, 303, 305, 308, 313, 325, 333
Hutton, James 24
Hyères (Frankreich) 65

Ibagué (Kolumbien) 199
Ibarra (Ecuador) 204
Ideler, Julius Ludwig 344
Ilezk (Russland) 284
Iliniza (Ecuador) 206
Ilmen (Russland) 284
Inca Garcilaso de la Vega 224
Indien 269, 290, 317, 336
Ingapirca (Ecuador) 218, 226
Ingatambo (Peru) 222
Irkutzk (Russland) 300
Irtysch (Russland) 285, 299 f., 302, 305 f., 314
Irving, Washington 362
Ischim (Russland) 283
Italien 53–57, 264
Itúrbide, Agustín 271
Iturrigaray, José de 243
Iwaszkiewicz, Wiktor 313 f.

Jacobi, Friedrich Heinrich 27
Jacquin, Joseph Franz von 46, 104, 111
Jaén de Bracamoros (Peru) 220, 223
Jamaika 91, 184, 188
Japan 19
Javita (Venezuela) 172, 174
Jefferson, Thomas 258 f., 362 f.
Jekatarinenburg (Russland) 283, 286, 292 f., 295 f.
Jena 50–53, 55, 104, 264
Jiménez de Quesada, Gonzalo 197
João (brasilianischer Prinzregent) 173
Jorullo (Mexiko) 247 f., 252 f.
Josephine, frz. Kaiserin 252 f., 363
Juan, Jorge 206
Juárez, Benito 272
Jussieu, Antoine Laurent de 59 f.

Kaemtz, Ludwig Friedrich 141
Kainsk (Russland) 299
Kairo 63, 78
Kalifornien 75, 78
Kalkutta (Indien) 269
Kalmückensteppe 309
Kant, Immanuel 15, 27, 48
Kap der guten Hoffnung 68, 181
Kap Horn 186
Kap San José (Venezuela) 103
Kapstadt 28
Karl August, Großherzog von Sachsen Weimar 361
Karl IV. 73, 85, 245
Kasan (Russland) 283, 290–293, 295
Kaspisches Meer 139, 283 ff., 285, 308 f., 314, 316, 318 f., 321, 363
Kaulbach, Wilhelm von 364
Khonimailakhu (China) 283
Kingston (Jamaika) 184
Kirgisen 290, 295, 307, 361
Kirgisensteppe 284, 299, 308, 361
Kittlitz, Heinrich von 336
Klencke, Hermann 18, 96, 134, 147, 151, 155, 157, 160, 165, 249, 253, 263, 291, 293 f., 298, 306 f., 309 f., 316
Klopstock, Friedrich Gottlieb 363
Koch, Josef Anton 191
Königsberg (Russland) 287 f.
Kolumbien 19, 186 f., 191, 193, 196, 198, 203, 315, 337
Kolumbus, Christoph 80
Kolyvan (Russland) 3121
Kolywanscher See (Russland) 283, 316
Konstantinopel 185
Kordilleren 77, 88, 131, 140, 200, 226 f., 244, 250, 266, 314
Korsika 68
Kraemer, Hans 268
Krasnojarsk 305
Krausse, Alfred 37
Kuba 91, 96, 104, 106, 181–187, 253, 255, 257, 272, 348, 352 f.
Kulmbach 55
Kunth, Carl Sigismund 228, 263, 270, 276
Kunth, Gottlob Johann Christian 14, 56
Kurische Nehrung 287 ff., 289
Kuschwa 292

La Coruña (Spanien) 75, 77 ff., 83 f., 101, 104
Lalande, Joseph
Jérôme Lefrançais de 59, 268
La Guaira (Venezuela) 108, 132 f.
Lamarck, Jean-Baptiste de 60, 267
Laplace, Pierre-Simon 59, 262, 268, 324, 363
Laplante, Eduardo 255
Lavoisier, Antoine Laurent 26, 46, 59, 108
Leibniz, Gottfried Wilhelm 20
León y Gama, Antonio de 244, 246
Lhasa (Tibet) 269
Lichtenberg, Georg Christoph 23
Lieusaint (Frankreich) 60
Lima (Peru) 108, 113, 117, 187, 220, 228 f., 233
Lissabon 68, 84, 173
Litvinov, Aleksandr Narkizovič 3020
Llanos (Venezuela) 145–149, 153 f., 179, 315

Loder, Justus Christian 50
Loja (Ecuador) 220
Lomet des Foucaux, Antoine-François 65
London 23 f., 26 ff., 30, 46, 60 f., 68, 73, 159, 170, 210, 234, 269, 365
Los Pastos (Kolumbien) 214
Louis Philippe (König von Frankreich) 343
Lucarque (Ecuador) 220
Lütke, Fjodor Petrowitsch 335
Luz y Caballero, José de la 272
Lyon 63

Macartney, Lord 87
Madeira (Portugal) 87
Madison, James 259
Madrid 71, 73, 75, 77 ff., 218, 233, 243, 355
Maenza, Marqués de 208
Mailand 110, 243
Mainz 24, 27, 29
Maipures (Venezuela) 162, 171
Málaga, José María de 158
Malaspina, Alejandro 77, 80 f., 85
Manaos (Brasilien) 172
Manzanares (Venezuela) 128, 132, 150
Maraguaca (Venezuela) 176
Marburg 23
Macarapan (Venezuela) 110
Marceau, François-Séverin 64
Marchais, Pierre Antoine 89, 92, 193, 203, 208, 219, 231
Margarita (Venezuela) 102
Marienburg (Russland) 287
Marín, Bischof von Monterrey 245
Marokko 78, 86
Marseille 61–65, 68, 70 f., 78
Mason, Charles 86 f.
Massard, Raphael Urbain 262
Massow, Ludwig Friedrich 289
Matallana, Marquesa de 85
Matis, Francisco Javier 197
MacLean, Archibald 33, 35
Mekka 61, 78
Memel (Ostpreußen) 287
Meńšenin, Dmitrij Stepanovič 289, 312
Messier, Charles 13
Messner, Reinhold 214
Mexiko 77 ff., 83, 97, 104, 106, 108, 145, 238, 241–247, 250, 252 f., 259, 270 f., 315, 348 f., 361
Mexiko-Stadt 185, 241–246, 252 f.
Meyerbeer, Giacomo 351
Mialhe, Federico 181, 183, 188, 257
Miass (Russland) 283, 306 ff.
Michoacán (Mexiko) 248
Migliavacca, Inocente 200
Mirabeau, Victor Riquetti Marquis de 16
Mociño, José Mariano 77
Mompós (Kolumbien) 192
Mongolei 297, 300, 311
Monnet, Charles 31
Monte Rosa (Walliser Alpen) 90
Monthelier, Alexandre Jules 276
Montpellier 63, 69 f.
Montúfar y Larrea, Carlos 204, 206 f., 214 f., 217 f., 220, 227, 231, 256, 271
Moreau, General 52
Morveau, Louis Bernard-Guyon de 59
Moskau 283 f., 288, 290, 295, 308, 311
Müller, Andreas 52
Müller, Otfried 324
München 57
Muñoz (Königlicher Finanzverwalter) 187
Murom (Russland) 308
Mutis, José Celestino 107, 192, 195 ff., 204, 220, 232
Muzel, Friedrich Wilhelm Daniel 19

Napoleon Bonaparte 57, 62, 261 ff., 264, 363
Narwa (Russland) 288
Neapel 55, 264
Née, Louis 60, 77, 81, 162
Nelson, David 25 f.
Neu-Andalusien 104, 137, 220
Neu-Cádiz 110
Neu-Granada → Kolumbien
Neu-Holland (Australien) 336
Neu-Spanien → Mexiko
Neustadt an der Dosse 13
New Castle (USA) 259
New York 353, 357, 362
Newton, Isaac 206
Niederlande (Holland) 24, 28, 67
Nièpce, Joseph Nicéphore 347
Nikolaus I. 283, 285, 289, 311 f., 323, 326, 343
Nilgherry (Indien) 336
Nîmes 70
Nischni Nowgorod (Russland) 290 f., 293, 307
Nishne-Tagilsk (Russland) 283
Nueva Barcelona (Venezuela) 178 f., 183

Ob 299
Österreich 56
Olbers, Wilhelm Heinrich 131
Oldborough (England) 28
Oltmann, Jabbo 270
Omsk (Russland) 283, 295 f., 300, 318
Oran (Marokko) 68
Orenburg (Russland) 284, 308, 313
Orinoco 97, 107, 115, 124 f., 132, 137, 145 f., 157–164, 166, 168–178, 186, 189, 194, 199, 222, 291, 295, 299, 314 f., 336
Orotava (Teneriffa) 83, 86–90
Ortega, Casimir 77
Orsk (Russland) 313 f.
Ostende (Belgien) 27
Otama (Venezuela) 138
Oxford 24
Ozonne, d' (Kupferstecher) 89

Pachelbel-Gehag, Johann Christoph von 45
Pachuca (Mexiko) 247
Padron, Antonio 188
Palma (Mallorca) 87
Pampatar (Venezuela) 102
Panama 78, 187, 191, 227, 259
Panama-Kanal 259
Panecillo (Ecuador) 217
Paraguay 263
Pararuma (Venezuela) 167
Parboni, Pietro 83
Paria (Venezuela) 96, 110
Parime-See 197
Paris 9, 24, 29, 31, 49, 53, 57, 59–62, 104, 159, 182, 186, 206, 218, 234 f., 238, 243, 261–273, 275 ff., 280 f., 286, 291, 319, 343–348., 353
Pasca (Kolumbien) 197
Patagonien 75
Pavón, Hipólito 77
Henry Payne, Albert Henry 315
Peking 300 f.
Peñon (Kolumbien) 194
Penipe (Ecuador) 219
Perm (Russland) 292 f.
Perpignan (Frankreich) 70
Persien 269
Peru 77 f., 106, 140, 186, 214, 220, 223, 226 f., 229, 234, 277
Petermann, August 98, 284
Petropawlowsk (Russland) 283
Philadelphia 256 ff.
Philippinen 104, 181, 185, 271, 336
Piana, Theo 8
Pico de Orizaba (Mexiko) 362
Pichincha (Ecuador) 204, 206–211, 213 f., 218, 228
Pieślak, Alojzy 313 f.
Pimichín (Venezuela) 172
Pinantura (Ecuador) 216
Pino, Carlos del 103, 145
Piton 93
Pitt, William 27, 363
Pizarro, Francisco 224, 227
Pluche, Abbé 108
Polen 43
Polier, Adolphe de 291 f., 307, 312
Polier, Varvara Petrovna (Gräfin Šuvalova) 291
Pommern 43
Popayán (Kolumbien) 192, 203 f., 214, 220, 245
Popocatépetl (Mexiko) 242, 363
Poppel, Johann 56
Portugal 172
Potsdam 351 f.
Pourret, Pierre André 77
Pozo, Carlos del 148 f.
Priestley, Joseph 46
Prinz von Wales 27, 344
Proust, José Luis 77
Providence (=Mauritius) 187
Puerto Orotava (Teneriffa) 83, 86–90
Puget, Pierre 64
Punta Araya (Venezuela) 110, 132
Puracé (Kolumbien) 203
Puy de Dôme (Frankreich) 90
Pyrenäen 120, 195, 280

Quarequa (Panama) 227
Quindío (Kolumbien) 191, 199
Quito (Ecuador) 104, 117, 131, 199, 203–207, 209 f., 214, 217 f., 231

Racknitz, Joseph Friedrich Freiherr zu 79
Ramond, Louis François 281
Ramsden, Jesse 60
Reclus, Elisée 297
Regla (Mexiko) 247, 250, 335, 349
Rhein 23 f., 27, 343
Riche, Gaspar-Clair-François-Marie 262
Richter (Künstler aus Hof) 49
Rieux, Louis de 193, 196
Riga 318
Rigi (Schweiz) 90
Río, Andrés Manuel del 30, 246, 253
Río Algodonal 161
Río Apure 163, 171
Río Atabapo 171 f.
Río Calvas 220
Río Caroní 220
Río Carúpano 103
Río Chamaya 220, 222
Río Chinchipe 220, 222
Río de Cumaná 104
Río de Huancabamba 220
Río Guainía 194, 222
Río Guarena 132
Río Guatire 132
Río Guaviare 194
Río Magdalena 192, 194, 248
Río Marañón 220 ff.
Río Mezcala 242
Río Negro 97, 124, 172 f., 176 f., 186, 222
Río Papagayo 242
Río San Juan 187
Río Santiago 221
Río Sinú 191
Ritter, Carl 276, 279
Rizo, Salvador 196 f.
Robiquet, Pierre-Jean 59
Rocky Mountains 259
Roger, Barthélemy 265
Rohrbach (Künstler) 21
Rom 55, 65, 244, 262, 264
Roman, Jesuitenpater 176
Rose, Gustav 283–286, 291 f., 293, 295 f., 298, 301, 309, 316, 319, 321
Rosti, Pál 334, 346–349
Rugendas, Johann Moritz 243, 334 ff.
Ruíz, José Antonio 77
Russland 269, 283, 285 f., 291 f., 296, 307 f., 311 f., 318–321, 361

Saale 104
Saint-Hilaire, Etienne Geoffroy 267
Salas, Rafael 205
Salathé, Friedrich 273
Salcedo, Francesco 84, 86
Salzburg 57
San Carlos de Río Negro (Venezuela) 172
San Fernando de Apure (Venezuela) 157 f., 171

San Fernando de Atabapo (Venezuela) 115 f., 171, 177
Sankt Petersburg 283, 286–290 f., 289 f., 296, 300, 306, 308–315, 310 ff., 314, 318 f.
Santa Cruz (Teneriffa) 86 f., 93
Santa Fé de Bogotá → Bogotá
Santo Domingo 91, 110, 128
Saraguro (Ecuador) 220
Saratow (Russland) 284, 308
Sardinien 68
Sarepta (Russland) 284, 308
Sarmiento, Domingo Faustino 224
Saussure, Horace Bénedict de 141, 239, 281
Scheele, Carl Wilhelm 46
Schick, Gottlieb 175, 244
Schiller, Friedrich 9, 27, 51 f., 56, 363
Schinkel, Karl Friedrich 18, 289
Schlabrendorf, Caroline von 262
Schlagintweit, Adolph, Hermann und Robert 348
Schlangenberg (Russland) 283
Schlieffen, Martin Ernst von 27
Schmid, Johann Heinrich 14 f.
Schmidt, Friedrich 307
Schönberger, Lorenz Adolf 23, 25
Schönfelder, Horst 8
Schrader, Heinrich Otto 27
Schrader, Julius 351
Schwarzort (Ostpreußen) 288
Schweiz 54, 264
Scott, Walter 363
Seifert, Johann 257, 285, 318, 357, 360 ff., 365
Sellier, Louis 262
Selva-Alegre, Marqués de 204, 206
Semipalatinsk (Russland) 295
Senebier, Jean 46
Sered-Dschab, Kalmückenfürst 284
Sessé, Martín de 77
Sevilla (Spanien) 92
Sibirien 269, 292, 295 ff., 308, 313, 315, 321, 361, 363
Siemens, Werner 276
Silla (Venezuela) 134 f.
Sisarga (Spanien) 84 f.
Skjöldebrand, Matthias Archimboldus 61, 63, 66 ff.
Smith, Carlos 92
Slatoust (Russland) 284
Smyrna 362
Sotará (Kolumbien) 203
Sottō, Nicolas 158
Spandau 311
Spanien 30, 62, 66, 68, 70, 77 ff., 85, 102, 123, 165, 172, 181, 196, 233, 246, 286
Sparrmann, Andreas 28, 162
Steben 37, 49
Stein, Heinrich Friedrich Karl Freiherr vom und zum 37
Storch, Karl 268, 360
Straßburg 57
Stratford-upon-Avon 24
Stromboli 90
Stuttgart 57
Sumatra 336
Syrien 70, 185

Tabago (Karibische Insel) 95
Tacarigua (Venezuela) 138 f.
Taganay (Russland) 284
Tagil (Russland) 292
Talbot, William Henry Fox 348 f.
Tamatama (Venezuela) 176
Tataracual (Venezuela) 128
Taxco (Mexiko) 242
Taylor, Bayard 357
Tegel 13, 16, 18, 52, 56, 293, 300
Teide (Teneriffa) 83, 86, 88, 91, 120, 250
Teneriffa 68, 83, 86–93, 101, 104
Teplitz 343
Tettau 44
Texcoco-See (Mexiko) 242
Thénard, Louis Jacques 59
Thibaut, Jean-Thomas 198, 216
Thrasher, John Sidney 353
Thunberg, Carl Peter 19
Tibet 269
Tierra Firme 101 f., 110
Tischbein, Johann Heinrich Wilhelm 25
Tobolsk (Russland) 283, 296–300, 308
Tolsá, Manuel 245
Tomependa (Ecuador) 220 ff.
Tonguragua (Ecuador) 78
Toulon 64 ff., 70, 104
Tremeshend (Marokko) 68
Trinidad de Cuba (Kuba) 187–191
Troughton, Edward 170
Trujillo (Peru) 221, 227, 234
Tsingfu (chin. Grenzoffizier) 303 ff.
Tübingen 235, 268
Türkei 44
Tula (Russland) 284
Tunis 68 ff., 73
Turbaco (Kolumbien) 193
Turin 243
Turpin, Pierre Jean François 228, 235
Tutumberos (Peru) 221

Ulloa, Antonio de 188, 206
Ural 283 f., 286, 291–296, 300, 306 ff., 315 f., 319, 321
Uralsk (Russland) 284, 308
Uritucu (Venezuela) 153
Urquijo, Mariano Luis de 73 f., 78, 286
Urquinaona, Pedro 208, 212
USA 141, 258 f., 353 f.
Ust Kamenogorsk (Russland) 283, 297 f., 300, 306
Usteri, Paul 30
Uvarov, Sergej Semënovič 314

Valence (Frankreich) 63
Valencia-See (Venezuela) 138–141, 145, 318
Valencia (Spanien) 68, 71
Vancouver, George 80
Varillón (Venezuela) 132
Varnhagen von Ense, Karl August 9, 321, 323
Varnhagen von Ense, Rahel 9
Vauquelin, Louis-Nicolas 59, 268
Velázques, Joaquín 246
Veljaminov, Ivan Aleksandrovič 300
Venedig 55, 64, 66, 245
Venezuela 57, 101 f., 105 f., 113, 119, 123, 132, 135, 139, 145, 172, 182, 194, 234, 246, 318, 347 f.
Veracruz (Mexiko) 185, 253
Verchne-Uralsk (Russland) 313
Verdecoche (Ecuador) 213
Versailles 289
Vesuv 56, 90
Vicente y Ulloa (Vizestatthalter) 188
Vogt, Carl 272
Volsk (Wolsk; Russland) 308
Volta, Alessandro 49, 149
Vuelta de Basilio (Venezuela) 162

Wallis, Henry 258
Warschau 343
Washington D.C. 258
Webber, John 29
Weitsch, Friedrich Georg 9, 101, 207
Werchoturje (Russland) 283
Wegener, Wilhelm Gabriel 16, 20, 23, 30
Weichsel 288
Weimar 50, 54
Werner, Abraham Gottlob 23, 30, 32, 79
Westindien (Amerika) 25, 53, 62, 87, 124
Wiatka (Russland) 293
Wieland, Christoph Martin 363
Wien 46, 56 f., 159, 269
Wildermeth, Margarethe von 289
Wildt, Carl 333
Willdenow, Carl Ludwig 18 ff., 52 f., 181, 263
Willdenow, Carl Wilhelm 53
Witkiewicz, Jan 313 ff.
Wizani, Carl 21
Wolga 284 f., 291, 293, 308 ff., 319
Woronesh (Russland) 284
Wünsch, Christian Ernst 19

Ximeno y Planes, Rafael 241
Xochimilco-See (Mexiko) 242
Yanaurcu (Ecuador) 217
Yucay (Peru) 224
Yuyucha (Tal bei Quito in Ecuador) 213

Zach, Franz Xaver von 53, 71
Zamora (Peru) 223
Zarizyn (Russland) 284
Zea, Bernardo 171, 174
Zeune, Johann August 324
Zipaquirá (Kolumbien) 197
Zöllner, Johann Friedrich 19

Zur Edition

Das vorliegende Werk ist die stark erweiterte Neuausgabe des Buches *Alexander von Humboldt: Mein vielbewegtes Leben. Der Forscher über sich und seine Werke. Ausgewählt und mit biographischen Zwischenstücken versehen von Frank Holl.* Es erschien 2009 und 2010 in drei Auflagen bei Eichborn Berlin.

Zur Textgestalt

Die in diesem Buch vereinigten Texte Alexander von Humboldts stammen aus den verschiedensten Quellen. Viele Zitate sind Übersetzungen. Weder in diesen noch in den von Humboldt publizierten oder bislang unpublizierten handschriftlichen Originalen wurde eine einheitliche Orthographie und Interpunktion verwendet. Da die Lesbarkeit und Einheitlichkeit bei der Zusammenstellung dieses Buches im Vordergrund stand, wurden die hier zitierten Texte behutsam der modernen Rechtschreibung angepasst.

Bibliographischer Hinweis

In den Anmerkungen finden sich die Nachweise zu allen zitierten Quellen und zu einigen wenigen Titeln der Forschungsliteratur, soweit diese wesentliche Fakten zu den jeweiligen Textabschnitten enthalten.

Als grundlegende Humboldt-Biographien sind zu empfehlen:

Hanno Beck: *Alexander von Humboldt.* 2 Bde. Wiesbaden: Steiner, 1959 und 1961.

Kurt-R. Biermann: *Alexander von Humboldt.* 4. Aufl., Leipzig: Teubner, 1990.

Ottmar Ette: *Weltbewußtsein. Alexander von Humboldt und das unvollendete Projekt einer anderen Moderne.* Weilerswist: Velbrück, 2002.

Ottmar Ette: *Alexander von Humboldt und die Globalisierung. Das Mobile des Wissens.* Frankfurt am Main: Insel, 2009.

Otto Krätz: *Alexander von Humboldt. Wissenschaftler, Weltbürger, Revolutionär.* 2. korr. Aufl., München: Callwey, 2000.

Andrea Wulf: *Alexander von Humboldt und die Erfindung der Natur.* München: C. Bertelsmann, 2016.

Eine ausführliche chronologische Übersicht über die Daten des Lebens von Alexander von Humboldt bietet Ingo Schwarz (Hg.): *Alexander von Humboldt-Chronologie.* Link: http://edition-humboldt.de/X0000001

DANKSAGUNG

Viele hundert Menschen haben dazu beigetragen, dass dieses Buch so wurde, wie es jetzt ist: meine Freundinnen und Freunde, meine Kolleginnen und Kollegen in Hunderten Museen, Archiven, Bibliotheken, Verlagen und Institutionen im In- und Ausland. Seit mehr als zwanzig Jahren teile ich mit ihnen das Vergnügen, im Humboldt'schen Sinne zusammenzuarbeiten. Es ist unmöglich, sie hier alle aufzuzählen. Stellvertretend nenne ich den früheren Leiter der Alexander-von-Humboldt-Arbeitsstelle in Berlin, Ingo Schwarz, sowie seine Kolleginnen Ulrike Leitner und Regina Mikosch. Wie keine andere hat Cecilia Estrada für all meine Humboldt-Projekte Unschätzbares geleistet. Großen Dank schulde ich auch Hans Magnus Enzensberger, der mir im Jahr 2004 vorgeschlagen hat, ein solches Buchprojekt zu realisieren. Ebenso dankbar bin ich Wolfgang Hörner, der die erste Fassung dieses Buches bei Eichborn Berlin 2009 aus der Taufe gehoben hat. Das Verdienst allerdings, den Texten und Bildern nun ein solch opulentes, neues Gewand zu geben, gebührt ganz allein Christian Döring. Ihm und seinem Team herzlichsten Dank!

Frank Holl,
im Oktober 2017

ALEXANDER VON HUMBOLDT

MEIN VIELBEWEGTES LEBEN

Ein biographisches Porträt präsentiert von Frank Holl

ist im Oktober 2017 als Folioband der ANDEREN BIBLIOTHEK erschienen.

Die Herausgabe lag in den Händen von Christian Döring.
Er hat mit Ron Mieczkowski die Redaktion besorgt.

Wir verweisen auf die Anmerkungen zur Edition auf der Seite 379.

In der ANDEREN BIBLIOTHEK ist Alexander von Humboldt
mit einigen zentralen Werken vertreten:

Kosmos und *Ansichten der Kordilleren und Monumente der eingeborenen Völker Amerikas* – beide als Foliobände; *Kosmos* wurde 2014 neu aufgelegt.
Ansichten der Natur ist als Band 17 der Anderen Bibliothek erschienen.

FRANK HOLL, geboren 1956 in Heidelberg, promovierte an der LMU München 1993 mit einer Arbeit über Max Born und seinen Verleger Ferdinand Springer. Bekannt wurde er – auch im spanischsprachigen Ausland – mit Ausstellungen und Publikationen zu Alexander von Humboldt. Seit 2008 leitet er die Münchner Wissenschaftstage.

Dieses Buch wurde von Martin Mosch und Jan Hawemann, Berlin gestaltet
und aus der Stempel Garamond und der Neutra gesetzt.

Die Herstellung betreute Katja Jaeger, Berlin.

Die Vorbereitung der Bilddaten lag in den Händen von Frank Holl.
Sie wurden von Bildpunkt Druckvorstufen GmbH, Berlin, optimiert.

Die Druckerei Kösel GmbH und Co. KG, Altusried-Krugzell,
druckte auf 135g/qm Condat matt périgord der Firma Papier Union.
Gebunden wurde dieses Buch am gleichen Ort mit Surbalin der Firma Peyer, Leonberg
und Munken Lynx rough der Firma Arctic Paper.

Für den Umschlag, die Titelseite und den Einband des Buches wurden Bilder aus einer Privatsammlung in München und der Universidad Iberoamericana, Mexiko-Stadt (Agustín Estrada) verwendet.
Das Humboldt-Porträt, ein Stahlstich von William Home Lizars, wurde um 1830 nach dem Gemälde von Friedrich Georg Weitsch aus dem Jahr 1806 geschaffen. Die drei Kupferstiche publizierte Alexander von Humboldt zwischen 1810 und 1813 in seinen »Vues des Cordillères«.

1. Auflage 2017

ISBN 978-3-8477-0019-7

Berlin 2017